生态艺术哲学

袁鼎生 著

商务印书馆

2007年·北京

图书在版编目(CIP)数据

生态艺术哲学/袁鼎生著 .—北京:商务印书馆,
2007
ISBN 978-7-100-05672-4

Ⅰ.生… Ⅱ.袁… Ⅲ.生态学:美学—艺术哲学
Ⅳ.Q14-05

中国版本图书馆 CIP 数据核字(2007)第 173280 号

生态艺术哲学
袁鼎生 著

商 务 印 书 馆 出 版
(北京王府井大街36号 邮政编码 100710)
商 务 印 书 馆 发 行
北京瑞古冠中印刷厂印刷
ISBN 978-7-100-05672-4

2007 年 12 月第 1 版　　　开本 880×1230 1/32
2007 年 12 月北京第 1 次印刷　印张 16⅝
定价:32.00 元

生态系统审美化,进而艺术审美化,直至在宇宙膨胀中拓展审美天化,构成了审美普及、发展、提高的规律,显示了生态艺术哲学浪涌涛出潮升的理论风景。

序

周 来 祥

在 20 世纪的八九十年代,鼎生写过一些山水、环境、自然美方面的论文与著作,这于他本世纪始展开哲学意义上的生态美学研究,是一种准备。几年下来,他形成了生态美学研究的系统性成果。这部《生态艺术哲学》,更有些方法与理论上的新探索,主要体现在以下几点:

(一)探索了生态美学新的理论体系

2000 年,陕西和北京先后出版了徐恒醇的《生态美学》、曾永成的《文艺的绿色之思——文艺生态学引论》、鲁枢元的《生态文艺学》,这标志着一门新的美学学科出现了。其后,中国美学界转入元生态美学的研究。5 年多来,美学家们深入探讨了生态美学的价值与意义,理论基础与研究方法,研究对象与理论体系,然而,吸纳上述成果的生态美学原理的著作却尚未出现;形成了生态美学的理论建构未呼应元生态美学发展的局面。

正是在期盼中,鼎生的书写好了。他参与了元生态美学的研究,发表过生态美学的学科建设、生态美学的学科方法的论文,并认真吸取了众多理论家有关元生态美学的系统成果,提高了理论研究的自觉性,奠定了理论研究科学性的基础。一部好的文学作品,是文学传统、时代审美理想和作者共同创造的,一部好的理论著作的问世,也有类似性。元生态美学把相应的美学传统和时代的美学意识传达给了著者,形成了与著者的合作。有了这样的基础,鼎生的研究有了创新的自由。他提出了生态美学总规律:审美系统整生化;提出了隶属这一总规律的生态美学的三大定律:艺术审美生态化、生态审美艺术化、艺术审美天化;进而以与这三大定律对应的生态审美场的生成、发展、提升为逻辑结构,形成了有别于上述三书的理论框架。

(二)构建了生态美学新的话语系统

生态美学遭受质疑,是因为缺乏独特的话语体系;生态美学跟不上元生态美学,也是因为缺乏有别于一般美学及上述三书的话语体系。鼎生的这部著述基于生态美学的三大定律,形成了生态审美场的元范畴,形成了元范畴统领的子范畴:审美人生、审美生境、生存美感等;形成了子范畴关联与层层生发的生态美学概念网络,如生态范式系列的依生、竞生、共生、整生;审美生境分化的生态美、生态美形式、生态和谐;生态美形式分化的生态线性有序、生态失序、生态非线性有序;生态非线性有序分化的耦合对生、动态衡生、良性环生等。这一话语体系的形成,使生态美学得以进一步成立与发展。他还探索了这一话语体系形成的独特路径:从生态视角发掘与重组原有美学范畴的意义;从生态结构与关系、生态规律与目的、美的规律与目的的整生中形成生态美学范畴;在以万生一中形成生态美学的元范畴;在元范畴的以一生万中形成生态审美的范畴网络;这就实现了方法与理论的同步创新,使概念范畴的生发建立在科学规律的基础上。

(三)形成了对自身研究的承接与超越

鼎生对生态美学的研究,是按照学科的构成规律,一步一步推进的。2002年,他在中国大百科全书出版社出版了《审美生态学》,探讨了审美场走向生态审美场的逻辑行程,做了一些理论生态美学的基础性工作。2004年，他和黄秉生教授主编并出版了《民族生态审美学》，探索了民族生态审美的特殊规律，进行了应用生态美学方面的研究。2005年，他在人民出版社出版了《生态视域中的比较美学》，揭示了中西美学耦合并进，经由古代客体美学和近代主体美学，共同走向现当代生态美学的历程，形成了历史生态美学的成果。几年来，他在繁重的教学管理工作之余，绕生态美学领域一圈：从理论生态美学经由应用生态美学，走向历史生态美学。正如他自己所说，这本《生态艺术哲学》，又回到了理论研究的新起点，形成了超循环研究。他的《审美生态学》，以生态审美场为逻辑发展的终端，《生态视域中的比较美学》，以生态审美场为历史进程的终点，这本《生态艺术哲学》以前述二书的结尾为开端，展开了生态审美场逻辑与历史统一的行程：在艺术审美生态化中形成生态审美场；在生态审美艺术化中，发展出生态艺术审美场；在艺术审美天化中，依次生发天性、天态、天构艺术审美场，形成天化艺术审美场系列。这就形成了承接与超越自身以往研究的成果，在理论、历史、应用三大领域的关联中，系统地建设了生态美学学科。

鼎生的生态美学研究，追求理论创新。他认认真真做人，老老实实做事，扎扎实实著书，不张扬，不炒作，一步一个脚印地在科学的道路上探索，一切让事实说话。这就为他的创造奠定了人格基础，同时也赢得了学界特别是老先生们的赞许，有了友好的学术环境，形成了可持续发展的潜能。我期待着鼎生的研究境界更宽阔，研究成果更丰硕，并继续沿着独创、原创和系统创新的路子走下去。

目　　录

前言:生态美学的三大定律

生态美学与以往美学的不同之处有:整生研究的学术范式;消除审美距离、突破审美时空局限、化解审美疲劳所形成的审美自由;以生态审美场为元范畴生发的话语体系等。这些审美优势和学科特质的生成,特别是它取得当代美学主潮的资格,形成当代基础美学的地位,凭借的当是三大定律:艺术审美生态化、生态审美艺术化、艺术审美天化。

审美系统整生化,是生态审美的总体规律。隶属于它的艺术审美整生化,概括了上述三大定律,成为审美场的生态化与艺术化递次生成,耦合并进,共趋天化的过程与方法,成为生态审美场特别是生态美学生成、发展、提升的整体规律,成为整生研究学术范式的理论来源与生发依据。这就提炼出了生态美学的理论总纲,凝练成了这一学科系统生发的本质规定性,从根本上使它得以成立,得以自立于人类学科之林,得以区别于其他形态的美学和别的学科。

这一整体规律特别是所属三大定律,在审美系统整生化的框架里,展开了本书的理论骨骼,展开了本书的逻辑发展图式,成了浓缩的生态艺术哲学本身。

一、艺术审美生态化

艺术审美生态化,是艺术领域和生态领域复合、艺术审美活动和生态活动结合、艺术审美场和生态场对生的过程与方法。它是生态审美的形成规律，是从动物与人类审美发展历史中概括出来的生态美学定律。它是生态审美场的形成依据，是生态美学得以形成的背景，更是生态审美场和生态美学的生成路径及生成图式。

1. 艺术审美生态化的基因

人类审美有生理因素，也就不能排除动物祖先的基因。动物审美，提供了人类生态艺术审美的悠远源头和生物学基础。澳大利亚丛林中的雄性"精舍鸟"所造精美的鸟舍，门口插有蓝色的长羽毛，墙壁涂抹植物的汁液，一派绚丽而自然的艺术性装饰，以吸引雌鸟前来成婚。在动物那里，这类在艺术审美中"嫁娶"的现象较为常见。它在审美源头方面，呈现出这样的意义：动物的审美是生态艺术性的，多在繁殖时节发生，与其自身的生产结合，过后即淡出，形成局部的审美生存。

2. 艺术审美生态化的原型

早期人类，在对动物审美的承接中，发展了艺术审美生态性。原始先民的艺术活动，或在劳动中进行，或在宗教巫术文化活动中展开，形成局部形态的艺术审美生存化。其量的不足显而易见。其质的不高，一则在于它没有纯粹艺术的源头，未能秉承纯粹艺术的精神；二则在于它缺乏科学的支撑，未能深含生态规律。艺术审美生态化的量增质随，以艺术走向独立为前提，以生态文明为基础。

3. 艺术审美生态化构成生态审美规律

伴随生态文明的进程，艺术走向独立后，既有了纯粹审美的艺术，又发展了与生产劳动及其成果结合的实用艺术，两者相生互长。实用艺术支撑纯粹艺术，为其提供原生态的审美资源。纯粹艺术提升实用艺术，向其给出不断创新的审美规范。欣赏、批评、研究、创造纯粹艺术的审美活动,主要发展审美质。它探索、总结、升华与时俱进的审美规律,使自身和审美活动整体不断进入新的境界,跃上新的平台。创造、欣赏、批评、研究实用艺术的审美活动,主要发展审美量。正是它们的协同,使艺术的审美活动从纯艺术的天地向亚艺术、非艺术的领域推进,进而向非审美的世界推进,结合生态文明的发展,一步一步地拓展艺术审美的生态化。这就显示了生态审美的形成与发展规律:纯粹艺术的审美精神与审美规律,贯穿于实用艺术中,展开于其他形态的审美文化中,实现于一般的实践活动中以及日常生活中。这一在人类审美历史中形成的规律,成为生态美学其他规律生发的前提,奠定了生态美学的基石。

4. 艺术审美生态化是生态审美场的生成规律

艺术审美生态化,表现为艺术审美场向生态场生成,表现为艺术审美场在向生态场的逐层生成中,生发生态审美场。

这种生发,是艺术审美的规律与价值跟生态规律与价值的统合化和整生化。真、善、益、宜的价值依次生发与累积的程序与图式,决定了艺术审美场首先向科技生态场生发,使艺术审美的规律与价值和科技之真的规律与价值相生互长,统合为一,形成科技生态审美场。

文化趋善。离真失善,循真成善,善以真为前提,文化以科技为基础发展。艺术审美场经由科技审美场与文化场结合,所生成的文化生态审美场,也就有了艺术的美与真善的美统合、美的价值与真善的价值并进的整生性。

实践生益。人类的功利实践活动,循真向善成益。益有真善内涵,方能生美。艺术审美场以科技、文化审美场为中介,走向实践场,进而形成的当是艺术的美与真善益的美相生互发、美的价值与真善益的价值统合并进的实践生态审美场。

日常生存求宜。美真善益成就宜。日常生存审美场,作为艺术审美场经由科技、文化、实践审美场向日常生存场的生发物,有着艺真善益宜的美质整生和美真善益宜的价值整生所形成的系统质,有着生态审美场完整的本质规定性。

艺术审美场逐层走向生态场,实现了生态审美场量与质的整体生成。这是生态审美场质随量走的聚形,即质、性、构、貌系统生成的聚形。

艺术审美生态化多维立体地展开,构成生态审美的规律系统:艺术对象与生态对象的统一,形成生态美、生态和谐、审美生境;艺术主体与生态主体结合,成为生态审美者,构成审美人生;艺术审美关系与生态关系合一,形成生态审美关系;艺术审美活动与生态活动复合,形成生态审美活动;艺术审美自由和生态自由融会,形成超越审美时空局限、审美距离局限、审美疲劳局限的生态审美自由;艺术感受与生态感受贯通,形成生存美感。这种种相互关联的生态审美规律,都基于艺术审美生态化的定律,都是它的逻辑分化,从而一起构成了生态审美场全面生成的根由与依据。也就是说,这种种生态审美的规律,统一于艺术审美生态化的定律,构成了生态审美场的历史生成图景与逻辑生成态势。

生态审美场是生态美学的整体对象与元范畴,它在艺术审美生态化中初成,意味着生态美学的基本成立。

作为艺术审美整生化的初步形态和基础形态,艺术审美生态化实现了艺术美与真善益宜之美相生互发的整生性,形成了美的价值与规律和真善益宜的价值与规律统合共进的整生性。这就构成了生态审美艺术化的前提,构成了生态审美场和生态美学发展的基点。

二、生态审美艺术化

艺术审美生态化,一方面是量走质随的,生态审美量拓展到哪里,艺术审美质就生发到哪里;另一方面又是量长质减的,生态审美量的增加,相应地形成了艺术审美质的弱化。生态审美艺术化,作为审美系统整生化的第二个环节,作为艺术审美整生化的发展形态,也就应运而生,成为解决这一矛盾的机制。生态审美艺术化,是生态美走向生态艺术美、审美生境走向艺术生境、审美人生走向艺术人生、生存美感走向诗化的生存美感、生态审美场走向生态艺术审美场的过程与方法。

在艺术审美生态化中形成的科技、文化、实践、日常生存审美场,依次向初始层次的艺术审美场生发,构成了生态审美艺术化的路径,形成了生态艺术审美场。这是生态审美场保量升质的聚形,是使各种审美形态的质平衡生长的聚形,是使艺术的审美价值与规律和真善益宜的审美价值与规律共同走向生态艺术的审美价值与规律的聚形,是使艺术、科技、文化、实践、日常生存审美场共同走向与构成生态艺术审美场的聚形。

生态审美艺术化有诸多具体的模式,均聚焦生态艺术审美场的生发。生态美由主客体潜能的对生性自由实现,走向人与生境潜能的整生性自然实现,形成了生态艺术美。生态美形式由生态线性有序,经由生态失序,走向生态非线性有序,形成了生态艺术形式美。生态和谐由依生之和,经由竞生失和,走向共生之和与整生之和,形成生态中和与生态大和的艺术生境。日常生存、实践、文化、科技审美者,依次走向艺术审美者,实现审美人生向艺术人生的发展。艺术人生与艺术生境整合了种种生态审美艺术化的成果,在对生中生发了诗化的生存美感,构成了生态艺术审美场。

艺术、科技、文化、实践、日常生存审美场,在共生生态艺术审美场的同时,成为生态艺术审美场的五大具体形态。它们各据生态位,形成良性环生的圈态运动,形成整生化的生态艺术审美场系统。

艺术人生与艺术生境对生,生发了生存美感形态的、现实形态的、理论形态的生态艺术审美场。三者相生互发,在理论形态的生态艺术审美场的调控与导引下,逐步走向同式运转,达成立体良性环进,趋于三位一体的大成境界,显示了生态审美文明系统的整生化。

生态审美艺术化,在艺术审美生态化的基础上,实现了真、善、益、宜的审美质向生态艺术审美质的生长,实现了真、善、益、宜的生态审美价值与规律向生态艺术的审美价值与规律的发展,实现了纯粹艺术审美场与真、善、益、宜的生态艺术审美场良性环行的整生化,实现了三大生态艺术审美场复合环进的整生化,发展了艺术审美整生化的本质,成为艺术审美整生化的提高形态。

三、艺术审美天化

生态审美艺术化,形成了生态审美和艺术审美的同一性,搭建了更高形态的艺术审美整生化的平台。在这个平台上,艺术审美生态化和生态审美艺术化统合并进,构成了生态美学的第三大定律:艺术审美天化。艺术审美天化,形成了艺术审美整生化最高层面的本质规定性,形成了它的最高隶属度。也就是说,艺术审美天化将艺术审美整生化的质域拓展到了临界点,意味着艺术审美整生化的完整生成。生态审美三大定律的依序生成和生态审美整体规律的完备形成有着同步性。生态审美的三大定律是生态审美整体规律的展开形态。

　　艺术审美天化的行程,表现为生态艺术审美场从追求天性,走向天态,趋向天构,形成递次发展的天化审美场系列,涌现最高形态的天化审美场的过程。艺术审美天化,构成生态艺术审美场生态的质与量和艺术的质与量,在耦合并进中齐趋高端,达成整生化结构的聚形,即整体天化的聚形,构成生态美学或曰生态艺术哲学的逻辑终结。这两个方面的艺术审美天化,构成了艺术审美整生化的最高本质。

　　1. 生态审美的最高定律

　　艺术走向独立后,人类审美的生发,从艺术审美走向生态审美,再由生态审美走向艺术审美,最后走向生态审美和艺术审美耦合整生,形成了正反合的辩证生态历程。与此相应,人类的审美场,也由艺术审美场走向生态审美场,再由生态审美场走向生态艺术审美场,最后走向天化审美场。天化审美场,是生态审美三大定律的结晶,是艺术审美整生化的结果。

　　艺术审美天化,呈现出如下发展环节:大众文化初成天性艺术审美场。由行为艺术、环境艺术走向天态艺术,构成天态艺术生境,与相应的艺术人生对生,生发天态艺术审美场。天化的艺术生境结构与天化的艺术人生结构对生,形成质量互进的动态平衡的全球甚或宇宙良性环进的天构艺术审美场,即最高的天化艺术审美场。

　　生态审美场只有经由生态艺术审美场,发展出天化审美场,发展出天化审美场的最高形态——天构审美场,才有天性、天量、天质的整生性结构,才有天式良性环进的整生性运动,才有完整而系统的本质规定性,才能成为生态美学收万成一的整生对象,才能成为生态美学包容各级子范畴的元范畴,才能成为浓缩的生态美学体系。天构艺术审美场凝聚了艺术审美天化的成果,是天化艺术审美场的最高形态,可以代表天化艺术审美场,可以特称为天化艺术审美场;天性、天态艺术审美场,表征了艺术审美天化的相应环节,显示了艺术审美天化的相应程度,可以和天构艺术审美场一起通称为天化艺术审美场。

天化艺术审美场,显示了生态审美的最高定律,隐含了生态审美的前两个定律,也就凝聚了生态审美的三大定律,成为艺术审美整生化的集中形态与最高形态,成为生态审美场历史和逻辑统一发展的最终成果。

2. 艺术审美天性化

天性,是艺术本性和生态本性的结合形态,是生态艺术特别是生态艺术审美场业已初步提升的本质属性。艺术审美天性化,是艺术本性与生态本性耦合并进,趋向天态的过程与方法。一些大众文化在生态文化性与艺术审美性的统合发展中,经历了这一过程,实践了这一方法,生发了天性艺术审美场的特质。

大众文化是跟人民群众的日常生活紧密相关的审美文化,它使艺术形态的审美文明,走向大众的日常生活领域,在文化艺术审美质与日常生活审美量两相结合的拓进中,强化艺术与生态向天然境界的共进,和生态审美场的天化走向更为一致。

大众文化的最终目的,是在生发艺术天性中,成为旨趣天然的生态艺术,形成情韵天然的生态艺术审美场。这就要达到艺术的天性与生态天性的统一,在以天合天中,走向天性艺术。其艺术性,要体现和对应制作者、消费者的审美天性,其生态性,要适合消费者与制作者以及生态系统的生态规律性和生态目的性,即生态本性,进而达到两种天性的统一发展,生发天性艺术审美场。

3. 艺术审美天态化

天态,是生态艺术审美场质量互进的高端目标。天态,是生态艺术审美场形成天量与天质的表征,是其全面走向天化的量态与质态,是显示与标识其天化程度的质点与质眼,是其从天性走向天构的中间态。

天态,于艺术来说,首先是一种最高的质态,是艺术浓后之淡、巧后之拙、绚丽而后质朴的化工境界,是艺术从自律的自由走向自然的自由的境界;其次是一种最大的量态,是艺术从独立而局部存在的领域,走向整个生态领域和生态系统的形态。天态,于生态来说,也首先是一种最高的质态,是依乎本性、实现潜能的本真形态,是合乎生态系统的规律与目的而自由自然发展的状态;然后是一种最大的量态,是生态覆盖整个存在领域、走向整个地球空间的形态。天态,于生态审美场来说,是艺术的质与量和生态的质与量相生互发,齐头并进,高端统合的形态。这就深刻地体现了艺术审美生态化与生态审美艺术化耦合并进的规律,即生态审美场的整生规律和生态审美场的天化规律。

4. 艺术审美天构化

天构,即天化结构,指生态艺术审美场所形成的天性、天质、天量的整生化结构,整生化运转的结构。它是艺术审美天化的集大成形态,是艺术审美整生化的典范形态。

艺术审美世界的天构化,是艺术与生态共同趋向天然整生境界的过程与方法,是天性天质天量的艺术与天性天质天量的生态对应耦合地走向整生化结构、整生化运动的过程与方法。它形成了立体环进的艺术人生的天化结构与艺术生境的天化结构,进而形成了生态艺术审美场立体环进的天化结构。理想的天构艺术审美场,即天化艺术审美场的最高形态,是天式运转的全球立体环进的生态艺术审美场,特别是天式运转的宇宙立体环进的生态艺术审美场。后者是艺术审美天化的极致,是审美场天化的极致。

从生态艺术审美场走向天化审美场,有着内在的必然性。生态艺术、生态艺术审美、生态艺术审美场,有着天性、天态、天构的背景与基础、潜能与向性。它的天化,也就成了实现生命本然要求、展开生命自然趋向的活动;也就是一种自由自然地生发天性、形成天态、生成天构的过程与方法;它的天化图式,也就成了从天性、天态审美场,走向天构审美场的程式。反过来说,天性、天态、天构审美场,也就成了生态艺术审美场递次天化的阶段性成果和最终成果。

5..审美文明和生态文明耦合并进的结晶

生态艺术审美场的天化,是审美文明的发展使然。审美文明从生态性艺术审美肇始。动物祖先跟生殖关联的生态性艺术审美场,成为人类审美文明的前奏。跟生产劳动和巫术文化关联的生存艺术审美场,开启了人类审美文明。这两者均属依从于天的生态性艺术审美,只不过前者依从自然之天,后者主要依从神化之天。其后,纯粹艺术活动、实用艺术活动、非艺术审美活动形成的审美场,发展了人类的审美文明。纯粹艺术活动是这一时期人类审美文明的核心与灵魂,它统合了其他审美活动,构成了艺术审美生态化的总体格局,历史地形成了生态审美场。进入当代,审美场沿着生态审美艺术化的轨道发展,艺术审美逐步进入整个生态审美场,逐渐生成生态艺术审美场。艺术审美生态化与生态审美艺术化耦合并进,使生态艺术审美场呈天态运转,立体环进,可实现向远古依从于天的生态性艺术审美场的螺旋式复归。这是一种天性、天量、天质集于天构进而立体环进的超越式复归,标志着人类审美文明发展的最高目标。从上可见,艺术审美像一条红线一样,贯穿了审美文明的整个发展历程,是审美文明发展形态与发展程度的表征。它与生态审美的结合与并进,也贯穿了自然与社会审美历史的全过程,并依次形成了生态审美的三大定律,构成了生态审美的整体规律,完善和丰实了生态审美的总体规律。生态审美场的天化,也就有了历史全程全域的系统生成性。

从更为广阔的视域看:生态审美的三大定律和整体规律以及总体规律,是审美文明史和生态文明史耦合并进的结晶;生态美学或曰生态艺术哲学以及生态美学学科,是审美文明史和生态文明史对应发展的集大成者。在审美文明史和生态文明史的耦合并进中,形成生态审美场,发展生态艺术审美场,走向天化艺术审美场,是谓艺术审美整生化。生态美学依次生发的三大定律,是艺术审美整生化的逻辑结构与理论图式,是审美系统整生化的主干形态。

四、当代美学高原上的生态美学

凭借上述三大定律,凭借三大定律共成的艺术审美整生化的整体规律,生态美学形成了当代生态审美文化最为突出与集中的特性,得以进入当代美学高原,得以融入当代美学主潮,进而成为其潮头。

美学高原,是诸多具备美学当代性的学科共成的学术前沿。也就是说,当代美学的学术前沿,不是某种美学的孤峰独峙,尽领风骚,而是由诸多具有审美生态性的美学共成的学术高原。它们是:后实践美学、生命美学、审美人类学、文学人类学、艺术人类学、大众文化、环境美学、生态批评、生态美学等等。它们虽有中外之分,本质差异,然均主张与追求审美化生存,然均强调与凸现生态和谐,然均趋向与发展生态审美文明,从而形成了生态审美文化的共性。它们从不同的坡面,沿着不同的路径,登上当代美学高原后,在相互兼容、相互包含、协同并进、整体发展中,形成了当代美学主潮。

上述美学形态,在共具审美生态性的前提下,在同属生态审美文化的框架里,大都存在着两方面的差异,从而既形成了对话与交流、互补与共生的空间,同时也见出了主潮与潮头的分野。

差异之一:它们有偏重于主体审美化生存和偏重客体审美化存在之别。后实践美学、生命美学、审美人类学、文学人类学、艺术人类学基本属前者,环境美学、生态批评倾向后者。

差异之二:它们有不同平台的局部与整体的生态审美化的区分。这里有两种情况:一种发生在偏重于主体审美化生存的美学形态之间。后实践美学在拓展主体感性审美生存的同时,仍然偏于主体理性的审美生存,生命美学强调个体生命全程全域的审美存续,审美人类学和文学人类学、艺术人类学追求族群和人类历时空的审美生存和艺术化审美生存,主体的审美生存似乎形成了从局部到整体、从一般的生态审美到生态艺术审美的发展性。另一种发生在大众文化和生态美学之间。大众文化追求大众日常生存时空的审美化和大众日常生活审美化的统一,局部地形成主体的审美生存和客体的审美存在相生互发的格局,生态美学则力主实现人的审美生存和生境的审美存在全时空地艺术化耦合并进,最终形成天化艺术审美场。从以上的比较可以看出,生态美学在人的审美生存和生境的审美存在的对应发展方面,形成了全时空审美的最大量态和天化艺术的最高质态的统一,形成了艺术审美整生化的主张,成为审美生态性最为突出的典型,成为当代美学高原的当然代表,成为当代美学主潮的当然代表。

　　生态美学成为发育最为齐全的当代生态审美文化,在于它广泛地吸纳融会了上述诸种美学形态的审美化生存特质,形成了系统而高级的生态审美性,占有了美学当代性的最高隶属度,成为当代生态审美文化主潮的前端。

第一编　艺术审美生态化

艺术审美生态化,拓展审美结构,促其整生,形成审美场;继而使审美场与生态场对生,形成生态审美场;再而凝练升华出生态范式,导引生态审美场,经由艺术化走向天化,形成生态艺术哲学。

第一章　审美场

凡是有理论张力的范畴,大都可以从不同的视角与平台持续探索,形成耦合并进的历史生态和逻辑生态,形成理论谱系。审美场就是如此。20 世纪 80 年代以来,中国美学界对它的研究,从微观的艺术欣赏方式的概括,经由中观的美学模式与宏观的美学原则的追寻,目前正走向统观的美学原理的升华,展示了研究视域和学术境界对应发展的梯次性。

随着内涵的提升,审美场有了美学元范畴意义,成为美学整体对象,成为生态艺术哲学的逻辑前提。

第一节　审美场生长为美学总范畴

审美场的多重理论蕴涵,在相应的研究平台上展开。研究平台不同,审美场的理论境界各异,两者有着交互推进性。探索研究平台的构成与发展,是把握审美场境界生发的理论准备,是把握这一范畴如何通过一步一步的发展,最后成为浓缩态美学整体的关键。

一、研究平台

研究平台是学人凭借研究视域的关联聚合所形成的学术架构。它是认知框架,也是学术范式,还是理论结构,是认知框架与学术范式重合后,向理论结构的化入。研究平台的跃升,反映了学人认知框架、学术范式与理论体系的同步发展。研究视域不同,特别是研究视域关联聚合的方式不同,形成不同架构的研究平台。

研究平台跟研究视域的宽广度有关,更与研究视域的构成维度有关。单一维度的研究视域,尽管非常宽广,也只能形成平面构架的研究平台,展示单向逻辑运动的理论风景。研究视域的构成维度越多,关系越有机,就越能形成异质共生以及多质整生的理论境界,就越能包蕴整体的规律和整体的规律系统,就越能形成高层次的研究平台。

研究平台还跟研究视域的关系向度有关。各研究视域的关系向度,越是呈现出双向往复和多向往复的态势,在对生中形成的结构聚力与结构张力越大;越是交互推进,就越能形成富有弹性时空的多样统一的学科结构,就越能形成高品位的研究平台。

研究平台有着实事求是性。研究平台既不是系统发育形成的"原型",也不是某种先验的"认知图式",而是学人的思维路线、思维程序、思维结构,与事物的生成途径、组织程式、生态构造耦合对生的产物,是人的思维方式与对象的生成态势共生的研究模型。它作为客观实在性与主观能动性的统一体,凝聚了对应发展的思维逻辑与生态逻辑,成为物态化的构架性的学术逻辑。实事求是性,显示了研究平台成为学术逻辑构架的路径。

研究平台有着生态发展性。生态进化的台阶性,与人的认识的梯次性,形成了对应发展的历史环节性,其共生物研究平台,也就形成了持续提升的层次。具体地说,它从单质平面的架构形态,经由多质界面结合的立体架构形态,抵达系统对生的架构形态,现正走向立体推进的架构形态,并形成了相应发展的学术体系。这种发展,显示了研究平台历史生态和逻辑生态统合推进的规律。

研究平台生发了具体形式和抽象形式的对生性。研究平台本来内在于学术体系,跟理论框架同一,是理论体系的形式。从理论的具体走向理论的抽象,是逻辑的内在张力使然,它使研究平台脱离原生结构,脱离相应的理论内容,成为一般的思维框图,成为普遍的结构性思维形式,生成规范和引导学术研究的普适性。这种普适性的学术形式,形成为具体学科理论结构的形式,重新成为与学术体系同一的形式。这就形成了具体形式和抽象形式的双向对生性,拓展与提升了研究平台作为学术规范的价值与意义。我从比较文学的体系发展中,抽象出递次提升的研究平台,再具体化为审美场体系的生发格局。这就使研究平台从某一具体的理论形式中超越出来,成为一般学术形式和各种具体学术形式的统一体,内涵与外延得到了同步增长。具体形式与一般形式的双向对生,构成了研究平台的生发规律,构成了它的学理价值和应用价值的相生互长。

二、研究平台的跃升

随着研究平台的有序跃升,学术探索往往从技巧的层面,跃上技术的层面,跨越科学的层面,进入哲学的层面,实现方法品质和理论境界的相生互进。

1.单质平面构架的研究平台

一个学科在其草创时期,往往形成这种微观视域的研究平台。像比较文学开始形成的时期,法国学派提出的影响研究,就如是。他们主张比较文学在不同语言的文学间生成,探询的是法国文学影响他国文学、欧洲文学影响其他地区文学的单一流向。研究的视域较窄,维度单一,关联形态单一,关系向度也单一,显示的是单向线性的因果关系。在这样的研究平台上，发现的常常是单一的、局部的、浅层的规律，难以形成规律系统。近代的学术，受形而上学的思维方式与学术范式影响，常常形成这种研究平台。

2. 多质界面构架的研究平台

这种中观视域的研究平台，对研究对象进行多维度的探索，形成多方面的视域，搭成多界面结合的立体构架。在这样的构架里，同一界面和不同界面间双向往复的因果关系向度，形成质的聚力与张力的协调发展，理论体系走向多方位创新。它对单质平面架构研究平台的发展，体现在两个方面，一是从单一维度的研究，走向多维度的关联性研究，多方位拓展了结构性研究视域。二是从单向线性因果研究，走向互为因果的研究，揭示了研究对象的辩证联系，结构性研究视域更为整一。像比较文学从影响研究进入平行研究，美国学派指出：文学比较不仅可在不同语言的文学间进行，也可在同一语言的文学间进行，还可在文学与艺术、文学与文化、文学与科学间进行。他们更主张不同文学间的影响是双向展开的，是相互促进的。他们还认为没有影响关系的文学之间，也可进行比较研究。这就使得比较文学的研究平台，因多维度的关联性研究，形成了多质界面的立体构架，形成了张力与聚力同步推进的弹性构架。

3. 系统对生构架的研究平台

多质界面构架的研究平台的进一步发展，可形成系统关联构架的研究平台，即大立体构架与小立体构架对生的平台。多质界面架构的立体平台，构成了一个系统。将它置于整体系统中，既拓展了关联性研究视域，使小系统获得了与大系统的关系质，获得了大系统的整体质，使局部规律潜含并关联了整体规律，具备了更高的真理性和更大的理论张力，又使得小系统的全体与局部跟所属整体系统形成了多向往复的因果联系,形成了多元张力与聚力同生共长的开放性架构。跟多元界面构架的立体平台相比,系统关联构架的研究平台,实现了具体系统视域和整体系统视域的多方位融通,实现了小系统与总体系统多元对生的结构。比如,比较文学从平行研究走向系统研究后,就形成了世界文学与比较文学的格局,形成了系统关联构架的研究平台,从而做到了在世界文学的大趋势、大走向中,探求相关民族的文学在相互影响中共同发展的规律,以及与世界文学整体互为因果的规律。这就实现了对此前比较文学的超越,实现了研究平台的跃升。

4. 立体推进架构的研究平台

处在整体关系中的立体架构的研究平台,于整体周流与网络关联中形成有序的历史发展,从而升华为立体推进构架的研究平台。拿第三个平台和第四个平台相比,后者和所属整体的关系,有着协同并进的纵向发展性,并在这种纵向性协同发展关系中,交织着网络关联、整体周流的关系。也就是说,它与所属整体构成了纵横双向的整生性关系。再有,后者内部各维度之间的关系,也从双向往复的对生关系发展为网络关联、整体周流、立体推进的纵横双向的整生关系。显而易见,后者在内外纵横中,构成了统观形态的研究视角,研究视域呈四维时空展开,显示了研究对象与学科体系系统生成、系统生存、系统生长的整生结构、整生关系、整生运动、整生规律,因而更具整体科学性。

第四个平台,也可叫做统观整生的平台。统观整生,是生态系统在纵横网络生发的基础上实现的四维时空的生成性、生存性、生长性。它是自身系统网络关联、整体周流的横向整生与立体推进的纵向整生的统一,更是自身系统与所属大系统网络关联、整体周流的横向整生与双方协同立体推进的纵向整生的统一。正是在这种统一中,生成、发展与提升了统观整生。它是构建当下最高学术平台的规律,更是揭示研究对象四维时空的运行态势,构建活态学科体系的规律。揭示研究对象的规律,是科学研究的任务,第四个研究平台,将研究对象置于统观整生的格局中,使所研究的小道进入中道、大道、整道的运行中,使小道具备中道、大道、整道的特性,使小道潜含着中道、大道、整道,使小道与中道、大道、整道系统整生。这样,学科研究所探索的小道,就不仅仅是小道,而是与整道运行的小道。用这样的小道指导相应的实践,就会使局部规律与整体规律相和相生相长,使个别性规律与特殊性、类型性、普遍性、整体性规律以及规律系统相和相生相长。就会使局部性的实践活动与生态活动,成为人类整体的实践活动与生态活动乃至天人整体运行的总体生态活动的有机成分。就不会出现人的活动,从局部看和当下看,是合规律、合目的的;从整体看和长远看,是不合规律、不合目的的;从统观整生的全域全程的四维时空看,是反规律、反目的的情形。

　　人道、社会之道、自然之道、天人整生之道的一体运行,只有在统观整生的研究平台上才可能探询与发现。而只有发现与遵循跟整道运行的小道,才能使与此小道对应的实践活动和生态活动,既合局部规律与局部目的,也合整体规律与整体目的,还合总体规律与总体目的,获得完备的实践自由与生态自由以及学术自由。

　　微观研究的平台在局部研究的视域中,形成的是单质平面的单向因果联系的架构;中观研究的平台在小系统研究的视域中,形成的是多维界面的双向因果联系的立体构架;宏观研究的平台在小系统与大系统一体化的研究视域中,形成的是与整体多向往复联系的立体构架;统观研究的平台在对整生化系统环揽通透的研究视域中,形成的是处在大系统运动中的网络联系、整体周流、立体推进、四维时空发展的生态构架。研究平台的发展,带来了研究视域的发展,以及研究视域内部关系的发展,最终带来了理论体系的发展,特别是理论体系所包蕴的规律与规律系统的发展。

研究平台的发展,显示了历史生成性。序列生发的研究平台,逐级地增长整体性,逐位地提升系统性,成为整生结构递进性生成的历史形态。立体推进架构的研究平台,则是业已长成的整生结构,是此前研究平台按序生长的当下结果。

包括美学在内的各种学科,包括审美场在内的各种范畴,都可进入以上逐位生发的研究平台,在所对应的理论格局中逐步推进,在所对应的理论背景和方法背景中顺序生发,以显示系统生成的轨迹,以展示系统生长的规律。也就是说,上述研究平台的逐位生发,形成了学科体系与理论范畴的整生规律。任何学科体系与理论范畴要实现系统创新,必须符合这一规律。

三、审美场递次升华为美学总范畴

联系以上研究平台的发展和理论格局的提升,探索审美场的理论生长,也就有了学术生态规律的支撑,有了学理依据,从而潜含了普遍的意义。

在微观研究的平台上,人们已经得出了审美场是主体审视时空之美、进入时空美境的看法。这属于单质单向的平面构架的研究。进而,有理论家认为:审美场是物我同一所共生的审美境界。我写过一本《审美场论》的书,将审美场界定为:主客体相吸相引、相聚相合、相融相会、同构同化的最佳审美现象。① 这进入了多质界面的立体平台，形成了双向因果的共生研究，构成了张力与聚力并生的弹性构架。这种微观与中观的审美场研究，有着前后关联、步步递进的意味，反映了科学发展环环相生的规律，并共同成为一般审美场的宏观研究甚或统观研究的基础。

封孝伦博士把审美场的研究，推向了系统关联与对生构架的宏观平台。他在《20世纪中国美学》一书里，用审美场来表征一个时代或时期的审美背景，阐明审美思潮的生成机制，② 可谓揭示了一般审美场重要的本质侧面。他首先超越具体的审美活动的技巧性与技术性探索，将审美场的研究从微观和中观的境界，提升到宏观的境界，揭示了作为大系统的时代情感氛围对所属小系统审美思潮的影响，阐明了前者牵引制导后者发展变化及双方相互生发的规律。这种宏观的系统关联与对生的审美场研究为统观境界的审美场研究做了准备，提供了启示。

宏观研究是对整体的把握，特别是联系所属更大系统的某些侧面所作的整体把握。它是统观研究的直接前提，并可成为统观研究的有机成分。对审美场多维度的宏观研究作生态关联，有助于走向审美场的统观研究。从宏观走向统观，是研究视域和研究方法的转换，即从以大生小和以大观小以及大小互生和互观的系统观，走向了四维时空发展的立体整生观。视域和方法统一的统观整生研究，是对横向网络关联的纵向持续推进的整生对象，作环揽通透式的总体把握，即纵横双向的整体周流的把握。这是一种系统生成与整体生

① 参见袁鼎生:《审美场论》,广西教育出版社1995年版,第9页。
② 参见封孝伦:《20世纪中国美学》,东北师范大学出版社1997年版,第13页。

长的大生态研究,不是诸种宏观之量的简单集合。诸种宏观的集合,只能造就大宏观。只有诸种宏观依据一定的生态程序,系统生成、整体生长,才能构成统观。统观是整体生成、整体生存与整体生长的生态观,即纵横网络关联四维时空发展的整生观。整生是生态学的最高规律,也是统观的根本特征。统观与整生有着同构性。

从宏观到统观,有着内在的向性和逻辑的必然。统观整生平台的审美场研究,也就继系统关联与对生的宏观审美场的研究兴起了。在《审美生态学》一书中,我曾尝试对审美场做了高视角、全视域的统观探求,得出过一些具有整生研究意义的初步见解,如认为审美场是一定时代的审美范型通过同化审美氛围所范生的审美文化生态圈。[1] 随着认识的深入,我发现审美场是由审美活动、审美氛围、审美范式三大宏观层次双向对生所形成的整生结构。这就超越了自己此前的观点,应该看做是承接中的发展。

审美场包含着序列生发的研究平台,是多重结构的统一。它的每一层大结构,组成一个宏观视域,显示了整体某一方面的本质。结构与本质相生共进。通过对审美场三大结构层次相互关联的网络生态关系的全面揭示,深化对其多层面本质和整体本质的统观研究,当可形成一般美学和历史美学完整的可持续拓展的逻辑蕴涵。

统观整生的审美场,在诸种宏观结构层次双向往复的对生关系中整体生成与发展。双向对生关系是统观审美场最重要的整生关系,是上述诸种宏观结构层次不断具备与增强统观整生质的机制,因而是统观整生构架的审美场生成、完善、发展、提升的最为重要的机制。

---

① 　袁鼎生:《审美生态学》,中国大百科全书出版社2002年版,第100页。

　　统观整生构架的审美场不是一蹴而就的。它随着整生关系历史地逻辑地展开,逐位生发,系统生成。良性循环的审美活动生态圈,初成统观整生性审美场;与审美氛围对生而愈发良性循环的审美活动生态圈,构成统观整生态审美场;与审美氛围、审美范式对生,而更趋良性循环的审美活动生态圈,生成统观整生化审美场;与生态审美氛围、生态审美范式对生而最呈良性循环的生态审美活动圈,成为统观整生的审美场。随着统观整生性审美场,经由统观整生态审美场和统观整生化审美场,走向统观整生构架的审美场,统观整生性在深化,统观整生态在凸现,统观整生化在完善,统观整生度在提升,统观整生方法和统观整生对象在耦合并进,学科的总范畴在生成,新的美学研究图式和研究范式在实现、在发展,并为其他领域的科学研究所借鉴、所推广、所完善,并最终被提升为哲学层次的原理态方法,而更加具备普遍适应性。与此相应,审美场也在一步一步地丰实与提升理论蕴涵,一步一步地成为美学体系本身。

　　统观整生的审美场是美学最大的范畴,是一个时代的世界美学的整体范畴,是人类美学的总体范畴,蕴涵着人类审美历史的共同规律和各民族审美的特殊规律,是美学的最高对象和整体对象。一般的美学以统观整生的审美场为总范畴,才会总揽全局,网罗古今,发现人类美学的总体规律系统。

　　统观整生的审美场,对应了一般的基础美学特别是历史美学的逻辑体系,显示了总范畴的意义与特质。在《审美生态学》一书中,我通过审美场的孕生、范生与回生,架构出一般美学的生态逻辑框架。对于历史美学来说,人类审美场本质的研究,构成了它的逻辑总要与系统起点;世界审美场的历史发展,构成了它的逻辑过程;全球化生态审美场的生成,构成了它的逻辑终结。我所著的《生态视域中的比较美学》，被称为历史生态美学，就形成了如上所述的理论框图。一般美学和历史美学的理论构建和审美场的展开均是耦合并进的，均形成了一体两面的动态同一。只不过一般美学的理论构建，侧重与审美场历史化的逻辑生态的展开同步；历史美学的理论构建，侧重与审美场逻辑化的历史生态的展开同步。由于审美场的逻辑生态隐含历史生态，历史生态隐含逻辑生态，所以，不管是一般美学还是历史美学，其理论建构都是和审美场整体的生态运动对应的，只不过具体的对应点各有不同和各有侧重罢了。这说明，统观整生的审美场是表征美学系统结构的总范畴。

在研究平台的跃升中，立体推进构架即统观整生架构的审美场，成为美学研究的总范畴，进而发展成为生态艺术哲学的总范畴。

第二节　审美场生成为美学对象

任何学科都是和研究对象对应发展的，共同经历了从简单到复杂、从低级到高级、从单一到多样统一的历史行程。审美场从一般的美学范畴，成为美学的整体对象，生成元范畴的价值与意义，既源于上述研究平台的提升与理论境界的拓展，还由于以往的美学对象的生发与托举。也就是说，它作为当代美学的对象，是由以往的美学对象逐步发展而来，是由以往的美学对象系统生成的，并成为美学学科走向高端集成整生发展的标志。

美学学科在独立形成时，其对象是单质孤生形态的。尔后，多种孤生对象，在相互联系中成为美学多质集合的群生对象，继而走向整质共生对象，最后成为总质整生对象。正是在美学对象的生态发展中，审美场历史地生成为美学的整生对象。也就是说，审美场的生态发展和美学对象的生态发展有着对应性,并在高端洽合为一,成为美学本身。

一、孤生的美学对象

美学独立伊始,为区别于其他学科,形成了独特的本质规定性,研究对象较为单一。美学家往往把目光聚焦于某个领域,甚至仅仅从一个特定的角度,探索某个方面的美学问题,其美学对象显得集中而精纯,然难以走向多样统一。黑格尔的《美学》,洋洋三大卷,从哲学的角度研究艺术,建构了单纯而整一的艺术哲学。他说:美学的"对象就是广大的美的领域,说得更精确一点,它的范围就是艺术,或则毋宁说,就是美的艺术"。[①] 黑格尔的美学对象观有一定代表性,不少理论家形成了相类似的看法。鲍姆嘉通说:"美学的对象就是感性认识的完善(单就它本身来看),这就是美;与此相反的就是感性认识的不完善,这就是丑。"他认为艺术美是美的主体,"美学……是美的艺术的理论","对于各种艺术有如北斗星"。[②] 车尔尼雪夫斯基这样发问与回答:"美学到底是什么呢? 可不就是一般艺术,特别是诗底原则的体系吗?"[③] 这些主张影响了中国美学界。马奇则更直接明了地说:"我认为美学就是艺术观,是关于艺术的一般理论。"[④] 上述种种看法,多从审美的对象世界着眼来确立美学的对象,视野比较集中,视角比较固定,理论构架在质的精纯中,不缺量的丰富。但这

---

① 黑格尔:《美学》第 1 卷,商务印书馆 1979 年版,第 3 页。

② 朱光潜:《西方美学史》上卷,人民文学出版社 1979 年版,第 297、300 页。

③ 车尔尼雪夫斯基著,缪灵珠译:《美学论文选》,人民文学出版社 1957 年版,第 125 页。

④ 马奇:《关于美学对象问题——兼与洪毅然等同志商榷》,《新建设》1961 年 2－3 月号。

种单质形态的对象,在理论家的概括里,失去了生态联系,沦为孤生意义的对象,难以成为复杂的美学规律的载体,难以形成相互联系的理论世界,真理的质、值、度、量均难及更高的境界。

近代西方的心理学美学另辟蹊径,把审美探索的目光从对象世界移向主体世界,把美学的对象定位于主体的美感,形成了审美心理学构架,不同于美的哲学或曰艺术哲学体系。艺术哲学和审美心理学,不管内容多么丰富和多么具有历史的运动感,见解多么精辟,但因研究对象都是单质孤生形态的,仅仅具备片面深刻的特性。上述诸种单质孤生形态的美学对象,在派系迥异的美学家那里,似乎是相互矛盾、相互对抗、相互解构的,实际上它们都属于完整美学对象的有机局部,有着可兼容性、可关联性、可共通性。这种矛盾的同一性,使它们有了形成多质集合的群生结构的趋向与可能。

一门理论学科,在其初始阶段,常常出现将局部性对象视为完整性对象的情形。其后,诸多局部性对象在相互对立中,凭借上述矛盾的同一性,实现相互对待、相互勾通、相互吸收、相互促成,最后走向相互融会贯通的大和境界,形成多质多层次统一的完整性对象。在学科对象历史发展的过程中,单质孤生结构越是多种多样,越是丰富多彩,相互之间越是矛盾对立,就越发具备发展成为完整学科对象的潜能。也就是说,诸种单质结构,共生完整结构。诸种单质结构之间的多样性与矛盾差异性,是学科对象走向多样统一的基础,是其由孤生走向群生、共生、整生的前提,从而有着生态始基的意义与价值。

单质孤生并具丰富变量与统合潜能的美学对象,是以形而上学以及纵向历史辩证法为哲学基础的,并因此形成片面的深刻性,以及局部的真理性和纵向流变更替的历史发展性。

二、群生的美学对象

诸多单质孤生美学对象,在相互对立与碰撞的生态竞争中,既保持了自己的独立性,又潜生暗长了趋合性,从而形成了隐态的整体对象。它不是某个理论家独立创造的,而是由诸多理论家各自提供的局部性美学对象,潜合暗聚同生共长而成的。中国古代美学的对象就属这种形态。在中国古代美学史上,众多同时与历时的美学家,分别探求了美学的各个方面,研究了美学的所有对象。这些散态的美学对象,有着十分内在的关联性,形成了中国美学广博深邃的隐态整体对象。客观存在的美学隐态整体对象,有一个逐步外显的过程。它外显的第一个阶段,形成了多质群生的整体对象。它是聚合形态的,即把诸种单质孤生的对象,按照一定的顺序,依据一定的联系集结起来,从而在相生互发中,形成一个多质群生的整体美学对象,实现了对单质孤生对象的超越。

群生,是各生命体在相互联系、相互生发中形成的生态运动、生态结构和生态规律。群生是共生的初级形态和基础形态,有着向共生发展的生态必然性。美学对象,由孤生到群生,有一个过渡性环节。在中国 20 世纪 50 年代的美学大讨论中,洪毅然针对单质孤生的美学对象理论,提出了美与美感这一最为简要的有机集成形态的美学对象理论。他说:“美学既要研究自然界与艺术中一切客观现实事物本身的美——即美的存在诸规律,又要研究作为那种美的存在反映于人类头脑中的一切审美意识——即美感经验和美的观念的形成及发展诸规律。”① 这一看法,揭示了美与美感的内在联系与和谐

---

① 洪毅然:《美学论辩》,上海人民出版社 1959 年版,第 14 页。

统一,从而在矛盾事物的集成与同一中,形成了双质聚生的美学对象,有着较高程度的整一性,显示出向多质群生的美学对象发展的潜能。或者说,双质聚生是起始形态的多质群生,它构成了由孤生的美学对象向群生的美学对象发展的中介。这说明,美学对象的生态发展,是环环相扣的,不可缺位与越位。

多质群生的美学对象,在矛盾事物的有机集成与协调统一中,可形成较为完整的理论建构。在洪毅然之后,李泽厚等人提出:美学应该主要研究客观现实的美、人类的审美感和艺术美的一般规律,特别是要研究艺术美,因为人类主要是通过艺术来反映和把握美而使之服务于对自然与社会的改造。这一理论上的设计,影响了王朝闻主编的《美学概论》的美学对象结构,同时也为杨辛、甘霖编著的《美学原理》所借鉴。蔡仪认为:"美的存在,美的认识——美感和美的创造——艺术是美学研究的范围。"[①] 他主编的《美学概论》,就是按照这一设计确定研究对象的。多质集成形态的群生美学对象结构,是按照存在、认识、实践的路线来建造的,是建立在认识论和实践论的哲学基础上的。它通过存在、认识、实践三大环节的展开,形成了一个环环相扣、按序推移的相当有机的完整结构。

多质集成形态的群生美学对象,形成于中国 20 世纪后半叶,并获得完整、有机的结构特性,在相当大的程度上得益于马克思主义的认识论、实践论哲学对美学意识形态的指导。正是凭借这种方法论意义上的或曰思维路线、思维模式上的指导,新中国的美学家对过去诸多单质孤生形态的美学对象的集成,才不是一种简单的拼凑、随意的杂陈,而是一种逻辑框架、理论模式和生态规律三位一体的集成,

---

① 　蔡仪主编:《美学原理提纲》,广西人民出版社 1982 年版"前言",第 4 页。

才是一种主体自觉性与客体实在性统一的集成。这才使得在集成中形成的群生结构,其内在逻辑的按序展开,反映了客观现实的审美发展规律,实现了理论逻辑与现实生态的一致性,从而在实事求是中,形成了较高的真理度。

群生美学对象的形成,是马克思主义美学中国化的成果,也是中国美学对世界美学的贡献。在西方美学对象持续走向主体感性领域、主体潜意识领域、主体心理原型领域、个体主体领域,孤生性畸形发展之际,中国美学对象则在一步一步地往整生性方向发展,表征了世界美学的正确路径,引领了世界美学的潮流。一些美学家在西方美学越来越自言自语时,说中国美学失语了,这显然没有看到中国美学的整生性趋向对世界美学整体走向的预示。

三、共生的美学对象

多质集成的群生美学对象结构,显示了集成体内部生态结构的有序性及与外部审美现实的一致性,在实事求是中,可望生成统一与科学的整生性理论结构。但从更高的要求来看,它还没有发现美学对象结构的系统质,没有提出统领各局部的总概念、总范畴,缺乏更高程度的整体性与系统性,有着发展更高形态整生性的空间。

共生,是各生命体在相互生发中形成整体质的生态运动和生态结构、生态规律。与群生相比,它的整生性更显质高量丰。20世纪80年代以来,系统科学在中国美学界盛行,进而与马克思主义哲学结合,并有机地纳入后者的发展体系,促成了美学对象结构由多质集成的群生形态向系统整质的共生形态转换。著名美学家周来祥教授率先实现这种转换。他在1982年发表的《论美学研究的对象》中提出:"美学是研究审美关系的科学。审美关系作为人与现实对象(自然、社会)的一种关系,它有客观的方面:美的本质、美的形态;也包括主观方面:美感、美感的类型、审美理想;也包括主客观统一产生的高级形态的艺术。也就是说,审美关系包括美、审美、艺术这三大部分。以审美关系为轴心、为中介把这三个方面辩证地统一起来,而不应把美和艺术人为地砍成两橛。"① 他还联系人与现实的理智、意志关系,比较研究了审美关系的本质。周教授的研究成果为刘叔成、夏之放、楼昔勇等编著的《美学基本原理》所吸收。他们开宗明义地说:"围绕着审美关系这一轴心而出现的美、美感、美的创造三大方面,便构成了美学研究的三大领域。"② 贯通美、美感、美的创造的总范畴审美关系的提出,以及对这一总范畴统领全局之地位的确认,使得刘叔成、夏之放、楼昔勇等教授确立的美学对象在总体有机性、整生性方面超越了以往的美学原理著作。尽管他们在当时尚未展开对总体范畴的本体性研究,尚未具体揭示总范畴对各局部的关系、作用、意义,但在吸收美学对象研究的最新成果,编撰体系更为完备的美学教材方面的功绩是不容磨灭的。蒋培坤教授的《审美活动论纲》,对统帅美、美感、美的创造的总范畴审美活动,作了多方面的具体界定,揭示了它的本质、规律、价值、意义及其对各局部的作用,形成了一个以总体对象研究为主导的并将总体对象的研究渗透于各局部对象研究之中的整生性理论成果。黄海澄教授的《系统论、控制论、信息论美学原理》,以审美现象为基元概念和中心范畴,统帅美、美感、美的创造三个局部,不仅将整体对象居于首位,对审美现象的本质、价值、结构、功能及其生成、发展机制作了控制论的全新阐释,而且将各局部

---

① 周来祥著:《论美学研究的对象》,见《东岳论丛》1982年第2期。
② 刘叔成等:《美学基本原理》,上海人民出版社1984年版,第9页。

对象置于整体对象的规范下进行探索,使各局部的理论,成为整体理论的有机拓展,成为整体本质的具体化,从而形成了由中心概念广泛延展与深化开来的理论之网,形成了整生性更高的整质共生态美学对象结构。

系统整质的共生对象的形成,是现代美学体系高度系统化的必然结果,是多质集成的群生美学对象结构的必然发展趋势。多质集成的群生美学对象,作为相互关联、相互生发而成的生态结构,从内部产生了一种理论的张力与聚力,这两种力都是指向系统整体新质的共同生成的。张力促使系统各局部相互联系,形成双向往复、互为因果的网状关系质,聚力使张力促成的网状关系质结晶、升华为代表系统的新质。系统整体质不是局部质的简单相加,而是靠结构的张力与聚力协同运动产生的。系统新质形成后,还要靠结构的张力与聚力的协同运动,流布到关系质、局部质中,对后两者进行同化,使后两种质成为系统整体质的具体化、特殊化、个性化。这样,系统质在总体结构中就有了三种形态的存在:一,它凝聚于基元概念、中心范畴中,成为一种整体性、普遍性、抽象性存在;二,它聚合于整体与部分、部分与部分的关系质中,成为一种局部性、特殊性、具体性存在;三,它流布于诸构成部分的本质中,成为一种具体性程度更高的个体性、个别性存在。换一个角度来说,在由多质集成的群生结构发展而成的现代美学对象系统里,各组成部分是在个别性层次上体现整体本质的,诸种关系是在特殊性层次上反映整体本质的,中心范畴则是在普遍性层次上反映整体本质。正因为如此,在系统整质的共生美学对象里,没有纯粹的个别质和关系质,它时时处处贯穿着整体质,只不过有个别性整体质、特殊性整体质、普遍性整体质之别罢了。可以说,系统整质的共生对象,包含着个别性、特殊性规律,但这些个别性、特殊性规律同时又是普遍规律的一个层面,一个有机的组成部分,一种具体化,一种个别性、特殊性显现。基于此,系统共生的整质美学对象结构才具有了前所未有的整生性。

系统共生的整质美学对象是对客观存在的审美现象、审美活动、审美关系的正确反映,也是对大千世界诸种有机系统内部结构的同一性与整生性的反映。它既作为一个特例,确证了宇宙全息科学;反过来,又被认定为合乎世界的普遍规律,从而具有较高的真理度。

系统共生的整质美学对象结构的确立,体现了中国现代基础美学研究的较高水平,在更高的平台上预示了世界美学的整生性发展趋向。然而,科学的发展是无止境的,再先进的体系,内部也总是萌动着继续发展的张力。在系统共生的整质美学对象结构里,实现了整体、关系、局部的横向结构的张力,达成了三者的整生性,但还潜存着一种纵向的张力,即整体、关系、局部的历史生成性与历史发展性,暗生着一种与不同历史阶段的横向整生性结合的纵向整生性,可望构成纵横交错的网络形态的立体推进的结构,形成美学的整生结构对象。

系统共生的整质美学对象,有着多元性。审美关系、审美活动、审美现象、审美价值等诸多系统共生的整质美学对象,分别占有了美学对象系统质的相应侧面。这多个侧面,有着统合为美学对象系统质的总体即整生质的趋向。整生架构的审美场,统合审美关系、审美活动、审美现象、审美价值等诸多整质共生范畴,成为整生范畴,也就成了美学对象生态发展的必然。

四、整生的美学对象

美学研究的整生结构对象,就是审美场。整生,是共生的必然发展,是生态系统中的各生命体纵横网络关联四维时空发展的生态结构、生态运动、生态规律。整生的对象,是系统生成、系统生存、系统生长的对象。这种系统整生的本质,在审美场的形成中,表现为四种关联与递进的生态路线与生态模式。一是耦合并进性,二是良性环生性,三是一态对生性,四是立体环进性。整生结构的审美场,是遵循这四种路线,按照这四种模式,逐级生发的。

审美场的第一个层次,是良性环行的审美活动生态圈。审美活动依次包含的欣赏、批评、研究、创造活动,是主客体的审美潜能逐级耦合对生而成的。从欣赏、批评、研究、创造,再到欣赏的审美活动生态圈,是天人审美潜能逐位对生,走向环态耦合并进的结果,达成整体良性环行的格局。这就体现了第一、第二种整生路线与模式。

审美活动生态圈的良性环行,生发了审美氛围,升华出审美范式;审美范式范生审美氛围、审美活动;这就在双向对生中,形成了审美场三大层次相生互发的逻辑结构。审美范式的最高层次审美理式,是审美场逐级逐层共生的,是以万生一的。审美理式往下逐级逐层的范化,是以一生万。这种以万生一和以一生万的对生,即一态对生的整生路线与模式,使审美场三大层次组成的逻辑结构走向了整生化。

审美场的整体形成与展开,也遵循了一态对生的整生路线与模式。从系统生成的角度看,它是"以万生一"的结果。审美场覆盖动物与人类审美的全程与全域,概括动物与人类一切审美现象、审美关系、审美活动、审美价值的共同性,成为最高最大的美学范畴,成为内涵最大、最深、最有系统性而外延最广、最全面、最有总体性的美学范畴。也就是说,它是一切美学事实的升华,是一切美学范畴逐级捧出的制高点,是一切美学历史的结晶体。或者讲,它是由美学事实的

"万"整生而出的"一",是由美学范畴的"万"整生而出的"一",是由美学历史的"万"整生而出的"一"。简而言之,它是由"万"态的美学事实、逻辑、历史整生而成的"一"。

从系统生长的角度看,它是"以一生万"的。凭借"以万生一",审美场作为美学的整生结构对象,具备了"万"的潜质与预构,具备了"以一生万"的生态发展的整生潜能。它可以生成动物祖先和古代人类的天态审美场,近代人态审美场,现当代生态审美场,构成历史美学的整生对象。它可以生成审美活动、审美氛围、审美范式层次上的范畴群,并通过纵横双向的对生,使自身的整体质和最高质进入各逻辑层次的范畴群,构成理论美学的整生对象。

在一态对生中,审美活动圈与审美氛围圈、审美范式圈统合运转,形成了立体环进的螺旋提升的生态圈,切合了第四种整生路线与模式。这说明,审美场作为与审美氛围、审美范式双向对生,统合运转,良性环行的审美活动生态圈,是遵循四大整生路线与模式,系统生成、系统生存、系统生长的,是纵横网络周流四维时空环进的。或者说,依序生发的整生路线与模式,是内在于审美场的整生逻辑与结构中的。

审美场的第四种整生路线与模式是立体环进,它与前述审美场的统观形态是一致的。统观与整生有着同一性和高端集成性。凭此,整生构架的审美场,生成为美学对象,更有逻辑的必然性,更有自身的生态逻辑和审美对象的生态逻辑的统合性。

对诸种美学对象结构的梳理与历时性描述使我们发现,当一种美学对象在既定的框架内质与量的发展趋于极限与临界点时,总是从内部关系中产生一种突破现有格局,趋向新的结构的张力。也就是说,形成美学对象新结构的基础与条件或曰潜能一般是旧结构提供的,新结构在一定意义上来讲是旧结构潜能的实现,是一种由隐态的存在发展变化为显态存在的过程。当然,这种潜能的实现是离不开相应的外部条件的协同与配合的。美学对象发展史上的每种形态,都既是一种现实形态,同时又是一种潜能形态,是一种显态存在与隐态存在的复合体,是一种历史、现实、未来的整生体。它们既展现出一种实际的结构,又成为更新、更高结构的基石甚或雏形状态的潜结构。在美学对象的发展史上,它们都有着既定的位置,都对整体的持续性发展有着不可替代的功能,都对最新形态的美学对象结构有着不可磨灭的贡献。它们组成的是不可间断的流,浪与浪相生相逐相鼓,永不歇息、永无尽头。可以说,美学对象的整生结构是以往美学对象结构的潜能的递次实现与综合实现,是以往的美学对象结构共生与整生的。审美场作为美学对象,其生态结构有着系统生成性,即由以往美学对象的各种孤生结构,经由群生、共生结构,逐级进化而成的,是美学对象生态发展史的结晶,是美学对象历史的逻辑的聚形。

美学对象的发展,是高度逻辑化的,形成有序的生态递进性。像共生结构的美学对象,其凝聚整体质的范畴,诸如审美关系、审美现象、审美活动、审美价值等,均是主客体审美潜能的共生性实现,即均是按主客体耦合对生共成的路线与模式生发的。它和整生结构的美学对象审美场的第一个生发路线与模式——主客耦合并进性,形成了相接的逻辑位格。也就是说,众多的有序展开的主客耦合对生共成性,组成了主客耦合并进性。凭借这种逻辑关联与生态递进,整生结构的美学对象,自然而然地在共生结构的美学对象的基础上生成了。

审美场在统观的整生的研究中,历史地、逻辑地成为美学的整体对象,有了美学本体的意味,关系到美学体系的生发,关系到生态美学的整体性前提。

审美场在研究平台的递次跃升中,一步一步地从美学的局部内容走向整体内容;美学对象在从单质孤生形态经由多质群生与整质共生形态,走向总质整生形态的历程中,审美场水到渠成地变为"以万生一"和"以一生万"的元范畴,变为纵横网络关联四维时空环进的总概念;两者殊途同归,共同揭示了审美场在统观的整生的研究中,成为浓缩的美学体系,成为结晶的美学本身。也就是说,审美场和美学同一,是审美场的生态逻辑使然,是美学对象的生态逻辑使然。在以下展开的审美场的整生研究中,审美场的美学本体意义会更加明晰。

审美场成为美学本身的历程,显示了一条规律:审美结构整生化。审美场从微观平面架构,经由中观立体架构和宏观系统对生架构,走向统观立体环进架构,显示了审美结构整生化的环节、步骤、程式,形成了审美结构整生化的完整路线。美学对象从美、美感、艺术的孤生形态,经由它们的群生、共生形态,走向审美场的整生形态,也同样显示了审美结构整生化的位格、规程、模式,形成了审美结构整生化的完整图式。审美结构整生化,是审美场的生成机制与生成规律,进而成为美学体系的生成机制与生成规律。

第三节 审美场的统观结构

审美场的统观结构,成于其三大宏观层次圈的对生与复合。审美活动生态圈是基础形态的审美场,是完整审美场的第一层次。它的持续运转,生发审美氛围圈①,升华审美范式圈,生成审美场结构的后两个层次圈。这三大层次圈持续对生,复合运转,促成更加良性循环的或曰立体环进的审美文化生态圈,使审美场结构在整生中统观化。

审美场统观结构的逻辑运动,遵循的也是审美结构整生化的规律,进而深化了这一规律。

一、审美活动载体圈

蒋培坤教授把审美活动作为理论体系的总纲来论证②,形成了系统而严密的理论网络。我认为:审美活动是美学结构的起点,它的圈态运转,生发审美场的其他层次圈与整体环进结构,并成为它们的载体,实现一体化,所形成的理论体系,更显整生性。

(一)审美活动圈的自由生发

这是一个始于并且归于审美欣赏活动的循环圈。审美活动依序展开审美欣赏活动、审美批评活动、审美研究活动、审美创造活动,继而回到审美欣赏活动,在生态位格的推移中,生发圈状回旋的结构运动。这种运动是合规律、合目的的,有着自由自觉性,有着生态和谐性,是真善美三位一体的。

1.审美活动圈的合规律生发

审美活动圈的合规律生发,形成了真态运转,形成了善态与美态运转的前提。

在始于而又归于审美欣赏活动的循环圈中,审美活动强化了自

---

① 封孝伦认为:审美场是一个时代能够影响人们审美观念和审美行为的情绪情感氛围。见《人类生命系统中的美学》,安徽教育出版社 1999 年版,第 364、365 页。

② 参见蒋培坤:《审美活动论纲》,中国人民大学出版社 1988 年版。

我发展的机制,并表现为当下的审美欣赏活动趋于更高平台的向力。这种力逐级传递至审美批评活动、审美研究活动、审美创造活动,最后回到新的审美欣赏活动,从而推动审美活动良性循环地运转,或曰发展、提升式的循环运转,推动审美场的历史进步和现实发展。

上述种种审美活动,在圈态结构中,所处位格谁先谁后,是由系统关系决定的。其按序有机运转,有着深刻的内在规律与目的作依据。审美欣赏活动之所以处于审美活动循环圈的发端地位,乃因为它是审美活动系统起源的载体,是系统起源的整体形式,有着审美发生学的规律做依据做支撑。

从审美发生学来说,审美创造活动既不能单独起源,也不能先于审美欣赏活动起源,更不能带动和造就审美欣赏活动起源,而只有在欣赏中起源,以欣赏的形式起源,和其他的审美活动共同以欣赏的形式系统地起源。这当是由人类活动的规律决定的。人类作为智慧的物种,其合规律、合目的的实践活动是在认知活动中形成的,并伴随认知活动展开的,而不能先于和脱离认知活动进行。此外,它还与美的生成有关。美不是纯客体的存在,也不是纯主体的存在,而是主客体潜能的对应性自由实现。依据上述人类活动的整体规律,最初的美,是主体的审美认知潜能和客体的审美价值潜质的对应性自由实现,是在审美欣赏活动中生成的,是通过欣赏的形式由主客体自由共生的。这就在原初审美发生的范围内,确证了欣赏即创造,确证了审美创造活动对审美欣赏活动的依生、依存和依同性。

原初的审美欣赏活动还把审美批评活动和审美研究活动包容其中,形成未经分化的混沌然而系统的以欣赏为表征的整体审美活动。这当中的审美批评活动,是主体在欣赏过程中对审美价值的趋向与选择,而审美研究活动,则是主体对欣赏过程中审美价值生成规律的遵循、感悟与探求,都是审美欣赏活动的有机成分和必不可少的机制。或更具体地说,它们是审美欣赏活动的理性成分和实现感性化理性运转的制导机制。审美欣赏活动如果不包容其他审美活动,将显得不健全,不完备,不能达到感性和理性的统一。这就说明,审美欣赏活动因自身合规律、合目的展开的需要,而把其他审美活动包容其中。它作为审美活动系统起源的形式与载体,也就更加有着系统发育和整一生成的内在必然性和历史必须性。

原初的审美活动是多位一体的。一体指审美欣赏活动;多位指审美批评活动、审美研究活动、审美创造活动;后者聚于前者中,成为其有机成分。随着人类审美活动的发展,审美欣赏活动派生出相对独立的审美批评活动、审美研究活动、审美创造活动。这标志着审美活动由混沌的整体化走向有机的系统化,审美场的系统生成也就有了前提性的条件。凭着审美活动系统起源的形式与共同载体的地位,审美欣赏活动当仁不让地占据了审美活动的起始性位格。而其他位格的序化,也遵循着内在的逻辑路线展开,形成从感性走向理性,从认识走向实践的位格生发序列。审美批评活动从对审美价值的感性趋求走向理性评判与导引,审美研究活动从对审美价值的理性评判与导引,走向审美价值规律的总结与探求,后者于前者,有着在承续中发展的关系,形成了前后相邻的位格,遵循的当是从感性到理性的排序,走的是低层次理性向高层次理性发展的路子。审美价值规律的探求,必然走向审美价值的创造,审美创造活动紧随审美研究活动,符合从认识到实践的人类活动的规范。总而言之,审美活动各种形态的序化,包含着环环相扣、层层演化的生态逻辑,显示了系统生成的程式与图式,有着不可缺位和越位的组织性与规律性。

审美活动的系统起源性,除了创造、批评、研究活动在欣赏活动中整体起源外,还体现为生态艺术性,即艺术活动与生殖、生产、文化活动整体起源。这就在源头上,奠定了审美活动的张力基础,既可形成审美活动生态循环的格局与规律,又构成了审美活动与生态活动结合这一审美整生化的前提,种下了艺术审美生态化的基因,更加合乎生态审美的规律。

2. 审美活动圈的合目的运行

审美活动圈的合目的运行,形成了善态生发的格局。

审美活动各种形态的序化,除了自组织的规律性,还有自控制的目的性。也就是说,它的上述排序,有着审美价值的生发规律与目的的制导。审美场的运转以生成和发展审美价值为内在的目的,各种审美活动的排序,应在遵循审美规律的基础上进而遵循审美目的。审美欣赏活动首先是对某种新的审美价值的寻求,审美批评活动是对这一审美价值的趋求,审美研究活动是对这一审美价值生成规律的探求,审美创造活动是对这一审美价值的建构,紧接着的审美欣赏活动则是对这种新的审美价值的实现和更新的审美价值的寻求。围绕着审美价值的生发,从审美欣赏活动到审美批评活动,再到审美研究活动,最后到审美创造活动,然后又回到审美欣赏活动,形成了周而复始的循环排序,更显示了审美场内在的价值运动与价值发展的机制。这种价值运动的机制,其功能是使审美活动的运转,在合规律的前提下进一步走向合目的,从而更深刻、更全面地决定了各种审美活动呈上述序列循环。同时,也确证了审美活动的这种循环,是内在的价值本质使然的,是价值规律决定的,是价值目的驱使的,有着自组织、自控制、自调节的生态系统特性,有着哲学层次的生态自由品格。

各种审美活动按照上述顺序,循环成圈地运转,既形成了审美场运动的持续性,又显示了审美场运动的阶段性。正是这种阶段性构成了审美场的有机发展性。审美场以审美欣赏活动为起点,周而复始地运转一圈,形成一个周期,构成一个阶段,形成一个以审美价值提升为标志的发展性平台。如上所述,审美场是以审美价值的形成、实现和发展为目的的,它的每一个周期的运转,都在一步一步地追寻、形成、实现和发展这一目的。当下的审美欣赏活动,既是实现上一周期的整体审美活动的目的,又在寻求更高的审美价值理想,审美批评活动则是趋求、倡导与明确、强化这一审美价值理想,审美研究活动应是探索这一价值理想的生发、构建与实现的规律,审美创造活动当是合规律地建构这一价值理想,新的审美欣赏活动属于实现这一价值理想和生发更新的审美价值的向性,这就使审美价值的运动跃上了一个新的平台。审美场的发展,随着审美活动生生不息的循环运动,呈现出一个平台又一个平台不断上升、稳定发展、持续创新的态势,并由此生成与显示了良性循环的生态发展特性与生态自由品质。

3. 审美活动圈的超循环运转

审美活动圈的超循环运转,形成了真、善、美一体的自由自然的生发态势。

超循环,是一种螺旋发展的循环。审美场各种审美活动的运转,是基于始于审美欣赏活动而又合于归于审美欣赏活动的循环运转。这是一种由当下的审美欣赏活动生发新的审美价值目标,通过依次展开的审美批评、研究、创造活动,提升这一目标,使这一目标物化和物态化,并保证其后展开的审美欣赏活动实现这一目标进而生发新的目标的过程。审美价值目标的平台式跃升,确证了各种审美活动圈态循环的有机性、整一性和超越性。也就是说,审美活动圈的运行,是良性循环,是超循环。

这种超循环的形成,有多种机制。一是内在价值的自增长机制。如上所述,审美活动圈各环节,既对应了审美价值目标和审美价值理想的寻求、趋求、探求、建构、实现的步骤,同时又表征了它们的逐级生长与逐位提升,这就构成了双方同步的超越性与发展性,有了螺旋生发的态势。

二是内在价值的整生性机制。审美活动圈逐位发展的价值与成果,顺向积淀,最后九九归一,集大成于审美欣赏活动,形成整生。也就是说,处于审美活动圈终端的审美欣赏活动,是此前诸种审美活动的结晶态与共生体,为良性环生的结构所整生。这种结构性整生的成果,聚于集上一轮审美活动圈终端与下一轮审美活动圈起点于一体的审美欣赏活动,使其集审美驱动力与审美牵引力于一身,也就形成了逐圈提升的良性环进格局。

三是自调节机制。在审美活动圈里,各种审美活动循序运转,并始终指向新的审美价值目标和价值理想的实现,有赖自身的调控。审美批评活动和审美研究活动是各种审美活动的调控机制,它们保证审美活动的循环运转,生发新的审美价值目标,不偏离新的审美价值目标,实现新的审美价值目标,提升新的审美价值目标,使其获得自由自觉运行的品质。

此外,在审美活动圈之上,有审美氛围圈和审美范式圈,它们规范审美活动合规律合目的地运转,使之更加良性环行,提升了超循环的品格。

正是以上各种机制的综合作用,使审美活动圈,在超循环运转中,构成了生生不息的螺旋提升结构,符合审美结构整生化的规律。

审美活动圈合规律、合目的的超循环运转,形成了生态和谐性。

这种结构性的生态和谐,是内外统一的。对新的审美价值目标和理想的寻求、趋求、探求、建构与实现,构成了审美活动圈的价值位格和生态环节,显示了审美活动圈的内在秩序和内在逻辑。这种内在秩序与内在逻辑,制约着各种审美活动按相应的外在顺序外在逻辑运转,形成从欣赏经由批评、研究、创造,再走向欣赏的有机循环,达到内外有机性的统一,达到内外一致的和谐运转,从而具备生态审美的品格。可见,审美活动的圈态循环,是真、善、美一体的有着整体序性的运转,是自觉自由的运动。也就是说,审美活动圈的序化,不是人为的组织与安排,而是规律与目的使然,反映了真善美统筹兼顾,实现中和运行的内在要求。

国内外的一些文学理论家,也提出过文学活动的理论,认为文学活动由文学欣赏、文学批评、文学研究、文学创造活动组成,并主张文学欣赏和文学创造是主体的文学活动,文学批评和文学创造是辅助的文学活动。① 可惜的是,我们没有进一步见到关于各种文学活动的结构性描述,更没有见到对各种文学活动的结构性发展与整生性运转的描述,也就无法知道文学活动整体生发的内在依据与目的。这也告诉我们,探索系统结构的生态关系、生态运动,是比揭示系统元素更重要、更深刻的工作。审美活动圈也一样,它自由和谐的运行,是其本质与本性使然,从而构成了审美场的生成基础。

(二)审美活动圈的自然运行

在审美场里,各种审美活动的运转,于有机整一中,进一步体现了复杂的生态关系,遵循了多样的生态规律,显示了更强的生态序

---

① 参见袁鼎生主编:《文学理论基础》,广西师范大学出版社 2001 年版,第 21－26页。

性,形成了生态化的良性循环圈。这样,审美活动圈在自由生发的基础上,形成了自然运行,即生态规律化运行,可望提升统观性。这种统观性,由审美结构的整生性和生态结构的整生性一体两面地生成,使审美活动圈的自由运行,走向了自然的境界。

　　一个结构是否具有生态序性,是否呈生态格局运转,主要看它是否有着系统生成性、活态关系性与整体生长性。审美活动的系统起源,构成了两方面的共生,一是各种审美活动同步发生,整体生成。二是各种独立的审美活动,都脱胎于审美欣赏活动,均为审美欣赏活动一母所共生。各种审美活动系统生成后,进而形成了相生、竞生、衡生、共生的活态存在与发展的关系,强化了循环圈的生态序性。衡生是审美活动圈稳态循环的机制,它建立在相生和竞生两相统一的基础之上。在审美活动生态圈里,各种审美活动凭借上述的系统生成性,都有着相生互发的生态关系,并呈网络态展开:审美欣赏促进审美批评,并把这种促进作用直接和间接地传导至另两种审美活动,进而回传到自身。其他三种审美活动的生态关系也如是,从而构成了整体的共生共进的态势,同时也确证了相生是共生的形式与机制。相生的另一面是竞生,各种审美活动在相生的同时,展开了竞生,构成了更复杂也更有序的生态运动,产生了更高层次的生态模式——衡生。竞生那相克的一面,与相生统一,构成了各种审美活动相生相抑的衡生,这是整体稳定存在的静态衡生。竞生那相胜的一面与相生统一,则构成了各种审美活动相胜相赢的衡生,这是整体稳定发展的动态衡生。这两种衡生,既是整体持续存在与发展的和谐态共生形式,更是实现这两种整体和谐态共生的机制。这说明,相生、竞生、衡生、共生等活态关系,既是审美活动圈的生态形式,又是审美活动圈生态进步的阶梯。

整生是审美活动圈生态发展的最高形式,是沿着相生、竞生、衡生、共生的阶梯登上的最高生态位格。跟衡生一样,整生也有系统稳定存在形态和系统稳定发展形态两种。各种审美活动按照既定的位格,圆活流转,循环成圈,贯通为一,形成系统存在的整生。当下的审美欣赏活动,寻求新的审美价值目标,相随的审美批评、研究、创造活动,明确、提升与结构这一目标,其后的审美欣赏活动实现这一目标,每一个审美活动圈的循环,都是在发展审美活动的价值系统。这就在秩序整然、节奏鲜明的系统进化中,形成了系统发展的整生。

上述整生,还包含了主客体潜能耦合并进的整生形式。审美活动的各种形式,是主客体审美潜能耦合对生的结果,是双方共生的结晶。这些共生物,有着依次发展与提升的生态序性,形成生态圈结构,成为主客体审美潜能耦合并进的整生物。也就是说,主客体审美潜能的耦合对生,是共生,随着审美活动的圈态生成,各种耦合对生序列化了,天然地构成了主客体审美潜能的耦合并进,形成了整生。由此可见,有序生发的共生构成整生。共生构成各种按序生发的审美活动,整生构成良性环生的审美活动生态圈。

特定时代四类审美活动在相生、竞生、衡生、共生、整生中按位运转,循序发展,即遵循种种生态规律运行,合乎种种生态目的发展,在同于生态循环的自然大道中,构成生生不息、环环提升的生态圈。凭此,审美活动生态圈的良性循环,所显示的审美结构整生化,结合了依托了生态结构的整生化,实现了审美自由与生态自然的统一。这就完善了统观审美场基础层次的本质规定,即统观性的本质规定,使之更有条件成为其他层次的生发母体与生态承载体。

审美活动生态圈的超循环运行,遵循审美规律,实现审美目的,自由自然地生发审美风范,构成审美场的高级层次。

二、审美氛围风化圈

审美氛围是审美活动生发的感性审美趣味结构。审美活动形成美感境界,形成弥漫于美感境界中的审美风气、审美气氛与审美情调、审美风向,形成浓郁的价值指向不断明晰与集中的审美趣味氛围,形成笼罩并风化审美活动圈的审美氛围圈。审美氛围是感性的审美风范,是审美活动的风化机制;审美范式是理性的审美风范,是整个审美场特别是审美活动的范化机制。

审美场的统观结构是在审美活动与审美风范的双向对生与对应环进中形成的。审美氛围是这一统观审美结构的中介性环节,是这一统观审美结构整生化的基础性调节机制。它的调节力的生成,有一个从审美趣味向性走向审美价值向性,最后走向审美价值理性的过程,有一个从审美驱力走向审美向力,最后走向审美范力的过程。

(一)审美氛围的价值向性

审美风气生发审美气氛,共同构成审美氛围的基本成分与共性表征;审美情调是审美氛围的基本特征和基本精神;审美风向是审美氛围的价值取向与价值趋势;美感境界则是审美风气、审美气氛、审美情调、审美风向的存在区域和容纳载体,以承托由上述四者依序环生的审美氛围圈构。审美氛围圈构,显示了审美价值向性良性环生的格局。审美价值向性,是审美风范力的生成基础。

1. 审美氛围价值向性的本质

审美氛围的价值趣味与审美活动价值目标的对应性,形成价值向性,形成社会审美心理趋势,形成强大的审美驱力与向力,驱动和规范审美活动圈的运行。

审美风气和审美气氛是一种愉悦性情感情绪的气息与气象,审美情调是一种亲和形态的情感情绪的风味气韵,审美风向是一种亲近态情感情绪的趣味意向,它们构成了审美氛围内容的共性:情绪情调的适人宜人性与悦人亲人性;美感境界则是主客体相吸相引、相聚相合、相融相会、同构同化的情态,生成了审美氛围形式的共性:情景的亲和性,以区别托载其他氛围的境界;两者统一,构成了审美氛围的质域,构成了本然形态的趣味向性,共同外显了审美活动的本质与特性。

审美情调作为审美情感情绪的特征、趣味与趋向,是多质多层次的,可造成同一审美氛围的统一性和差异性,更可造成不同审美氛围间的特殊性与个别性。审美风向是审美意趣与情志的倾向性,显示了审美氛围趣味取向的特定性。审美境界容纳并统合审美氛围,审美风气和审美气氛标识审美氛围,它们共同区分审美氛围和非审美氛围;审美情调和审美风向表征审美氛围,它们区别这一审美氛围和另一审美氛围,形成不同的各本其根的趣味向性。

直观地看,审美活动是生发审美价值的活动,审美氛围圈在审美活动圈的良性循环中生发,也就自然而然地生发了相应的价值态度和价值趋向。审美氛围的生态发展,表现为从审美风气、审美气氛走向审美情调、审美风向,再而环回至审美风气的过程。如前所述,各种审美活动的按序循环,源于审美价值追求和审美价值理想的驱动与牵引。正因此,各种审美活动及其循环运转所生发的审美氛围,包含着与特定的审美价值目标、审美价值理想紧密关联的审美情调与审美风向。从本质上说,审美情调是对审美场审美价值目标和审美价值理想的情感体验、情感肯定,是对审美场审美价值规律的情感确证、情感体认,审美风向则是进一步对审美场审美价值目标和审美价值理想的情感亲近、情感趋向,对审美场审美价值规律的情感亲和、情感追求,两者是对审美场多质多层次的审美价值目标、审美价值理想和审美价值规律,不同程度的适构反映和同构对应。总而言之,审美情调特别是审美风向是审美价值的对应物,是审美价值的对应性投射,是审美本能和审美意志的反映,是本真形态的即自然形态的价值向性的集中体现,有着自然的自由性,有着趣味天然的本真性。

如果说,审美风气、审美气氛体现了一般的审美趣味向性,审美情调、审美风向则形成了明确的审美趣味向性。这两种趣味向性与价值目标、价值理想双向对生相互调适,形成价值向性,形成审美氛围圈与审美活动圈同式运转的机制。

2. 审美氛围的情志化

从审美向性来看,审美氛围的情志化过程,是不断地合目的的过程,是和审美场的审美价值目标动态统一、耦合并进的过程。在这一过程中,审美氛围结构性地生发了并进而提升了审美情欲、审美情性、审美情趣、审美情志,实现了审美情调整体的趣味化,形成了更稳定与明确的审美向性。

审美氛围的趣味化,既是审美氛围由审美风气、审美气氛走向审美情调,进而走向审美风向的过程,更是审美情调特别是审美风向由审美情欲走向审美情性、审美情趣,进而走向审美情志的过程,因而也是审美态度和意志不断明晰与稳定、审美向性和向力不断明确与集中的过程。

审美情欲,是审美情调的基础部分,是生发审美风向的前提性机制。它是对审美场的审美价值目标的趋向,是一种本然的审美情感要求,是一种本能的审美选择和审美评价态度。在审美场里,各种审美活动生发的审美氛围,逐步强化着同一指向的审美情感欲求,并在流转成圈中,形成更明确的价值追求、情感指向、态度肯定,情感化的审美价值趣味也就愈发走向集中、专一与强烈,从而强化了审美情调和审美风向赖以产生和发展的动力机制。审美情欲所表达的审美意志是一般的,它显现的审美态度是普遍的,它标识的审美向性是宽泛的,它专门指向审美价值区域,然未锁定具体的审美价值目标。

审美情性,是审美情调的重要组成部分,是审美风向的形成条件。它是对审美场审美价值特性的趣味对应与情感趋合。审美情性包含着审美追求、审美选择、审美评价的尺度和意向,和一定特征的审美价值目标相称相配,并相生互长。审美氛围中的审美情性,作为审美意向和审美尺度的统一,生发和强化审美场特定的审美价值目标,并推动这一目标的建构性实现和欣赏性实现。伴随着这一目标的生成与实现,审美氛围中的审美风气、审美气氛更为浓郁了,审美氛围中的审美情性特别是审美向性也更为明确与强化。审美情性选择与确定审美价值目标,规范和推动各种审美活动遵循这一目标运转。这说明,审美情性有了较为具体的审美向性,成为审美活动自由循环的机制。

审美情趣,是更为稳定与特别的审美气性和情性,是更为特定的审美欲望与要求,是更为明确的审美标准和审美意志的统一,形成了更为具体、内在与高位的审美向性。它强化了审美情调,构成了审美风向。它作为审美情性的发展,在更具审美灵性中,显示出气韵更为生动与独特的审美意兴和审美意味,和审美场的审美价值目标达到更为天然的同一,更为内在的契合。审美情趣的升华,内在地推动了审美价值目标的更新与发展,内在地推动了各种审美活动为新的审美价值目标的实现而循环运转。伴随着这种运转,审美情趣洋溢,弥漫环回于整个审美场,从而更浓郁了审美氛围中的审美风气与审美气氛,从而更强化了审美氛围中的审美情调,更明晰了审美风向的价值确定性。

审美氛围的趣味化,使审美情调特别是审美风向一步一步地走向了情志化,使审美情调特别是审美风向和审美价值目标在合目的的基础上达到了统一,造就了审美情调特别是审美风向和审美场的审美价值特征的同构性,强化了双方相生互发的生态关系,为审美场诸结构层次通过双向往复的生态运动,生成和提升整体本质奠定了基础。可以说,审美氛围中的审美情调特别是审美风向,和审美活动生态圈中的审美价值目标的匹配性与契合性,标识了明确的审美向性,成为审美场各结构层次间双向往复运动的动力机制,显示出整体生发的动力模型与调控机制。

3. 审美氛围的情理化

基于审美活动圈的自由运行,审美氛围的生发也是合规律、合目的的。它的合目的形成了趣味化过程,它的合规律生发了本真化过程。审美氛围的本真化,实则是一个在情志化的基础上进而情理化的过程,是其不断地和审美场的审美价值规律走向同一并整体发展的过程。审美氛围的本真化,一方面表现为它的生发特别是审美情调与审美风向的生发,是自然的、本然的,是各种审美活动圈态循环的必然产物;另一方面表现为它的趣味化,即它的审美情调的生发与提升、审美风向的明确与集中,有着审美活动生态圈的运动规律特别是审美价值规律的匹配与支撑;再一方面表现为它的趣味化,还是将上述规律包容其中的。总而言之,审美氛围的本真化,指的是它特别是审美情调、审美风向部分,本于真、据于真、发乎真、包含真、生发真的过程。正是这一过程,使得审美情调特别是审美风向由情志形态潜在地走向了情理形态,从而不断地获得与强化了内在的审美理性。

直截了当地说,审美氛围的本真化,是以审美情调特别是审美风向的情志化走向情理化为标志的,是审美氛围圈走向审美范式圈的内在根由,显示出更为自由的审美向性。

审美情调和审美风向由情欲走向情性与情趣,均包含着并不断地发展着情志。但在审美氛围的趣味化中,这种情志主要指的是审美追求,与审美价值目标关联,基本上是一个合目的的范畴。合目的以合规律为内核,方能真正地合目的,方能真正地实现目的。这样,合目的也就有了合规律的前奏性和趋向性。通过审美氛围的本真化,审美情调特别是审美风向的情志所包含的主体审美价值尺度和审美价值标准,也就有了走向真、显示真和发展真的可能性。随着各种审美活动的圈态循环,审美情志追求、包含并实现了审美价值目标,从而不断地获得了真的属性,步入既善且真的境界。这时的审美情调特别是审美风向中的情志,不仅对应了包含了审美价值的目标,而且更符合更遵循了审美价值的规律,实现了由善而真的发展,获得了较充分的善质与真性,形成了较高的审美自由,成为科学形态的审美向性。

善质真性的审美情志进一步本真化,发展为集善质和真质为一体的审美情理,审美氛围特别是审美情调与审美风向,也就在更高的平台上实现了追求审美价值目标的善与审美活动规律、审美价值规律之真的统一。这时的审美情调特别是审美风向不仅是符合审美规律,而且是包含、体现、展开审美规律特别是审美价值的生成、发展与实现的规律,从而成为审美目标和审美规律的统一体。这标志着审美氛围的趣味化与本真化的同步完成,标志着审美氛围的情志化和情理化的同步实现与发展,标志着审美氛围中的审美向性,进一步走向了主客体潜能的对应性自由实现。

审美氛围的趣味化与本真化,基于审美活动生态圈合规律、合目的的循环运转。母体生态的既真且善,带来了所派生的审美氛围的真善一体,母体的生态自由,带来了派生体的生态自由,这当是天经地义、顺理成章的事情。值得特别指出的是:在审美活动的循环运转中,审美批评活动和审美研究活动不仅参与了审美氛围的生发,而且理性地导引了、调节了审美氛围的真化与善化统一的进程,提升了审美氛围的生态自由。

在趣味化与本真化中,审美氛围圈一步一步地走向了审美范式圈。或者说,审美氛围由审美风气、审美气氛走向审美情调、审美风向,审美情调、审美风向进而在自身的发展中,由审美情欲走向审美情性、审美情趣、审美情志、审美情理,留下了审美氛围圈走向审美范式圈的一个个脚印,构成了生态发展环节鲜明层次清晰的审美向性。

4. 审美氛围圈的整生化

审美氛围的整生化,是审美趣味向性凝聚与统一的过程与方法,是审美价值理性集中与提升的过程和方法。

审美氛围的整生化,具体表现为审美情调、审美风向的一化。这种整生可以表述为"万取一收",即取一于万,收万为一。具体说来,就是审美情调、审美风向的各个层次,各个发展环节,特别是审美情志和审美情理,都是审美活动生态圈整体聚生的,是各类审美活动共同的审美价值取向的整合与统一。再有,它还是各民族乃至人类诸种审美活动价值趋向的共同性的积淀与结晶,是各民族乃至人类审美文明历史发展的成果。

于审美氛围来说,一化,是更高程度的系统形态的本真化;一化,是审美情调、审美风向从个别性走向特殊性,进而走向类型性,最后走向普遍性与整体性的过程。伴随着审美情调、审美风向一化程度的提高,它潜含的审美价值规律也就更加深邃与系统,从而更加接近审美理性更强的审美范式。

于审美氛围来说,一化还是环态结构化。审美氛围结构的各层次,也是依次生发,环态回旋的。它的审美风气层次居于首位,依次展开审美气氛、审美情调、审美风向层次,然后回到审美风气层次,从而浓郁和提升了审美风气,进而展开下一轮回旋,构成了良性环生的圈态结构。这就在自身结构的整生化中,强化了审美价值向性的统一性与整生性,与审美活动圈的价值生发运动,构成了对应性运行,以利审美场统观结构的有机生成。

审美氛围的趣味化、本真化与一化,是审美向性与范性不断明确、集中、提升的运动,直接指向审美价值规律的整生。可以说,审美活动是审美场审美价值规律整体生成阶段,审美氛围是其整体凝聚阶段,审美范式是其整体升华的阶段。其中,审美氛围处于重要的中介地位,它潜含的审美理性,因由情志形态发展为情理形态,显示出从模糊走向明晰,从局部走向整体,从不确定走向肯定的路径,成为不断发展与凝聚的感性形态的本真形态的审美理性,并构成了走向纯粹审美理性的趋向性,构成了审美场各层次圈对生的介质,促成了审美价值规律的系统生发。

(二)审美氛围对审美活动的风化

审美氛围形成了三个方面的价值向性。如上所述,审美氛围的自身运动,为本质生发的趣味化、本真化与整生化的良性环回运动,形成了自身价值理性追求的螺旋发展趋向。这是基本的价值向性。除此以外,审美氛围圈还展开了往上和往下的质化运动,显示出双向因果模态的审美向性。它往下,是对审美活动生态圈的推进与规范,属质的同化运动;它往上,是质的升华运动,以此生成审美场的规律系统和质态结构圈。

　　审美氛围圈对审美活动生态圈的推动与同化,属审美风化。它主要表现在三个方面:一是促进审美活动。审美氛围圈既为审美活动生态圈所生发,又裹围环护着后者,成为其直接的生态环境,成为其展开的动力源。审美氛围越浓郁,审美活动的圈态运转就越成气候,就越发自在与天然。一个国度、一个民族、一个时代,如果审美氛围稀薄,社会审美心理淡化,人们的审美需求弱化,大众的审美情调低落,整体的审美风向疏散,各种审美活动也就难以正常展开,审美活动生态圈将运转迟缓,更谈不上良性循环。审美氛围和审美活动生态圈是互为因果,相生共进的。正是凭借这种各层次间的生态关系与生态运动,审美场形成了自生成与自发展机制。审美氛围是当下生发性和历史积淀性的统一。越是审美传统深厚久远的文明古国,其审美氛围的积累就越发纯雅丰厚,就愈发广泛流布,就愈能为当下的审美活动圈的运转,提供驱动和牵引的机制。审美氛围和生态文明协调发展。社会生态文明发展,人们生存、生活的文明程度高,必要劳动时空缩减,自由生发时空增加,审美氛围也就会变得浓厚,审美活动圈增宽加大。审美氛围的厚薄,还跟民族的精神生态关联。一些民族的精神生态偏于哲学,有的偏于科学,有的偏于艺术。精神生态偏于艺术的民族,其审美氛围自当浓烈。在少数民族的精神生态里,艺术花繁叶茂,审美氛围也就浓郁地弥漫于他们的生存时空,使其审美活动圈趋向生态化。二是屏护和调控审美活动生态圈。"随风潜入夜,润物细无声",审美氛围浸润裹护着审美活动生态圈,使其不为别的与审美相违背的精神氛围所左右,不为别的与审美相对立的生态活动所异化,不为别的与民族的时代的审美精神相背离的审美风气所侵袭,从而在系统的开放中永远不脱离审美的轨道,不违背审美的规律,不偏离审美价值的目标,始终保持和发展自己独特而纯正的本质。审美氛围浓郁深厚的民族,有着深厚的审美定力和很强的审美消化力,能够抗拒外来的审美趣味的同化,不被外来的审美风向左右,能够吸纳和消化外民族审美趣味的营养,从而使本民族的审美活动圈的运行定力鼎然,活力沛然,不越规逾范,不变形走样,达到自由的发展与创新。三是范化审美活动生态圈。审美氛围弥漫与渗透于审美活动生态圈中,其审美情调构成了审美场的"磁力",由审美活动生态圈构成的审美场,也就成了磁力遍布磁性裹围的审美磁场。审美活动生态圈循环其间,也就整体地被磁化了、被范化了、被同化了。审美活动生态圈按照"一化"的审美情调特别是审美风向提供的规范运转,各种审美活动及其组成部分,为审美情调所范生,为审美风向所导引,既形成了审美价值的共同性,还发展了更新了各自价值的独特性和个别性,各层次价值间,产生了更亲和、更系统的生态关系,构成了与审美情调、审美风向系统对应发展、耦合共生的审美价值系统。这样,审美生态圈的运转,也就更合规律与目的,从而更达良性循环的可持续发展的境地。

审美氛围圈来自审美活动圈,但不局限于审美活动圈,有着"万取一收"性,上述审美文明的传统、生态文明的程度、精神生态的类型,以及审美场的上位层次等等,都参与了审美氛围圈的生发。所以,它向特定审美活动圈的回生,在质与量两个方面都是非对等的,有着"滴水之恩,涌泉相报"的条件与可能。

审美氛围圈对审美活动生态圈超越性的生发与推动,调节与调控,范化与同化,是对母体的回生。这种生态关系,深化了审美场的整生性本质:与审美氛围对生而同式运转的愈显良性循环的审美活动生态圈。

审美氛围圈为形成更为强有力的审美风范力,使审美活动生态圈更趋良性循环,其审美情调、审美风向还往上进行了质的升华运动,形成审美范式,生发出审美场的理性质态结构。这就在审美风范机制的完整建构中,再一步拓展了审美场诸层次间的对生关系,深化了整生化本质和统观化结构。

三、审美范式调控圈

审美场的理性质态结构层次是审美活动生态圈经由审美氛围圈生发的,是审美氛围圈的感性质态——审美情调、审美风向走向一化的情志情理后进一步升华的结果。这种升华,遵循了从具体走向抽象的逻辑,形成了审美本质依次提升的三大位格:审美趋式、审美制式、审美理式,并以审美范式圈的形式结晶了完整的审美本质系统或曰审美规律系统,形成了审美场的价值理论体系和最高调节机制,从而使审美场的本质更为系统地生成与生长。

审美范式作为理性的审美意识结构,由审美趋式、审美制式、审美理式三大层次构成了良性环生的圈态系统,并和学术范式的生态系统相对应。

（一）审美趋式

审美趋式是社会审美趋势和时代审美心理环节性发展、位格性推进的图式。

具体言之,审美趋式是审美趋势的发展格式,是时代审美心理趋向的递进程式。它显示与标识特定社会明确的审美趣味和审美价值追求,折射与指向时代的审美价值心理和审美价值理想。它是审美范式的具体化层次,是审美范式圈的第一个环节。

审美时尚、审美风尚、审美风格、审美理想的依次生发,构成了时代审美心理的递进格式,构成了审美趋式的四大层次。随着审美氛围升华出审美范式,审美风向成了审美时尚的构成因素。各时期的审美风向关联,形成更为稳定、普遍与持续延展的审美趋向,构成与提升为特定时代的审美时尚和审美风尚。审美风尚和审美理想是审美趋式的重要环节,它们分别表征了审美趋式的两大形态:审美潮流和审美主流。审美风格是审美风尚走向审美理想的过渡形态,也是审美潮流进而凝聚为审美主潮的机制。在审美趋式的两大形态中,审美潮流是基础形态,审美主潮是审美潮流涌出的主体部分、主导部分、前导部分。

1. 审美风尚标识审美潮流

审美时尚标识了审美活动生态圈的运动趋势和发展走向,以及由此初成的审美潮流,成为审美意识的范畴,成为感性升华与理性范生的统一体。它的感性升华部分显示了审美活动生态圈以及审美氛围合规律合目的的直观走势;它的理性范生部分揭示了时代的审美价值的发展态势与审美价值规律的运行局势。作为感性升华与理性范生的聚合点,它是由审美活动生态圈、审美氛围圈与审美范式圈中的审美理式、审美制式以及审美趋式中的审美理想双向聚生的,是从具体走向抽象和从抽象走向具体的结晶。或者说,它和审美风向一起,共同连接感性审美意识形态的审美氛围与理性审美意识形态的审美范式,成为它们的中介。它和审美氛围中的审美风气一样,成为审美场三大层次圈对生的转换点。

如前所述,审美风向内含了审美活动生态圈的审美价值目标和相应的审美价值意志,形成了整体的审美趋求,并作用于审美活动生态圈,显现为审美向性,关联为审美时尚,形成为审美潮流。审美时尚在各种审美活动对共同的审美价值目标的追求中生成。审美时尚在对普遍的审美活动的感性行为趋向的概括中,深含了审美价值运动的规律,包蕴了更为明确的审美意向,显示出审美场的质态结构理性化程度不断提高的发展趋势与运动规律。

关联、发展、提升审美时尚而成的审美风尚,更在审美趣味与审美价值的联系与统一中生发。它揭示了审美潮流形成的内在依据,反映了审美潮流是主客体潜能对应性自由实现的本质,即主体的审美趣味潜能与客体的审美价值潜质的对应性自由实现的本质,显示了自身的理性底蕴和理性张力。

审美风尚更在主观目的性和客观规律性的统一中生成,揭示了时代的审美潮流形成、发展、变化的规律。审美趣味属于主观目的性的范畴,是构成审美向性的主观因素;审美价值属于客观规律性的范畴,是生成审美向性的客观因素;两者对应一致,共成审美风尚,标识了审美场发展变化的态势,揭示了形成这种发展变化的内在机理。审美趣味的主观性、目的性不言自明,审美价值的客观性和规律性也当不容置疑。审美价值不是纯客体的属性,也不是纯主体的实现,而是客体的审美潜值和主体的审美潜能的对应性自由实现,属于主客体共同生成的客观存在,包含着主客体对应性自由共生整体新质新值的价值创造规律和价值生成规律。审美价值为主客体所共生,也就隐含着主体的审美目的,有可能形成审美价值目标。如果这种审美目的具有时代的普遍性和历史的发展性、前瞻性,也就可以促成时代的审美价值目标,并和时代的审美趣味构成真切的对应,共同形成时代的审美风尚,推动时代的审美潮流顺着审美活动生态圈的运转滚滚向前发展,从而显示了审美发展的重要规律。凭此,审美风尚跻身审美场的质态结构。

审美潮流的发展变化,显示了审美精神的位移。表征时代审美潮流之精神和社会审美意识之趋势的审美风尚,也形成了持续发展的位格,并和审美活动生态圈良性循环的平台式跃升构成对应,成为推动、调控后者运转和发展的机制。像在西方古代天态审美场里,追求神圣的审美风尚,依次延展出典雅、高贵、壮丽的位格,以自己的有序发展,制导西方古代的审美活动生态圈形成相应的运转,达到审美场魂与形的统一发展,构成统观的整生格局的本质。

审美风尚的发展,提升审美向性,结晶审美风格。审美风格标举审美潮流的风范,凝聚审美潮流的精神,概括审美潮流的本质,成为审美规律的形式,成为审美理性的象征,成为审美意识的形态。

2. 审美理想表征审美主潮

审美理想是特定社会审美价值向性的前瞻性显示,是特定时代审美价值理性的超越性建构。

审美理想是审美发展的可能性、必然性、规律性和审美价值的预构性、趋求性、目标性的统一,是指向未来的审美价值规律和审美价值目的结构。审美理想的形成,表征审美潮流形成了核心流向和前导性流向——审美主潮。

——审美理想的构成。审美理想在审美时尚、审美风尚、审美风格的基础上生成,是审美场的核心质。如果说,审美时尚、审美风尚、审美风格孕育、形成与规范审美潮流,审美理想则生发和表征审美主潮。[①] 审美理想升华时代的审美活动生态圈、审美氛围圈所运转的审美主潮的精神,提炼审美时尚、审美风尚、审美风格所凝聚的时代审美潮流的核心内容,作为自己的基本内涵,形成一般的本质规定。时代的美学主潮,体现着美学发展的基本规律,凝聚着时代美学的基

---

① 周来祥先生认为:审美理想构成时代的美学主潮。参见周来祥主编:《西方美学主潮》"前言",广西师范大学出版社 1997 年版,第 2 页。

本特性和基本准则,包含着时代美学的核心关系和主导走向,代表了时代美学的价值尺度和价值模态,反映着时代美学未来的基本趋势和主导建构,成为时代基本的审美向性,有着较高的审美理性。审美理想以此为内涵,也就成了由审美规律的核心和审美价值的主干统合而成的审美趋式模态,具备了巨大而集中的审美前导力。

审美理想是审美价值向性的核心与前端部分,成为审美场循环提升的深刻的动力性机制和主导性机制以及牵引性机制。审美价值是审美活动的根源,是审美活动循环运转的依据,是审美活动圈态提升的缘由,是审美活动整体发展的目标。审美活动不会无缘无故地展开,总是有着追求审美价值理想的目的性。理想形态的审美价值目标,导引审美活动,这已是不争的事实。在审美欣赏活动中,伴随着审美价值理想的实现,新的审美价值目标以发展了的审美理想的形式自然地形成,继起的审美批评活动对其进行肯定与弘扬,再起的审美研究活动,对其进行理性的探求和实施的指导,后起的审美创造活动,使其物态化,紧接而起的审美欣赏活动,使其实际地实现和走向新的升华。这样,审美理想作为先导性因素,召唤与牵引审美活动合规律、合目的地生发,确证了自身深刻而系统的审美理性,丰富而全面的审美自由。

审美理想更定位于未来的审美价值目标,预测了未来的审美活动态势,展望了未来更高质态的审美价值的生成依据,提出了未来条件下审美价值发展的或然性、可能性甚或必然性。审美理想对未来审美价值发展的预定,是以过去审美价值的生成规律为前提,以当下审美价值在审美活动生态圈中的运动规律为依据,包含了历史、现实、未来的审美价值在相应的审美活动生态圈中形成、发展、变化的整生规律,具备了较高的真理度。当下审美价值的生成与发展,因有未来审美价值走向的导引,显得更合规律,并为其后审美价值的发展,奠定了更好的基础,也就更加符合可持续发展的规律。这就深化了审美价值的整生规律,提升了审美理想的真质、真度、真值,提高了审美理想对审美活动生态圈循环运转的生生不息的动态对应的规范力。

在审美场里,审美理想既是价值中心,又是价值标准,更是审美活动的推进器,还是审美活动的导向灯,是审美活动甚或整个审美场自组织、自控制、自调节的核心机制。

——审美理想的生发。审美价值目标,作为审美理想的本质,脱胎于审美风尚,初孕于审美风向与审美情调,起因于审美活动。审美理想是审美场的价值向性和价值理性递次升华的结果。审美理想概括凝聚提升审美风向、审美时尚而成审美价值目标,概括凝聚提升审美风尚和审美风格而成审美典范,概括审美发展潮流而成审美整生的规律。没有审美风尚的丰厚土壤,长不出审美理想的大树,没有审美风格的初胚,锻造不出审美理想的模具。审美理想是审美情调、审美风向和审美时尚、审美风尚、审美风格依次生发的,节节托生的,显示出根脉深远的整生性,显示出审美趋式依序发展的递进性。

审美理想在审美场中整生。它在推进和导引审美氛围圈、审美活动生态圈的循环发展中,水涨船高地持续提升自己;它在审美场质态结构各层次双向往复良性环回的相生相长中,不断地成就自己;它在审美场的形态结构、氛围结构、质态结构的双向对生中,不停顿地发展自己,构成了多元复合的网状拓展的立体推进的整生。

审美理想在开放中关联生态系统,和社会理想、政治理想、宗教理想、生存理想等等构成生态理想的生态圈,并在相生相长、相竞相赢中丰富和发展自身,在大系统的循环中走向整生。

（二）审美制式

审美制式与审美趋式在互为根由中,成为审美潮流和审美主潮的生发机制。在审美范式的环状结构中,它处于承上启下的中介地位。

审美制式是对审美场的组织模式、结构方式、生态环节的规定,是审美场生发的图式与程式,是审美趋式的生发依据,是审美场更深刻也更普遍的规律。审美制式根据审美理式的原理,形成审美场整体生发的原则,展示整体生发的蓝图,承转了审美理式的审美理性。

审美制式提供了审美场的组织原则:将审美场的审美理式所规定的审美本体和审美本源按一定的程序流布与运转,生成整体结构,使审美场的本体走向整体化,使审美场的本源走向生态结构化。概括地说,审美制式关于审美场的组织原则是:审美本源和审美本体的位格性展开。人类有史以来的三大审美场的构建,无不遵循了这一原则。古代审美场的构建,是客体本源和客体本体的展开。近代审美场的构建,是主体本体和主体本源的展开。现当代审美场的构建是整体本体和整体本源的展开。

审美制式提供了审美场的结构方式:依据组织原则,生成审美场主体与客体、本体与整体、本源与生发体的同一性发展关系。审美场的结构关系是审美场组织原则的具体化,是依据组织原则,在结构审美场的过程中,自然而然构成的整体生成与发展的关系。这种同一性发展关系,作为人类审美场结构关系的普遍规律,在不同时代审美场的建构中,得到了不同的体现,形成了多层次的系统发展。古代审美场在客体本体与本源的展开中,客体对主体展开对象化的结构关系,形成了客体化的整体结构。近代审美场在主体本体与本源的展开中,形成了主体对客体的对象化的结构关系,形成了主体化的整体结构。现当代审美场在整体本体与整体本源的展开中,形成了共生与整生的结构关系,形成了主客耦合发展和网络状立体环进的整体结构。

　　生态环节是审美场组织原则、结构关系的节奏性展开与位格性铺陈,体现了审美场整一化组织、整一化结构、有序化生成的原则。审美场本体本源的展开,整体结构的同一性生成,遵循着层次性、等级性、递进性发展的规律,节奏鲜明的生态程式自然生焉。古代审美场在客体化整体结构的展开中,生发了衍生、回生、同生的生态位格,显示了组织结构的高度有机性。如在西方古代,客体化整体结构的展开,就形成了神衍生人、人向神回生、人趋向天堂与上帝同生三大生态位格。近代审美场在主体化整体结构的展开中,生发了理性主体、感性主体、非主体、整体性主体的序列性位格,使主体化的历程更整一。当代审美场在生态化整体结构的展开中,凸现出共生与整生的位格,强化了耦合并生、良性环进的整一性。

　　审美制式作为审美原则与审美图式,规范审美场的结构性生成,特别是通过规范审美风尚即审美主潮、审美潮流的生发与运行,去规范审美氛围圈和审美活动生态圈的循环运转,不偏离审美理式的原理,不偏离审美理式的宗旨,不迷失审美理式的目标。它标举和展开的是一个时代审美生发的普遍范式,普遍原则,反映的是一个时代审美场生成的普遍程序。

　　审美制式作为仅次于审美理式的审美本质层次,既是审美理式的具体化,也是审美趋式的升华,还是与文化制式、生存图式相生相长的结果,无疑是网络状整体生发的。

四、审美理式

审美理式是审美场最高和最终的价值理念、价值依据、价值缘由、价值准则。它通过确立审美本体与本源,[①] 显示审美场生成的根本原理与最高规律,并通过审美制式,展开为整体的逻辑结构。一句话,审美理式是审美场的生成基因,是这一审美场区别另一审美场的最终根由。

对审美本源的规定,显示了审美理式有关审美场价值始基与价值终极的观念,浓缩了审美场的逻辑起点、逻辑过程与逻辑终结,隐含着审美场整一性生成的规范。可以说,审美理式是浓缩的审美场,是"一"态的审美场,是有待展开的审美场。古代审美场的审美本源是客体,神与道具有审美始基与审美终极的价值与意义,神与道及其对应物的运动轨迹,构成了审美场的内在逻辑。审美场的生成,是神与道的对象化,是神与道的确证。近代审美场以主体为审美本源,人或人类成了审美价值的根由,审美场是人化的结果。现当代审美场以主客体共生和人与自然整生的生态系统为审美本源,主客体审美潜能的耦合对生性运动,特别是人与生境潜能的整生性运动,构成审美场的制式。

审美理式进而规定了审美本体,认定审美本源造就与构成审美场的本体。审美场的本体是整体生成和系统增长的审美场本源,两者同质同构。由本源走向本体,意味着审美场的系统生成,意味着审美场质的统一性和稳定发展性。审美场的本体有本源性的本体和派

---

① 柏拉图把理式确立为世界的本体与本源。见柏拉图:《文艺对话集》,人民文学出版社 1963 年版,第 67、272 页。

生性的本体,两种本体形分而质共,造就了审美场结构张力与聚力的同步发展,促进了审美场结构层次与等级的有序铺开,形成源正流纯的价值生态谱系。像在西方古代天态审美场里,本源性的本体是神,派生性的本体是神化的人,神人同一,构成了等而有差的谱系化整体本体。审美理式通过规定本源性本体向派生性本体的生成,形成了审美场的价值生态谱系,进而形成了客体整生的审美场结构。

审美范式圈也是在良性环行中完善的。审美趋式凝聚审美向性的发展成果,提升为审美制式,审美制式概括审美发生的规律,升华为审美理式,形成了从价值理性的类型,经由价值理性的范型,向价值理性的原型的生长;审美理式范化审美制式,审美制式规范审美趋式,展开了价值根性向价值谱性、向价值趋性的生发;这就形成了审美范式良性环行的动态结构圈,和审美氛围圈、审美活动圈达成了同构。

审美范式圈特别是审美理式,成为审美场聚形的神,整生的魂,给出了审美场整生的规范与轨道,使其自由运行,生发了统观化结构。统观与整生是结伴而行的,正是审美活动圈与审美氛围圈、审美范式圈双向往复的对生所形成的整生,形成了三者同式良性环生、立体推进的统观格局。或者说,在双向对生中,审美范式圈、审美氛围圈制导并伴随审美活动生态圈良性环生、四维时空发展,生成了审美场整生性与统观性耦合并进的立体环行结构。审美活动生态圈是体,审美氛围圈是气,审美范式圈是神,三位一体,整生环行,审美场活态的统观结构更为四维时空化。

从上可见,审美场三大层次的对生,特别是三者复合后的立体环进,显示了逻辑结构的整生化,深化了美学体系的生发规律。

第四节　审美场的生态运动

整生,是审美场生态运动的最高形式,其他诸如依生、竞生、共生等生态运动形式,均有机地融入整生,成为整生活动的环节,成为整生运动的组成部分。审美结构的整生化,是审美场系统生成与系统生存、系统生长的形态与机制;是审美场统观化程度不断提高,成为美学本身的机制;是统观化审美场生发生态审美场,促使一般的美学走向生态艺术哲学的机制。总而言之,审美结构的整生化运动,是审美场最终走向生态审美场的运动。

一、向性与整生

良性循环的审美活动生态圈,作为审美场的基础层次,有着系统地生成审美场整体的趋向性。这种趋向性,在本质上表现为审美价值和审美价值自由有序递进的运动性。

审美活动生态圈的运转,在最根本的层次上,是一种价值生态的向性运动,是一种审美价值的寻求、趋求、探求、建构、实现的周而复始的良性生态循环运动。由审美活动生发的审美氛围圈,也相应地属于价值意绪与意向的运动,由审美氛围圈升华的审美范式圈,则为价值理性的运动。上述三种运动,虽分属审美场的三个层次圈,但它们是对应的、相生的、共进的。审美活动之所以能够良性循环,在很大程度上基于它内在的价值生态与价值意绪、价值理性双向往复的对生运动。正是这种内在的对生和相应的外在结构层次的对生一起,形成了螺旋递进的价值向性,可持续地促进了审美场逻辑结构的整生化构成。

审美场三大层次圈的生成,贯穿与显现了审美向性,审美场三大层次圈的对生,更是以审美向性为根由,作先导的。审美向性是审美场审美价值的引力和审美意志的驱力的统一,是主客体潜能的对生性自由实现的机制。从审美结构整生化的角度考察审美向性,它集中地表现为以万生一和以一生万的路向性和路径性,并构成持续对生的运动轨迹。以万生一,是无数的个别经由特殊、类型走向高度整一的普遍;以一生万,则是高度整一的普遍,经由类型、特殊的中介,走向无数的个别。审美向性,是审美场生态运动的航标,具象化为审美场逻辑结构整生化运动的上述路径,显示了审美场生成的规律。

在审美场里,审美向性标识的逻辑运动的路径,集中地体现在三个方面,一是以审美欣赏活动为起点,经由批评活动、研究活动、创造活动的完整过程,再而走向欣赏活动新起点的环态整生性路径;二是从审美活动经由审美氛围走向审美范式的质的聚合的整生性路径;三是审美范式经由审美氛围走向审美活动的质的范化的整生性路径。这三大审美向性,给定了审美场逻辑运行的基本轨道,生发了审美场生态运动的基本规律。

审美向性标识了审美生发的起点、发展点、终点、对生点或环生点。其中,对生点或环生点常常是集起点与终点为一体的,是审美场逻辑运行的关键点。值得特别指出的是:审美理式处于逻辑结构的上位对生点,对审美场的运行有着总体调控的意义。

审美理式作为审美场根本的最高的和整体的规律,既是审美场多层次本质递次升华的结果,也是文化环境综合作用使然。哲学文化、宗教文化、科学文化、人文文化的最高层次,都涉及世界本原与本体的终极询问和世界存在与发展价值的终极关怀,它们或在更高、或在更深、或在更广的层次上,综合地立体地影响了审美价值与根由的终极探究,从而共生了审美理式。

审美理式作为审美本质的总纲,统合了审美场质态结构的其他层次,成为完整的审美规律系统和审美意识系统,牵引和调控了逻辑结构的整生化运动。这种统合,是通过质态结构各层次双向往复的生态运动实现的。这种统合,是以审美理式为主体、宗旨和主导的,形成了总体化的局部和局部态的总体。审美理式自下而上提炼升华各层次的审美规律而成最高最完整的审美规范后,逐级向下生发,把总体的审美理性,付诸各局部,使之获得系统质。具体地说,这种双向对生的质态运动,使得审美场质构的各层次,都具总体质,即以自身的显态质,潜蕴隐含其他层次的质、系统关系质和整体质。一个有机的系统,它的总体质,由各部分的质、系统关系质、整体质构成。凭借质态结构的整生化运动,质态系统的任何单元,都是总体化的。审美场的质态结构更是这样,每个层次都有着丰厚而完整的整体质的沉淀。在审美场质构总体化、整生化运动过程中,最高层次的审美理式作为整体质,是质的升华的最高与最终的聚合点与结晶点,也是质的生发与分化的最高与最初的基点与推动、调控、制导点。正是它,把质构的整生化运动升华与凝聚的总体质特别是起统领作用的整体质逐级下沉到审美制式、审美趋式的层次,进而以审美时尚的形式,把整体质统领的总体质沉入审美氛围,转化为审美磁力,产生同化力、制导力、推动力更为强大和更为统一的审美氛围圈,进而使审美活动生态圈的运转,更加合式合范,合规律合目的,实现审美活动形构、审美氛围趣构、审美范式质构的统合,构成审美场。可见,审美理式是审美场最高的生成机制,是审美场审美向性的定位者、给出者、调节者,是审美场逻辑结构整生化运动的总体机制。

审美场质态结构往上的统合运动,成就了审美理式;往下的统合运动,范化了审美氛围,范生了审美活动,达到了整体结构高度的组织化与整生化。审美理式处于往上统合运动的终点,往下统合运动的起点,集最大的结构张力与结构聚力于一身,它聚生与范生的审美场,也就成了动态平衡的整生化结构。特别是它的范生力基于聚生的整体质,于范生对象有着巨大的亲和力和认同感,审美场的整生化逻辑结构也因此特别和谐。这说明,审美理式集合与给出的审美向性,有着审美场生态规律与目的的支撑,因而是自由自然的。

遵循审美向性,审美范式的圈态循环结构与审美氛围的圈态循环结构以及审美活动的圈态循环结构在对生中融通整合,一体运转,使审美场的本质规定进一步深化。作为整体美学对象和总范畴的审美场,是审美活动圈、审美氛围圈、审美范式圈双向对生,统合运转,立体环进,四维时空螺旋提升的审美文化生态圈。

二、开放与整生

一般来说,越是内部组织化程度高的系统,内控力越强,质的统一性越大,也越完善,然同时也容易走向质的循环性退化。但是,审美场的质态结构,同化了审美氛围,形成了磁力更强劲的审美氛围的趣态结构,却摆脱了封闭系统的内循环所带来的质的退化的厄运。究其缘由,关键在于质的整生。这是一种内外统一的整生。就内来说,在审美理式这一整体质的统领下,各局部质、关系质和整体质一起相生、共生,最后达到整生。就内与外的统一历程来看,审美场的质态结构,作为审美规律系统,由审美理式的整体规律与根本规律、审美制式的普遍规律以及审美趋式的基本规律、审美风向和生命情调等审美趣向的重要规律,形成严密而有序的生态谱系,达到了很高程度的组织化与整生化,具备了整体开放性,构成了系统化生态联系的基础。当这一生态结构的任何部分形成外向性的共生,即与相关的诸种人类活动规律和自然运动规律相生相长时,都能把外界对局部的共生,最终变为对审美规律总体的共生。审美规律谱系除了各局部全方位的外向共生外,还通过自身甚或审美场的整体开放,与世界万事万物的规律系统形成了整体的网络联系,在网状循环的共生与整生中,聚合融通社会的大道与自然的整道,发展和提升自身的质,从而避免了系统的增熵,成为持续整生的耗散结构。

"问渠哪得清如许,为有源头活水来"。审美规律系统往下关联着生生不息的审美活动生态圈,从审美活动实践中持续地提升与发展新的审美理念,向外与宇宙人生的规律总体达成统观的整生。审美场的质态系统有如常青之树,生气勃勃,历久愈盛,从而保证了上位质态结构审美范式圈,对下位质态结构审美氛围圈的发展性范化,进而实现了对形态结构审美活动生态圈的持续性风化。

审美场在全方位开放中形成的整生,在总体上构成了与生态场对生的格局,拓展了走向生态审美场的路径,使生态美学继一般美学而起,显得水到渠成,显得顺理成章,显得自然而然。

三、统观与整生

统观,有对象和方法之别。若就研究对象而言,统观对象是超越宏观对象的,像统观审美场就大于、超于宏观审美场,更具整体性和总体性;若就研究方法而言,统观方法除最对应统观对象外,还可对应一切对象。统观的对象适合用统观的方法研究,微观、中观、宏观的对象,也应该运用统观的方法来探求,以发现它们和整体与总体的内在联系性。统观的方法,从研究视角与视域看,是对对象作环揽通透和纵横周转的把握;从研究路线看,是探求对象的整生历程,即对象的整体生成、整体生存、整体生长的逻辑与历史的行程,核心范畴纵横网络关联四维时空发展的历程,审美系统复合螺旋立体环进的历程;从研究模式看,是概括出对象的整生图式,诸如双向对生、耦合并进、纵横网生、良性环生等等。由于统观的对象是由多维宏观对象整生而成的,所以,对审美场诸结构层次,必须用统观方法来研究,发现它们的整生质以及相互间的整生化联系,方能系统生成和整体发展审美场的本质。如果不用统观方法研究诸宏观对象,是不能将多维宏观整生为统观的,是不能发现对象局部的统观性本质的,更不能发现诸局部的统观性本质在生态联系中形成的统观态本质、统观化本质和统观本质了。

统观研究必须贯穿于审美场诸局部的研究中特别是诸局部生态关联的研究中。如果不是这样,就不能形成对审美场整体结构和整体本质的整生性把握,就不能理性地发现和自觉地建构统观性审美场、统观态审美场、统观化审美场和统观审美场,特别是完备的人类统观审美场。统观审美场有两种形态,一是整体的历史形态,指的是人类全程全域立体推进的总体审美场,二是完备的逻辑形态,指的是生态审美场。生态审美场包含在人类总体审美场的框架之中,是后者的当代形态和未来形态。这两种统观审美场,都在呼唤着生态美学,呼唤着生态艺术哲学。审美场的统观研究,统观审美场的建构,生态美学或曰生态艺术哲学的生发,是关联并进的、系统生发的、三位一体的,从而形成了更高境界的整生性。

统观审美场是由微观审美场经由中观、宏观审美场整生而成的,是统观性审美场经由统观态审美场、统观化审美场整生而成的,是天态审美场经由人态审美场、天人整体审美场整生而成的。统观地研究诸种审美场走向统观审美场的轨迹,发现它们之间的整生性联系,探索审美结构整生化的规律,是历史地逻辑地建构统观审美场的机制。

　　形成逻辑的统观审美场,在理清历史的统观审美场的前提下,还要有三个方面的整生条件:一是审美场的各层次全面生成,形成由审美活动圈、审美氛围圈、审美范式圈统合的完整的审美场结构;二是审美场的三大层次持续双向对生,形成系统的整生关系;三是审美场及其三大层次均和所属的大系统即生态系统联系,形成双向往复的对生关系。审美场达到了上述要求,也就实现了各种形态的审美结构的整生化,并在它们的系统关联中,形成了总体形态的审美结构的整生化,从而自然而然地生发了向逻辑的统观审美场提升的趋向性。

　　统观与整生,有着同一性。统观平台的审美场,就是整生架构的审美场,两者有着耦合并进性。审美活动生态圈,是审美场统观性和良性环行的整生性的统一。审美活动、审美氛围、审美范式三大层次的对生,是审美场的统观态与一态对生的整生态的统一。上述三大层次在对生中统合运转,复态环生,是审美场的统观化与立体环进的整生化的统一。审美场与生态场重合同运,是逻辑审美场的统观生成与总体四维时空的整生展开的统一。统观与整生的这种层层递进的对应发展,拓展了审美结构整生化的意义,是形成与发展统观审美场特别是生态审美场的规律,是形成生态美学的前提。概括地说,统观与整生的对应发展,强化与提升了生态循环性,种下了生态审美化的基因,必然地使审美场走向统观审美场,走向生态审美场;生态美学的体系,自然而然地生成于审美场走向生态审美场的历史发展中和逻辑发展中;生态美学的规律:审美结构的整生化,自然而然地显现于审美场走向生态审美场的历史发展中和逻辑发展中。

　　不论是向性与整生,或者是开放与整生,还是统观与整生,都显示了审美场向生态审美场的运动性。审美场的生态基础是生态场。它不外在于生态场。它是生态场中的一个层次。它以三位一体圈态运转的四维时空形态，存在于生态系统中，成为生态系多层生态圈之一。关联统合审美活动、审美氛围、审美范式，达成复式运转的审美文化生态圈，和其他层次的生态圈，共成整体生态圈，并发生对生运动。在对生中，整体生态圈走向了审美化，审美文化生态圈走向了整生化，生态审美场生焉。也就是说，审美场凭借托身生态场，凭借与生态场的对生关系，具备了走向生态审美场的潜能与趋向，显示了走向生态审美场的历史必然性；只要社会整体的生态文明发展到一定的程度，这种潜能、趋向与必然，就会成为现实。

　　审美场一旦实际地成为生态审美场，向性与整生、开放与整生、统观与整生，也就在生态审美的平台上实现了统一，审美结构整生化，也相应在生态审美的平台上展开，由此洞开的将是生态美学的逻辑风景。

　　审美结构整生化，作为美学的普遍规律特别是生态美学的普遍规律，是由不同的形态与样式构成的系统。作为生态审美场的生成机制与规律，指的是从纯艺术的审美领域，走向亚艺术、非艺术的审美领域，最后抵达非审美领域，使审美领域与整个生态领域重合的过程与方法。作为美学元范畴特别是生态美学元范畴的生成机制与规律，指的是审美范畴的生态从微观，经由中观与宏观，最后走向统观的过程与方法。作为美学对象特别是生态美学对象的生成机制与规律，指的是研究对象的生态从孤生，经由群生与共生，最后走向整生的过程与方法。作为学术范式的生成机制与规律，指的是审美结构的生态，从依生经由竞生与共生，走向整生的过程与方法。作为历史统观审美场的生成机制与规律，指的是古代天态审美场，经由近代人态审美场,走向现当代生态审美场的过程与方法。作为生态美学历史性生成的机制与规律,它指的是古代研究客体整生化的美学,经由近代探询主体整生化的美学,走向现当代追问整体整生化的美学的过程与方法。作为生态美学或曰生态艺术哲学逻辑生成的机制与规律,它指的是艺术审美生态化,经由生态审美艺术化,走向艺术审美生态化和生态审美艺术化耦合并进的过程与方法。离开一般美学框架中的审美结构整生化,难以形成生态美学框架中的审美结构整生化。前者是后者的基础与前提,后者是前者的提高与发展。两者构成完整的体系,推进美学的转型。

审美场能够走向生态审美场,两者能够分别成为美学和生态美学的核心范畴、整体对象和逻辑体系,生态美学及其研究范式能够划时代地涌现,关键在于审美结构整生化。

审美结构整生化,还可做进一步的追问,以发掘更深层的审美规律。艺术审美是审美之始和审美核心。艺术审美生态化,在开拓审美领域中,成为发展与提升审美结构的过程与方法。它使审美结构整生化,形成审美场;它使审美结构和生态结构在重合中整生化,形成生态审美场。

艺术审美生态化既是审美结构整生化的形态,更是审美结构整生化的机制,它是一把钥匙,可以开启审美场连通生态审美场的大门,了解生态审美场历史、逻辑的生成奥秘,进入生态艺术哲学的理论境界。

第二章　生态审美场

审美场逻辑结构和历史结构的整生化，均指向生态审美场的目标。审美场也就成了生态审美场的出发点。

在个体人生领域里，生态审美场由局部性、片段性、间歇性生成，走向全域性、全程性、连贯性生成。在现实世界中，它由人类各族的特殊性生成，走向人类整体的普遍性生成，最后走向全球甚或宇宙良性环行的整生性构成。在历史领域里，远古实践性、文化性生存审美场，向古代客体生态性和近代主体生态性审美场递次发展，促成现代主客耦合共生性生态审美场，共成当代和未来天人整生性生态审美场。生态审美场有着系统生成性和系统生长性。

在审美历史悠远漫长的行程中，在审美结构与生态结构双向往复的对生中，所展开的艺术审美生态化，是生态审美场生成的基本规律。其他规律或融入与属于这一基本规律，或通向与构成审美结构整生化的整体规律，共同成为生态审美场的生发机制。

艺术审美生态化，是艺术审美向生态领域拓展，实现审美场与生态场重合，形成生态审美场的过程与方法。它有远古原型的一面，有现代创新的一面，是现代向远古的螺旋式复归。它是审美历史生成的方法，结晶的方法，有着自由自然性。

第一节　生态审美场的多维共生

生态审美场的多维共生,是在历史的过程中完成,并向现实综合涌现的。

任何事物都是历史的"儿子",都是在历史中逻辑化成长的,都有着历史与逻辑统一的系统生成性,现当代及未来的生态审美场也不例外。它与"原型"状态的生存审美场、古代客体生态占主位的天态审美场、近代主体生态占主位的人态审美场,形成了一脉相承的家谱,秉承了"系统发育"的成果。

一、生态审美场的"原型"

生态审美场是生态活动与审美活动结合形成的审美场,是生态自由与审美自由统一生发的审美场,是审美人生与审美生境耦合并进而共生的审美场。生态审美场的前两大基本特征,在动物祖先的生态审美场中就已初步生成。也就是说,动物祖先的审美场,构成了生态审美场的最初原型,成为人类生态审美场的生物学远因。这里说的动物祖先,是就人类源出于动物界而言的,和说自然是人类的母亲是同一个道理。它不专指人类直接承续的某种动物。

人类生态审美场的原型,除了动物生理生态审美场外,还有远古人类的实践性生存审美场和文化性生存审美场。三者统一,生成了后起的生态审美场的整体预构和先在规范。

动物祖先的审美活动与生殖活动结合,构成局部性的生态审美活动,生发间歇性的生态审美场。动物的审美活动发生在雌雄之间,形成于繁殖时节。发情期,在雄性激素的作用下,雄性动物变得十分漂亮,并起劲地在同类雌性面前表演甚或炫耀自身的美,达到被其欣赏和与其结合并共生健美后代的目的。动物祖先的审美活动就这样与自身的生产活动自然而然地结合起来了,形成了依乎天性基于本能关乎物种进化的生态审美活动,构成了依生、依存自身生产生殖机制的生态审美场。很显然,这是一种生理生态审美场。达尔文指出:中国赤鲤鱼,"雄类之颜色最美丽,胜过雌类,当生殖时季,彼等为占有雌类之故相竞争,展开其具斑点且以美光线装饰之诸鳍。卡彭尼称其与孔雀展尾无异"。[①] 他还说明:"如果我们看到一只雄鸟在雌鸟之前尽心竭力地炫耀它的漂亮羽衣或华丽颜色,同时没有这种装饰的其他鸟类却不进行这种炫耀,那就不可能怀疑雌鸟对其雄性配偶的美的赞赏的。……如果雌鸟不能够欣赏其雄性配偶的美丽颜色、装饰品和鸣声,那末雄鸟在雌鸟面前为了炫耀它们的美所做出的努力和所表示的热望,岂不是白白浪费掉了;这一点是不可能予以承认的。"[②] 达尔文揭示了动物的性机制与审美机制的同一性,描述了动物的生殖活动与审美活动同构统一的模式,包含了动物的审美活动是一种生态审美活动的意义。动物的生态审美活动,达到了生态自由与审美自由质朴而自然的统一。动物的生态审美选择,有利本质和本质力量优异的雌雄在审美中结合,有利于物种的优化与进化。动物的审美活动与生殖活动结合,审美的愉悦激发了生理潜能,促进了优生。也就是说,动物的生态审美,是既合生态规律又合生态目的的,有着较为充分的生态自由。同时,性动力强化了雄性动物的生态

---

① 达尔文著、马君武译:《人类原始及类择》第 5 册,商务印书馆 1930 年版,第 105 页。

② 达尔文著,叶笃庄、杨习之译:《人类的由来及性选择》,科学出版社 1982 年版,第 112 页。

美,激化了雄性动物的生态审美创造潜能,激化了雌性动物的生态审美欲求,也就同步地合乎了审美规律与审美目的,实现了审美自由。两种自由的统一,构成生态审美自由,使动物的生态审美场有了自身的本质规定性。

动物的生态审美场是在生态活动与艺术审美活动结合的生态审美活动中形成的,是在合生态规律与目的以及合审美规律与目的中生成生态审美自由的,是艺术审美生态化的产物。这就为远古以及现当代和未来的人类生存、生态审美场树立了基本的规范,成为后来的生态审美场的原型。

秉承动物祖先的审美成果,远古人类首先形成的生存审美场,也是遵循艺术审美生态化的规范生发的。它构成了人类现当代及未来的生态审美场的原型。远古人类的生存审美场,首先是由艺术审美活动与劳动实践的生态活动结合的生态审美活动构成的,继而是由艺术审美活动与巫术魔法、图腾崇拜的文化活动统一的生态审美活动构成的。与动物祖先的生态审美场相比,它实现了审美活动与更广泛的生态活动的结合,形成了更丰富的生态审美活动,形成了更充分的艺术审美生态化,形成了更广阔的生态审美境界。与此相应,它在更多的方面,初步实现了审美的规律与目的和生态的规律与目的的统一,其生态审美自由也就比较充分。作为原型,它与当代及未来的生态审美场,有着更多的相似性。

生产劳动是人类重要的生态活动。远古人类将艺术审美活动与生产劳动结合,形成生态审美活动,生发的生存审美场,也就有着较大的时空张力。原始人抬木头,齐声呼着"吭哟、吭哟"的号子,审美与劳动融为一体,生发了实践性生存审美场。这种情形有着普遍性。普列汉诺夫说:在原始社会里,每种劳动都伴有相应的歌。歌的节拍与劳动的节奏一致。对这种一致节奏的感应与选择,达尔文认为决定于动物"神经系统的一般生理本性"。[①] 普列汉诺夫则认为"这决定于一定生产过程的技术操作的性质,决定于一定生产的技术"。[②]他们的看法,或基于生理生态审美场的规律,或基于实践性生存审美场的规律,有着内在的相通性,实际上并不矛盾,可以统一起来,成为更完整的生态性审美场的规律。实践性生存审美场,后起于生理生态审美场,应把它的生理审美自由,作为基础与前提,纳入实践审美自由。也就是说,实践审美自由应遵循和包含生理审美自由,而不应该违背与遗弃生理审美自由。在实践性生存审美场里,主体实践活动的规律与目的,与生理活动的规律与目的以及审美活动的规律与目的应该整合为一,促成生态审美自由更为完备地生发。生态审美自由整体性的增强,特别是结构性的发展,可使生态性审美场更具整合性与整生性。像上述原始人抬木头的歌,实现了生理、实践、审美节律的三位一体,歌的节拍,协调了劳动的节奏,激活了生理潜能,在合生理、实践、审美的规律中,初步实现了真、善、美、益、宜相生互发、整体推进的生态审美目的,实现了艺术的审美价值与真、善、益、宜的审美价值的同增共长,进而促进了实践性生存审美场的自由发展。

远古人类的文化活动,和艺术审美活动结合,并关联着实践活动、生理活动的背景与根由,所形成的文化性生存审美场,也就更多地具备了生态性审美场的综合质,也就有了更充分的艺术审美生态化的蕴涵,为后起的生态审美场,提供了更多的整体预定性。远古人类的宗教性文化活动,诸如巫术魔法活动和图腾崇拜活动,以审美的

---

① 见王秀芳:《美学·艺术·社会——普列汉诺夫美学思想研究》,河北人民出版社1987年版,第71页。

② 曹葆华译:《普列汉诺夫哲学著作选集》第5卷,三联书店1984年版,第339页。

形式展开,在审美愉悦中通神、求神,实现生存与实践的功利目的,构成了宗教文化氛围与审美氛围浓郁的生存审美场。这种文化性生存审美活动,遵循天人交感的"生态规律"和"神人以和"的审美规律展开,直接指向丰产与丰收的生态功利目的和主客和谐的审美自由目的,形成了生态审美自由。鲁迅先生说:"画在西班牙的亚勒泰米拉(Altamira)洞里的野牛,是有名的原始人的遗迹,许多艺术史家说,这正是'为艺术的艺术',原始人是画着玩玩的。但这解释未免过于'摩登',因为原始人没有19世纪的文艺家那么有闲,他的画一只牛,是有缘故的,为的是关于野牛,或者是猎取野牛,禁咒野牛的事。"[①] 这种绘画的审美活动,同时或曰主要是一种巫术魔法的文化活动,审美的自由和生态的自由结合为一,构成的不是纯粹的艺术审美场,而是有着原型意义的文化性生存审美场。包含着巫术魔法的文化审美活动如此,蕴含着图腾崇拜的文化审美活动也如此。"在新疆天山和内蒙古阴山岩画中,不少狩猎、放牧画面,有裸体的男人,长而粗的生殖器向上挺举,甚至在猎场或畜群中有男女交媾。不难理解,作画者是将猎人和放牧者的生殖力与动物的生殖力联系在一起了,换言之,即认为人的繁殖力与动物的增殖之间有着'互渗'作用,人的生殖力能影响到野牲、家畜的增殖。这样的实例在北方草原岩画中实例很多,比如新疆木垒县博斯坦牧场有一生殖器勃起的猎人正引弓射猎一只野羊。新疆呼图壁县康家石门子有一幅放牧图,在羊群中有一对男女正在交媾,以便使人的这种生殖力促使羊的繁殖。"[②] 这种以生殖崇拜为主旨的原始艺术审美活动,是审美规律与目的依从生态规律

---

① 鲁迅:《门外文谈》,《鲁迅全集》第6卷,人民文学出版社1958年版,第68-69页。
② 盖山林:《北方草原岩画与原始思维》,《文艺理论研究》1992年第1期,第77页。

与目的,因而在本质上是一种最终遵循生态规律、最终指向生态目的的文化审美活动,是一种包含着多种生态审美活动的文化审美活动。它所构成的文化性生存审美场,积淀了此前各类生态性审美场的成果,已初具生态审美场的整体质,从而为其后生态审美场的生成,做了历史的预定。

生态审美场的原型,有一个发展与整合的"聚形"过程,即质、性、形、貌的系统生成和立体涌现的过程。从动物祖先的生理生态审美场,到早期人类的实践性生存审美场和文化性生存审美场,逐步形成了艺术的美与生理的宜、实践的益、文化的善的结合,从而使审美的规律与目的和多重的生态规律与目的乃至某些自然的规律与目的实现了统一,使生态审美自由不断地在量的拓展中实现质的提升。特别是在文化性生存审美场阶段,因历史的整合,已初步地实现了艺术美和真、善、益、宜之美的统合并进,初步实现了审美价值与真、善、益、宜价值的相生互发,初步地形成了生态审美场的基本特征,成为其后的生态审美场较为完备的原型。

原型性的生态性审美场,是依生性审美场。动物祖先的生理性生态审美场,审美性依从和依存生理性,审美的动力机制是性心理和性生理,审美的规律与目的依从与依存动物自身生产的物种繁衍与优化的生态规律与目的。动物在非繁殖的时节,性生理和性心理的机制未启动,一般不会生发审美活动。动物的性器官被阉割,依赖于性生理的性心理淡出,审美活动也一般不会发生,生理性生态审美场也当无由建构。这就从反面确证了动物生理生态审美场,是审美性依从依存生理性的审美场。远古人类的实践性生存审美场和文化性生存审美场,是艺术审美性依生与依存生态功利性的审美场。在这样的审美场里,审美的规律与目的统一于生态功利方面的规律与目的,服从于生态功利的规律与目的。

　　原型意义的生态性审美场,既为现当代的生态审美场提供了远古的范型,又以其依生性的特质,构成了审美场历史和逻辑一致的起点。人类古代的依生性天态审美场,是这一逻辑起点的承续与展开。近代的竞生性人态审美场是人类审美场的逻辑转折。现代的共生性生态审美场是人类审美场的逻辑发展与整合。当代及未来的整生性生态审美场是向动物和人类生态性审美场逻辑起点的螺旋式复归,是动物和人类生态性审美场的逻辑升华与历史发展。我们由此可以见到原型意义的生态性审美场,其逻辑与历史统一的发端,具有生态始基的价值。正是有了依生形态的生态性审美场的发端,才会有客体生态占主导地位的天态审美场,才会继而有主体生态占主导地位的人态审美场,才会接而有它们对共生性、整生性生态审美场的孕育,才会进而有共生性生态审美场的发展,才会终而有整生性生态审美场的升华,才会总而有审美场特别是生态审美场的谱系演替。

　　原型意义的生态性审美场,在艺术活动和生态活动的结合中生成,显示了艺术审美生态化的机制,为后起的生态审美场提供了生成范式,甚或生成基因。

二、客体整生的审美场与主体整生的审美场的共生

　　世界古代审美场是依生性的天态审美场。天态审美场,是以客体生态为本为根的、审美活动与审美氛围及审美范式复合运转的、模仿性再现性的审美文化生态圈。在天态审美场里,客体作为本源性的审美本体,生发出人与万物,构成派生性审美本体,初步形成客体性的审美整体。人与万物,在向客体回生的过程中,客体化程度不断提高,形成主客化合而同生的整体审美结构。这是一个客体化的依

生性审美结构。在西方,神生发人,人趋向神,强化神质神性,在神人同构中,构成了神化的整体生态结构。在中国,道生人,人向道回生,增强了道质道性,在人同于道中,生成道化的生态结构。正是在客体衍生主体,主体向客体回生,主体与客体同生的生态运动中,形成了一体化的客体生态结构,形成了主体依生客体的天态审美场。这种依生性,有着对生的形式。对生,是生命体相互生成的生态运动、生态结构和生态规律。这里说的对生,指的是客体生发主体,主体依从、依存、依同客体的对生,虽然具备客体向主体生成、主体向客体生成的对生形式,但在本质上是一种依生性对生运动,是生成客体整体的运动,也就成了客体整生的运动。

在主客体依生性对生中,形成的客体整生化的生态运动,是生发天态审美场的机制。凭借客体本体化和客体整体化的生态运动,古代天态审美场,形成了人和于天并同于天、人和于神并同于神的客体整生化的和谐美,形成了客体整生化的美场。在此基础上,形成了追求客体生态的审美特性的审美风尚与审美时尚、审美情调,形成了追求客体天性(中国)和客体神性(西方)的审美活动。这样,整个古代审美场,就按照客体生态本体和客体生态本源的规范运转了,也就在主体依生客体的运动中,形成了客体整生的天态审美场。

所谓客体整生的审美场,是因客体本体本原化而形成的主体生态客体化和整体生态客体化的审美场。在这样的审美场里,客体占据着矛盾结构的主导地位,制约着主体与整体向着客体生态化的方向运动,形成一元化的客体整生结构。主体处于矛盾结构的次要地位,在依生、依从、依存、依同客体的生态运动中,失去了主体生态性和生态自由性,获得了客体生态性和生态自由性,成为客体整生的有机成分,成为客体整生的天态审美场的构成元素。

　　世界近代审美场,是竞生性人态审美场。人态审美场,是以主体生态为本为根的、审美活动与审美氛围及审美范式复合运转的、表现性人化性的审美文化生态圈。竞生,是生态系统的各部分,争夺生态结构的主导地位、争夺生存与发展的权力与空间的生态活动及生态规律。近代,主体确立了以自身生态为审美价值本体的理念,形成了人化自然的审美活动,形成了在人化自然中与客体竞生的审美活动。凭此,主体生态在与客体生态争夺生态结构主导地位的竞生中,进一步发展了本质和本质力量,主宰了生态运动的方向,使自身的美走向客体,走向自然,形成派生性、对象性的主体生态美,使自然的美走向人化,成为人的"客观自我",形成了整体化主体结构。这样,在竞生性对生中,主体的生态美,就成了整生性的人态美场了。主体的审美,也相应地成了自我欣赏。一切形态的审美活动,遵循人化自然和自然人化的竞生性对生的方式运转,展开人的本质力量对象化的自由理想,形成了主体在与客体的竞生中占据主导地位进而同化客体的整生性人态审美场,即主体整生的审美场。竞生性对生,是主体在生存竞争中,占据生态结构的主导地位,所展开的人化自然和自然人化的对生。它是形成主体整生审美场的机制。

　　在世界古代,客体向主体生成,使自身生态成为整体生态,显示了最大量度的生态自由和生态审美自由。在此基础上,它还规定自己的派生体转而向自身生成,使其与自身同构、同化、同生,进而形成了最高质度的生态自由和生态审美自由。主体的生态自由和生态审美自由,是客体生发的,是客体化的整体生态自由和生态审美自由结构的一部分。在世界近代,主体向客体生成,在人化自然中,使自身生态成为整体生态,其生态自由和生态审美自由,同样在整生中,走向了最高的量态与质态。也就是说,世界古代,形成了客体整生的美,客体整生的自由,客体整生的审美自由,客体整生的审美场;世界近代,形成了主体整生的美,主体整生的自由,主体整生的审美自由,主体整生的审美场;现当代,在主客体潜能的耦合性对生中,在人与生境潜能耦合并进、良性环行的整生中,正在形成天人生态结构共生与整生的美,正在形成天人生态结构共生与整生的自由,正在形成天人生态结构共生与整生的审美自由,正在形成主客共生和天人整生的审美场,即生态审美场。共生态对生,是主客体在相互生成中共生整体新质的生态运动和生态规律,整生态对生,是生态系统各部分在相互生发中形成螺旋复进、立体环生、四维时空演进结构的生态运动和生态规律。它们是生发生态审美场的机制。

古代,在主客体的依生态对生中,形成了客体整生的天态审美场;近代,在主客体的竞生态对生中,形成了主体整生的人态审美场;现当代,在主客耦合的共生态对生中,进而在人与生境、人与生态网络、文化生态与自然生态及社会生态的整生态对生中,已初步形成天人共生的审美场,进而将形成天人整生的审美场。天人共生和天人整生的审美场,是生态审美场的初步形态和发展形态,是在客体整生的天态审美场和主体整生的人态审美场的基础上依次生发的,是以前两者为历史条件的。更具体地说,天人共生的生态审美场,是客体整生的天态审美场和主体整生的人态审美场共生的,是这两者历史地逻辑地共生的。天人整生的生态审美场,作为较为完备而典型的生态审美场,是在天人共生的生态审美场的基础上形成的,是生态审美场生发的第二个环节,第二种模态。

古代天态审美场和近代人态审美场共生现当代生态审美场,显示了正反合的生态辩证法。古代天态审美场培育了整生形态的客体美、客体生态自由和审美自由,近代人态审美场培育了整生形态的主体美、主体生态自由和审美自由,这就为现代形成生态审美场准备了充分的平衡的耦合并进的主客体条件。现代的生态美,是主客体潜能平衡并进的对生性自由实现。现代的生态审美活动乃至生态审美场,是生态自由和生态审美自由平衡并进的主客体耦合对生而成的。也就是说,主客体平衡并进、耦合对生的生态潜能与审美潜能以及生态自由和审美自由,这些现代生态审美场的生发条件与机制,是历史生成的,是按照正反合的生态辩证法,逻辑化地历史生成的。离开天态审美场和人态审美场对上述条件的历史孕育和共生,现代的生态审美场无由形成,当代的生态审美场无由发展。

艺术审美生态化是一个历史的过程,显示了生态审美场历史生成的系统规律。天态审美场的客体整生,是客体生态的审美化,人态审美场的主体整生,是主体生态的审美化,生态审美场的主客共生和天人整生,是主客生态和天人生态的审美化。生态审美化和审美生态化有着一体两面性,在本质上是同一的,都有着艺术的审美根基的,都有着艺术的审美史端的。这样,上述种种生态的审美化,就成了艺术审美生态化的形式,就成了艺术审美生态化的历史发展环节和逻辑发展环节,就成了生态审美场的生成过程与生成机制。

三、生命审美场和环境审美场的对生耦合

现当代及未来生态审美场的主客共生性和天人整生性,还是在主体审美场的主体整生性与客体审美场的客体整生性的耦合对生中形成的。现当代的中西方已构成了这种耦合对生的格局与态势,提供了生态审美场生发的现实条件。

在走向生态审美场的过程中,人类既历时地形成了古代客体整生的审美场和近代主体整生的审美场,又在现当代共时地生成了中国生命审美场和西方环境审美场。中国现当代的生命审美场,在实践美学、后实践美学和生命美学以及审美人类学、艺术人类学的导引下,形成与发展了主体审美结构的整生性。实践美学和后实践美学主张在人化自然中,在人与人态自然的整体结构中,形成主体理性审美的整生性,特别是主体理性与感性统一的审美整生性。生命美学要求在生命的全体和生命的全程中,审美人类学和艺术人类学要求族群和人类在历史的时空中,超越性地形成主体审美特别是整体主体审美的整生性。这种种美学特别是后三种美学,都指向主体生命审美场的建设。只不过实践美学主要建构的是主体理性生命审美场,主要形成的是理性主体审美的整生性。后实践美学的主体审美整生性又前进了一步,是实践美学的审美整生性走向生命美学审美整生性的过渡形态。生命美学建构的是主体整体生命审美场,形成的是整体主体审美的整生性。审美人类学和艺术人类学建构的是族群和人类主体的整体生命审美场,形成的是系统形态的整体主体审美的整生性。这些主体审美的整生性,有着递次发展性和递次包容性,审美人类学特别是艺术人类学的主体审美的整生性,有着集大成的意义,可形成完备的主体生态审美场。西方的生态批评和环境美学,立足于环境的美化和审美化,通过构造美的环境和审美的环境,变人在环境中,为人在美的环境中和在审美的环境中,以形成环境生态审美场。

　　生态系统由生命体与它们的环境构成。人不能脱离环境,孤立地生存、封闭地生存。环境如果离开了人,也就在人类生态系统的疆域之外了,失去了相互对应的意义。也就是说,在人类生态系统中,人与环境相互依存,一刻也不能相互脱离;人与环境相生互长,历史注定他们只能耦合并进。环境与人在生态系统中的同一性,奠定了环境美学的生态美学意义。环境美学的宗旨,是使人所依托与置身的环境,成为美的环境和审美的环境,使人在环境中的生存和生态活动,成为生存审美活动和生态审美活动。这就可望形成环境生态美场和环境生态审美场。

实践美学、后实践美学、生命美学、审美人类学、艺术人类学指向主体生态美场和主体生态审美场,生态批评、环境美学指向环境生态美场和环境生态审美场。两者在审美全球化背景下,实现平等的交流与对话,在耦合对生中,构成中和与整合,也就可望生成整体的生态美场和整体的生态审美场。也就是说,在中国主体生态审美场和西方环境生态审美场的聚形中,主客共生和天人整生的生态审美场可望成焉。

艺术既是审美之本,又是审美之始。基于这种审美价值学和审美发生学定位,上述两类美学,分别标举的主体生态的审美化和客体生态的审美化,同时也就成了艺术审美生态化的两种主要形式。这两种形式的统合发展,即在主体生态审美化和客体生态审美化的耦合并进中,同时进行着完整的艺术审美生态化,生态审美场凭此而生发。

第二节　生态审美场系统生发于审美场与生态场的对生

如同人的生态活动大于并包含审美活动一样,生态场即生态圈也大于并包含了审美场。审美场作为生态场的一部分,有着从局部走向整体的趋向性。生态审美场生成于审美场的开放性整生中,即它走向生态场的整体发展中,生成于审美场与生态场对生的历史进程中。也就是说,审美场与生态场对生,构成生态审美场,也是在历史的时空中逐步展开的。

　　形象地说,审美场套在生态场中,两者发生对生关系,审美场向生态场发展,生态场向审美场拓进,相互走向同构同化,共同生成生态审美场。在这种相互同化中,生态场成了审美场,成了生态审美场,审美场实现了向生态场的整生。

　　审美场与生态场的对生,是艺术审美生态化的主要形态,即在历史进程中展开的逻辑形态,因而是生态审美场生发的主要形式与主要机制。

一、审美场与生态场的对生模式——双向良性循环

　　审美场与生态场的对生,主要表现为双方在信息的交换中走向同化:审美流进入生态场,使之走向审美性生态场;与此相应,生态流进入审美场,使之趋向生态性审美场。随着对生的持续,两者的同一性在增加,不断趋向共同的目标,生态审美场经由生态性审美场、生态状审美场、生态化审美场逐步完整地生成。

　　审美场与生态场的对生,一开始就有了双向良性循环的特性。审美流进入生态场,在同化后者的同时,也被后者同化,成为双方的共生物,成为中和形态的生态性审美流。它流回审美场,既使审美场趋向生态性审美场,又使自身的生态性与审美性同步强化与协同为一,成为生态性与审美性耦合对生而并进的生态审美信息流。这种信息流再次流向对方和流回己方,构成了良性循环:己方的生态审美性和对方的审美生态性在同步增强与增长。与此相应,生态流进入审美场,在相互同化中,成为审美性生态流。它流回己方,促成审美性生态场,并使审美性与生态性相生共长,强化了中和质。正是在这种双向良性循环中,生态场逐步走向审美性生态场,审美场逐步走向

生态性审美场。这两种场在对生中进一步中和,不断走向质同性共,最终可望趋合为生态审美场。

在生态场与审美场的对生中,形成的审美性生态场与生态性审美场,因同质同构同性的增长,相互的亲和性增加,形成了整体目标更为同一的对生性和良性循环性。审美性生态流从所属场中流出,进入对方,使其走向生态状、生态化审美场。生态性审美流从所属场中流入对方,促成审美状、审美化生态场。在持续不断的对生所形成的良性循环中,生态状、生态化审美场与审美状、审美化生态场走向重合,成为生态审美场。

审美场与生态场以相互中和与同化为目标的对生,形成多位格推移的良性循环性。审美场有审美活动、审美氛围、审美范式这三大由低到高的层次与位格,生态场也相应地由生态活动、生态氛围、生态范式这三大由低到高的层次与位格有机构成。两大场在对生中,各自的信息流进入对方,经由低位格、中位格、高位格,再流回自身的高位格、中位格、低位格,又流入对方,展开下一轮六大位格的对生性良性循环。每一次对生性良性循环,两大场的诸位格,都在相生互长中,提高了中和性,增长了同一性,都在向生态审美场的三大层次生成与聚形。随着这种对生性良性循环的持续展开,两大场重合与聚形为生态审美场,六大位格也相应地重合与聚形为生态审美场的三大位格:生态审美活动、生态审美氛围、生态审美范式,以生成完整的生态审美场结构,并奠定了生态审美场进一步整生的基础。

二、审美场与生态场对生的图式

审美场与生态场的对生,可以发展与提升出各种对生图式,形成审美结构整生化的核心模式,显示出生态审美场生成、发展与提升的基本规律。艺术审美场与各种生态场的序化对生,是审美场与生态场的基础性对生,形成了艺术审美生态化,初步生成生态审美场。在此基础上,发展出艺术审美场与各种生态审美场的对生图式,构成生态审美艺术化,生成生态艺术审美场。进而,形成纯粹艺术审美场与各种生态艺术审美场对生的图式,构成艺术审美天化,提升出天化审美场。

审美场与生态场的基础性对生,展开为艺术审美场与科技生态场、文化生态场、实践生态场、日常生存场的序列化对生,生成了生态审美场。

艺术审美场与科技生态场的对生。审美场与生态场的对生,首先展开为艺术审美场与科技生态场的对生,比较符合生态审美场系统生成的逻辑程序。这是因为,审美场与生态场对生,以生成生态审美场,在本质上表现为审美的规律与价值与真、善、益、宜的生态规律与价值的对生与统合。真、善、益、宜的生态规律与价值,有着依次生发的程序与图式,不可错位。艺术求美,科技求真,艺术审美场与科技生态场的对生,使艺术审美的规律与价值和科技之真的规律与价值相生互长,统合为一,形成科技审美场。科技审美场的形成,既拓展了审美场的范围和领域,形成了生态审美场新的具体形式,又奠定了审美场向生态场进一步发展,以有序构成生态审美场其他具体样式的基础。

科技求真,文化求善。合乎真遵循真方可成善,善必须在真的基础上才能生成,文化也就在科技的基础上发展了。艺术审美场经由科技审美场与文化生态场对生,使美与善的和合,合乎真的规律,更具生态的底蕴,更具生态审美的潜能。也就是说,审美场与文化场的对生,是在艺术审美场与科技场对生的基础上进行的,所形成的文化生态审美场,也就积淀了科技生态审美场的成果。

文化生态场是人类生态场的重要部分。随着人类生态文明的发展,文化生态场不断拓展,并向其他生态领域渗透,愈发成为人类生态场的主要形态。审美场与文化生态场的对生,所形成的文化生态审美场,也就有了可持续发展的广阔前景,总体的生态审美场也就有了更为自由的生发空间。

实践求益。益主要是一种物质功利。它建立在真与善的基础上。也就是说,人类的功利实践活动,只有遵循真,趋向善,才可能形成益,才可能形成更大效度和更高程度的益。具有真善内涵的益,才具备生态审美的潜能。艺术审美场经由科技、文化审美场与实践生态场对生,所形成的实践生态审美场,是美、真、善、益相生互发、整合为一的生态审美场。或者说,在显态存在的益状生态审美场里,隐会潜连叠合着艺术形态的以及真状和善状的生态审美场,成为一个复合的审美系统。这和中国古代美学描述的"言外之意"、"弦外之音"、"景外之景"的审美意境是相通的。

日常生存求宜。宜的前提是美、真、善、益。离开美真善益对宜的支撑,对宜的规范,与宜的统一,向宜的融结,同宜的聚形,日常生存不可能是宜心、宜身、宜生的,不可能是生态审美化的,不可能形成宜状生态审美场。日常生存审美场,作为艺术审美场经由科技、文化、实践审美场与日常生存场的对生物,看似平常,实却深沉。它为艺术审美场、科技生态审美场、文化生态审美场、实践生态审美场所共生,包含着系统化的生态审美规律。它是散文化的生态审美境界,却以真、善、美、益统一的生态审美价值系统作底色。它以局部的形态,显示了生态审美场的艺术之美与真、善、益、宜的生态之美统合并进的整体特征,显示了生态审美场真、善、美、益宜统一而整生的整体本质。

　　审美场依次与科技生态场、文化生态场、实践生态场、日常生存场对生，实现了与所有形态的生态场的对生，形成了所有具体形态的生态审美场，构成了生态审美场量态的系统生成。这种量态的系统生成，同时初次完成了质态的系统生成。这种质态的系统生成的成果，凝聚在日常生存审美场里，即艺术之美与真、善、益、宜的生态之美统一而整生，以及真、善、美、益宜诸种价值统一而整生，作为生态审美场的系统质，在日常生存审美场里生成了。日常生存审美场，是初步整体聚形的生态审美场。

　　在审美场与生态场对生中形成的生态审美场，是一个多圈相套的模型。核心圈是艺术生态审美场，其外是科技生态审美场，接着是文化生态审美场，再而是实践生态审美场，最外围是日常生存审美场。起始的审美场，或曰艺术审美场，与科技生态场、文化生态场、实践生态场、日常生存场的依次对生，构建起了多圈型的生态审美场整体，实现了生态审美场对人类全部生态领域的覆盖，实现了生态审美场量的整生。与此同时，美的规律与目的，依次与真、善、益、宜的生态规律与目的统合，实现了真、善、美、益、宜的整生，初次生成了整体的生态审美的规律与目的，初次完成了生态审美场的质态整生。生态审美场量态与质态的初次整生，均是以日常生存审美场的系统生成为标志的。

　　生态审美场的完整质态，是在其内、外圈的双向对生中形成的。在生态审美场的外圈生成后，即依次向内生成，使实践生态审美场、文化生态审美场、科技生态审美场、艺术生态审美场，均达到真、善、美、益、宜的整生，均具备了生态审美场的整体质，均成为质态整生的局部。如此回环往复，生态审美场的质与量不断地趋向整生，持续地实现了系统生成,达成完整的聚形。

在艺术审美场与科技生态场、文化生态场、实践生态场、日常生存场双向往复的对生中,生态审美场实现了质态与量态耦合并进的整生。这种整生,不仅造就了系统的生态审美场整体,而且造就了整体化的生态审美场局部,即诸如科技生态审美场等各种局部形态的生态审美场,均具备了生态审美场的整体质,成为生态审美场的"分形",构成了局部与整体的"自相似性"。

在审美场和生态场的逐层对生中生成的生态审美场,是一个核心层次的艺术审美场与各外围层次的生态审美场统合的模型。这就自然地生发了起始圈层的艺术审美场与各圈层的生态审美场的对生,构成了生态审美艺术化的动态模型。艺术生态审美场逐圈走向其他形态的生态审美场,其他形态的生态审美场逐圈走向艺术生态审美场,实现了艺术审美质和生态审美量的耦合并进。这种耦合并进,构成了生态艺术审美场。

在生态艺术审美场的圈态模型里,自然化的纯粹艺术审美场居核心层次,各种生态艺术审美场层层环围着它,形成了更高平台的对生格局。这种对生使得生态艺术审美场朝着天性、天态、天构、天化的方向进步。

审美场和各层次生态场的对生,显示了艺术审美生态化的具体进程与环节,构成了生态审美场艺术审美圈和各生态审美圈对生的基本结构模型。从这一基本模型,发展出生态艺术审美场的纯粹艺术审美圈与各生态艺术审美圈对生的结构模型,进而提升出天化审美场天性天态天构的纯粹艺术审美圈与天性天态天构的生态艺术审美圈对生的结构模型。这三大结构模型的依次生发,形成了生态审美场生成、发展、提升的整体规律,形成了审美结构整生化的完整图式。

这三大模型,都是从对生走向整生的。对生也就成了生态审美场的整体生发机制。从整个生态审美视域来看,对生是共生的机制和整生的机制,离开对生,无由形成共生与整生。没有共生与整生的发展,生态审美场也就成了子虚乌有。对生是艺术审美生态化和生态审美艺术化的图式,是艺术审美生态化和生态审美艺术化耦合并进的图式,是生态审美场形成、发展与提升的根由,是生态审美场聚形、转型与升华的机理与图式。

第三节　生态审美场的整生

在审美场和生态场对生中系统生成与系统发展和系统提升的生态审美场,其质与量耦合并进的整生模型,包容了逻辑的历史的现实的三维统一的整生。其中,现实的全球化整生,统合了逻辑的历史的整生成果,成为三位一体的集大成形态,丰富了生态审美场的整生模型。

一、生态审美场逻辑结构的整生

在审美场与生态场的对生中,构成审美场的两大要素:审美主体和审美对象,都向生态审美的方向发展了。也就是说,他们均逐步地成为生态审美者和生态审美对象。这就生成了生态审美场在运行中进一步发展完善的前提。生态审美者与生态审美对象的对生,构成生态审美活动。各种生态审美活动的有机运行,构成生态审美活动圈,构成了艺术审美生态化的形式,成为生态审美场整体逻辑结构的第一个层次。

生态审美场由三大逻辑层次系统构成。上述生态审美活动圈，有着生态始基的意味，它是生态审美场整体逻辑结构生发的基座，是整体结构历时空运行的承载体。

1. 生态审美活动循环运转所构成的生态圈

生态审美活动圈，由生态审美欣赏活动、批评活动、研究活动、创造活动依次生发、循环流转、螺旋提升而成。在审美场与生态场的对生中，人的生态活动与审美活动同一，做到在生存中审美，在审美中生存，消融生态活动与审美活动的分离与对立，使生态活动成为审美活动的载体，使审美活动随生态活动不间断地展开。这样，人的审美活动也就超越了时空的局限，实现了与自身生态活动的同步发展与统合并进。正是在人各式各样的生态活动中，他的审美欣赏活动、审美批评活动、审美研究活动、审美创造活动，依序一一展开，并达成良性循环，生成生态审美活动圈，达到审美性和生态性的融合为一，实现了艺术审美生态化，构成了生态审美场的初级层次，或曰基础形态的生态审美场。

生态审美活动，是在人的生态活动中构成的且与之融为一体的审美欣赏活动、批评活动、研究活动、创造活动的总称，是生态审美欣赏活动、批评活动、研究活动、创造活动依次运转、动态平衡的圈态发展结构。这种圈态结构，有着很强的生态循环性。这体现为生态审美欣赏活动依次生发与推进生态审美批评活动、研究活动、创造活动，转而提升生态审美欣赏活动，在更高的平台上展开下一轮的生态审美活动循环，构成发展形态的生态审美活动圈。生态循环特别是发展与提升形态的良性生态循环，是一种超循环，是一种典型的生态运动，包含着深刻的生态运动规律特别是生态发展的规律。生态审美活动呈良性的生态循环运转，即超循环运转，也就具备了生态审美场深刻的本质规定性。

生态审美场的初级层次在生态规律和审美规律的内在合一、整体运行中构成。在生态审美活动圈里,各种类型的生态审美活动各据生态位,按序运转,循环提升,体现了生态与审美两相统一的合规律合目的运动,生发了生态审美场的自由本质。具体地说,生态审美活动圈中的生态审美欣赏、批评、研究、创造活动,依次生发,逐级推进,在不断循环中,把生态审美欣赏活动推上一个又一个平台,并同步地形成与发展新的审美价值目标,同步地构建与实现新的审美价值目标。这就见出,生态审美活动圈的运动,是审美生发规律和生态循环规律的同一运行,是审美实现价值和生态发展价值的同一增长,是两大价值系统的耦合并进,是这种耦合并进所共生的生态审美价值的螺旋提升。

生态审美活动圈在上述合乎生态审美规律与目的的审美运动中,动态地强化了生态审美质,不断地走向生态性与审美性的同生共长与整合,形成更深刻的生态审美场的本质规定。生态审美活动圈还在进一步的生态运动中,彰显出与生态审美场高级层次的整生性本质联系,促进生态审美场的逻辑发展与逻辑建构。

这种生态运动,是生态审美场的基础层次向高级层次的生成过程,并具体地表现为:生态审美活动圈相应地生发生态审美氛围,升华生态审美范式,进而双向对生,呈螺旋性提升的整体生态历程。在这一整生历程中,对应耦合地发展了与同步融合了审美性与生态性,共生了生态审美性,优化了艺术审美生态化,提升了、拓展了生态审美场的逻辑结构。

2. 与生态审美氛围对生的生态审美活动圈

生态审美场各逻辑层次之间的生态关系,首先表现为依次派生的关系,进而在依次回生中,构成整体的对生关系。对生关系是生态审美场的整生关系之一。由此可见,对生是生态审美场最为重要的发展机制,是构成生态审美场整生的逻辑结构的关键。

派生是对生的重要组成部分,是对生的前提。主体的生态审美活动圈,作为基始形态的生态审美场层次,派生了相应的生态审美氛围,形成了生态审美场的第二层次。这生态审美氛围既出于又归于生态审美活动圈,形成生态审美场两大层次的对生,强化了生态审美场逻辑结构的整生性。

氛围是活动的必然产物。任何活动都会产生相应的氛围。文化活动产生文化氛围,政治活动产生政治氛围,审美活动产生审美氛围。主体的生态审美活动也就必然地产生相应的生态审美氛围。与一般的审美氛围相比,生态审美氛围也是由相应的审美风气、审美气氛、审美情调、审美风向组成的良性环行的圈态结构。所不同的是,这种审美风气、审美气氛和审美情调、审美风向是生态化的,是生态趣味和审美趣味同式同调统合的,和产生它的生态审美活动循环圈有着天然的对应性和匹配性,并凭此构成对生的基础与条件。

生态审美氛围,以它的审美风气、审美气氛缠绕裹围浸润着生态审美活动圈,使之更有生态审美的色调与情采;以它的审美情调、审美风向内化于生态审美活动圈,使之更加按照艺术审美生态化的轨道与规范运转,从而更具生态化的审美品格与审美品质;这就从外到内地完成了生态审美氛围向生态审美活动的回生。这种派生与回生,实现了生态审美场的两大层次的对生,并在对生中完成了双方的统合与整生,使生态审美场更加系统地生成。

3. 与生态审美氛围、生态审美范式对生的生态审美活动圈

生态审美活动圈在与相应的生态审美氛围的对生中,激活了进

而与相应的生态审美范式对生的基因,显示了生态审美活动圈、生态审美氛围圈、生态审美范式圈这三大层次对生而成生态审美场整体逻辑结构的趋向。

生态审美氛围有着双向运动性。它往下沉入生态审美活动循环圈,往上生发与升华出生态审美范式。生态审美氛围中的审美情调特别是审美风向,包含着浓郁的生态审美趣味、格调、趋求,是一种感性化的生态审美风范。正因为如此,它具备了往下范生生态审美活动圈的功能,往上升华为理性生态审美范式的潜能。

感性的生态审美情调,升华为理性的生态审美范式是循序渐进的。生态审美氛围中的审美情调,在聚合融结中,生发为生态审美风向,已显示了理性化的发展趋向。生态审美风向表征了特定时期普遍的生态审美嗜好、审美追求,形成了全社会的审美心理大趋势,反映了整个时期的生态审美意愿。这种审美意愿虽表现为感性的生态审美崇尚行为,但却不是盲目的、被动的、自发的,而是有着理性的、主动的、自觉的内在机制,是一个时期有着理性依据的生态审美趋求流,因而必然地进入生态审美理性的质域。

生态审美风向是中介性的审美风范。它既是生态审美氛围的凝聚,成为生态审美氛围的最高质点,又是组成生态审美时尚的要素,进入了生态审美范式的质域,进入了生态审美趋式的最初质点审美时尚。

生态审美趋式是生态审美范式的第一个层次。它包含生态审美时尚、生态审美风尚、生态审美风格、生态审美理想四大质点和生态审美潮流、生态审美主潮两大形态,有着完整的质域与结构。

生态审美风向的中介性,使得生态审美风范的感性部分——生态审美氛围与理性部分——生态审美范式,一气贯穿,妙合无痕,进而强化了生态审美场逻辑结构的整生性。

　　生态审美风向这一审美趋求流,如比较稳定地长期地流淌,并与本时代相关相似的审美趋求流在空间上相聚相合,在时间上相接相续,也就凝聚提升而成了整个时代的生态审美时尚。生态审美时尚在稳定中发展,在承接中提升,形成生态审美风尚,生发社会心理形式的生态审美潮流。生态审美潮流,既是一个时代整体审美意志的体现,更是一个时代整体的审美发展规律的展示,从而贯注着并生长着一个时代整体的审美本质。这样,生态审美潮流,实现了合规律与合目的的统一,审美理性更强,审美必然性更突出。生态审美风向、生态审美时尚、生态审美风尚,都是生发生态审美潮流的因素与机制,然综合性的因素和整体性的机制是后者。也就是说,生态审美风尚概括、凝聚、提炼、升华生态审美风向和生态审美时尚,以成更为集中的时代的生态审美趋势,以成审美范性和审美向性极强的生态审美潮流,逐步使生态审美趋式在质点的发展中,一步一步地实现了作为生态审美范式初级层次的本质规定性。当然,它的完整本质的生发,还有待对应生态审美主潮之质点的涌现。

　　生态审美风格,是生态审美风尚的发展与凝练,它通过概括相应的生态审美风尚的精髓,成为表征后者审美特质、凝聚后者审美风味的范畴,成为一个时代生态审美风神与审美风韵的结晶,成为整个时代生态审美活动的规范与准则,能对整个时代的生态审美潮流风以化之,风以范之。上述生态审美风向、生态审美时尚、生态审美风尚、生态审美风格,既是生发生态审美潮流的社会审美心理和时代审美意志机制,也是升华生态审美理想,涌现生态审美主潮,以成完整的生态审美趋式系统的前提与条件。

　　生态审美风格是生态审美趋式在生态审美潮流的质域里,所能形成的最高质点。随着生态审美潮流向生态审美主潮凝聚,生态审美趋式生成了临界的质点——生态审美理想。生态审美趋式的诸质点,有一个理性化的发展过程。它对应生态审美潮流的诸质点,是以感性的形式包含着理性的,是审美理性逐位增长的,至生态审美风格,已形成向理性质点跃升的格局。也就是说,生态审美风格,是生态审美趋式的质点从理性化形态,一跃而为理性形态的中介。在此基础上,生态审美趋式对应生态审美主潮的模态,形成了理性质点——生态审美理想。生态审美理想由生态审美风格结晶而出,是一个时代生态审美趋式的精魂,是一个时代生态审美主潮的生发与调节的机制,也是一个时代生态审美潮流之流向的导引者与规范者。它作为生态审美趋式的核心质点,作为一个时代生态审美价值趣味、生态审美价值理性、生态审美价值目标的凝聚与升华,是整个时代生态审美场的运转机制,成为生态审美场系统生成与发展的基本规律。

生态审美理想是此前生态审美趋式的质点依次生发的,四大质点在双向对生中构成良性环生的生态关系,以成整生的生态审美趋式系统,并显示出生态审美的机制系统,自生发自组织自调节自优化的整生本质与规律。

生态审美范式的第二个层次是生态审美制式。它包含着生态审美图式和生态审美程式的内容,是生态审美场的审美生发与审美运转的原则与蓝图。它规范了生态审美场的生成路线、生成程序、生成环节,反映了生态审美场的结构与布局,成为生态审美场的生成与发展的普遍规律。它往下概括与升华生态审美活动、审美氛围以及生态审美趋式的生发规律,成为生态审美场的整体生成图景;它往上秉承和展开生态审美理式,使生态审美理式所规定的生态审美本体,从本原式本体走向派生性本体,最后形成整体性本体,以构成生态审美场的整体生态格局。

生态审美理式，是最高层次的生态审美范式，是生态审美场生成与发展的最高原理与最后根由。它规定了生态审美场的审美本原和审美本体，并通过生态审美制式展开本原性审美本体，以生成系统的生态审美场。生态审美理式既是对相应的生态审美活动、审美氛围以及生态审美趋式、生态审美制式的生成与发展规律的最高的整体性概括，也是对相关的文化哲学理式的一种承续与发展。可以说，它是生态审美场存在与发展的最高依据和最高规律。它生发生态审美制式的普遍规律、生态审美趋式的基本规律，构成统一于自身的生态审美范式的圈态系统，进而以生态审美趋式的基础性质点——生态审美时尚为中介，沉入和风化生态审美氛围，规范生态审美活动的运转，从而构成了对整个生态审美场的范生。

生态审美活动生发相应的生态审美氛围，生态审美氛围升华生态审美范式；生态审美范式风化生态审美氛围，生态审美氛围浸润生态审美活动；这就构成了生态审美场三大层次双向往复的对生。正是在这种对生中，生态审美场的本质规定走向了系统生成。具体言之，生态审美场指的是：生态审美活动、生态审美氛围、生态审美范式，在双向对生中形成的统合运行、立体环进的生态审美文化圈。

生态审美场，以三大逻辑层次的双向对生，形成立体良性环进的整生格局。在这一整生格局里，艺术审美生态化与生态审美艺术化对应展开，生态艺术场域和纯粹艺术质域耦合并生，以保证生态审美场量的发展和质的提升，在最高的平台上，走向动态平衡。这也是生态审美场逻辑结构整生的必然要求和既定目标。与此相应，艺术审美生态化经由生态审美艺术化走向了艺术审美天化，生发了审美结构整生化的图式，构成了生态审美场的整体规律。

二、生态审美场历史结构的整生

不同历史时期的审美场,虽然审美结构不同,但凭借历史的有序性,形成了历史结构的整生化,结晶出生态审美场。生态审美场的审美结构,是整生形态的。在历史的长河中,审美场的审美结构,从依生形态始,经由竞生形态,抵达共生形态,再走向整生形态。生态审美场,在审美场历史结构整生化中涌出,整合了以往审美场的审美结构,使审美场的生态史,成为自身的生成史。这样,审美场历史结构的整生化,也同时成了它自身历史结构的整生化,显示了审美规律和生态审美规律,在普遍性和整体性层面上的同一性。

最早的审美场是依生型的,它形成于人类各民族的古代。它的审美本体和审美本原均为客体。整个审美场是在客体对主体的衍生、化生、范生以及主体对客体的依生、依存、依从、依同的生态过程中建构起来的,是一个以客体为本为根为宗旨为目的的审美结构,是一个主体源出于客体并最终同生于客体的审美结构,是一个客体生发与同化主体并最终成为整体的审美结构。在这样一个审美结构中,客体处于矛盾的核心、主导与支配的地位,主体处于被主宰、范化、同化的次要地位。在这样的审美场里,美是客体化的,审美是对客体的领悟和敬仰,审美评价是对客体的信仰与崇拜,审美创造是主体对客体的模仿与再现,审美价值是客体对主体的再造与重构,一切的一切,都是以客体为转移的。在这种主体依生客体的审美场里,依生成了整体性的结构关系。除了人类依生自然、人依生神、个体依生群体、此岸依生彼岸等核心关系外,还有着诸如弱势群体依生强势群体、少数民族依生主体民族等多种多样的生态关系。所有这些,都主要是由人类各民族的生态地位决定的。而这种生态地位又最终受制于人类各民族的经济发展水平与科技文化的发展水平。也就是说,经济发展水平和科技文化发展水平越低的民族,其古代的审美场,就越发具备客体本体本原性和客体整体性,就越发具备主体对客体的依生性、依存性和依同性。

近代审美是竞生形态的。其审美的本体与本原都从客体一变而为主体。主体在和客体的对立、冲突中,表现出逐步占据矛盾结构的主导地位的趋向与愿望,形成和力图形成主体性和主体化的审美结构。这种审美格局的改变,是和人类审美场的历史进程同步的。近代的人类审美场是人态审美场,主体意识觉醒的人类,本质、本质力量不断强大,通过竞生的机制,形成和力图形成主体性、主体化的审美整体。在这样的审美场里,美成了自然的人化,成了人的本质力量的对象化,审美成了人对自我的欣赏,审美评价成了人对自我价值的肯定、放大与崇拜,审美创造成了主体的自我表现,这就使整个审美世界,成了主体的一统天下。在这样的审美背景下,审美活动的方方面面,相应地展开了主体化的历程和主客体持续竞生的态势。在人与自然的领域,主体的生存活动特别是生产活动,逐步地改变了他们跟自然和谐的生态平衡关系,不断地强化了双方的对立与冲突,形成了交互竞生的审美格局。在社会生活领域里,弱势弱小民族,在反抗强势强大民族的对立斗争中,图存救亡,形成争取民族独立自主和民族昌盛强大的竞生之美,同样形成了竞生形态的审美场。

现当代之交形成的生态审美场是共生形态的。它是近代竞生结构的人态审美场向当代整生结构的生态审美场发展的过渡形态,也可以说,它是生态审美场的初级层次。它的生发,基于对近代竞生结构的人态审美场的反思。不管是竞生结构的人类整体审美场,还是竞生结构的各民族审美场,均打破了生态平衡,危及人类与自然、个体与社会、民族与民族生态结构的稳定存在与持续发展,甚至导致整个地球生态系统的趋于解体与崩溃。这样,共生,既是人们普遍认知的生态规律,又成了人们普遍追求的生态目的,还成了人们普遍认同的生态审美理想,达到真、善、美三位一体。共生态结构的人类生态审美场特别是民族生态审美场凭此生焉。主客体特别是民族与民族之间相生相长的生态关系,形成了和谐共生的人类生态审美场。主客体特别是各民族之间既相生相长又相克相抑的生态关系,形成了辩证共生的人类生态审美场。主客体特别是各民族之间相生相长、相克相抑、相争相竞、相赢相胜的非线性生态关系网络,构成了和谐发展之共生的人类生态审美场。

当代整生结构的生态审美场,作为生态审美的高级层次,是共生结构的生态审美场的发展与提升。整生是比共生更深一个层次的生态规律,更高一个位格的生态目的,更高一个平台的生态审美结构。它在生态系统真、善、美、益、宜的多位一体方面,在审美结构超循环运行、四维时空旋进方面,均臻于最佳的境界。整生,是对可持续存在与发展的生态系统的表征。整生的机制有动态平衡、良性循环、双向对生、纵横网络推进等等。在各民族的生态活动和生态审美活动耦合并进所构成的整体中,持续推进地发生既相生相长又相克相抑、既相争相竞又相赢相胜的非线性复杂生态审美关系,这就构成了各民族生态审美场自组织、自控制、自调节、自稳定、自发展的动态平衡的整生。特定地域和国度的各民族,诸如中国 56 个民族,组成民族共同体,共处一个生态场中,各据生态位,发生上述非线性复杂生态关系,形成动态平衡的圈走环回的生态运动和生态审美活动,从而在良性循环、螺旋提升中,构成了整生结构的中华民族生态审美场。在经济、文化、信息全球化的生态运动中,中华民族生态审美场,进入全世界各民族生态审美场所构成的整体圈态结构,占据一个不可代替不可或缺的审美生态位,在与世界各民族生态审美场的双向对生中,构成网状整生关系,既促进人类审美场审美结构的整生化,又实现了自身整生结构的可持续发展与创新。在此基础上,它与大自然生态场贯通,在天人合一中,构成最高境界的整生结构。

世界各族的审美场,由古代的依生结构,经由近代的竞生结构和当代的共生结构,走向当代的整生结构,确证了生态审美场的生成,遵循了审美历史结构整生化的规律。整生化的审美历史结构,是逻辑生态与历史生态统一运转的,生态审美场,也就成了逻辑化的历史结晶,自由自然的程度高。起步于动物祖先的生理生态审美场,走过人类远古的实践性生存审美场和文化性生存审美场,穿越依生结构的天态审美场和竞生结构的人态审美场,走向共生结构和整生结构的生态审美场,显示了绵绵时空的历史生成性。这种自然审美史和人类审美史的孕育,使共生结构和整生结构的生态审美场,成为"以万生一"的"整生儿",显示出历史和逻辑的必然性。

从生态进化与审美历程耦合并进的角度看,从依生经由竞生、共生,走向整生,显示了生态与审美对应发展的有序性,显示了生态与审美同步演化的规律,合乎生态与审美并驾齐驱的目的,形成了生态与审美协同进步的自由。审美场按照依生、竞生、共生、整生的序列发展,历史地形成了艺术审美生态化的位格与平台,系统地展开了审美结构整生化的程式与图式,生态审美场也就水到渠成了。

生态审美场在审美场的历史推移中涌现,在艺术审美生态化的历史递进中生成,也就有了源远流长的整生性,也就有了对各种审美场的包蕴性。

生态审美场不仅有着历史发展的整生性,还可形成逻辑发展的整生性。它将随着审美结构整生化的展开,由艺术性生态审美场,经由生态艺术审美场,走向天化审美场,实现生态的质与量和艺术的质与量耦合并进、高端统一的大整生。

至此,我们可以给生态审美场作一个更完整的界定:它是生态审美活动、生态审美氛围、生态审美范式双向对生,统合运转,并不断走向全球与宇宙良性环回的审美文化圈。或者说,它是生态审美活动、生态审美氛围、生态审美范式双向对生,统合运转,天式良性环行的审美文化圈。

三、生态审美场的全球化

生态审美场逻辑结构和历史结构的整生化成果,汇入全球生态系统,展开全球形态的艺术审美生态化,生态审美场相应地走向整体领域的系统生成。这就为艺术审美质与量和生态审美质与量的耦合并进,涌现生态艺术审美场特别是天化审美场,培育了基础,搭建了平台。

生态审美场的全球化,以世界各民族生态审美场形成三维整生结构为基础。各民族生态审美场的整生化,表现为所属三大生态审美场的协同运转。这三大生态审美场是文化生态审美场、社会生态审美场、自然生态审美场。每一个民族整体的生态审美场,都是由这三大生态审美场构成的。其格局如是:文化生态审美场居中,社会生态审美场和自然生态审美场居两侧,形成并驾齐驱的态势。这种统合发展,靠文化生态审美场的协同。文化生态审美场与居其左右的社会生态审美场、自然生态审美场双向对生,以自身的审美风范,协同整合另两者的审美风范,共成整体的审美风范。这整体的审美风范,转而调适共生它的三者,成一体运行,使民族生态审美场整生化。

各民族生态审美场的生态结构与生态关系,显示了深刻的生态辩证法。首先,自然生态审美场和社会生态审美场,共生文化生态审美场;接着,文化生态审美场凭借这种共生性,成为自然生态审美场与社会生态审美场相互生发的中介;进而,文化生态审美场利用自身的中介地位,将自身的作用,双向传达至社会生态审美场和自然生态审美场,产生整体的协调协同功能;最后,在整体的协调协同中,文化生态审美场代表了社会生态审美场和自然生态审美场以及整体生态审美场的发展要求与目的,体现了各局部的、整体的生态审美场的发展规律,成为三大生态审美场整体生发的调适机制。总而言之,各民族生态审美场,是以自然生态审美场为基础、社会生态审美场为主体、文化生态审美场为主导而系统构成的,有着充分而深刻的生态和谐性。

世界各民族,形成了整生结构的生态审美场,当可共同促成人类生态审美场的全球化。生态审美场的全球化运转,先要实现三大生态审美环行圈的全球性贯通。世界各民族的自然生态审美场贯通,形成全球流转的自然生态审美圈。各民族的文化生态审美场贯通,形成全球流转的文化生态审美圈。各民族的社会生态审美场贯通,形成全球流转的社会生态审美圈。进而,全球流转的各生态审美圈,还要达成三位一体的良性环行。这就需要三大圈均实现良性环行。在此基础上,全球文化生态审美圈,协同全球社会生态审美圈和全球自然生态审美圈同式、同调、同步运转,实现整体的良性环行。这种协调,在三大生态圈的各位格横向展开,纵向推进,促成立体环进的整生化。在全球化语境中,每个民族的生态审美场均一分为三,在全球三大生态审美圈上各成一个位格,即文化生态审美位格、社会生态审美位格、自然生态审美位格。在文化生态审美位格的调适中,以及全球文化生态圈的调适中,这三个位格,质和性协,形成四维时空展开的位域。各民族生态审美位域,在各自文化生态审美位格的相互调适中,特别是在全球文化生态圈的统一调适中,无缝相接,流水贯通,当全球三大生态审美圈依次穿越时,也就自然而然地形成了三圈合一的良性环行,构成了全球生态审美场。

要实现生态审美场的全球化,必须保持各民族生态审美位域的完整性与生态间性。其完整性,首先表现在各民族社会生态审美位格、文化生态审美位格、自然生态审美位格的独立性、独特性、完好性,其次体现在以文化生态审美位格为核心的三位一体性。其生态间性,要求各民族生态审美位域,相互之间,既要质别性异,互不重复,互不替代,互不同化,又要相容相通,相生相长,共同构成整体的质与性,共同生发整体的调适机制。只有这样,各民族生态审美位格,才会相互关联,形成多样统一的动态平衡的全球三大生态审美圈,各民族生态审美位域,才会前后贯通,使世界三大生态审美圈并驾齐驱地一体运转,螺旋提升,形成全球良性环行的生态审美场。

实现了生态审美场的全球化,方可进而在艺术审美质与量和生态审美质与量的耦合并进中,即在审美结构的整生化中,逐步构成宇宙良性环行的生态审美场。

四、生态审美场理论结构的生发

生态审美场是一个本体本原性范畴,在逻辑、历史、现实多维统一的整生化中,在各种形态与平台统一的艺术审美生态化中,进而在艺术审美质与量和生态审美质与量的耦合并进中,不断地成为收万为一、以万生一的聚力结构,同时又相应地成为以一生万的张力结构。正是这种辩证的结构生态,使它成为一个凝聚的、结晶的理论体系,有着巨大的理论潜力。这种潜力的显现,即其结构的逻辑展开与历史发展以及境界升华,可形成一个递次生发与拓进的理论构架,成为生态艺术哲学的逻辑框图与理论原型。

生态审美场的生成,构成了自身理论构架的总貌,包含着理论生发的图式。它的逻辑生态与历史生态的耦合并进,涌现出理想的理论前景:在生态审美艺术化中,形成生态艺术审美场,进而在艺术审美生态化和生态审美艺术化的耦合并进中,趋向宇宙良性环进的天化审美场。

生态审美场的理论本体,构成了生态艺术哲学的基本内涵和主要的逻辑行程。生态艺术哲学是研究生态审美场的生成、发展、提升的科学,或者说,它是研究生态审美场的形成、艺术化、天化的科学。生态审美场与生态艺术哲学,也就形成了同构关系与互文关系,有了共生性,进而有了整生性。生态审美场理论本体的形成,为生态艺术哲学提供了理论蕴涵,生态艺术哲学的形成与推进,为理论形态的生态审美场更合逻辑的发展,为现实的生态审美场更为自由自觉的建构提供了向导与蓝图。正是这种同生共长的关系,形成了它们三位一体的整生性格局。

这种整生性,还表现为三者的良性环行性。现实形态的生态审美场,抽象为理论形态的生态审美场,升华为生态艺术哲学。生态艺术哲学,导引现实的生态审美场更为自由地生发,以结晶为更高形态的理论生态审美场,以成就自身更高品位的理论构建。如此回环往复,螺旋提升,持续地拓展与提升了生态文明系统特别是生态审美文明系统,显示出生态文明特别是生态审美文明发展的系统规律。

生态审美文明系统结构的整生化,是艺术审美生态化特别是审美结构整生化的高级形态,是生态艺术哲学的生发基础与环境。这就拓展了艺术审美生态化和审美结构整生化分别作为生态美学定律和整体规律的内涵。

第三章　生态美学

　　生态美学是一门探索审美人生和审美生境在耦合并进中,展开审美结构整生化,构建、发展与提升生态审美场的科学。它和生态审美场有着互为条件性和相互生发性。

　　从字面看,它是生态学与美学交叉而成的科学,是美学的分支,或者说是生态学的分支。实际上,它更是当代美学的主流形态和基础形态。生态美学的生成,具有美学转型的意义,是美学形成新范式的标志,是美学进入新时代的表征。

　　20世纪90年代,鲁枢元教授等学者得生态文明的风气之先,极力倡导文艺学的生态研究和生态美学的探索,发表了一些论文,一批生态美学和生态文艺学的著作也随之于2000年间在陕西与北京问世:

　　徐恒醇的《生态美学》,通过确立人的生态和生态系统的审美价值为研究对象,展开了对人的生命活动、生存环境、生存状况的审美研究,在生态性与审美性统一的平台上,构成了不同于一般美学的理论视域,奠定了生态美学学科得以形成与存在的基础。[①]

　　曾永成的《文艺的绿色之思——文艺生态学引论》,以生态本性、生命意蕴、人学内涵为文艺的审美本质,展开了生态气象美、生态秩

---

　　①　参看徐恒醇:《生态美学》,陕西人民教育出版社2000年版。

序美、生态功能美等方面的范畴研究,构成了文艺生态学的理论话语,形成了生态审美的理论构架,与一般文艺学的思想体系形成了分野,形成了新的文艺理论学科的发端。[①]

鲁枢元《生态文艺学》的贡献,是探索了生态文艺学原理。他说:"自然的法则、人的法则、艺术的法则也是一致的,甚至也可以说是'三位一体'的。"[②] 这就确立了生态文艺学乃至生态美学的本质规定性。他还从生态视角,探索文艺的基本论题,形成了诸如文学艺术与自然生态、文艺家的个体发育、文艺的精神生态价值、艺术物种延续、文艺史的生态演替等生态审美意味浓郁的命题,努力建构新的理论框架,形成生态审美的价值规范,展开生态审美的逻辑网络。他以内涵的创新,促成文艺学的当代转型。

曾永成和鲁枢元的生态文艺学研究,探索了文艺的生态审美规律,有着浓郁的美学意味,他们二人和徐恒醇一起,在文艺学和美学贯通的领域,自创了话语,首创了生态美学。这就在世界学术史上,形成了一门由中国人开山立派、举旗树帜的学问。

第一节 生态美学的由来

生态美学的生成,离不开系统起源的规律。生态美学的共生元素,也相应从生态审美系统的构成和美学的历史进程等方面去寻找,应顺着艺术审美生态化的路径去探索,应到审美结构整生化的领域中去发现。

---

① 参看曾永成:《文艺的绿色之思——文艺生态学引论》,人民文学出版社 2000 年版。

② 鲁枢元:《生态文艺学》,陕西人民教育出版社 2000 年版,第 73 页。

一、生态审美的思想

生态美学虽在当代提出,但生态审美的思想与观念,却久已有之。它们似珠线玉索,穿行于审美文化领域。天人合一是中国人的生态哲学观,是中国人生态智慧的集中体现,是其最高的生态审美境界,是其最高的生态审美原理及原则。在这一原理与原则的指导下,中国的儒、道、佛都形成了丰富的生态审美意识。孔子对"莫春者,春服既成,冠者五六人,童子六七人,浴乎沂,风乎舞雩,咏而归"① 的审美生态和艺术人生的向往,贯穿着艺术审美生态化的意识。庄子追求圣人、至人、神人审美生存的超越境界:"藐姑射之山,有神人居焉。肌肤若冰雪,淖约若处子,不食五谷,吸风饮露,乘云气,御飞龙,而游乎四海之外。"② "至人神矣!大泽焚而不能热,河汉沍而不能寒,疾雷破山、飘风振海而不能惊。若然者,乘云气,骑日月,而游乎四海之外"③。佛家则通过涅槃,获得新生,构成超越生死轮回的生态审美自由。这均透出了艺术审美天化或曰生态审美天化的理想。

与天同生,是中国人最高最远的原型意识,集中地体现了中国人的生态审美追求,集中地体现了广大同胞的生态审美自由。首先,这是合乎生态规律的。人是大自然中的一个物种,与其他物种及共同的环境构成生态系统。天是这一生态系统的总称。与天同生,就是与所属生态系统同生。这种同生,在古代,主要基于人对天的依生。即人的生态规律依于、和于、同于天的生态规律,这就在一定程度上形成了人的生态自由,并在根本上保证了生态系统整体或曰天的生

---

① 《论语·先进》。

② 《庄子·逍遥游》。

③ 《庄子·齐物论》。

态自由。这种与天同生,是一种生态和谐的审美境界,既在一定层次与程度上合乎人的生态审美规律与目的,又在更高的程度与平台上合乎天的生态审美规律与目的,使人与天均获得了生态审美自由。与天同生,既是生态审美的境界,更是生态审美的前提与规律,是实现艺术审美生态化的保证,是走向生态审美天化的基础。

与神同生,则是西方古代的生态审美追求。神在西方,是至真至善至美的化身。与神同生的格局,是人构想的真、善、美、益、宜统一的最高生态系统和最高生态审美系统。它同样是依生形态的。如果说,古代中国人认为,人是天的生态系统的一部分,那古代西方人则觉得,人是神的生态系统中的有机成分。在基督教神学那里,整个生态系统是神创造的,整个生态系统是神本身。公元 325 年,由罗马皇帝君士坦丁召集的第一次基督教会议,确定了《尼西亚圣经》:"我们独信一上帝,全能的父,创造有形无形万物的主。我们独信一主耶稣基督,上帝的儿子,为父所生,是独生的,即由父的本质所生的。从神出来的神,从光出来的光,从真神出来的真神,受生而非被造,与父同质,天上、地上的万物都是借着他而受造的。他为拯救我们世人而降临,成了肉身的人,受难,第三日复活,升天。将来必再降临,审判活人死人。(我们)也信圣灵。"[①] 圣三位一体,展示了神人同生的路径、环节、机制与模式,既是西方古代最高生态审美境界的写照,也是西方古代最高生态审美自由的概括与升华,还是最高生态审美规范的揭示。

生态审美的思想,在中西方的古代,均集中地表现为主体同生于客体的和谐理想,有着生态审美天化的意义。当然,这种生态审美天

---

① 莫尔:《基督教史纲》,商务印书馆 1982 年版,第 85 页。

化,融入主体的生态自由,方能形成历史性的飞跃,生成更为自觉的品质。

生态系统的性质和审美的本质,主要由生态关系决定的。在近代的生态系统里,主体代替客体,处于生态结构的上位,决定着矛盾发展的方向,制导着生态关系的走向与走势,力求形成主体统一客体、同化客体的生态格局,实现自然的人化,进而造就人化自然的整体生态结构,以实现人的本质力量对象化的审美人生,以实现自然人化的审美世界,以实现主体生态自由和审美自由统一的生态审美理想。

在主体间性等理论的影响下,现代人主张:在社会生态系统里,人与人互为主体,在整体的生态系统里,人与自然互为主体,以形成主客耦合并进的生态结构,形成了主客共生的生态审美意识。

当代人正在形成整生的生态审美意识,力求自身与其他物种各安其位,各得其所,有序运转,形成良性循环的整生系统;力求文化生态协同自然生态和社会生态,在全球的良性环行和螺旋提升中,构成天人整生的生态系统和生态审美系统。

在天人合一的总体生态格局中,人类的生态审美意识,经历了从古代的依生观、近代的竞生观,向现代的共生观和当代的整生观的发展。它们作为生生不息的生态审美思想源流,在向整生观的高端集成中,共同生发了生态美学。

二、生态审美的事实

思想是行为的先导,生态审美的思想为生态审美的行为探路导航。中国的儒道佛文化和西方的基督教文化,所倡导的超越现实的生态审美理想,指导人们在现实的政治、文化、宗教生活以及生产实践、日常活动中,实现审美生存的理想,实现生存的审美体验,追求生存的审美超越与升华,形成生态审美的事实。

生产实践是人类重要的生态活动,在主体同生于客体的和谐思想指导下,主体遵循生态规律、生产实践的规律、审美规律,展开劳动,构成生产实践形态的生态审美事实。《逸周书》说:"禹之禁,春三月山林不登斧,以成草木之长;入夏三月川泽不网罟,以成渔鳖之长。"孟子也主张:"数罟不入污池,渔鳖不可胜食也,斧斤以时入山林,材木不可胜用也。"① 这都是在倡导生态规律与生产规律的同一,进而构成天人合一的生态和谐,实现生态自由、实践自由、审美自由的三位一体,形成生产实践形态的生态审美活动,构成艺术审美生态化的环节,以具体地实现天人合一的生态审美理想。

艺术是人类的审美活动走向独立与精纯的产物,也是生成更高的生态审美活动的中介与前提。纯粹艺术走向实用艺术;走向科学与文化,走向生产与生活,形成艺术审美的生态化,是生态与审美在更高平台上的结合,是构成自由的生态审美活动的重要机制。人类最早的艺术是生存艺术,即与生产劳动、宗教文化活动结合为一的艺术。艺术脱离其他的生态活动,成为独立的审美形态,深化了审美规律,提升了审美性。与纯艺术的发展相对应,一些艺术回归生态,成为新的生态艺术形式。像建筑艺术、园林艺术、环境艺术、实用型工艺美术,成为跟人们的生存活动紧密结合的艺术,成为生态审美的艺术,从而促成了高质量的生态艺术性审美活动。在艺术审美生态化即艺术向生态领域拓展的基础上,进一步实现生态审美艺术化,使人们的科技、文化、实践以及日常生活,趋向生态艺术的境界,使人们的

---

① 《孟子·梁惠王(上)》。

生态审美,趋向生态艺术审美的平台,从而在艺术地生存、诗意地栖居中,推动了生态审美活动质与量的耦合并进。

生态审美思想、生态审美活动,从不同的角度,拓展了艺术审美生态化和生态审美艺术化,呼唤着系统形态的理性平台的生态审美意识——生态美学的诞生。这说明,审美结构整生化的历史趋势,催生了生态美学。

三、客体美学与主体美学的共生

生态美学形成于现当代,古代的客体美学和近代的主体美学历史地成为它的共生机制。从生态谱系的视角看,前代美学有着依序生发后世美学、历代美学有着共生与整生当下美学的潜能。是否可以说,生态美学是客体美学和主体美学潜能的对生性自由实现,是人类美学历史生态和逻辑生态的当代发展。

古代美学是客体美学,是研究客体和谐的美学。它揭示了客体生态走向客体化整体生态的审美生成路径。中西方古代美学都认为客体是美的本体与本源,它通过衍生、回生、同生的路径,形成客体整生的审美结构,成为探询客体生态和谐的美学。这就形成了走向生态美学的历史趋势,具备了共生生态美学的潜能。从探询客体生态和谐规律的角度看,古代客体美学,是否可以进一步称为客体生态美学。

在西方古代美学家那里,神生万物与人,构成衍生的环节;人的神化,构成向神回生的环节;人达天堂,构成神人同生的环节,显示了依生之美的完整制式与程式。古希腊的柏拉图所说的现实世界是对理念世界的模仿,是后者的影子,艺术是对理念世界模仿的模仿,是影子的影子,构成了理念世界衍生现实世界的环节。他进而提出:艺术家凭借灵感,传达理念世界,构成艺术真实;主体逐层审美,趋向理念世界;哲人通过回忆,浮现理念世界;这就构成了人和现实世界向理念世界回生的环节。他再而让哲人按照理念世界的规范构建理想国,形成此岸与彼岸同生的环节。这就形成了理念化的客体整生结构,在本质上成为探询客体生态和谐的美学。在古罗马的普洛丁那里,作为世界本原的太一,流溢出精神界和物质界,属于衍生;人的灵魂超越肉体,复归精神,进而超越自我,提升理性,最后超越下界,趋近太一,一步一步地构成回生;灵魂最后进入太一,与神同生。这就在双向对生之中,构成了太一的整生结构,形成了以客体生态的整一性为对象的美学研究。在西方古代客体美学生态和谐理想的发展中,古希腊审美主潮形态是神的人化,构成衍生;古罗马审美主潮形态是人的神化,形成回生;中世纪审美主潮形态是神人一体,构成同生。这就在整个历史时期,构成了神的整生结构,即神向整个世界全面生成的结构。与此相应,西方古代美学也就在顺理成章中,生发为研究客体生态的整生性和谐的美学。

中国古代美学,伴随"道行天下成大美"的历程,也走向了研究客体生态的整生性和谐之路。这是一条由道的衍生、人向道的回生、道与人同生构成的审美生成的路径与制式。它生成的是探询道的整体审美生成的客体美学,不同于西方古代研究神的整体审美生成的客体美学。老子说:"道生一,一生二,二生三,三生万物。"[1] 这属道对万物与人的衍生。他还说:"人法地,地法天,天法道,道法自然。"[2] 这属人向道的回归。他所说的其政闷闷,其民淳淳,小国寡民,鸡犬

---

① 《老子》第 42 章。

② 《老子》第 25 章。

之声相闻,老死不相往来,则属于道人同生的自然和谐境界。

说古代美学是研究客体生态和谐的美学,还在于它们从审美的角度,揭示与倡导了客体的生态自由。不论是中国古代还是西方古代,客体占据了生态本体的地位,整个生态运动,是客体向主体生成的运动,是主体同生于客体的运动,是客体成为整体生态结构的运动。这就充分地生成了客体的生态自由。而主体的生态自由,是在依生与同生于客体的生态运动中得到有限的实现。这种有限的主体生态自由,从根本上来看,是对客体生态自由的认同、肯定与确证,是客体整体的生态自由的一部分。也就是说,古代美学展示了客体的生态审美结构,生成为整体的生态审美结构的历程,展示了客体的生态自由,生成为整体的生态自由的轨迹,从而形成了以客体生态的整生性和谐为研究对象的特质。

近代美学是主体美学,是追求主体自由的美学。主体美学揭示了主体通过与客体的竞生,成为生态系统的本体与整体的生态历程,构成了人化的审美制式。这一审美制式,也由三大环节构成:自身的人化、对象的人化、整体的人化。在古代美学展示的生态结构里,主体处于依生、依从、依同客体的生态位,无法主导与主宰整体的生态运动,难以形成充分的生态自由。近代美学所展示的生态发展结构,显现了主体从依生的生态位,经由竞生的生态位,走向整生的生态位的历程。在这一历程中,主体凭借竞生的机制,实现了自身的人化,实现了自身本质力量的对象化,实现了对自然的人化,实现了整个生态系统的人化。很显然,这是一种高扬主体生态自由的美学,这是一种倡导主体生态自由成为上位生态自由最后成为整体生态自由的美学,这是一种以主体生态自由为审美价值中心和审美价值宗旨的美学。这样的主体美学,是否可以称之为主体生态美学。

古代美学从审美的角度,标识了客体生态结构走向整体化生态结构,生成客体化生态审美系统的路径。近代美学从审美的角度,标识了主体生态结构走向整体化生态结构,生成主体化生态审美系统的路径。这两种美学有着潜在的历史统一性,并凭借这种统一,形成主体生态和客体生态耦合共成生态系统的审美化,即耦合共成生态审美活动、生态审美系统、生态审美场、生态美学的趋向性。也就是说,古代的客体美学和近代的主体美学,在历史的统一中,逻辑的结合中,潜生暗长了现当代的生态美学。

现代初步形成的生态美学,是一种整体美学。它展示了客体生态自由与主体生态自由共成整体生态自由的历程,构成了共生的审美制式。这一审美制式也有三个环节:相生、竞生、衡生。在古代充分发育的客体生态,与在近代充分发育的主体生态,形成了相生互发的耦合并生格局,进而形成了相争相胜、相竞相赢的耦合并进态势,最后形成了协同发展、动态平衡的整体生态结构。在此基础上,生态美学显示了它的发展形态,构成了整生的审美制式。整生的审美制式,也有相应的环节:"一"生、环生、网生。整生是在共生的基础上生发的。"一"生是生态系统以万生一和以一生万的大对生形式,也可以看做是共生制式中的相生环节的放大。环生是生态系统的各生态位良性环行、螺旋提升的超循环运动,它包含并提升了共生制式的并进环节。网生是生态系统多向环生、纵横发展、立体推进、四维时空旋开的运动,它吸纳并发展了共生制式的生态平衡的意义。

从上可见,依生造就了主客体生态自由的不平衡,使竞生成为历史的必然,也就是说,竞生的起因是依生孕育的,竞生是依生潜在的生态矛盾引发的。竞生发展了主体的生态自由,抑制甚或破坏了客体的生态自由。依生与竞生显示了历时的生态矛盾,形成了历时的生态反思,最后使共生成为历史的正确选择,使共生成为生态矛盾发展的方向。也就是说,生态矛盾的辩证化,克服了双方的片面性,发展了各自的合理性,形成了相互的共生共进性。由此可见,在历史的扬弃中,客体美学和主体美学耦合共生了生态美学。

具体言之,上述生态矛盾的辩证运动,克服了主客生态自由的不平衡性,生发了主客生态自由的动态平衡性,造就了整体生态自由的系统生成性,使客体美学和主体美学,对生态美学的共生,成为合乎生态发展规律的客观必然。

客体美学和主体美学,共生生态美学,既是历时的,也是共时的。当代中西方,形成了从审美的视角探询客体生态自由的环境美学和探询主体生态审美自由的生命美学。西方现当代的环境美学,和生态批评等学科,力图构建美的世界和审美的世界,中国现当代的生命美学,和审美人类学等学科,力图创造美的人生和审美的人生。这两类美学具有别样的生态审美属性,可称为生态性美学,或者说,环境美学等提供了生态审美对象,生命美学等提供了生态审美主体,双方耦合,可构成生态审美场,进而构成研究生态审美场的生态美学。

从上可见,生态美学既是人类美学历史结构整生化的结果,也是中西相关美学逻辑结构整生化的结晶。不容置疑,它是在审美结构整生化的框架中形成的。

第二节　生态美学的定位

生态美学已成为历史的、现实的产物,它合规律、合目的地发展,尚有待于科学的学科定位。定位准确了,生态美学的质域适宜,界面明晰,边线确定,学科环境也随之确立,并走上友好,它的成熟度和认可度也就可以与日俱增了。

　　生态美学的学科定位,应从它的研究对象、研究目标、研究价值等维度做整体的考虑,并和一般的美学作相应的比较与区分,以凸现其本质与特性。学科定位牵涉到学科体系、学科目标、理论意义等重大的问题,是元学科研究的重要方面。

一、生态美学是研究生态审美场的科学

　　生态美学是研究审美结构整生化过程中,生态系统的审美生成、审美生存、审美生长的科学。生态系统的审美生成、审美生存、审美生长的过程,是生态场与审美场在对生中重合,以走向生态审美场的过程,进而不断地发展与提升生态审美场的过程。所以,生态美学也就可以表述为研究生态审美场的科学。

　　作为研究生态系统审美整生化的科学,生态美学所追求的目标,是通过主客体潜能的对生性自由实现,以构成全美的生态系统和这一系统中全审美的主体。也就是说,它所要构建的是主客体潜能对生性自由实现的生态系统,特别是人与生境潜能整生性自然实现的生态系统。这样的生态系统,可成为生态审美场,可成为不断生长与提高的生态审美场。

　　与其他的美学形态相比,生态美学有着审美结构的整生性和整生化。以往的美学,也追求世界的美化,但由于把审美活动和其他的生态活动区别开来,使审美活动独立于其他生态活动,因而不能构成全审美的时空,缺乏审美整生性,无法形成生态审美场。生态美学追求审美的整生性,要求主体的审美活动和生态活动复合,达到一切生态活动审美化,一切审美活动生态化,构成生态审美活动,构成生态审美时空,以形成生态审美场。以往的美学,要求审美主体的纯粹

性,而生态美学,则倡导审美者的整生性,要求它们是艺术审美者、科技审美者、文化审美者、实践审美者、日常生存审美者的整生体,不仅实现一切生态活动审美化,而且使各种具体的生态审美活动,相互包含审美质,具备整体的生态审美活动的意义,形成更高的审美整生性。比如,人在实践形态的生态活动中审美时,他是显态的实践审美者和隐态的艺术审美者、科技审美者、文化审美者、日常生存审美者的统一体,是一个具备整体的生态审美素质的人,是一个整生的生态审美者,能够在实践活动的益态美审视中,发现它包蕴、潜含、关联的艺术的典范之美、科技的真态美、文化的善态美、日常生存的宜态美,形成整体统合的生态审美感受。

　　生态审美者的整生性,还在于各类生态审美者的进一步复合。高度整生的生态审美者,不仅是艺术审美者、科技审美者、文化审美者、实践审美者、日常生存审美者的复合,还是上述各种生态审美的欣赏者、批评者、研究者、创造者的整生体。生态审美活动,虽然可以分为欣赏活动、批评活动、研究活动、创造活动,但各种活动是复合的、整生的,特别是欣赏与创造这两类主要的生态审美活动常常是结合在一起的。而这两者的结合,又自然而然地关联与整合着生态审美的批评活动和研究活动。这就在整生性方面,使得上述双重整体性复合的生态审美者,大大超过了其他审美者。其他审美者,也有复合性,但由于在欣赏与创造的结合上不及生态审美者的高度同一,进一步整合其他审美活动也就受到了局限。再有,它们无法实现五类生态审美者和四类审美活动者的双重整体性复合,其整生性也就难望生态审美者之项背了。

　　与生态审美者的整生性相对应,生态审美对象是真、善、美、益、宜整生的,显态统一的。而其他审美对象,在审美场中,是高扬审美价值而抑隐其他价值的,甚或是在显态的层面上,排斥其他价值的。它不像生态审美对象那样,在生态审美系统中,实现审美价值与、真、善、益、宜的价值的直接统合,现实地达到相互促进,而是扬此抑彼,间接关联,其整生性也就淡化了。

随着生态审美文明的发展,生态审美者,从审美人生走向艺术人生;再而走向天化艺术人生,生态审美对象,从审美生境走向艺术生境,再而走向天化艺术生境;双方共成的审美结构,对应地走向了整生化。

审美场生成的基本条件是审美主体与审美对象。审美主体与审美对象的统一与展开,构成审美活动,进而构成审美活动生态圈,形成审美场的基础层次,奠定审美场的生成基础。生态审美者与生态审美对象,凭借上述两相对应的整生性向整生化的发展,构成了整生度不断提高的生态审美活动,构成了整生化不断增强的生态审美活动圈,使生态系统在审美化的良性环行中,走向整体的审美生成、审美生存、审美生长,促成了生态审美场的整体发展与提升。

生态美学研究生态审美场系统生成、系统生存、系统生长的整生化历程,构成了不同于一般美学的研究对象,具备了成为一门独立学科的首要条件。生态美学的研究对象虽不同于一般美学的研究对象,但却是由一般美学的对象发展而来的。我认为,一般美学的对象是审美场,生态审美场是审美场的当代发展。或者说,古代美学的对象是天态审美场、近代美学的对象是人态审美场,现当代生态美学的对象是生态审美场。生态审美场既是审美场历史结构和逻辑结构整生化的结果,更是审美场与生态场双向对生、良性循环的结晶。这就说明,生态审美场是在审美场的历史发展中和系统开放中形成的。以生态审美场为研究对象的生态美学也是在历史与现实的共生中涌现的,达到了历史必然性与当代或然性的统一,符合审美结构整生化的规律。

二、生态美学是探求审美自由系统整生化的科学

审美自由是审美规律与审美目的两相统一的状态。它构成了美学研究的目标与内容,构成了美学重要的本质规定,也进而构成了不同美学之间重要的本质区别。

一般来说,审美自由关联着生态自由,生态自由支撑着审美自由,两者有着同一性。生态美学探求的更是这两种自由统一所构成的生态审美自由。

古代的客体美学,主要探求的是客体的审美自由。它通过研究天态审美场的生成,探求了客体和谐的审美构建规律,阐明了客体同化主体的审美生发目的,形成了客体的审美自由,即合客体审美规律与审美目的的审美自由。这种客体的审美自由,是客体的生态自由决定与生发的。

近代的主体美学,主要探求的是主体的审美自由。它通过研究人态审美场的构建,探求了人的本质力量对象化的审美构建规律,阐明了人化自身和人化自然的审美生发目的,形成了主体的审美自由,即合主体审美规律与审美目的的审美自由。显而易见,这种审美自由是和主体的生态自由一致的。

现当代以及未来的生态美学,主要探求的是生态系统整生化的审美自由。它通过研究生态审美场的涌现,探求了主客体潜能耦合对生并进的审美构建规律,进而探求了人与自然其他生态位上的物种良性环生、螺旋提升的审美结构的整生化规律,再而探询了整体生态网络在以万生一和以一生万的良性环生中,实现纵横双向的、立体

推进的、四维时空展开的审美结构的整生化规律,最后还探询了人类文化生态协同社会生态、自然生态,实现全球良性环行甚或宇宙良性环行的审美结构整生化规律,阐明了地球乃至宇宙生态系统天人整生的审美生发目的,形成了整生化的审美自由,即合整体审美规律与整体审美目的的审美自由。这是生态系统的生态自由和审美自由统合生发的生态审美自由。生态美学探求的生态审美自由,形成了生态自由与审美自由的统合化和整生化关系,显然不同于以往美学所探求的审美自由与生态自由一般的同一性关系。

整生化的审美自由,既合主体的生态审美自由,也合客体的生态审美自由,更合整体的生态审美自由。它在主客体生态审美自由的耦合对生中,既促进了主体的生态审美自由,也促进了客体的生态审美自由,更促进了人与自然整体的生态审美自由;进而,它在人与生境生态审美自由的自然整生中,既促进了审美人生的自由,也促进了审美生境的自由,更促进了生态系统的审美自由;这就构成了系统生成、系统生存、系统生长的整生化格局的生态审美自由。这种格局的生态审美自由,既是在以往的审美自由的共生中涌现的,也是对它们的超越。在客体美学那里,客体审美自由在成为整体审美自由的发展格局中,消解了主体审美自由的异质性与独立性,使整体的审美自由逐步地失去耗散结构的特质,在系统的增熵中,减少了活力、灵气与弹性,导致主体、客体及客体化整体的审美自由的发展受限。在主体美学里,主体审美自由在成为整体审美自由的发展过程中,主客体的审美自由在竞生中,既相互激发,更相互否定,最终导致主体的、客体的以及主体化整体的审美自由走向悖论。整生的审美自由,则在辩证和谐的发展中,实现了主客体生态审美自由的耦合并进,实现了人与自然、人与生态网络、文化生态与社会及自然生态审美自由的良性环生,并最终实现了生态系统整体的生态审美自由的持续发展,达成了审美自由的整生化,实现了双赢、互赢、共赢与整赢。

整生化的审美自由,对以往审美自由的超越,还体现在对其局限的克服方面。古代与近代的审美自由,是在审美活动走向独立后,与其他生态活动相脱离的情景中形成的。这就既实现了审美自由的独立性,构成了自主的审美自由,但也同步地形成了审美自由的局限性。这种局限性表现在三个方面。整生化的审美自由——实现了对它们的突破与超越。

一是突破审美时空的局限。走向独立的审美活动,因与其他生态活动的分离,主体的审美时空有限。他更多地置身于科技活动、文化活动、实践活动、日常生存活动中,以保证生存与发展的基本需要。这就出现了审美是自由自主的,但主体无法长处审美自由中,无法实现自足的审美自由。他必须时常从审美自由中走出来,进入非审美的时空中,处于非审美自由中。整生化的审美自由,产生于生态审美活动,产生于生态审美场,超越了时空的限制。这主要是生态审美活动是审美活动与生态活动的复合体,生态审美场是生态场与审美场的复合场,生态审美系统是生态系统与审美系统的整生系统。凭此,主体摆脱了生态系统与审美系统、审美场与生态场、生态活动与审美活动相互争夺自由时空的矛盾,而可以长处生态审美时空中,获得了充分而持续的生态审美自由,即实现了既自主又自足的生态审美自由,构成了审美自由的整生化。

二是突破审美距离的局限。因一般的审美活动是在和其他的生态活动相互分离的状态下进行的,主体须通过"心斋"、"坐忘"、"剔除玄览"、"澄心静虑"、"澡雪精神",以保持这种分离状态,使审美活动的潜在功利性与其他生态活动的实在功利性形成距离,才能避免其他生态活动对审美活动的干扰与中断。这是因为,对主体来说,显在功利性较之潜在功利性,更为重要,更有诱惑性,客观上造就了审美距离很难持续保持,审美自由也就常常为生态自由干扰与替代,从而形成局限性。这种局限性,归根结底是审美自由的自主度的有限造成的,是审美自由的自律性与生态自由的自律性的矛盾造成的。生态审美活动将审美活动与生态活动合而为一,审美功利与生态功利相生互发,耦合并进,进而生成整体的生态审美功利。这就消除了审美距离,审美的潜在功利与生态的显在功利的竞生关系,也相应地变为共生与整生的关系,构成了持续存在与发展的整生化审美自由。在远古的生态审美活动中,形成的是审美自由依生生态自由的关系,审美自由失去了自主性。审美活动独立后,自主的审美自由与自主的生态自由形成了竞生关系,审美自由的自主、自足、自律性在竞生中处于劣势,审美自由的质、值、度、量都受到了局限。当独立的审美活动走向生态审美活动,审美自由与生态自由处于共生性与整生性的关系中,消除了审美自由对生态自由单向的依生性关系,超越与升华了双方的竞生性关系,构成了自主、自足、自律、自然的整生化审美自由,实现了对依生性生态审美自由、竞生性独立审美自由的发展与超越。

　　三是突破审美疲劳的局限。审美疲劳是干扰与中止审美自由的重要因素。一般审美活动形成审美疲劳的原因多种多样,主要的原因有两个方面:主体审美欲求、审美趣味的淡化与退场;审美客体的单一与老套。生态审美活动有着避免审美疲劳保持审美自由的机制。生态审美欲求实现了审美欲求和诸如生存的欲求、安全的欲求、归属的欲求、发展的欲求、自我实现的欲求的统一,形成审美生存的欲求,进而发展为艺术生存的欲求,再而提升为天化艺术生存的欲求。这种整生化的审美欲求,是一种强化与提升生态欲求并与之一体运行与发展的美生欲求,它持续地支撑审美人生向艺术人生和天化艺术人生的展开与提升,因而不会淡化与退场,可以成为生态审美活动永续展开的心理动力机制,从而消除了审美疲劳的心理因素。与此相应,生态审美对象是主客体潜能的对生性自由实现,是人与生境潜能的整生性自然实现,是真、善、美、益、宜的统一,是艺术的典范之美和真、善、益、宜的生态之美的统一,进而是化工般的纯粹艺术之美和真、善、益、宜的生态艺术之美的统一,再而是天化的纯粹艺术之美和天化的真、善、益、宜的生态艺术之美的统一,有着丰富多彩性与日新月异性的生态审美特质,成为主客体持续不断地耦合并生生态审美活动的客体审美潜能机制,成为与审美人生、艺术人生、天化艺术人生持续对应展开的审美生境、艺术生境、天化艺术生境。以上两种整生化机制的相互促进,使生态审美活动得以持续生发,并在审美人生和审美生境的全程全域的对应性生成、发展与提升中,在双方四维时空展开的持续递进的对生中,既抑制了消解了生存疲劳,也抑制了消解了审美疲劳,生态审美疲劳当无由产生。这就进一步强化了生态审美自由对一般审美自由的超越性,生态美学因此而成为研究审美自由系统整生化的科学,既丰富和拓展了自身独特的本质规定性,审美结构整生化的规律也相应地走向了具体与深化。

三、生态美学是寻求生态审美价值规律的科学

审美价值的规律由价值本体与本源、价值接受与创造、价值实现与发展的关系构成,由这三者的关系所显示的运动态势与运行格局构成。研究审美价值规律是美学学科的重要任务,生态美学学科探询生态审美价值的形成与发展的规律,再次实现了对一般美学的发

展与超越,多维地构成了自身独特的本质规定性系统。

古代美学认为审美价值的本体与本原是客体的美。审美价值的接受与创造,表现为主体对客体之美的认知、感悟与享受,表现为主体对客体之美的模仿与再现。审美价值的实现与发展,表现为客体之美对主体与现实的同化与提升。这种审美价值的生发流程,可描述为客体之美,流为主体的美感享受与美感再现,流为客体对主体与整体的审美同化与升华。可以见出,在古代美学那里,客体之美不仅是审美价值的本体与本原,而且还是审美价值发展的宗旨与目标,主体只是客体审美价值生发的中介与整体实现的构成部分。也就是说,古代美学是研究客体的审美价值,经由主体美感的中介,走向客体整体的审美生成的科学。

近代美学认为审美价值的本体与本原是主体的美。审美价值的接受与创造,表现为主体的自我欣赏与自我表现。审美价值的实现与发展,表现为主体、对象和整体的审美人化。其审美价值的生发流程为:主体人化之美—客体的审美人化—世界整体的审美人化。可见,近代美学是研究主体的审美价值本原,经由客体的审美人化,走向世界整体的审美人化的科学,是主体价值论美学。

现当代及未来的生态美学,认为审美价值的本体与本原,是生态系统整生化的美。审美价值的接受与创造,表现为主客体耦合对生、特别是人与生境自然整生生存美感和生态审美世界。审美价值的实现与发展,表现为主客体的耦合并进的整生性美化和生态系统良性环行的整生性美化。其审美价值的生发流程为:生态系统的整生化之美—人与生境自然整生的生存美感的诗化与外化—全球甚或宇宙良性环行的诗化的审美世界和天化的艺术世界。不容置疑,生态美学是研究生态系统整生化的审美价值本原,经由主客体耦合对生特别是人与生境自然整生的生存美感的诗化与外化,持续走向生态审美世界、生态艺术世界、天化艺术世界的科学,是研究整生化系统的审美价值结构整生化规律的科学,是整生化系统的价值论美学。

生态美学在研究对象的确立、审美自由的探询、审美价值的求索方面,拓展与深化了审美结构整生化的规律,成为研究审美结构整生化规律系统的科学,并凭此构成对以往美学的全面继承与发展,当可走向美学的当代形态与主流形态。

第三节　生态美学的趋向

显示出独特而系统的质域和明晰疆界的生态美学,目前虽然尚未成熟,但已经形成了强大的生命力和巨大的发展潜力。预测它的发展趋向,大致可以形成以下几种格局。

一、生态美学与元生态美学耦合并进

一门学科的形成,往往经过元学科的价值认识与规律探索阶段,然后进入理论体系的实际建构阶段。学科建构的自由性即合规律合目的性,基于元学科;学科理论结构的自觉性、深刻性、完整性,常常是和元学科研究的科学性、深入性、系统性相关联的。也就是说,元生态美学与生态美学有着交互推进性。由于元生态美学有着先导性,它的发展对于生态美学的进步尤为重要。元生态美学有着不断发展与递进的层次,以和生态美学的阶段性进步,构成两相对应的共生并进性。

元生态美学的先导性,首先体现在对生态美学的启蒙方面。在中国,元生态美学生发的第一个层次,为鲁枢元教授等对生态美学和

生态文艺学的提倡。作为效应,1995 年前后,学者们发表了一些生态美学的论文,2000 年西安、北京两地出版了一批生态美学和生态文艺学的著作,标志着生态美学在中国的初步形成,显示了元生态美学与生态美学起始层次的耦合并生。

　　此后,理论家又将目光更为集中与深入地投向元生态美学,比较深入、系统地探讨了生态美学的必要性、必须性、必然性,探讨了生态美学的价值意义、学科对象、理论体系、理论基础、研究方法,形成了较为成熟的元生态美学研究的核心层次与系统结构。曾繁仁教授认为:生态美学基于生态存在论。① 聂振斌教授提出生态美学的出发点应是本体存在论,而不是主客二分的认识论。② 这就把生态美学方法的探索导向了学理层面。刘恒健先生指出生态美学的最高规律是天人合一。③ 他们都从方法与理论同一的角度,对生态美学的研究原理与法则作了哲学高度的探索,属于生态美学研究之大法的追寻。

　　我认为:生态哲学是生态美学的方法基础。整生,即系统生成、系统生存与系统生长,既是最高的生态规律,也是生态美学的最高方法,还是生态美学的最高规律。系统方法的生态化,可直接形成系统生成、系统生存、系统生长的整生方法。辩证思维的纵横双向展开,可形成整体周流、立体推进的网络化整生方法。各种生态规律关联整合,可生发为整生图式,成为和理论体系的展开一致的整生方法,

---

　　① 参看曾繁仁:《生态美学:后现代语境下崭新的生态存在论美学观》,《陕西师范大学学报》(哲学社会科学版)2002 年第 3 期。

　　② 参看聂振斌:《关于生态美学的思考》,《贵州师范大学学报》(社会科学版)2004 年第 1 期。

　　③ 参看刘恒健:《论生态美学的本源性——生态美:一种新视域》,《陕西师范大学学报》(哲学社会科学版)2001 年第 2 期。

成为生态美学研究的主要方法。整生图式,主要是就发生学的角度
而言的,讲的是整生的位格性构成与环节性生发的全程态图景,探求
的是最高规律的形成程式与形成态势。它对各种生态形式、生态过
程、生态路线做结构性组合与发展性定位,形成依次走向整体生发的
图式,形成审美结构整生化的样态。它是稳定的序列化的生态联系
的显示,是深刻而系统的生态规律的凝聚。整生的图式可以概括为:
依生—竞生—整生,共生—衡生—整生,共生—范生—整生,共生—
环生—整生,对生—环生—整生,对生—网生—整生等等。条条大道
通罗马,种种生态形式通整生。诸种整生图式的统合,全面地反映了
生态美学整体生发的逻辑,全面地构成了审美结构整生化的规律系
统。①

　　我认为:生态美学的对象是生态审美场。生态审美场逻辑生态
的展开,构成理论生态美学,生态审美场的历史生成即审美场历史生
态的展开,构成历史生态美学,生态审美场的子范畴,诸如民族生态
审美场、景观生态审美场等逻辑生态的展开,构成各类应用生态美
学。

　　我认为生态美学的建构,应该遵循学科建构的基本规律,从理论
学科、历史学科、应用学科的互为因果,即理论生态美学、历史生态美
学、应用生态美学的相生互发、循环推进,造就生态美学学科的整体
生成与系统发展。

　　特别值得指出的是:2001 年、2003 年、2004 年相继在西安、贵阳、
南宁召开的全国第一、第二、第三届生态美学讨论会,以及 2005 年在
青岛召开的有关生态美学研究的国际会议,都比较集中地探讨了生

---

① 参看袁鼎生:《整生:生态美学研究方法论》,《思想战线》2005 年第 4 期。

态美学的方法、路线、对象与哲学基础,形成了对元生态美学核心层次的集约性研究,有力地推动了生态美学的自觉建设。

与元生态美学核心层次的深入推进相对应,近年来,我国出版了一批探询中国古代生态审美意识、民族生态美学思想、生态美学原理和生态美学历史的著作,再度展开了生态美学的学科建构。有的学者从西方生态批评的角度建构理论骨骼,有的理论家从生态存在论出发形成理论框架,有的总结中华民族的生态美学思想结构,有的形成生态美育的概要。广西民族大学文学院的学者则以《审美生态学》、《生态审美学》的理论研究,指导《生态视域中的比较美学》的历史研究,进而共同指导和影响《民族生态审美学》等应用研究,力求从理论、历史、应用三个维度去初步共建生态美学学科,使元生态美学与生态美学在核心层次上形成了较为系统的对生性发展。

元生态美学与生态美学,在第三个层次即发展层次上的耦合并进,应聚焦于生态美学的话语体系的探询与建构。元生态美学应该提供形成生态美学的框架、结构、概念、范畴的方法、路线以及原理与原则,特别是提供生态美学元范畴的生成路径,使生态美学在此基础上进一步形成独特的话语体系与理论形态,以期构成完整的理论学科。

生态美学统一于元范畴的独特话语系统的形成,将标识元生态美学与生态美学的耦合并进,步入高层的学术境界,将标识两者的同步成熟与完善。

二、中西相关美学的耦合并生

刘成纪教授曾标识了生态美学的生成路线:从实践美学到生命美学再到生态美学;张玉能教授揭示了从实践美学到生态美学的路

径,他们都形成了富有历史感的看法,显示了宏阔深远的理论视界。我觉得中国生态美学的生发环节还可以进一步表述为:实践美学—后实践美学—生命美学—审美人类学—艺术人类学—主体生态美学—主客耦合共生的生态美学—天人整生的生态美学。

在全球化背景下,生态美学的完备生发,还有着中西耦合并生性。西方的环境美学和生态批评,重在环境生态的审美化建构,不妨称作环境生态美学。中国近年来在实践美学基础上发展起来的后实践美学、生命美学、审美人类学、艺术人类学,重在主体生态的审美化发展,可以整体地看做主体生态美学。凭借审美文化全球化的推动,上述两种生态美学的耦合并生,可推动生态美学的完整生成;它们的耦合并进,则可促成生态美学的系统发展,使主客共生的生态美学,走向天人整生的生态美学。可以说,在中西合璧基础上发展起来的生态美学,更有人类审美结构的整生性,更有全球性拓进的空间,更能成为一门世界性的学问。在生态美学的发展方面,形成中西对话、交流、共进、整生的平台,既不会失语,也不会自言自语,从而在"大珠小珠落玉盘,嘈嘈切切错杂弹"中,使中国生态美学全球化,并占据世界生态美学发展的潮头地位和核心位域。

生态美学的生发,还有着当代生态审美文化的肥沃土壤和友好环境。当代生态审美文化,由具有审美当代性的美学形态群构成。这一形态群有后实践美学、生命美学、审美人类学、艺术人类学、大众文化、环境美学、生态批评、生态美学等等,它们凭借生态审美性的共同特征与生态和谐性的共同追求,组成当代美学高原。在当代美学高原的平台上,生态美学与上述美学形态,相互包容,相互交流,相互补充,相互促进,共同构成当代美学的发展主潮。生态美学因生态审美性的本质充分深刻,生态和谐性的特征突出,艺术审美生态化的路径宽阔,审美结构整生化的规律多样而统一,吸收当代生态审美文化的营养充足,对上述美学形态群的整合完备,也就在共生中成了当代美学主潮的潮头。也就是说,当代生态审美文化,是生态美学的生发环境,当代美学高原,是生态美学的生长平台,生态美学在与诸种当代生态审美文化的共生中发展。

三、在自身系统的超循环中发展

生态美学学科,由理论生态美学、历史生态美学、应用生态美学有机构成。生态美学由局部的生发,走向系统的建构,首先应该有机关联地形成上述三个局部,具备整体生发的基本元素与基础结构。再有是基础结构中的三个元素形成双向对生、良性循环的关系。即应用生态美学促进历史生态美学,进而共同促进理论生态美学,使理论生态美学不断地成为持续发展的应用生态美学与历史生态美学的结晶。发展了的理论生态美学,范生历史生态美学、应用生态美学,使整体的发展成果特别是最高的普遍意义的理论成果,为各局部所分有,形成整生化的局部,构成发展平台的整生性与共进性。生态美学学科的内循环,是一种良性循环,即超循环,关键在于它的各个局部乃至整体都是对外开放的,都能把所吸纳的艺术审美生态化特别是审美结构整生化的新质,通过内循环,达到环涌周流,生成为它者和整体的新质。

生态美学学科,在自身系统的超循环中发展,集中地体现了审美结构整生化的规范。

四、在生态文化和生态文明圈中整生

20 世纪中叶以来,以科技生态文化为先导,在世界范围里,已经

形成了各种各样的生态文化。科技生态文化、伦理生态文化、政治生态文化、经济生态文化、审美生态文化、哲学生态文化等等，各安其位，各得其所，形成了生态文化圈。生态美学作为生态审美文化，与其他生态位上的生态文化，相生互发，构成良性循环的生态圈运动，在自身、他者、整体的螺旋提升中，形成了整生性发展。也就是说，其他生态文化，不仅仅是生态美学的生发环境，更是生态美学的整生体。生态文化的拓展与运行，形成生态文明。各种生态文明，构成生态文明圈。作为生态审美文明的生态美学，也将在更大的生态文明圈中整生。这就见出，生态美学将形成与其他生态文化、生态文明协同发展的趋势，将形成在生态文化圈和生态文明圈中系统生长的趋势。这也说明，生态美学不可能孤立发展，它将受到整体的生态文化、生态文明发展程度的影响与制约。在发展生态审美文化的前提下，发展生态文化与生态文明，是生态美学进步的机制。

在生态文化和生态文明圈的螺旋提升中生发，在生态文化和生态文明系统的整生化中进步，说明生态美学的生成与发展，既遵循了审美结构整生化的规律，还遵循了整生化的审美结构所属更大系统结构的整生化运动的规律，拓展与提升了本质规定性。

第四节　生态美学的逻辑生成

生态美学在中国兴起，具有较为充分的持续发展的自主创新性。自主创新被公认为有原始创新、集合创新、消化吸收再创新的意味。除此以外，我认为它还有深度创新以及系统创新等类型。生态美学从名称的首先提出和体系的初步建构，于中国学人来说，有原始创新的意味，从其内涵的发展和学科的成熟来看，应主要形成后四种创新,特别是要形成最后两种创新。只有形成最后两种类型的创新,生态美学才可能真正走向逻辑的生成。最后两种创新指的是:从目前初成的主客共生性生态美学,走向天人整生性生态美学;在这两种生态美学的系统生发中,形成活态的理论体系。

中国传统的审美文化中,有丰盈而深刻的生态美学思想。它为中国人提出生态美学的范畴,建立生态美学的学科,提供了基础与条件。此外,西方的生态批评,也是生态美学逻辑体系的重要思想来源,是集合创新的元素,是系统创新的因子。

美国的格罗特费尔蒂从探讨文学与自然环境之关系的批评出发,建构了狭义的生态批评。西方广义的生态批评,研究文艺与精神生态、社会生态、自然生态的关系,并与环境美学、文化研究关联,形成与整体的生态文化、生态文明融通发展之势。我国的生态美学研究,基于中华厚重的生态文明,借助全球系统的生态文化,与西方生态批评相对应,于2000年前后形成元初的逻辑构架。在生态审美文化方面,中西双方有了各自领域的原始创新,共同生发了集合创新的条件。曾繁仁教授的生态存在论美学研究,在古今中西的合璧中,实现了集合创新,推进了生态美学的发展。

在元生态美学深入发展的背景下,一些学者对生态美学展开了新的理论探索。他们从东西方文化的生态美学资源中和少数民族的审美化生存中,梳理与提炼相应的生态美学的原理、原则,形成专门性的生态美学著作。张皓教授出版了《中国文艺生态思想研究》,黄秉生教授的壮族文化生态的审美研究,朱慧珍教授、张泽忠教授的侗族文化生态审美研究,也有专门性的成果问世,为中国的生态美学研究增添了新的气象,也使得这一门由中国人提出的学问,更有中国美学精神,更有中国美学气派。这些成果,有消化吸收再创新的意味与价值。

生态美学研究近年来虽然取得了长足的进展,但还存在两方面的不平衡:理论体系建构跟不上元生态美学的探索;理论的深度追寻落后于应用研究。为此,在实现上述原始创新、集合创新、消化吸收再创新的基础上,从主客共生的生态美学向天人整生的生态美学的跃升中,建构逻辑结构有序运动的话语系统,生发深刻的体系化的理论生态美学,进一步促成生态美学的深度创新和系统创新,已成为生态美学学科完备生成的基础与关键。

一、理论生态美学的基础性意义

在生态美学学科的三个部分中,理论生态美学起着纲领性作用。理论生态美学走向成熟,其思想、观念与方法贯穿于历史生态美学和应用生态美学的研究中,既可形成统一的理论基调,形成协调的学科体系,还能使历史生态美学强化逻辑意味,使应用生态美学提高学术品位。也就是说,理论生态美学起着范生历史生态美学、应用生态美学的作用,应用生态美学、历史生态美学形成了更新与升华理论生态美学的功能,凭此达成良性环行的整生化系统。在生态美学学科的良性环行中,理论生态美学起着导航与定向的作用。可以说,理论生态美学不成熟,生态美学学科不成规范,历史生态美学、应用生态美学不能入轨运行,良性环行的整生化结构难以生成。

一般来说,在整体学科的三个领域里,只要对其中的一个领域有系统的研究与建树,都可以成为专家,即或是理论研究的专家,或是历史研究的专家,或是应用研究的专家。但要成为学科的大家,则不仅仅是在学科的三个领域里,都有系统的成就,更要有自成一家的整体建构。要达此境界,他须有本学科独特而系统的理论建树,并将其贯穿于历史研究和应用研究中,形成一气流转的学科系统。要成为一个学科的大师,关键在于理论领域系统研究的前沿意义与超越意义。如某位大家,对所在学科的理论探索,运用了科学而新颖的学术范式,形成了整体的理论创新,并使历史研究、应用研究相应发展,创建了新的、先进的、系统的学说,引领了整个学科发展的时代潮流,他就成了当然的大师,真正的大师。生态美学学科也是这样,只有理论领域原始创新、深度创新、系统创新,才会带动历史研究和应用研究一体前进与跨越,并相应地成就一代大家与大师。在当代信息社会里,没有思想与理论的原始创新、深度创新和系统创新,仅仅凭借一肚子学问,是无法建构与发展一门学科的,是无法成为大家与大师的。当然,没有一肚子系统化结构化的学问,也无法走向理论创新,自然也就谈不上去构建一体发展和整体超越的学科了,大家与大师也当与其无缘。科学发展的历史也证明,只有理论研究率先出现划时代的创新,应用研究和历史研究才会相应突变。20世纪的物理科学,形成了相对论、量子力学的理论范式的创新,才带来核技术方面的应用创新,才带来物理科技史的发展,实现整个物理科学的跨越式发展。当然,在学科的三大领域都可以成就大师,但首先须在理论领域出现划时代范式创新的大师,进而才会在应用领域相应地形成划时代技术创新的大师,继而才会在历史领域造就运用划时代的新范式,总结更深刻、更系统的学科发展规律的大师。毫无疑问,一个学科如果没有出现理论研究领域的大师,是不可能形成应用研究、历史研究领域的大师的。生态美学学科也不例外。建构系统创新的理论生态美学,成了生态美学学科发展的当务之急。

二、生态美学范畴研究的基本思路与方法

理论生态美学在逻辑推演中形成,在概念运动中生发。这样,生态美学范畴的研究,也就成了理论生态美学的基础工作,也就成了它能否成立的关键。近年来,广西民族大学文学院生态美学研究团队,在《审美生态学》、《生态视域中的比较美学》、《生态审美学》、《民族生态审美学》、《整生:生态美学方法论》、《生态美的系统生成》等著作和论文中,提出并论证了一些生态化的审美范畴,诸如审美场、天态审美场、人态审美场等,进而探讨了一些生态审美范畴,诸如生态审美场、依生之美、竞生之美、整生之美等。这些成果,为其进一步开展生态美学话语体系的研究积累了经验,奠定了一定的基础。

理论生态美学的范畴研究,其目的是形成生态美学特有的话语系统,它可以遵循理论范畴结构整生化的总体路径,从以下几个方面展开,形成基本思路与方法,形成特色与创新:

1. 从生态视角发掘与重组美学范畴的意义

传统的美学范畴,强调的是真、善、美的统一,所以它们本身就具有非常深厚的生态价值根源。把美学放到生态视域中考察,把传统的美学范畴放到生态范式中进行探究,从原有的美学范畴中发掘出它们所蕴涵的生态审美意义,通过对其内涵的重组,赋予其生态美学的特性,使其成为生态性审美范畴。生态性审美范畴既是形成生态美学范畴的中介,又是生态美学范畴的相关成分。在生态视野中,古代的美学范畴,有了依生性美学意义,近代的美学范畴,有了竞生性美学意义,现代美学范畴有了共生性美学意义,当代生态美学范畴,即整生性美学范畴,是以往生态性美学范畴的发展与系统生成。

2. 从生态结构与关系、生态规律与目的、美的规律与目的的统

合化与整生化中形成生态美学范畴

生态美学与一般美学的区别,在于它的生态审美性,即它的审美活动是和生态活动结合在一起的;审美主体是和生态主体合一的;审美对象是和生态对象同一的。这样,生态美学范畴,也是在艺术审美生态化中形成的,是在审美结构整生化中发展的,也就成了生态性与审美性的统一,是生态结构与关系、生态规律与目的、美的规律与目的三位一体的统合化与整生化。像依生之美、竞生之美、生态和谐等就是在上述整生中形成的,是艺术审美生态化的产物。

3. 在以万生一中形成生态美学的元范畴

元范畴是一门学科的最高范畴,是所有范畴的母体,是统领所有范畴之网结的网纲。生态美学的元范畴,有着多方面的系统生成性,或曰以万生一性。它覆盖生态审美的全域与全程,是所有生态审美事实之意义的抽象,是所有生态审美活动之规律的升华。它是美学发展历史的结晶,为人类各个时代的美学的最高范畴所共生。它作为生态美学的最高范畴,是所有生态美学范畴共同本质的升华。在以上三方面的以万生一中,在多种审美结构的整生化中,形成生态审美场这一生态美学的元范畴,以构成理论生态美学的逻辑基点。

4. 在以一生万中形成生态审美的范畴网络

元范畴生态审美场范生各层次、各系列的生态美学范畴,规范这些范畴之间的联系,使它们各生其质、各安其位、各得其所,形成层次分明、秩序井然的生态美学范畴体系。生态审美场由生态审美活动、生态审美氛围、生态审美范式的对生构成,包含了诸如生态美、生态和谐、审美生境、审美人生、生存美感等关键词,进而分别生发相关的范畴群,以成理论构架。生态审美场在逻辑递进中,依序成为生态艺术审美场、天化艺术审美场,在不同的平台上形成相关的范畴群,构成生态美学范畴体系的整体性发展。基元范畴在不同理论平台的以一生万,构成了纵横双向的以一生万。这就在理论体系立体推进的整生化中,形成了生态审美的范畴网络。

这些研究思路和方法,遵循了生态美学范畴的形成规律,包含了生态美学范畴的主要来源和基本形态,并在学理层面勾勒了它们之间的逻辑关联性,可最终构建既有历史整生性,又有空间拓展性,还有逻辑整合性的系统生成的生态美学范畴体系。这个体系的构建符合学科话语体系构建的一般规律,对理论生态美学乃至生态美学学科的确立与发展有基础性价值和意义。

上述四个方面研究思路与方法的统一,形成了生态美学范畴系统生成的基本路径,符合逻辑结构整生化的规律,使科学路线的创新有了马克思主义生态辩证法和深层生态学的哲学支撑。从生态美学的元范畴——生态审美场的确立中,形成理论创新的基点;从元范畴的分形中,形成独特新颖的理论构架;从原有美学范畴的生态化中,形成了对传统的继承与创新。凡此种种,综合地形成了生态美学范畴结构整生化的科学范式,拓展了这一研究范式的研究路线与研究技术,可规范与指导理论生态美学的创造性生成。理论生态美学的生成,也不外乎审美结构整生化的规律。

三、生态审美场的元范畴生发生态美学体系

生态审美场首先聚形为理论生态美学的元范畴,继而聚形为生态美学学科的元范畴。在此基础上,它通过分形,生发生态美学理论体系,生发历史生态美学框架,生发应用生态美学格局。它再次通过聚形,使所生发的三大生态美学,在有机联系中,形成良性环行的整生化结构,成为活态的生态美学学科。

生态审美场首先是艺术审美生态化的成果,进而是审美结构整生化的结晶,成为生态美学学科的整体凝聚,拓展与提升了逻辑蕴涵。

1. 生态审美场生发理论生态美学

生态审美场作为理论生态美学的元范畴,是系统生成的生态美学对象,是有着整生化结构的生态美学对象。它集生态美学的整体对象、整生化的范畴、整生化的逻辑过程于一体,成为浓缩的生态美学体系。

成为元范畴的生态审美场,是生发与网络一切生态美学范畴的总范畴。生态美学研究的体系,是生态审美场这一最高抽象范畴的具体化。生态审美场是生态美学研究的出发点、发展点与终结点,显示整生化的逻辑生态。也就是说,生态审美场是一个凭借巨大的理论聚力与巨大的理论张力平衡统一所构成的弹性构架。

具体言之,理论生态美学是研究生态审美场的形成、发展与升华的科学。它的理论构架包括三个部分。第一部分为生态审美场的生发,它研究从一般的审美场走向生态审美场的规律,探索生态美学的生成与生态审美场形成的关系,阐明生态美学根于生态审美场的基本原理,阐明了整生范式是生态审美场和生态美学逻辑生成的机制。这就从各个方面,研究了生态审美场的聚形,研究了生态审美场的生成规律:艺术审美生态化,研究了生态审美场系统生发的规律:审美结构整生化。第二部分为生态审美场的发展,探索生态审美场范生与分化的生态美、生态和谐、审美生境、审美人生、生存美感等走向艺术化的规律,揭示生态审美场逻辑展开的图景和理论发展的态势,揭示一般的生态审美场走向生态艺术审美场的机制与路径。第三部分为生态审美场的提升,探索生态艺术审美场,从天性艺术审美场,走向天态艺术审美场,最后走向天化艺术生态审美场的历程,从艺术审美生态化与生态审美艺术化同步并生的角度,阐明生态审美场艺术的质与量和生态的质与量耦合发展同趋高端的整生化规律,形成理论生态美学的逻辑终结。显而易见,生态审美场的逻辑生态与生态美学的理论体系有着同质同构性。

2. 生态审美场生发应用生态美学

理论生态美学是基础生态美学,可以分化出诸多应用形态的部门生态美学。部门生态美学,同样是生态审美场所分化的子范畴的逻辑展开。像《民族生态审美学》,就是以生态审美场分化的民族生态审美场为基点,生发理论结构的:

对应民族生态审美场的基元层次——民族生态审美活动循环圈,民族生态审美学形成了第一个平台的理论结构——民族生态审美构架。它包括民族生态化的审美关系、审美对象、审美者、审美感受、审美价值、审美规律、艺术形态、审美活动循环等众多范畴,并和民族生态审美活动循环圈各位格的运转相对应,双方构成耦合发展的态势,显示了理论体系和研究对象的动态同一。

对应民族生态审美场的发展层次——民族生态审美氛围,民族生态审美学形成了第二个平台的理论结构:民族生态审美趣味。它包括民族生态化的美感境界、审美风气、审美气氛、审美情调、审美风向以及审美趣味的双向对生等理论内容。

对应民族生态审美场的最高层次——民族生态审美精神,民族生态审美学形成了第三个平台的理论结构:民族生态审美范式。它包括民族生态化的审美时尚、审美理想、审美制式、审美理式以及审美范式的双向对生等理论部分。

对应民族生态审美场更高形态的整生化——逻辑化的历史生态

发展,民族生态审美学形成了第四个平台的理论结构:民族生态审美场纵向化的系统生成。它包括分别对应于古代、近代、现代、当代的依生、竞生、共生、整生性民族审美场的历时空流转。对应民族生态审美场最高形态的整生化——天人一体的生态运动,民族生态审美学形成了第五个平台的理论结构:天人整生的民族生态审美场。它包括整生化的民族个体、群体、共同体、整合体与大自然贯通为一,所构成的诸层次天人整生的审美场,从而洞开了民族生态审美学新的理论境界。①

　　民族生态审美学前三个理论部分,展示了统观的民族生态审美场的逻辑生态,描述了其统观的逻辑结构的系统生成。这是一种历史隐含在逻辑中的系统生成。民族生态审美学的第四个理论部分,展示了统观的民族生态审美场的历史生态,描述了其统观的历史结构的系统生成。这是一种逻辑隐含在历史中的系统生成。其中,全球化的民族生态审美场,是统观的民族生态审美场的历史生态与逻辑生态统一发展、立体推进的系统生成,是一种集大成的系统生成,是民族生态审美活动一切成果的结晶,是民族审美结构整生化的凝聚。它构成了民族生态审美学理论结构的逻辑终结。民族生态审美学的第五个理论部分,在多层次的社会整体化之人与自然的整体化之天贯通为一的整生化中,构成了民族生态审美场的逻辑新境,是民族生态审美学逻辑生态的新一轮发展,是其良性循环的发端。正是凭借这种良性循环螺旋提升的理论发展态势,民族生态审美学显示了自身的生态性,显示了自身审美结构的整生化,显示了它与一般的民族审美学不同的理论整生力与循环发展力。

---

① 　参见黄秉生等主编:《民族生态审美学》,民族出版社 2004 年版。

　　基础形态的理论生态美学与分支形态的应用生态美学,都是生态审美场的具体化,都是生态审美场展开的理论网络。生态审美场的逻辑生态的研究,也就成了生态美学体系的探求。

　　3. 生态审美场的历史生成构成历史生态美学

　　走向生态审美场的人类历时的整体审美场,是整生性最强的统观审美场,显示了审美场生态研究的最广视域,成为历史生态美学的整体对象与理论结晶。我撰写的《生态视域中的比较美学》一书,就是通过人类统观审美场历史地生发出古代的天态审美场、近代的人态审美场、当代及未来的生态审美场,构成了生态审美场的生发历程,纵横双向地展开了历史发展形态的比较美学的结构。这是一个历史与逻辑统一的结构:第一部分为生态比较,含比较美学的整生研究、统观审美场、比较美学的生态方法等内容。第二部分为研究人类古代的依生之美,含天态审美场、中西和谐理想的构成、中西和谐理想的前提、中西和谐理想的对应发展等内容。第三部分为研究人类近代的竞生之美,含人态审美场、中西主体本体的确立、中西理性主体的审美自由、中西感性主体的审美自由、中西整体主体的审美自由等内容。第四部分为研究人类当代及未来的整生之美,含生态审美场、走向生态审美、走向整生的审美本质、天人整生的审美场等内容。[①] 从上可见,生态审美场的历史生成,构成了历史发展形态的比较美学的理论骨架。其所有的理论成分,都是在生态审美场的历史生成过程中生发的,都是生态审美场历史生成过程中的“一”所展现出来的“万”,而这“万”又都统一于归结于生发它的“一”,理论结构的张力与聚力实现了动态平衡的统一。

_____

① 参见袁鼎生:《生态视域中的比较美学》,人民出版社 2005 年版。

生态审美场的整体研究,已经超越了具体的美学范畴的研究,成了生态美学学科整体的研究。套用毛泽东论述阶级斗争地位与作用的话语方式:生态审美场是个"纲",对它进行生态研究,就会"纲举目张",形成理论生态美学、历史生态美学和应用生态美学的理论之网,形成三大生态美学的良性环行,形成整生化的生态美学学科。

四、生态审美场的运动推进生态美学学科的发展

如前所述,任何完整的学科都包括理论研究、历史研究、应用研究三个部分,都在这三个部分回环往复的螺旋提升的运动中走向发展与完善。生态美学的学科发展也是在理论生态美学、历史生态美学、应用生态美学的相生互长中推进的。

理论生态美学探求的是哲学层次的生态审美规律,历史生态美学探求的是科学层次的生态审美运动规律,应用生态美学探求的是技术层次的生态审美构成规律。前者作为普遍层次的规律,源于中者类型层次的规律和后者特殊层次的规律。因三大生态美学之间的生态运动,还是双向展开的,所以特殊规律隐含类型规律和普遍规律,类型规律隐含普遍规律。这就实现了三者的整生化,实现了生态美学学科三大部分的良性循环,构成整体的协同发展。

生态美学学科三大部分的研究,都不外乎生态审美场的生态研究。理论生态美学展示了审美场的逻辑生态,历史生态美学展示了审美场的历史生态,应用生态美学展示了审美场逻辑生态的分化。可以说,生态美学的学科发展,关联着审美场逻辑生态与历史生态的运行。或者讲,审美场的逻辑生态与历史生态的有机运行,成为生态美学学科的理论研究、历史研究、应用研究良性循环的内容。这就见出,生态审美场的生态运动,构成了生态美学学科各部分内容相互关

联的生发,从而支撑与推动了生态美学的学科建设。

生态审美场的整生化运动,推动着生态美学学科的整体化建设。如前所述,理论生态美学对应抽象的生态审美场结构,历史生态美学对应历史具体生成的生态审美场结构,应用生态美学对应现实具体的生态审美场结构。历史具体生成的生态审美场序列,生发现实具体的生态审美场群落,进而共同升华为抽象的生态审美场。抽象的生态审美场,规范历史具体生成的生态审美场,进而共同范生现实具体的生态审美场。正是这种回环往复的整生化运动,造成了三大生态审美场质的同一性与质的多样性的协同发展,造成了三大生态审美场整体结构的张力与聚力的耦合并进,并表现为生态美学学科三大部分的有机生发和整体推进,表现为生态美学学科的动态平衡与可持续发展。

可以说,生态美学学科的生成,表现为生态审美场的聚形,即三大生态审美场形成良性环行的整生化结构。审美场结构的整生化运行,成了生态美学学科的生发机制。

总而言之,生态美学的各种前提、条件与机制,是在审美结构整生化中形成的,生态美学各个方面的本质规定性,是在相应的审美结构整生化中显现的,生态美学以及生态美学学科,是在审美结构整生化中系统生成的、系统发展的、系统提升的。

第四章　生态范式

　　一般的学术范式,是学术本质、结构、趋势的哲学规范,是思维框图的表征,是学术路线的标识,为最高的研究方法结构。它统领与包含具体学科的研究范式,并对后者起规范与指导的作用。

　　学术范式的形成,跟研究视角相关。同一门学问,研究视角不同,可形成不同的学术范式。就人类美学来说,从生态角度看,经历了三种学术范式,目前正在走向第四种学术范式。前三种依次为:客体美学的依生范式、主体美学的竞生范式、整体美学的共生范式。第四种为生态美学的整生范式。它们共同组成了美学研究的生态范式系统,可指导生态美学的学科建设,规范这一学科所属理论生态美学、历史生态美学和应用生态美学的研究。

　　美学研究的生态范式系统,包含美学规范、审美规范、生态规范、自然规律,达成多样整生。也就是说,它实现了自然规律系统、生态规律系统、生态美学研究的规律系统、生态审美活动的规律系统的高端集成,统合为一,是对艺术审美生态化特别是审美系统整生化规律的集中反映与凝练升华。

第一节　学术范式与生态范式

　　生态范式的生成,要遵循学术范式的普遍规律,要实现对学术范式的分形,进而走向对学术范式的创新,力争成为时代的学术范式主潮的潮头。

学术范式作为统合地反映自然、社会、学术运动规律的研究大法,是时代的学术理式、学术制式、学术风尚的统一。它规定学科的本体与本原,规范学科建构与发展的框架、路径与程式,确立学科潮流与主潮的形态及变化,从而成为学科本质、结构、趋向、形态的表征。

学术范式是通过确立学科的研究对象、理论结构、理论核心来决定学科的整体风神风貌与发展变化的。它是学科发展的内在机制。要实现学科的整体创新与系统发展,须确立新的学术范式;要成为建构学科新学说、领导学科发展新潮流的名家和大师,须创建与推进新的学术范式,须创建及推进跟自然、社会、学术发展规律一致的新的学术范式。

一、学术范式的构成

学术范式是一个方法结构,含学术理式、学术制式与学术风尚三大层次。前者关乎学科本质的来源与范围,中者关乎学科结构的建构,后者关乎学科的推进形态,因而是学科生发的总体设计与规范。

学术理式是学术范式的核心与灵魂,是学术范式的命与根。学术范式的变更,主要是学术理式的变更导致的。学术理式规定了学科的本体与本原。就美学学科来说,在古代形成了客体美学依生研究的学术范式。这一学术范式的形成,基于美学学科客体本体及客体本原的学术理式。这一理式规定了美学的内容本于、根于、源于客体,美的内容就是客体的内容,形成了客体美学的质域与疆界。在西方古代,美的本体、美的来源、美的内容都是神。在中国古代,美的本体、美的来源、美的内容则是天。人类古代的美学,虽都是客体美学,但西方古代是神本美学,中国古代则是天本美学。这都是美学理式的同中有异规定的。人类近代美学因学术理式发生变化,而形成了不同于古代美学的整体本质、整体结构与整体风貌。中西近代美学的学术理式,规定了美的本体、本原与内容均是主体,形成了主体美学的质域。到了现当代,世界美学开始形成整体美学共生研究的学术范式,以及生态美学整生研究的学术范式,主客体潜能对生性自由实现所形成的整体,人与生境潜能整生性自然实现所形成的生态系统,构成了美的本体、本原与内容,美学的质域与模态,美学的整体风神与风貌,不同于古代与近代。

学术制式是对学术理式所规范的学科本体,进一步做学科结构生发方面的规范。这种规范,主要体现在三个方面:一是学科结构的生发图式,二是学科结构关系,三是学科结构的性状。

学科本体的展开,形成学科结构。学术制式通过对学科本体展开的框架、路线、次序、环节、程式的规定,范塑了学科结构的生发图式。在古代,美学学科客体本体和客体本原的展开遵循如下路线:本原性的客体本体,生发与同化主体,形成客体化本体,两种本体贯通环回而成整体性客体本体结构。其生态结构的展开环节是这样的:客体衍生主体、主体向客体回生、主体与客体同生,形成客体化整体结构。

事物整体性质与功能的形成,起主导作用的往往不是结构元素而是结构关系。学术制式通过规范学科结构的生发框架、生发图式与生成路线,进而规范学科的结构关系。或者说,它在规范学科结构的生成图式、生成程式与生成顺序时,内在地规范了学科的结构关系。上述古代美学的结构生发,就形成了主体和于客体、主体统一于客体的结构关系。这种结构关系,直接关系到古代美学的结构特性与本质属性,使之形成了客体化的整体结构。

学术风尚是学术结构的生发与运行,所构成的学术态势与学术趋势。它体现为学术潮流与学术主潮。显而易见,它是学术制式的结果,是学术制式所规范的学术结构生态图式和生态关系的表征。也就是说,有什么样的学术制式,就有什么样的学术风尚。比如,在古代客体美学依生研究的学术范式里,遵循客体本体的理式,生发了客体衍生主体、主体向客体回生、主体与客体同生这一学术构架的制式,自然而然地形成了探求主体统一于客体的和谐美学主潮,形成了主体崇尚客体本性的审美潮流,即探询客体和谐与追求客体天性的学术风尚。学术范式的三大层次,有着依次生发性和一体贯通性与整体统一性。在此基础上,学术风尚升华为学术制式,学术制式升华为学术理式。这就在双向对生中,达成了良性环行的学术范式结构。

学术理式,通过规定学科的本体与本原,规定了学科的本质。学术制式作为学术理式的具体化,在学科本体与本原的按序展开中,规范了学科结构的生成,进而规定了学科结构的关系与性质。学术风尚展示了学科内容的趋势、特性与风貌。总体看来,学术范式是学科本质、结构与风貌的规范。学术范式是内在于学科的自律系统,是学科的组织、构造与运行本身,而非某种外在的规范。

二、学术范式的特性

学术范式的特性是对学术范式的本质的丰富与拓展。它是在各种关系中形成与发展的。

1.与时代学术精神的对应性

学术范式是时代学术精神的表征。时代的学术精神代表了同时代各种学术普遍的共同的价值趣味,普遍的共同的价值态度,普遍的共同的价值追求,普遍的共同的价值标准,普遍的共同的价值理想,普遍的共同的价值理念,普遍的共同的价值结构,普遍的共同的价值规律。学术范式跟时代的学术精神对应,实现学人的学术理想与社会的学术价值意识的统一,实现学人的学术理念与学术规律、社会规律、自然规律的一致,可以制导学术研究符合、顺应甚或牵引时代学术发展的主潮。

时代的学术精神,不仅是时代的学术价值意识的集中反映,还是时代的学术发展自由的凝聚与结晶,进而是各种学术对象的共同的发展自由的折射与显示。学术范式与时代的学术精神对应,可实现学人的主观目的性与学术的客观规律性的统一,可实现学科的合规律合目的的发展与社会及自然的合规律合目的的发展的统一,制导学术研究走向更系统的科学性与更系统的价值性的统一,实现学术研究的生态自由。

2.学术范式的历史建构性

基于跟时代的学术精神的对应性,学术范式实现了与学科发展的耦合并进性,并凭此形成了历史建构性。一个时代,伟大的理论家在他的学术主张里,在元学科的探索中,形成了新的学术范式的雏形,并通过实际的研究,结构了新的学术范式的初型。其后,不同时期的杰出的理论家的学术主张和学术研究,展开与完善了这一初型,实际地发展、推进与提升这一学术范式,历史地建构了与这一学术范式耦合并进的学科结构。一般来说,在学术范式结构中,学术理式作为主导层次,是最为根本的;学术制式作为中心层次,具备整体的蓝图性,是最为关键的;学术风尚是功能层次,显示结构的价值与意义,自当不容忽视。学术制式承上启下,包含学术理式,生发学术风尚,成为学术范式的集中形态和整体性最强的层次。不同历史时期的理论家,对同一学术范式的学术理式有创新,使之不断发展与完善,但更多的是在学术制式方面形成相互关联并各自侧重的建树。当新的学术范式问世,这一时期的理论家,既从不同的方面丰富审美理式,更集中地发展与完善了其学术制式的第一个环节,并建构了相应的学科。下一时期的理论家,在全面承续与发展学术范式的历史成果时,往往集中地发展与完善学术制式的第二个环节,以形成相应的学科建构。最后一个时期的理论家,在承续与终结学术范式时,常常集中地发展与完善学术制式的最后一个环节,并构成完备的集历史之大成的学科建构。这就显示了学术范式的历史建构性。古希腊时期,柏拉图继承神本神根的学术理式传统,草创学术制式,初成神的人化、人的神化、人神同生的结构模型,初成人和于神及崇尚神性的学术风尚,初成古代客体美学依生研究的学术范式结构。他说的理式世界是至善至美的,现实世界是对它的模仿,属于人的神化;他讲的人通过逐级审美,最后照取理式之美,属于人的神化;他倡导的理想国,对应理式世界,则属于人神同生。柏拉图之后的古希腊其他理论家,特别是亚里士多德在对老师的承续中,通过纯形式分发出形式,构成人与万物,完善与发展了其中神的人化环节。古罗马的理论家,特别是普洛丁,在历史的承续中,通过太一逐级流溢出的灵魂,超越感性、自我、下界,直达太一神境,完善与发展了其中的人的神化环节。中世纪的美学界,特别是但丁,在承续客体美学依生研究的学术范式的历史成果中,通过自身凭借人类的智慧与爱情,到达天堂,与上帝同在,完善与发展了人神同生的环节,以圣三位一体的形式,构成了依生研究范式的集大成结构。这就见出,学术范式特别是显示学科结构的学术制式,不是一蹴而就的,而是在初型草创后,由不同时期的理论家们,逐个环节地完善与发展的。也就是说,学术范式是历史地系统生成的。它所对应的学科结构也有着历史的系统生成性。

3.对学术研究的导引性

学术范式在元学科研究尚未充分发展,处于一种简要的学术主张的状态时,对学术研究就有了框架性的规范作用。随着学术理性的提高,元学科研究成为一门完整的学问,并分化为各门学科较为系统的前研究状态时,学术范式就成了元学科研究的凝聚形态,成了学科研究的潜结构,成了学科建构的标准与蓝图,从而对学科研究构成了引导性。

就整个时代的学科建构来说,学术范式的初型,具备学术原型的意义,具有历史全程性的导引作用。它通过对各个历史时期学术范式发展的规范,去完成对相应的学科建构的规范。同一时期的众多理论家,在同一学术范式传统的规范下,共同发展了学术制式的某一环节,共同建构了这一时期相应的学科构架,进而把学术范式特别是学术制式和学科建构的对应性发展成果,结晶为某一杰出理论家的学术范式与学科结构。依此类推,学术范式的初型,通过对各历史时期学术范式特别是学术制式相应环节的完备生发,最后生发出整个时代最为完备的学术范式,建构起代表整个时代学术成果的学科结构。

由于学术范式是学科的潜结构,学术范式对学科建构的导引作用,既整体地表现在学术范式的初型,历史地范生整个时代的学术范式,历史地建构整个时代的学科结构方面,也局部地表现在各历史时期学术范式特别是学术制式的环节性完善,推进学科建构相应完善方面,还个别地体现在具体理论家的学术范式,范生相应的学科结构,成为历史发展的学术范式和学科结构的有机成分方面。总而言之,学术范式对学科结构的导引,是整体而又具体的,是理论性和操作性的统一,是大法和小法的结合。

三、学术范式的创造性建构

学术范式是学科结构发展的前导,是学术体系的潜构,是理论体系的生成路径与方式。这就决定了它在学科结构与理论体系创新中的先决作用。只有学术范式的创新,才会形成学科结构和理论体系的创新。

学术范式的最高价值的创新,是整体的原始创新,即创立一个时代学术范式的初型,规划和预定整个时代学科建构的历史趋势,描绘整个时代学科建构的历史蓝图,成为整个时代学术发展的最高设计者,成为整个时代学术发展的基因。像柏拉图草创的神本美学的学术范式,以理式范生现实,现实走向理式,理想国与理式同构三大环节,形成根于理式、展开理式、结构理式的学术制式,形成崇尚神性的学术风尚,规范了自他以后整个西方古代美学历史发展的程式,其后的理论家,似乎成了他的理论框图的完善发展者和具体施工者。其整体的原始创新,可谓千古一人。

学术范式的创新,还可在学术制式发展环节的完善上实现。这属于学术制式发展位格的创新。学术制式是一个对应学科建构与理论体系的潜结构,由有序发展的各环节构成。时代的学术制式的初型,虽是系统的,但也是概略的大致的,留下了各环节完备发展的创新创造的空间。理论家把握时代的学术范式的初型历史实现的状貌与态势,力求使自己的学术范式成为时代的学术范式当下发展环节的集大成者,并创建相应的学科结构与理论体系。这就使自己成了时代的学术范式特定发展位格的系统建构者,推进了学术范式的发展,推动了时代的学科结构与理论体系的进步。

学术范式的创新,更可在终结环节的集大成方面实现。这既属于学术范式最高发展位格和最后发展质域的系统创新,更属于学术范式所有环节和位格均走向完备发展后的高端集成与整体创新,是学术范式的本质规定性的历史结晶与系统体现。它标志学术范式走向了质域的临界处,形成了最高的质点。理论家如果使自己的学术范式达到了上述境界,其对时代的学术范式所做的终结性整体创新,可与时代的学术范式的原始创新者,即时代的学术范式初型的建构者相对应、相媲美。他创立的学科结构与理论体系,可望成为时代的学术发展的终结。像中世纪以圣·奥古斯丁和托马斯·阿奎那为代表的基督教美学,以上帝的宇宙化和宇宙的上帝化以及上帝与宇宙同生,完善了西方古代客体美学依生研究的学术范式,终结了其学术制式的三大环节,全面深刻系统地实现了柏拉图草创的西方古代学术范式初型的潜能,构建了西方古代美学集大成的学科结构与理论体系。

学术范式的最高价值与最广意义的创新,是旧时代学术范式历史终结形态的整体构建的系统创新,与新时代学术范式原初构建的系统创新,达到完备的统一。新旧学术范式的转换,推进了学科结构与理论体系的历史转型,反映了学科发展的深刻规律与整体规律,具有很高的学术价值与理论意义。像王国维提出的"无我之境"和"有我之境"①,就是中国古代美学依生研究的学术范式与中国近代美学

---

① 　王国维:《人间词话》。见郭绍虞主编:《中国历代文论选》第四册,上海古籍出版社 1980 年版,第 371 页。

竞生研究的学术范式的统一,揭示了古代的客体美学结构向近代的主体美学结构转换的历史态势与规律。

四、生态范式系统的生发

学术范式是具有普遍意义的学术大法。对所有学科的理论建构都具有指导与规范的意义。学术范式要成为学科理论的潜结构,应从一般形态,走向与特定学科对应的具体形态,方能成为特定学科的自律系统,进而内化为特定学科的体系与结构。有的从具体学科出发建构的学术范式,针对性强,同构度大,然需从特殊层次,经由类型层次,提炼升华为普遍层次和整体形态,增强理论张力,进而增强所对应的学科结构的理论潜力,同步发展学术范式与学科结构的超越性。借鉴别的学科的学术范式,也不宜直接拿来套用,而应将其升华为普遍层次和整体形态的学术范式,进而具体化为特定学科的学术范式的有机成分,以避免机械生硬的照搬所带来的理论体系的拼凑感。生态范式的生发也如此。它是在一般学术范式的基座上生长出来的,实现了一般学术范式的规律与自身规律的统一。

生态范式,从历史的更迭中显示出逻辑发展性和系统生成性。

人类古代,形成了美学研究的依生范式,在主体依生客体的总体框架里,仅就西方而言,就形成了以理式、纯形式、太一、上帝为本为根的审美理式的发展脉络,形成了由客体衍生主体,主体向客体回生,主体与客体同生三大环节构成的审美制式,形成了追求人与神和及崇尚神性这一客体属性的审美风尚。

人类近代,形成了美学研究的竞生范式。以西方为例,在主体与客体竞生的框架里,形成了以整体主体、理性主体、感性主体、个体主体、间性主体为本为根的审美理式的发展格局,形成了由主体的人化、自然的人化、整体的人化三大环节构成的审美制式,形成了崇尚主体自由的审美风尚。

人类现当代及未来,初成了美学研究的共生范式与整生范式,在主客耦合并生和人与生境整生的框架里,形成了以整体、整生系统为本为根的审美理式的发展态势,并相应地形成了由主客相生、主客并生、主客衡生三大环节构成的耦合共生性审美制式,以及由良性环生、一态对生、立体环生三大环节构成的整生性审美制式,形成了相应的美生风尚。

共生范式生发的整体美学,已经有了生态美学的意味。它是以往的美学走向生态美学的中介,是生态美学的初步形态。整生范式在共生范式的基础上形成,成为生态美学的研究大法。它既从根本上规定了生态美学与以往美学的区别,也从根本上规定了它跟以往美学的联系。客体美学的依生范式与主体美学的竞生范式的统一,形成整体美学的共生范式。整体美学的共生范式发展与升华为生态美学的整生范式。生态美学的整生范式,是以往美学诸种生态范式的历史结晶与逻辑整生。

依生范式是研究古代客体美学的生态方法,竞生范式是研究近代主体美学的生态方法,共生范式是研究现代整体美学的生态方法,整生范式是研究当代及未来生态美学的生态方法。生态范式系统对美学研究的指导,实现了一般与具体的统一,普适性与针对性都很强。同时,懂得生态范式整体的系统的历史发展轨迹,有助于我们合规律、合目的地结构起生态美学的整生范式。

生态美学的超循环整生范式、系统整生范式、网络整生范式,作为生态范式系统的高级层次,除了相生互发外,还均是上述诸下位层次共同生发的。

第二节 整生范式系统

学术范式中的学术理式,是世界观的体现,它整合自然、社会、学术运动的最高规律与目的,成为最高的学术观,形成对学术的本性与根性的规范;学术制式直承与展开学术理式,规范学术路线与结构。学术风尚在学术制式的运作中生成,调节学术潮流,凝聚学术主潮。学术范式是学术系统的自组织机制,和学术系统形成对应耦合的历史发展和逻辑发展。整生范式不仅处于生态范式系统逻辑发展的高端,还是一般学术范式历史发展的高级形态和当代形态,哲学方法论的意味更浓,整体调节性更强。整生范式最早在生态美学研究中形成,有着向一般的学术范式发展与提升的潜能与趋向。美学是隶属哲学的学科,美学方法论最接近一般方法论,生态美学的整生范式也就比较容易成为一般的学术范式,以提高科学平台和增加普适性。

整生范式的三大形态——超循环整生范式、系统整生范式、网络整生范式相生互发,构成整生范式系统。它以生态辩证法为整体精神,形成所属整生范式的共同质,也就成了辩证整生范式系统。

一、超循环整生范式

事物的螺旋发展,是马克思主义揭示的世界运动的普遍规律,是超循环整生范式的理论基础,是整生理式的哲学依据。生态系统的循环规律,是超循环整生范式的科学依据。审美结构整生化的规律,是超循环整生范式的美学依据。超循环整生范式,有了哲学依据、科学依据、美学依据的统一,有了宇宙规律、生态规律、美学规律的统合,自当可以成为生态美学研究的大法。

就超循环整生范式来说,其显示整生制式的结构图式主要由良性环行、一态对生、立体环生三大环节依次生发。其中,良性环行是整生性结构图式,一态对生是整生态结构图式,立体环生是整生化结构图式,各环节的整生有着递次增长性。基础环节的良性环行,是生态系统的生发方式,是整生结构的运行形式,它统合一态对生以及一态对生所生发的纵横网生,将其纳入自身的运行中,形成环态立体整生即立体环生的完备格局。可以说,立体环生作为整生化的结构图式,是整生制式完备发展的形态。它处于整生制式发展的高端,在统合各种整生图式、整生路线、整生环节中系统生成。

（一）整生观和整生性良性环行结构

整生范式认为,世界是一个整生性系统,它是系统生成、系统生存和系统生长的。在这一系统中,人和其他物种一样,各安其位,各得其所,相生互发,动态平衡,形成良性环行的整生性格局;人类各族的文化生态调适自然生态、社会生态,以成统一的生态域,并相互关联,造就三大生态协同并进、复合运转、全球良性环行的整生化态势。这两者都是以生态系统的整生性为目的的结构。这就和以往的科学范式形成了分野。古代的依生范式认为,客体是世界的本体与本原,客体生发主体,主体向客体回归,最后同生于客体,形成客体化的环生性结构。近代的竞生范式认为,人是世界的价值中心与生态目的,人通过与自然竞生,占据矛盾结构的主导地位,在本质和本质力量的提升与对象化中,实现了自身的人化、自然的人化、整体的人化,形成了从主体出发,走向客体,使客体同于主体的主体化环生性结构。这是一个生态目的、生态过程、生态图式与古代完全相反的环生性结构。当代的共生范式认为,在主体间性的基础上,人与自然共同构成价值本体,两者协同,形成主客体耦合并生、交互发展的共生结构。

这是古代客体化环生性结构,和近代主体化环生性结构辩证统一后,形成的主客体共生结构。整生范式将共生范式、竞生范式、依生范式有机纳入,使人处于生态系统的良性环行中,与其他生态位上的物种,相互依生、有序竞生、协调共生、环态整生;使各族文化生态调适自然生态和社会生态,在相互衔接中,实现全球化运行,形成立体性环态整生。显然,这是一个超循环的整生性结构,不同于古代的客体自循环系统和近代的主体自循环系统。

　　从一般哲学层次的分析,落到美学层次的探讨,可使学术范式内在于美学体系。整生范式强调系统整生性的自由所形成的审美价值,形成系统整生性良性环行的美学结构,以和上述哲学层面的价值分析和生态结构运动的分析对应。在整生范式里,人与生境潜能的整生性自然实现,构成生态美和生态审美场。生态美学是整生化美学,生态美学的结构,是生态审美场的良性环行所构成的整生化结构。本书的逻辑构架,就是从生态审美场的生发始,走向生态审美场的艺术化,最后走向生态审美场的天化,形成螺旋环行的理论系统。诸多局部结构以及生态美学学科,也努力形成这种螺旋环行的整生性品格。像生态美的形式,从生态线性有序的形式走向生态失序的形式,最后走向生态非线性有序的形式,构成了良性环行的整生化结构。又如艺术人生系统,整生性艺术人生,依次范生普遍性、类型性、特殊性、个别性艺术人生,个别性艺术人生依序生发诸种上位艺术人生,直至最上位的整生性艺术人生,其整生化结构也是良性环行的。在生态美学学科中,理论生态美学范生历史生态美学和应用生态美学,应用生态美学促进历史生态美学和理论生态美学,也形成了良性环行的整生化结构。生态美学的局部生态结构与整体生态结构以及学科总体生态结构,是哲学层面的整生范式的良性环生性结构的分形。这种分形有着历史的普遍性。古代美学,是人和于天、人和于神的客体美学,是对依生范式的客体环生性结构的分形。近代美学是人化自身与自然的主体美学,是对竞生范式的主体环生性结构的分形。现代美学,是主客相和的整体美学,是对共生范式耦合并生结构的分形。整生化美学结构统合了客体、主体、整体美学的生态结构。或者说,它们成了良性环生的整生化结构的有机成分。

(二)元范畴的一态对生

整生范式所陶铸的元范畴,从逻辑生态看,它是浓缩了的理论体系本身;从历史生态看,它是学科全时空行程的理论聚力与理论张力的统一;积淀了逻辑和历史整生化的成果。能否形成独创与原创的元范畴,是能否实现理论的系统创新的关键,也是新的学术范式能否完整生成的关键。纵观学术发展史,诸多标识学术发展历程的大师,均独立创新和原始创新了所在学科的元范畴,从而刷新了学术范式与理论体系。西方毕达哥拉斯的"数"、苏格拉底的"善"、柏拉图的"理式"、亚里士多德的"纯形式"、西赛罗的高贵、贺拉斯的"合式"、朗吉弩斯的"崇高"、普洛丁的"太一"、中世纪神学的"圣三位一体"、黑格尔的"理念"、尼采的"意志"、弗洛伊德的"潜意识"、荣格的"原型"等,中国老子的"道"、孔子的"仁"、董仲舒的"天"、刘勰的"原道"、朱熹的"理"、王阳明的"心"、王国维的"有我之境"和"无我之境"等,都标识了学术范式的推移转换和理论体系的创新创造。可见,元范畴是学术范式的结晶,是学术体系的凝聚。或者说,不体现新的学术范式、不包含新的学术体系的范畴,是不能称为真正的元范畴的。不能创建上述蕴涵的元范畴的人,也不能成为真正的学术大师。

凝聚整生精神的元范畴,必须是整体生成与整体生长的,要在理论的蕴涵与展开方面实现整生化。也就是说,元范畴是整生体,它的生成与展开都要遵循整生路线,合乎整生路线。它形成的路线是"以万生一",展开的路线是"以一生万"。简而言之,它是"一"态对生而成的。这就反映了元范畴的逻辑生态与历史生态统一的整体生成历程,显示了元范畴最高的、最根本的生成规律。凭此,它具备了经纬与编织网络化整生的理论结构的潜能,形成了立体整生的趋向,包含了审美结构整生化的规范。

集万成一、以万生一,是元范畴基础性的整体生成路线与整体构成模式。就美学来说,为整生范式所范塑的元范畴——审美场,是所有审美活动的"一"化。人类各民族所有的审美欣赏活动、审美批评活动、审美研究活动、审美创造活动"一"化为审美场。这种"一"化,体现为良性循环的整生性运动。人类各民族的审美活动按类整合,收万为一,成为全球的审美欣赏、批评、研究、创造活动,并按以上顺序循环运转,成为"一"化的审美活动生态圈,生成审美场的形态结构。审美活动生态圈的"一"化运转,派生出全球审美氛围。这全球审美氛围,既是各民族审美氛围的收万为一,又随母体——全球审美活动生态圈"一"化运转,构成了审美场"一"化的形态结构与"一"化的氛围结构的统合运转,形成了更高程度的整生态运动。全球审美氛围结构中的审美情调、审美风向,既是各民族审美活动生发的审美情调、审美风向的整合,更是全球各类审美活动"一"化运转的产物,包含了人类的审美趣味,成为人类审美规律的基因,成为审美场的质态结构"一"化运转的起点。它往上逐级生发与升华人类的审美趋式、审美制式、审美理式,成为"一"态生成的审美规律系统,构成审美场的质态结构。审美理式处于审美场的最高层面,是人类整体审美结构的塔尖,是"集"整个审美场之"万"而生成的"一",是以人类整体审美结构之"万"而生成的"一"。集万成一、以万生一的整生化路线,规范了审美场形态结构、氛围结构、质态结构的"一"化,使之均是系统生成的,以一含万的。在此基础上,形态结构生发了氛围结构,氛围结构生发了质态结构,造就了审美场整体结构集万成一的"一"态生成。这就在元范畴——审美场的整体建构上,以及美学体系的聚形上,遵循了集万成一、以万生一的整生化路线。

以一范万、以一生万是元范畴整体发展的路线与模式,可形成整生性持续增长与展开的学术体系。元范畴集万成一、以万生一的整生化,是从具体走向抽象的整生化,是从基础层次走向高级层次的整生化,它形成了元范畴生态化的整体结构,形成了统领、规范浓缩态的学术体系的根本质和最高质,从而为自上而下的整生化,或曰以一范万、以一生万的整生化,建构了基点。元范畴以一范万、以一生万的整生化,是从抽象走向具体的整生化。前一种整生化的终点,成为后一种整生化的起点,两种整生化对应往复,构成了元范畴可持续发展的良性环生的"一"态结构。两种整生化的统一,揭示了元范畴生成与生长路线的愈发完备的整生性。还以美学的元范畴审美场为例来说,以一范万、以一生万的整生化,是审美场的质态结构范生氛围结构,进而范生形态结构,将审美理式的根本质和最高质流布到整体结构的各层次和各部分,并促使和规范各层次与各部分创造性地展开、丰富、发展、创新整体质特别是最高质,还促使和规范各层次与各部分创造性地展开、丰富、发展、创新自己的普遍质、类型质、特殊质、个别质。这就不仅使整体质特别是最高质由一走向了万,形成了普遍性的、类型性的、特殊性的、个别性的整体质和最高质,形成了整体质和最高质的系统与网络,还使得各层次与各部分除含自身层次与自身部分的质外,还包含了其他所有层次与部分的质,均形成了质态系统,都从一走向了万,这就实现了审美理式纲举目张的以一生万的网络态整生。

更具体地说,以一范万、以一生万,还构成了经纬交织的网络态整生化。经正而后纬成,人类审美理式纵横展开主导性、主体性的经线与纬线,为网络态的整生化立规树范。人类审美理式先展开主体、主导性的经线,依次范生人类审美制式、审美趋式、审美风向、审美情调、审美气氛、审美风气、审美活动,继而展开主体、主导性的纬线,依次范生民族的、国家的、个体的审美理式。这民族的、国家的、个体的审美理式,依次展开经线,逐级范生民族的、国家的、个体的审美制式、审美趋式、审美风向、审美情调、审美气氛、审美风气、审美活动,完成了经线布局。接着,主体、主导性经线上的人类审美制式、审美趋式、审美风向、审美情调、审美气氛、审美风气、审美活动依次展开纬线,逐级范生民族的、国家的、个体的审美制式、审美趋式、审美风向、审美情调、审美气氛、审美风气、审美活动,完成了纬线布局。这就形成了以人类审美理式为基点的纵横交错、网络推进的整生化,完成了以万生一基础上的以一生万,从而在"一"态对生中,形成了审美结构整生化的一个周期。此后,持续展开的以一生万和以万生一,形成了回环往复的"一"态对生,构成了审美场一个个整生化发展的周期。元范畴持续"一"态对生的整生化发展,为学术体系的完整生成奠定了基础。

"一"态对生,即"以万生一"和"以一生万"的对生,作为超循环整生制式的第二个环节,系统形成了元范畴的整生态结构,构成了立体推进的出发点,促成元范畴走向整生化的立体环生。由此可见,整生制式的环节性展开,是严格遵循生态逻辑的。元范畴乃至理论体系的生发和整生制式的环节性展开是耦合并进的。或者说,元范畴是在整生理式的规范下,按整生制式的图式与程序生发的。

(三)元范畴的立体环生

学术体系更高境界的整生性构成,是"一"态对生而成的元范畴,呈立体推进的态势展开。这种展开,由横向逻辑构架的展开及纵横双向的逻辑发展构成,并因此生成多种形态的立体环生,发展与完善了超循环整生制式。

一是元范畴生发逻辑构架:

元范畴一态对生而成后,依次范生各层次的下位范畴,下位范畴依次升华上位范畴,直至元范畴。在这种元范畴分形与聚形对生的概念运动中,形成了横向展开的逻辑构架。

二是元范畴在逻辑构架的立体推进中,形成纵横发展的整生化结构:

元范畴横向展开的逻辑构架,纵向推进,形成了立体拓展的整生化。我写的《生态视域中的比较美学》就力图通过元范畴审美场的逻辑构架,在各历史时空的立体生发,形成纵横双向的整生化结构。

元范畴审美场谱系性地生发了古代、近代、当代的审美场。古代天态审美场生发西方神态审美场和中国道态审美场;人类客体化的整体审美结构,生发西方神质神性的整体审美结构和中国道质道性的整体审美结构;全球主体合于客体的和谐审美理想,既包含了西方的不和而和、真之和、神之和的逻辑结构,也包含了中国的隐态不和显态和、善之和、天之和的逻辑结构,既使西方的神之和展开了神的人化、人的神化、神人同生的历史结构,也使中国的天之和相应地展开了天的人化、人的天化、天人同生的历史结构。

近代人态审美场生发西方"整我"审美场和中国"有我"审美场;人类主体化的整体审美结构生发西方"人化"的整体审美结构和中国人态的整体审美结构;全球主体统一客体的审美自由,既生发了西方主体从理性到感性、从"我"到"我们"的审美自由,也生发了中国主体从民族理性到个体感性再到生命系统的审美自由,导致双方最后走向同中有异的"整体主体"的审美自由。

经由现代天人整体审美场的中介,当代生态审美场在审美场与生态场、生态环境场的依次双向对生中形成与发展,在生态审美者和生态审美对象的耦合并生中实际构建,在中国主体生态审美场和西方环境生态审美场的对生中,最后走向天人整生的最高生态审美场。西方的大众文化和中国的审美文化对应地展开与发展生态审美;西方的环境美学与中国的生命美学共生生态美学;人类美学在生态美学学科与生态审美场的耦合并生中进入历史新纪元。

元范畴审美场,相继生发了上述四代审美场,展开了人类美学的纵向比较。世界各族的审美活动,既共生了每一代审美场,又分别发展了其不同的本质侧面,中西民族则对应地发展了其核心本质耦合并生的两大侧面,形成了纵向比较中的横向比较。纵横双向的比较,在审美场谱系的演化中立体推进,形成了人类比较美学立体推进的整生化结构。[①]

审美场纵横双向的立体推进,是以螺旋环进的形式实现的,构成了超循环整生范式的立体环生环节。立体环生,是良性环行的形式与一态对生、立体推进内容的统合,是审美场整生化运动的综合形态。

立体环生作为超循环整生范式集大成的整生化环节,形成了各种循序推进的形态。在一态对生中,审美场的三大层次统合,以审美活动生态圈为载体,环态立体推进,实现了基础形态的立体环生。人

---

① 参见袁鼎生:《生态视域中的比较美学》,第1—2页。

类起始时代的审美场,在自身的质域里,以三大层次环态立体推进的形式,一个质态环接一个质态地展开,直达临界点。这最后一个质态,立体环接另一个时代审美场的起始质态,于立体环进中,旋至当代审美场的当下质态。这就形成了人类审美场全程全域的螺旋递进的立体环生。这种持续螺旋递进的立体环生,进一步构成与展示了整态的立体环生。贯通审美全域全程的审美场,从动物祖先的生理生态性审美场和远古人类的实践性生存审美场和文化性生存审美场出发,经由人类古代的天态审美场、近代的人态审美场、现代的共生性生态审美场,走向当代及未来的整生性生态审美场。这整生性生态审美场,是向生理生态性、实践生态性、文化生态性审美场的螺旋式复归,从而形成了审美场系统持续立体环生的整生化格局,形成了历史生态美学跨时空立体环生的整生化结构。理论生态美学的整生化结构也如此,审美场的当代形态生态审美场,从艺术性生态审美场出发,经由生态艺术审美场,走向天性、天态、天化的生态艺术审美场,显示出超越性的历史环回态势。动物祖先的生理生态审美场,也是天然的生态艺术审美场,有着审美历史的起点性,生态审美场的逻辑终结,是对它的螺旋式复归,显示出跨越整个审美历史进程的立体环生的逻辑结构。

上述两种立体环生,一种是由审美场三大层次复合运转构成的逻辑形态的立体环生,另一种是在前者的基础上,由人类各时代审美场的转换所形成的历史形态的立体环生。这两者都是良性循环的、超循环的,均构成了整生范式的基本框图、基本路线、基本环节。特别重要的是,它们还有着内在的统一性。前述生态审美场生发的整生化结构,就既是逻辑的整生化结构,也是历史的整生化结构,构成了一体两面的良性立体环生,成为整生制式的最高质态。

历史生态美学和理论生态美学，遵循整生理式，生发逻辑形态的、历史形态的、逻辑与历史一体两面形态的立体环生，形成整生制式依序发展与提升的三大环节，使审美场成为包蕴逻辑构架与历史构架的元范畴。这就显示了学术范式与学术体系的对应发展，说明了学术范式是内在于学术内容与学术结构之中的。

二、系统整生范式

生态美学整生范式的三大形态，其学术理式，同中有异。同，使它们共成辩证整生范式系统；异，使它们自成整生范式本质。马克思主义关于世界是普遍联系的看法，为系统整生范式提供了宇宙观。系统生成论，为系统整生范式提供了生态观。审美生态化，为系统整生范式提供了相应的美学观。这宇宙观、生态观、美学观的统一，使系统整生范式形成了通于但不同于另两种整生范式的学术理式。它化入下位的学术制式，成为结构方式与路线，并进一步分化为结构环节与程式，从而形成了整体的独特的本质规定性。

和超循环整生范式一样，系统整生范式以及网络整生范式，均是马克思主义的宇宙观与方法论跟相应的生态观和美学观的结合。它们都本于马克思主义哲学，构成了当代马克思主义的生态美学研究的整生范式系统。

（一）马克思主义与系统整生范式

当代马克思主义，有着很强的系统整生精神。科学发展观，强调全面协调可持续发展，强调经济社会各方面的统筹兼顾，可指导系统整生范式的发展。将科学发展观与马克思主义辩证方法和美学研究的系统方法融会，并与生态范式相生和共生，可结晶出时代精神更强的系统整生范式，可形成更为具体的系统生发的制式与路线。马克思主义哲学方法、生态方法、美学方法,一主多元地系统发展,是系统整生范式和其他整生范式的生发路径与规律。

马克思主义孕育了系统方法。贝塔朗菲是现代系统论的创始人,他认为马克思等的辩证法是现代系统思想的源泉。美国学者麦奎因和安贝吉在《马克思和现代系统论》中说:马克思是"一位早期的系统论者","他的理论工作的主要部分都可以看做是富有成果的现代系统方法研究的先声"。[1]

马克思确立了系统整体性原则。他在《资本论》的注中引卡尔利的话,强化自己的观点:"个人的力量是很小的,但是把这些微小的力量结合起来,就会得到一个总力,比一切部分力量的总和更大。"[2]系统方法的这一整体原则,显示了它与生态系统整生性原理的同一性,奠定了双方结合的基础,具备了共成系统整生范式及其系统生发制式与路线的潜能。

马克思主义还提出了事物发展的整生化方式。心理学家皮亚杰说过:马克思主义辩证法关于事物螺旋发展的论述,于他建构完整结构很有启迪意义。[3]螺旋发展有超循环意义,和生态学的生态良性循环合拍,可综合地发展出系统生发的制式、路线与程式。

系统生发的制式与路线,标识了整生化审美结构系统生成、系统生长、系统跃升的程式与环节,显示了有别于另两种整生范式的规律。

生态美学的整体对象是生态审美场。生态审美场的系统生成、

① 阳作华、黄金南选编:《唯物辩证法范畴研究》,华中工学院出版社 1984 年版,第28 页。

② 马克思:《资本论》第 1 卷,人民出版社 1953 年版,第 348 页。

③ 参看吴元樑:《科学方法论基础》,中国社会科学出版社 1984 年版,第 137 页。

向生态艺术审美场的系统发展,朝天化艺术审美场的系统提升,构成了生态美学的体系。这就与系统生发的制式与路线的三大环节达成了高度的对应,实现了理论生发图景和系统生发制式与路线的同构。

(二)整生结构的系统生成

从事物原初形成的意义上说,一个事物是整体生发的,是各种因素在普遍联系中共生的整体,而不是一一形成各个局部,最后再集合而为结构。这一系统起源论和整体发生学的普遍原理,内化为系统生发制式的系统生成性模式。

系统生成是一个逻辑与历史统一的过程,形成了系统生发制式和路线的第一个环节。多元共生是整生化结构系统生发的基点,同时又是系统生成环节的起始性程式,或曰起点,有着系统起源论的意义。整生化结构的起点包含着总体性的设计,潜含着其后发展的程式与图式,是一个总体性的局部,因而是多元共生的。审美场系统生成的基点或曰起点,是审美欣赏活动。它是一个集审美批评、研究、创造活动于自身的总体性审美活动,是多元共生的结果,有着生发多元的潜能和趋向。

生发多元是系统生成环节的展开性程式,或曰展开性质点。这有三方面的意义。一是多元共生的起点性事物,分化出它包含的多元事物,形成整生性结构的起始性层次。像原初的审美欣赏活动,分化出它包含的审美批评、研究、创造活动,形成审美活动结构。二是起点性事物和它分化的事物,生发出其他层次,初成系统结构。像审美活动层次的运转,生发审美氛围层次,审美氛围升华出审美范式层次,初步形成审美场的逻辑结构。三是起点性事物初成的系统结构,历史地生成为整生化结构。像人类初步形成的古代依生客体的审美场,经由近代主客体竞生的审美场,走向现代主客体耦合对生的审美场,抵达当代人类与生境整生的审美场,历史地生发出审美场的整生化结构。于生态美学来说,这三方面贯通的生发多元,是研究对象的历史性系统生成,进而也是理论内容的历史性系统生成。

一态对生在超循环整生范式中,是立体环进制式与路线的第二个环节,在系统整生范式里,它成了系统生发制式与路线的第一个环节的终结性程式,或曰终结性质点。它贯穿整个环节,形成连锁性生发。系统生成环节的起点:多元共生,是以万生一,其展开点:生发多元,是以一生万,两者形成了初步的一态对生。在其展开性质点的以一生万中,同时进行着以万生一,即系统结构的各层次之万、整生化系统的各历史形态之万,生发出系统最高本质的一,也就连锁地生发了一态对生。在此基础上,连锁性地形成了整生性更强的一态对生。像审美场的最高质——人类审美理式,不是少数强国和个别超级大国审美理式的整体化和全球化,而是由全世界所有民族的审美理式共同生成的,由全人类的审美活动、审美氛围、审美范式贯通为一整体升华而成的,是人类各历史形态的审美场整体生发、集万为一的结晶。审美理式范生审美范式的下位层面,进而范生审美氛围、审美活动层次,实施了以一生万,再次形成了一态对生。三种一态对生连锁性进行,贯串整生化结构的审美场系统生成的全过程,成为系统生成的整体性机制。

一态对生在本质上是共生与范生的统一。共生是范生的前提,范生则走向更合规律与目的的整生,形成更完备更系统的生态审美场建构。这里的共生,主要指系统各部分在共同生成、共同生存、共同生长的过程中,共生出系统最高质,进一步形成系统整体发展的基础、目标与准则。一般来说,各部分所共生的整体最高质,越是原理形态,越是普遍规律,越是整体的最高标识和根本表征,就越能反映整体的发展趋向,就越发具备整体的范生力,就越能范生出统观形态的生态审美场结构和生态美学结构,就越能自然而然地因共生而范生进而整生,越发使生态审美场和生态美学显出顺理成章、水到渠成的系统生发性。

共生形成的系统最高质,对整体和各部分的审美发展具有主导力和范生力,是范生更高审美境界和审美品位之整体的结构本体与主体。这种范生主要体现在两个方面,一是将系统的最高质赋予各层次、各个体,使各层次、各个体依次生成普遍性层次、类型性层次、特殊性层次、个别性层次的整体质;二是规范和促进各层次与各个普遍性层面、类型性层面、特殊性层面、个别性层面的本质的发展,构成更为多样统一的整生化结构。像生态审美场的最高质:审美理式,往下范生审美制式、审美趋式,形成统一于自身的质态结构,进而范生审美氛围,再而范生审美活动,使之形成按自身给出的规范运转的生态循环圈,从而构成了最高的审美规律和最优的审美本质以及整生化程度更高的生态审美场。由此,生态审美场在更加合规律与更加合目的的发展中,走向了自由自觉的整生化境界。

生态审美场的最高质,作为范生力的最终生发者,是整体共生的结果,是"人民"的儿子,与"群众"有着血缘般的亲和力,从而导致整个从共生经范生到整生的系统生成过程,有着自然无为而大为的生态性,而范生后的生态审美场结构也就有了宛如天成的整生性。

从共生经由范生所形成的整生,组织化的程度高,整体的统一性强,结构的张力与聚力同步拓展,是一种井然有序而又活力沛然的整生。在生态审美场里,审美理式对各层次、各部分的范生,使其产生不同层次的系统质。它们同属系统质,形成结构聚力;分属不同层次的系统质,产生结构张力,从而实现了张力与聚力同一的整体发展。

再有,在这种范生中,各层次、各部分自身质的发展,走向创新与创造,走向独特与个别,形成了巨大的网状展开的结构张力,拓展了理论结构。然上述质的发展,潜在地遵循了审美理式的规范,形成了范力化了的活力,从而是"随心所欲不逾矩"的,也就再次达到了张力与聚力的同步发展,形成了富有活力的范生,形成了活力与范力统一推进、规则与自由协同发展的整生化,形成了质与量均系统增长的整生化。

活力与范力、规则与自由统一的整生化,形成了人类生态审美场有序生成的整生化,这是一种统合力、关联力、独创力协同发展的整生化。

在整生化结构系统生成的框架里,还形成了两个方面的整生意义。一是整体发生学。生态审美场作为生态美学的整体对象,就是整体生发的。由艺术审美者、科学审美者、文化审美者、实践审美者、日常生存审美者双向对生而成的生态审美者,[①] 与真、善、美、益、宜多位一体的生态美,耦合对生而成的生态审美的欣赏活动、批评活动、研究活动、创造活动,系统地生成了生态审美活动循环运转的生态圈,构成了生态审美场的基础层次。在其上,接二连三地长出了审美氛围、审美范式层次,生成了生态审美场的完整结构。二是局部整体化和局部整生化。系统生成性使生态审美场中的任何一个局部,都成为整体性和整体化的个体。不管是文化大国的生态审美活动,还是弱小民族的生态审美意识,不管是美学大师的美生理想,还是芸芸众生的审美生存趣味,都处在全球生态审美系统的网络关系中,都

---

① 　参见袁鼎生:《审美化生存的机制》,载黄理彪:《审美化生存建构》,作家出版社2004年版,第1-16页。

是整体的"儿子",包含着整体的所有潜质与潜能。

整生结构的系统生成,在多元共生、生发多元、一态对生的程式中展开,沿着共生、范生、整生的路径推进,显得规范、有序、具体。它既是审美系统整生化的环节,更是审美系统整生化的起点,从而成为生态美学系统整生范式的基石,成为其系统生发制式与路线完备生成的前提。

(三)整生结构的系统生长

系统生长性,指生态系统整体性存在与发展统一的模式,以及整生性存在与发展统一的格局。审美系统或曰审美场是一个生态系统,以系统生长的方式存续与运行,符合审美结构整生化的规范。

动态衡生是系统生长的路线与机制。

对立统一的共生造就动态衡生,形成系统生长。系统各部分是个体性存在与发展和整体性存在与发展的统一。个体为保持存在与发展的相对独立性,它与别的部分相离相拒,甚或相克相抑;为实现自身的整体性和整体化存在与发展,它和其他部分相合相和、相生相长;两者辩证统一,形成动态平衡的共生,构成整体的延续和发展,造就系统生长性。生态系统中的任何部分,都以其他部分的存在与发展作为自身存在与发展的条件,都不能脱离整体的共生关系纯粹单独地存在与发展,一旦整体动态平衡的共生关系被打破,就会出现生态危机,形成生态系统的振荡。如果整体动态平衡的共生关系受损后不及时修复,生态系统就会走向解体,各部分也随之衰落甚或消亡。这种一荣俱荣、一损俱损的整体关联性,是系统的共生关系决定的。各民族生态审美场,只有形成持续对立统一的动态平衡的共生关系,方能自立于和共立于世界生态审美场之林。只有各民族生态审美场共存共生,世界生态审美场整体才可能持续存在与发展,以构成最大的系统生长性。一句话，离开动态平衡的共生关系，不会有整生态个体的存在与发展，也不会有整生态系统的存在与发展。个体与整体都只能在动态平衡的共生关系中系统地生存与发展，作为各民族生态审美场的个体和人类生态审美场的整体也概莫能外。

共生中的竞生形成动态衡生，促进系统生长。系统各部分为共生所规范的生态竞争关系，构成了另一种活性更足的系统生长性。竞生不仅仅是一味地相克相抑、相争相斗，因共生关系的规范，它还有着更深刻的一面：相容相通与相生相长，两者辩证统一，可构成整体的动态衡生，以实现系统生长性。

异质共生性，是重要的生态发展特征，是重要的动态平衡规律。共生体越是丰富多样，越是个性独具，就越能促进整体的平衡与稳定地生成、生存与生长。以共生为基础，生发异质衡生，特别是反质衡生，以及通质衡生，形成了异质共生性的辩证内容，造就了殊途同归的动态衡生之路，最终均走向了系统生长的目标。异质特别是反质造就竞生，在共生的框架里，可实现动态平衡，异质特别是反质造就互补互生，可实现稳定发展；通质实现多样相合相和，可形成和谐发展；三者统一，更形成整体统一与平衡的存在与发展。在全球审美的共生圈里，各民族的生态审美场在一体化的运转中，凭借各自不同的审美特质与个性相互交流，凭借共生世界生态美学的同一性相互沟通，造就了整体稳态关联基础上的相生相长，构成了衡态存在与发展的系统生长。正是这种稳态的整体联系性，循环运转的相生相长性，造就了全人类审美生态持续存在与发展的生长，推动人类生态审美场走向生态艺术审美场。

生态多样性保障动态衡生。动态平衡的共生和共生化的竞生以及异质共生，作为不同层次的系统生长性的机制，都是以生态的多样性和有机关联性为前提的。多样性造就动态平衡的共生与共生化竞生以及异质共生的机理是:整体的任何部分都是多质多层次的,这多样的质需要与生态系统的其他部分产生对应性的联系,需要与所属系统进行网络形态的信息、物质、能量的交换,这就要求系统必须是多样性的存在。否则,多质多层次的部分将难以在所属系统中存活与发展。也就是说,多质多层次的局部只有在生态多样性的整体中生存与发展,才能维系自身的完整性存在与发展和系统性存在与发展,才能在网络般的相互交换中,耗散旧质,接纳新质,均成为动态平衡的耗散结构,以获得系统生长的属性,以提升系统整生化的品质,以合乎系统整生范式的规律。人类各民族的生态审美活动,各具个性体系,各有特色结构,从而造就了生态审美场的生态多样性,保障了系统及其各部分的动态平衡的共生与共生化竞生以及异质共生,保障了各民族生态审美活动个性与特色的可兼容性可相生性,以及与生态审美场共性的可融通性,实现了个体的系统生长性和整体的系统生长性的相互支撑,拓展了审美系统整生化的路径。

构成系统生长性的另一路线与机制是生态中和。

生态系统的中和性,能够形成和促进系统生长性。生态中和主要通过生态布局和生态关系来实现。生态系统要靠中和的格局,实现生态平衡,保证整体的存续与发展。在一个生态系统里,种类、数量、比例、尺度、层次,各得其所,各安其位,彼此相称,相互合度,整体匹配,形成中和的结构,也就可以形成生态平衡的态势,也就奠定了系统生长性的基础。

在生态系统的匹配中,结构张力与结构聚力耦合并进的匹配,最具结构中和的意义,能够生成整体动态平衡的价值。一个整生化程度持续发展的系统,是结构张力与结构聚力均充分发展并且平衡统一的结果。如果结构张力大大地超出结构聚力,将无法保持整体稳定,不可避免地走向震荡与解体,也就无所谓整体存在与发展或曰系统生长了。反过来,要是结构的聚力大大地超过张力,也会使系统失去动态平衡,在弹性与活力的逐步减少中,可兼容性和相融通性的自由空间被压缩,整体不可避免地走向沉寂与僵死,也就同样谈不上系统生存与发展。只有张力与聚力的协同发展,耦合并进,方可造就整体结构的动态平衡,实现系统的持续生长。

　　生态系统的动态衡生,整体中和,从更大的生态视角看,主要是生态关系造就的,主要是共生和竞生的关系协调发展造就的。一般来说,共生产生结构的聚力,竞生产生结构的张力,两者的耦合并进,相互调适,造就整体的动态平衡。不管是一个民族的生态审美场,还是人类整体的生态审美场,其审美生态的多样性、差异性、变化性、独特性,主要因系统的竞生关系而生成而强化,造就与发展了整体结构的张力;其审美生态的统一性、协同性、稳定性、共同性,则主要因系统的共生关系而生成而强化,形成与增长了整体结构的聚力;这两种力各自充分自由地发展,并在相互关联中,持续地实现动态平衡的统一,也就既可避免系统的解体,亦可避免系统的僵死,从而保证了整体的可持续生长,从而保证了个体整体性整体化地可持续生长。一个民族的生态审美系统,要强化自身系统的共生,以保持与发展本民族优良的生态审美传统,以稳定和发展本民族审美场强大的结构聚力,还要对外开放,参与世界生态审美场的生态循环,在共生中,形成跟其他民族生态审美场的竞生,以产生结构张力,与不断发展的结构聚力相对应,达到两者的动态平衡,以维系民族生态审美场在人类生态审美场中的系统生长性。同样,人类生态审美场也要通过自身系统的共生,诸如各民族生态审美活动回环往复的对生,以强化结构聚力,避免整体的解构,避免向非审美方向发展的异化,还要与时俱进,在共生的前提下,强化跟生态场和生态环境场友好性的竞生态对生,以不断地产生结构张力,与持续增强的结构聚力相对应相匹配,从而在整体结构的动态平衡中,整体关系的生态中和里,实现系统生长的目的。

由共生与竞生耦合并生构成的生态中和,实现整体的动态衡生,是生态审美场个体态和整体态系统生长的主导性机制。它把动态平衡的共生和共生化的竞生以及异质共生等包容在内,形成整生性调适机制,符合生态平衡的规律,和系统生长的目的最为对应。

系统生长性的路线、机制、模式还有良性环行。

良性环行是生态系统整生性运行的方式与模式,是系统生长性形态,同时也就成了系统生长性的机制与路线。生态链上的各物种,在相生相克中,呈良性环生的稳态发展,整体和各部分都实现了系统生长性。生态圈有整体的生长向性,各生态位在对它的趋往中,构成形质一致的良性环行,局部与整体都有了系统生长性。生态审美场是一个圈态结构,各种生态审美活动在对整体审美价值目标的趋往中,特别是对诗化的生存美感价值目标的趋往中,达成良性环行,走向生态艺术审美场,也就有了系统生长性。

动态衡生、生态中和、良性环生,使系统存在与运行的结构整生化,使生态审美场的系统存在与运行,避免了固定的静止的存在,避免了原地循环的运行,形成了存在与发展统一的系统生长,进而使方法论意义上的整生结构的系统生长,体现为生态审美场向生态艺术审美场的生成。这说明,系统生长的路线与程式,深合系统生发制式的机理,深合系统整生范式的精神。

(四)整生结构的系统跃升

系统生成性是系统生长性的基础与前提,而系统跃升性的条件又是系统生长性提供的。三者构成了递次生发性,显示了系统生发制式与路线的本质要求。

多样共生是整体生成的机制,动态衡生是整体生长的机制,有序竞生,形成相互支撑相互推动的相互超越,创造与生发整体的新质,成为整体提升或曰系统跃升的机制。

处在共生、衡生与整生关系中的竞生,是完整的辩证的竞生,是相克相抑与相生相长、相争相斗和相胜相赢的统一。相克相抑与相生相长结合,构成动态稳定的系统生长,奠定了系统提升的基础。相克相抑、相生相长与相争相斗、相胜相赢的一体化运动,则进一步实际地形成了整体的稳定提高,构成了系统跃升性。这说明,竞生性在系统的共生性、衡生性、整生性的规范下,不仅使系统方法增长了最高层次的活性,即系统提升态的活性,还使得自身超越了在近代形成的偏颇的对立、斗争的意义,获得了促使整体稳定超越的潜能,成为系统提高的机制,构成了历史性的跨越与升华,并确证了系统整生范式对以往的生态方法的改造、同化、提升之功。

共生与竞生的深度统一、全面统一和动态统一,造就系统更为稳定与快速的提升,更为平衡与持续的跃升。这是一种网络般的相离相拒与相合相和、相克相抑与相生相长、相争相斗与相胜相赢的生态关系所构成的整体的平衡提升与系统的稳定跃升,具有很强的抗干扰性、抗振荡性与抗破损性。共生的相离相拒与相合相和、相克相抑与相生相长,同竞生的相克相抑与相容相通、相争相斗与相胜相赢,形成网络般的交叉关联,形成了系统多维统一的稳定、平衡的机制和提高、跃升的机制,保证了整体可持续的稳态提高与平衡跃升,保证了系统持续跨越态的整生化,保证了生态系统四维时空进化的整生,也保证了审美场立体环进平台跃升式的整生。在生态审美场中，各民族生态审美活动在相通相容基础上的有序竞生和进而实现的竞生与共生的统一，推动了人类生态审美场和各民族生态审美场，经由生态艺术审美场的发展，向天化艺术审美场的提升，构成了个体态和整体态的系统结构的整生性。

系统生成性、系统生长性、系统跃升性的贯通关联，构成了系统整生性的完整图式，对应了生态审美场逻辑结构与历史结构统一发展的路径，即从初成的生态审美场，走向生态艺术审美场，跃上天化艺术审美场的行程，显示了系统整生范式，与生态美学整体对象的同一性，与生态美学体系的同一性。

在马克思主义宇宙整体观的规范下，生态方法融入系统方法，构成了系统生成、系统生长、系统跃升的系统整生原理，形成了由这一原理派生的系统生发性原则、制式、模式、图式、程式，构成了生态哲学的方法系统，形成了完整的系统整生范式。它对应生态审美场这一复杂而博大的文化生态系统，达到方法与对象、范式与理论的适构与匹配，保障了生态美学的自由建构。具体说来，系统生成，形成了生态美学的和谐整一的基础构架；系统生长，形成了生态美学动态平衡的发展性构架；系统跃升，形成了生态美学螺旋提升的构架；这就在理论体系的系统生长中，使生态美学的逻辑系统实现了多平台递进的整生化。

系统生成有"一"态对生的意味，系统生长有良性环生的特征，系统跃升有立体环进的态势。可见，后起的系统整生范式及其系统生发制式，把前在的超循环整生范式及其立体环生制式的精髓包容其中，以实现整生范式的进化性，以强化辩证整生范式系统的整生化。

三、网络整生范式

网络整生范式是更高形态的马克思主义的辩证整生范式,是马克思主义辩证法的整合化和生态化的结晶。它依序展开横向网生、纵横网生、复式立体网生的路线,显示出整生化结构的生成程序与生发图式,凝聚为立体网生的整生制式。

在网络整生范式中,审美结构立体推进的整生化格局,四维时空拓展的整生化态势,和宇宙全方位膨胀的整生性演化规律对应,显示了生态艺术审美天化的趋式。

(一)马克思主义的生态辩证法

网络整生范式的理论前提是生态辩证法。生态辩证法的形成,有两大路径。一是马克思主义辩证方法的综合,二是马克思主义辩证方法与生态方法的融会。李世繁曾经说过:"逻辑和历史相一致的规律是辩证逻辑的基本规律。"[①] 从抽象走向具体与从历史走向逻辑,是马克思主义的经典方法。这两种辩证方法的统一,构成了生态辩证法。

在马克思主义的方法系统里,生态方法是科学方法,为横断学科形态的系统方法提供范型,辩证方法在系统方法的基础上提升,成为更高一个层次的哲学方法。在辩证方法的作用下,生态方法和系统方法走上哲学化,实现了最高平台的统一。正是这种统一,形成了源于生态方法的超循环整生范式,形成了源于系统方法的系统整生范式,更形成了源于辩证方法的网络整生范式。生态哲学的整生原理、系统哲学的整体原理与辩证哲学的网络联系原理有着深层的同一

---

① 李世繁:《辩证逻辑概论》,北京大学出版社 1982 年版,第 51 页。

性。三者结合,既促进了各自的充分发展,又共同形成了马克思主义方法的最高层次——网络整生范式。网络整生范式,揭示了世界最普遍、最深刻、最全面的总体生态联系,形成了最高的系统的生态规律,形成了生态美学研究范式至高无上的内核:生态辩证法。

大法是众法的包容、统合与升华。网络整生的辩证法,即网络纵横整生的方法与四维时空的逻辑整生方法,也就顺理成章地把生态方法和系统方法的精髓包容其中,把它们良性循环和系统生发的精要尽数囊括,以此构成更大范围的整生性。当然,它们是互相包含的,在上述立体环进和系统生发的整生制式与方法中,也不乏辩证精神,特别是网络辩证法的精神。这种彼此包容,也相互确证和发展了各自的整生性,提升了各自的整合力,更提升了对网络整生这一生态美学最高研究范式的共生力和整生力。

从抽象上升到具体,由纲到目,纲举目张,形成生态审美场的网络态逻辑结构,属生态审美场的逻辑化整生,或曰横向环行的网络整生;从历史走向逻辑,是逻辑化整生的生态审美场的立体推进,即历史化的逻辑整生和逻辑化的历史整生,或曰横向的网络整生继续拓展形成更大底座后的纵向网络整生;从抽象上升到具体,再从历史走向逻辑,两者衔接而纵横"整生",也就自然地构成了网络整生的辩证法。

从抽象上升到具体,是潜含纵向网络整生趋势的横向网络整生,从历史走向逻辑,是横向网络整生呈平台跃升的纵向网络整生,两者统一,构成纵横拓展的网络整生,构成生态辩证法,也就势在必然了。

从生态方法、系统方法和辩证方法的走向生态辩证方法,形成以生态辩证法为内核的整生范式,可以看出,使以往的高层次的研究方法往整生性和整生化方向发展,是生态辩证法生成和整生范式形成的机制与规律。同时,以往的高层次方法本身有着往生态辩证法和整生范式发展的趋向性,有着往生态辩证法和整生范式提升的内在要求。这就确证了生态辩证方法、整生范式特别是网络整生范式是以往的高层次方法合乎规律的发展,以往的高层次方法走向生态辩证法,走向整生范式,特别是走向网络整生范式,是其本质的必然,是其潜能的实现,是自由自觉的行为。

(二)横向网生

从抽象上升到具体,使抽象的基元性范畴层次分明地分化,生成具体范畴的体系,构成网络态概念布局,形成立体推进的基点。

基元性范畴,是最高、最大、最广的抽象范畴,是一门学科的总体性范畴,是对一门学科总体对象的抽象与表征。于生态美学来说,美学家通过对人类历史、当下、未来所有的生态审美结构和可能出现的生态审美结构,进行最高的抽象,形成生态审美场的范畴,进而以此作为概念母体,使其多层次地范生出具体的范畴,形成网状的概念结构,也就从理论的抽象走向了理论的具体。

生态审美场,其理论体系的整生化,是抽象范畴的具体化过程。它通过自身逻辑结构的展开,层层范生世界各民族生态审美场的逻辑结构,以实现网络态具体化。或者说,在人类生态审美场,范生世界各民族生态审美场的历程中,后者分有和发展了前者的整生质,形成概念分化,构成了框架性的从抽象走向具体。这是一个网态"织"出的具体化:人类生态审美场以自身的最高质态——人类生态审美理式,去范生世界各民族的生态审美理式,形成横向高端纬线,进而对应地范生后者的生态审美制式、生态审美趋式、生态审美氛围、生态审美活动,形成条条纵向展开的逻辑经线;它再通过范生自身的生态审美制式、生态审美趋式、生态审美氛围、生态审美活动,形成纵向核心经线,进而对应地范化世界各民族的生态审美制式、生态审美趋式、生态审美氛围、生态审美活动,铺开条条逻辑发展的纬线;这就构成了纵横交错的、秩序井然的层次分明的网状概念系统。人类生态审美场通过自身逻辑结构从抽象到具体的层层展开,规范了世界各民族生态审美场逻辑结构从抽象到具体的层层展开,造就了层层分有和发展自身最高质而步步走向理论具体的概念网络,形成了源于自身最高质的世界生态美学体系,实现了由"一"而"万"的整生化逻辑,构成了由"一"生"万"的逻辑网络的整生化历程。

　　一般来说,越是原理性、整体性的理论范畴,抽象性的程度越高,而由它们生发的原则性、方式性、模式性、图式性概念以及普遍性、类型性、特殊性、个别性范畴则越来越具体。当然,理论概念的具体性,更与它们的理论蕴涵的科学性、明确性、简洁性、丰富性、系统性相关。人类生态审美场这一原理性范畴与整体性概念,所生发的上述原则性、方式性、模式性、图式性范畴和普遍性、类型性、特殊性、个别性概念,不仅在理论形式上,越来越走向具体,而且在理论蕴涵上,也越来越独具特色与个性地、越来越多样统一地秉承发展创新了原理性整体性的本质规定,造就了理论体系的网络态有序生发,更具生态谱系性的意味。

　　基元性的母体范畴,初始时期因整体抽象的宽泛与概略,而难以达到理论的具体。随着概念的分化,它不但保持了整生性结构的整体质,还逐级形成了普遍性、类型性、特殊性、个别性层次的整体质。随着概念分化后的概念综合与概念升华的运动,上述个别性、特殊性、类型性、普遍性层次的整体质逐级往上提升,成为丰富而具体的整生性结构的整体质,并和原初的整生性结构的整体质融合而成新的整体质。这就使得原理性、整体性的最高范畴因所分化概念的由

"万"而"一"的逆向整生化,而从理论的抽象走向了理论的具体,形成了多侧面统一的、系统而深刻的、明确而具体的本质规定性。

基元概念双向的从抽象走向具体,既是抽象思辨的过程,也是理论体系在历史时空中发展的具体行程,因而不仅是生态方法和辩证方法走向一致的过程,同时也是历史与逻辑走向统一的过程,从而实现了生态精神和辩证精神的多重整生,实现了网络整生性和哲理辩证性的动态同一,不断地增进了辩证方法的生态特质,促进了一般辩证方法向生态辩证法的发展,推动了一般的生态方法往生态辩证法的提升。

横向网络整生,是通过对生形成网生所走向的整生。由对生经由网生走向整生的路线,显示生态美学整生范式内在逻辑结构的生成,标识了生态审美场的整体生发。网生由对生生成,是对生的关联与整合。有如穿梭织布一样,对生"织"就网生。生态审美场诸结构层次多维的双向往复的对生,构成网生。在人类生态审美场里,每个民族的生态审美场,都是一个开放性的网域,诸如审美活动结构的欣赏、批评、研究、创造环节,审美氛围结构的审美风气、审美气氛、审美情调、审美风向层面,审美本质结构的审美趋式、审美制式、审美理式层次,构成了本网域一个个基本的网接点,相互间形成了纵横交错的对生,并和其他民族生态审美场的网域全方位关联,在对应中展开网点对生,从而形成人类生态审美场的网状整生。

对生成就网生,网生成就整生。像生态审美场其他的生成路线一样,从对生经由网生走向整生,有着依次生发的程式,显示了生态美学网络整生范式的逻辑格局,对应了生态审美场实际建构的程序。在对生中构成的网生,不仅成就了生态审美场的整生化构架,而且建构了覆盖全域的信息网络、信息通道和信息载体,建构了生态审美场进一步整生的基础。正是凭借网生建构的整生通道,生态审美场才能集万成一、聚万生一,倾整体之力,不断地整生出自身最高层次的新质,不断地整生出新的整体化局部,不断地整生出新的整体化个体,不断地形成整体化的创新,以促进系统生长,构成可持续发展的整生。

对生与网生是对不同层次与规模的生态运动的写照,是对不同深度与广度的生态运动规律的揭示。较之单向线性的因果关系,双向往复的对生关系,更能真实地反映事物复杂的生态运动,而由纵横交错的多维立体的对生构成的网生,则最能揭示世界结构化系统化的生态联系。正因为如此,从对生经由网生走向整生,成了复杂的非线性的生态运动、生态结构、生态规律的图式,它作为生态美学网络整生范式所揭示的生态审美场的生成路线,也就有了科学大道与正道的意味,能使生态审美场的构建和生态美学体系的生发,走向大真大雅与自然自由的境界。

(三)纵横网生

从抽象走向具体和从历史走向逻辑,既相互包容又相互衔接。从抽象走向具体的终点,成为从历史走向逻辑的起点,成为双方一体双向地整生即纵横立体整生的起点,成为网络结构横向展开后进而立体推进或曰立体整生的起点。从历史走向逻辑,是逻辑历史化和历史逻辑化的统一。二者构成了立体网生的不同模态。

1. 逻辑结构的历史化

从抽象走向具体,奠定了从历史走向逻辑的基础与底盘,成为从历史走向逻辑的前奏。人类整体历史的审美场,作为生态美学最大的背景性的母体范畴,在从抽象走向具体中,形成了最大历史深度的理论网络,其底层就包蕴并可分化出古代美学的理论网络。此外,人类古代依生性审美场这一基元性范畴,在从抽象走向具体时,也整生出了世界古代美学的理论网络。两者殊途同归,构成了更完整的人类古代美学的理论网络,形成了统观发展更完备的基础。正是以世界古代美学理论网络的完整生成为前提,从历史走向逻辑,在持续的立体推进中,在不间断的纵横双面的发展中,实现了对人类生态美学体系的整生。作为人类美学的逻辑高端,生态美学是人类美学历史结构的"儿子",是历史走向逻辑的结果,是逻辑结构历史化和历史结构逻辑化的结晶。

历史逻辑化,逻辑历史化,是生态辩证法的一体两面。逻辑走向历史,是逻辑结构的历史化,是逻辑的历史性生成;是"美学范畴的运动和美、美感、艺术的客观历史进程相一致"。[①] 更具体地讲,它指的是人类美学理论体系纵向发展的逻辑结构符合历史规律性,指的是人类美学理论体系逻辑环节的发展与美学历史阶段的发展特别是人类社会历史阶段的发展所呈现出的一致性与整合性,是人类美学理论体系的逻辑生态,与美学的历史生态,特别是与社会历史生态、自然历史生态,对应耦合的整生式发展。或更概括地说,它是人类美学体系和社会生态体系、自然生态体系关联而成更大网络的整生式推进,是逻辑和历史的统合发展,是人类美学体系的与时俱进。

——逻辑环节与历史环节的对应性发展。在自然历史发展的宏阔背景下与系统关联中,人类美学理论体系逻辑环节的发展,同时也是人类审美历史环节的发展和人类社会历史环节的发展,是谓三位一体的整生式推进。

逻辑与历史的对应推进,以起始、发展、终结三个环节尤为重要。

---

① 周来祥:《周来祥美学文选》上,广西师范大学出版社 1998 年版,第 159 页。

把握了它们在这三个环节上的对应推进,也就把握了人类审美场理论网络逻辑结构的历史性整生,把握了这一逻辑结构与审美、文化、社会、自然历史结构的同步推进与纵横双向的网络化整生。

审美场理论网络的组织、调控、发展机制是审美理式。人类古代依生性审美场的审美理式为客体本体与客体本原,它通过审美制式所包含的客体衍生主体、主体向客体回生、主体与客体同生这三个逻辑环节的发展,一一规范下属层次相应的逻辑环节的发展,促使整个理论网络形成起始、发展、终结三大逻辑环节,并和古代审美历史、文化历史、社会历史、自然历史结构诸环节的发展,形成对应耦合的共进。这样一来,它的理论网络的逻辑展开,就不是孤立的展开,就不是抽象的展开,而是在古代社会历史中的具体展开,是以古代审美和社会历史的发展为依据的展开,是和古代文明的历史进程、逻辑进程均一致的展开,是和古代文明中的审美、文化、社会历史的起始、发展、终结同步的、互动共进的展开,总而言之,它和古代审美、文化、社会历史的逻辑结构融通,及与自然规律结构关联,在大逻辑网络的整体周流里,在古代文明的整体质域中,与上述诸者实现了历史性的节律化的齐头并进。归根结底,这种整生化推进,基于古代审美场的理式和古代生态文明理式的同一性运行。

——逻辑结构与历史形态的对应转型。人类依生性审美场理论网络历史地展开起始、发展、终结的环节,构成与古代文明历史生态结构同步生长的完整的逻辑生态结构,双双产生整体变更的内在要求,实际地形成逻辑结构和历史形态的对应转型。这就见出,逻辑结构生态环节与历史结构生态环节的对应发展,直达古代审美文明质域的边缘,成了逻辑结构与历史结构对应转型、整体推进的系统机制,或曰整生性机制。

　　正是这种整生性机制,造就人类审美场,由古代的依生性天态审美场,经由近代竞生性人态审美场,向现当代的共生性与整生性生态审美场转换,造就依生性天态审美场逻辑生态结构,与所属古代文明历史生态结构,对应耦合的整体生发,转换为竞生性人态审美场的逻辑生态结构,与所处近代文明的历史生态结构,对应耦合的整体生发,再而转换为共生性与整生性生态审美场的逻辑生态结构,与现当代及未来时代社会与自然的生态文明结构,对应耦合的整体生发,从而形成了人类审美场整体的逻辑结构,与社会自然历史形态全域全程的对应耦合的整生。这就构成了人类审美场最普遍、最完整的生态发展规律,构成了生态美学整生范式完备的立体网生制式。

　　立体网生制式,是多样整生化统合并进的结晶。历史与逻辑统一,双方在对应统合的发展中整生化,历史地逻辑地构建了生态辩证法。生态辩证法的生成,内在于人类美学体系的生成。基元性范畴人类审美场,依次生发出人类古代依生性天态审美场、人类近代竞生性人态审美场、人类现当代共生性和整生性的生态审美场。与此相应,人类审美场的逻辑结构依次生发人类古代、近代、现当代审美场的逻辑结构,生发出这三大审美场逻辑结构前后相续的逻辑环节。这就在历史与逻辑统一的网络化推进中,持续地实现了从抽象走向具体,达成了人类美学的系统生发和生态辩证方法的系统生发天然同步,从而使立体网生制式,在人类审美系统与人类生态系统、大自然生态系统以及生态辩证法系统,全时空对应的立体整生化中生成。理论、方法、历史、制式的同一,是对应统合的过程态同一。这既是网络整生范式以及立体网生制式的生发规律,也是相应的生态美学的生发规律。整生范式和生态美学不能相互脱离地生成,这是由审美系统整生化的总体规律决定的。

从历史走向逻辑,使人类审美场理论网络的历史发展,实现了自身系统的理论逻辑与历史逻辑的统一,进而实现了自身理论逻辑及历史逻辑,和社会与自然的生态逻辑,还有生态辩证法以及辩证整生范式的整体生发,显示出美学理论结构与时俱进所造就的大逻辑网络与大历史网络以及大方法网络三位一体的大整生。生态美学和网络整生范式都是这种大整生的结果。如果离开这种大整生的鸟瞰,是弄不清楚生态审美场是怎样逻辑地历史地整生出来的;如果离开与网络整生范式的相生互进,离开与大整生网络的齐头并进,是不能合规律、合目的地建构起现实的生态审美场和理论的生态美学的。

2. 历史结构的逻辑化

历史结构是一个立体结构,它的逻辑化生发,贯穿了生态辩证法。人类审美场立体的审美结构,从古代的依生态,经由近代的竞生态和现代的共生态,走向当代的整生态,显示了逻辑化的历史整生性,显示了整生性历史结构逻辑化的生发路线与图式,构成了另一种形式的纵横网生,丰富了立体网生制式,拓展了网络整生范式的本质规定性。

依生主要是古代美学的逻辑结构图式,显示了天态审美场的整体生态格局。它是各部分对整体最高质的依生、依从与依同。它依据客体本体和客体本原的审美理式,按照主体依生客体的路线,构建天态审美场或曰依生态审美场。依生的程序是:客体衍生主体,主体向客体回生,主体与客体同生。这是一个以历史发展的形式,显示的逻辑化构建过程。依生的第一个环节,是作为本原的客体,衍生出对象化世界的程式,即人与万物。在西方表现为神生万物与人,在中国则表现为道生万物与人。依生的第二个环节,是衍生体向本体回归的图景,并在回归中强化与本体同一的本性和本质。在西方表现为人与万物趋向彼岸世界,在中国则表现为人与万物趋向道。正是这种主体向客体的生成,强化了两者的同构性。依生的第三个环节,是主体完全回归客体的情形,在西方为人与神同一,在中国是人与道同一。主客体的同形、同性、同质,完善了客体的本体化行程。这是一个以历史生态的发展形式,表现出的逻辑生态环生的行程,即使本原形态的客体本体,变成源与流完全同一的整体形态的客体本体的行程。这就在历史与逻辑的统合化整生中,形成了一元化的天态审美场或曰客体生态审美场。

竞生是近代美学的结构图式,它同样在历史的整生化时空中,同步地完成了逻辑的整生化,建构了人态审美场。它是本体和本原形态的主体对客体的对象化。是主体通过对客体的竞生,即相互的矛盾、对立、冲突,改变客体本体的格局,改变客体整体的质态,形成主体本体和主体整体的审美场结构。也就是说,它按照主体走向客体的对象化路线,或曰主体整体化的路线,历史地逻辑地建构人态审美场。完整的竞生路线,也历史地经历了五个逻辑化的环节,形成了环生的图式。一是人类自身的主体化,奠定了人态审美场的基座;二是理性主体的对象化,构成崇高形态的理性主体审美场;三是感性主体的对象化,生成悲剧型的感性主体审美场;四是个体主体即失去规定性和参照系的主体或曰非主体的对象化,形成喜剧型的虚幻主体审美场;五是间性主体化,形成整体主体审美场。正是这五大环节的连贯,形成完整的竞生路线,形成了逻辑生态与历史生态统一发展的近代人态审美场或曰主体生态审美场的完整建构。

竞生是主体性在主体中的生成,是主体性在对象中的生成,是主体性在整体中的结构性、全面性生成,最终生成主体整体化的人态审美场。这种生成程式,同样是以历史的形式,显示出逻辑的关系。其中,主体性在主体中的生成,是竞生的起点、前提与条件,并贯彻到竞生的所有环节中,成为各环节完整生发的机制。也就是说,只有主体性在主体中的生成,才有主体性在客体中的生成,进而才有主体性在整体中的全面生成;只有主体性在主体中的发展变化,才会引起主体的对象化和整体化的发展变化,才会在这一连串的发展变化中,有机地构成竞生路线的基本环节。如果没有主体性意识、主体性能力、主体性本质在主体中的生成,也就无所谓主体的对象化和整体化,也就无所谓人态审美场;如果没有理性主体性、感性主体性、异化的个体主体性即失去规定与参照而无法确证的非主体性、间性主体性,在主体中历史地逻辑地生成,也就没有相应的递次展开的主体对象化和主体整体化,也就没有竞生路线诸环节的发展变化,也就没有人态审美场的历史化的逻辑建构,或者逻辑化的历史建构,也就没有人态审美场历史整生结构的逻辑化形成。

共生是现代美学的结构,揭示了整体审美场或曰初级形态的生态审美场主客耦合并进的生成路线。整生是当代以及未来生态美学的结构图式,揭示了生态审美场整体生成的路线。它不是客体的对象化、整体化和本体化,也不是主体的对象化、整体化和本体化,而是在主客耦合并生的基础上,所达到的系统新质的整生化与整体化。在系统新质的整生化与整体化过程中,形成了整生路线的三个环节,即整体生成、整体生存、整体生长。主客体潜能的对生性自由实现,即主客体双向对生的同步整合,所形成的人与自然圆活融通的整生式运转,实现了系统质的整体生成,显示了整体本原,形成了整体本体,造就了生态审美场的整体生发的前提。系统新质即整体本体向各部分流布,使各部分在保持和发展个体质和部分质的同时,生成和发展了部分层次和个体层次的整体质,使各部分在整体质的一体化流转中,实现了整体生存,构成了全球化的生态审美场。在整体生存中,人类生态审美场的各部分,一方面保持着、丰富着不可重复的个性质和部分质,发展着生态多样性的整生;另一方面,它们往上生发,提升为全局性的整体质,形成了整体质的聚合性整生。这种系统整体质与个体质对生环回的整生化,同样是一个历史与逻辑统合的行程,同样是一个抽象化与具体化往复对生的行程,同样是一个生发与强化生态辩证法的行程,同样拓展了立体网生的制式,生发了当代人类生态审美场。

依生造就了客体审美场,竞生造就了主体审美场,共生造就了整体审美场或曰初级形态的生态审美场,整生造就了或曰正在造就人类生态审美场。从依生经由竞生走向共生与整生的人类美学范式的发展路线,既构成了人类全域全程发展的整体审美场,又展示了生态审美场系统生成的图景,即由天态、人态、整态审美场发展而成的历史图式,内含了生态美学网络整生范式逻辑化的历史生态结构。

从上可见,历史结构的逻辑化,是历史结构整生化的机制。历史结构的逻辑化,突出了历史结构纵横双向的生态联系性,彰显了历史的序性、大跨度序性、非线性序性、网络状序性、立体网进的序性,凸显了历史立体网状嬗变、转换的必然性,强化了历史螺旋发展的生态辩证性。这一切,都聚焦于历史结构的整生化,从而与逻辑结构的历史化一起,完善了生态辩证法,构成了立体网生制式的完整规定性。

(四)复式立体网生

遵循从抽象走向具体和从历史走向逻辑的生态辩证法,展开双向铺线、纵横联点、立体析度的程式,可形成美学体系复式的四维时空发展,形成复式的四维时空的逻辑整生,即复式立体网生。横向网生是立体网生的基座,纵横网生是立体网生的形态,复式立体网生是立体网生的最高模态,三者关联,构成了网络整生范式的完整制式。周来祥先生和陈炎教授合著的《中西比较美学大纲》,就显示了这样的立体网生图式。下面主要以该书以及我撰写的《生态视域中的比较美学》为案例,分析复式立体网生的逻辑整生路线。

　　——逻辑构架穿越质域。每个时代的美学,形成各自的质域。质域之间的纵横关联,形成历史全程全域的大跨度整体行进,显示出大框架立体转换的逻辑整生。像《中西比较美学大纲》,通过比较研究中西美学形态、中西审美本质、中西审美理想、中西艺术特征在古代、近代、现代质域中的穿行,形成四维时空发展的框架性逻辑整生。① 像审美理想,西方由人神之和的古典和谐质域经由近代崇高的质域,走向现代丑的质域,中国则由人人之和的古典和谐质域,经由近代崇高的质域,走向现代的对立统一和谐的质域。这就形成了中西审美理想穿越三大框架性质域,实现全程全域整生的态势。又像艺术特质,西方艺术从"画中有诗"的古典和谐质域,经由"诗画对立"的近代崇高质域,再到多元分裂的现代丑质域,中国艺术从"画中有诗"的古典和谐质域,经由"诗画对立"的近代崇高质域,再到多元统一的现代和谐质域,同样形成了框架性大跨越的逻辑整生。这就在中西美学相应质域历时空的纵横关联中,在由中西美学形态、中西审美本质、中西审美理想、中西艺术特征所形成的逻辑构架,对上述质域的立体穿越中,显示了中西美学四维时空发展的逻辑整生。《生态视域中的比较美学》,历时空地涌现出古代客体美学的质域、近代主体美学的质域、现代整体美学的质域、当代生态美学的质域,中西审美活动、审美氛围、审美范式等构成的审美场结构,关联对应地穿

———————————
① 　参看周来祥、陈炎:《中西比较美学大纲》,安徽文艺出版社 1992 年版。

越这些质域,也构成了四维时空推进的逻辑整生。

　　——双向贯通质点。这是中等跨度的四维时空的逻辑整生。它表现为理论线索在各质域中双向关联与贯通,生发中等框架的立体推进。在每个理论质域中,形成纵横铺排的理论质点,这些质点的纵横涌动,形成纵横发展的质线,构成立体的逻辑网络,一一穿越各理论质区,再而穿越整个质域,进入下一质域的各理论质区。这就使上述逻辑构架穿越质域的大跨度整生,走向具体化,再次实现了抽象上升到具体与历史走向逻辑的统合。像在西方近代主体美学的质域里,形成了整体主体美学、理性主体美学、感性主体美学、个体主体美学、间性主体美学等质区,使质域层次化。整体主体美学横向铺排出整体主体本体的审美理式,整体主体对象化的审美制式,整体主体自由的审美理想,崇尚整体自我的审美时尚等质点,形成横向环状的审美范式质线。理性主体美学接着铺排出理性主体本体的审美理式,理性主体对象化的审美制式,理性主体自由的审美理想,崇尚理性自我的审美时尚等质点,形成横向环合的审美范式质线。其后的感性主体美学、个体主体美学、间性主体美学也一样,一一铺排出横向的质点,一一形成横向环态的审美范式质线,构成了横向环态质线系列。横向环态质线系列上的质点,又一一相应地连成纵向质线系列。在这两大质线系列的交合中,主体美学生发了五大质区的逻辑网络。这就在中等跨度的立体递进中,逐步地穿越质域,和另一质域相邻质区的逻辑网络对接,形成了具体化的逻辑整生。

　　上述成线、成圈、成立体网络的质点,是对同一历史时期的美学思想、艺术精神、审美思潮共同本质的最高概括,是对决定这种共同本质的诸种社会历史条件和自然背景及环境的深刻揭示,从而达到了理论和实践的统一,宏观和微观的统一,抽象和具体的统一,逻辑和历史的统一,思维和存在的统一。这样,理论质点,就成了"真"的结晶,规律的凝聚,生态辩证法的反映,具有很高的概括力和科学性。

上述线态、圈态、网络态结构关联的理论质点,相互间有着同一性和内在联系性,但又是新质独具,个性鲜明的,它们反映的不是流水形态的历史,而是浓缩形态的、典型形态的历史,即包蕴了美学新质、艺术新质、审美新质和社会文化新质、自然规律新质的历史转折点和历史变化点。这种逻辑质点和历史转折点的同一,是一种去粗存精、去伪存真的概括性同一,典型性同一。它省去了非本质的枝节,无关紧要的过渡,达到了逻辑与历史更真切的对应,达到了逻辑对历史更本质、更深刻、更明晰、更简洁、更概括、更集中的反映,并导致理论质点所包蕴的各种美学规律更为鲜明突出。与此相应,其真理度也就得到了进一步的提高。

上述横向的质圈,是抽象的审美范式走向具体,纵向的质线,是从历史走向逻辑,两者关联,构成的纵横发展的立体网络,使穿越各质区的四维时空的逻辑整生更为具体、严谨与科学。

——纵横拓展质度。这是小跨度的四维时空的逻辑整生。中跨度四维时空的逻辑整生,在大跨度四维时空的逻辑整生中构成,是后者的具体化;小跨度四维时空的逻辑整生,在中跨度四维时空逻辑整生中展开,是具体化后的具体化。三者统合,构成秩序井然、层次分明的复式四维时空的逻辑整生。

在中跨度四维时空的逻辑整生中,每个质圈构成的质区里,可依次形成质度,生发更细密的立体推进的理论网络,穿越由质点圈构成的质区,穿越由一个一个质区构成的质域,形成了持续性更强节奏更细密的小跨度四维时空的逻辑整生。像在西方感性主体美学的环态质区里,形成了三个纵向展开的环态质度。它们分别由尼采的意志主体美学、弗洛伊德的本能主体美学、荣格的原型主体美学生发的审美理式、审美制式、审美理想、审美时尚构成。质度丰富质区,不同程度地占有质区的规定性,层次分明地展开质区的规定性。每一个理论质区,因是特定历史阶段审美特质的最高概括,有着丰富的理论含量。也就是说,在这个历史阶段里,众多理论家、理论著作不同程度地体现了这个理论质区,成为这个质区不同层次的"量",不同等级的隶属度。它们在这个质区内,构成有序的量变,形成层次分明的"度"的系列,形成生态发展的位格,显示出各自在质区中的价值和地位,显示出质区整体的丰富性和系统性。

隶属度是模糊数学的概念,指事物隶属某种共性的程度,或曰对某种本质的占有程度。像人类个头的高矮度,本是模糊概念,没有明确的界定,这就需要运用隶属度来做比较判断。比如说,1.80 米和1.85 米的个头,在中国人眼里,均属高的范围。然 1.85 米的个头较之 1.80 米的个头,对"高身材"这一本质的占有与体现,显然占有优势,其隶属于"高身材"的程度也就超过后者,从而更被人认为是高个头,更能成为"高个头"的代表。在周来祥先生主编的《西方古代美学主潮》里,作者们灵活运用模糊数学的隶属度理论研究美学史,在标划理论质区的基础上,对理论质区的隶属度进行层次性分析,把科学研究导向了精微与深入。如他们概括了古希腊的和谐主潮:神的人化,将其作为西方审美理想论发展变化线索上的第一个质区,接着对不同程度地体现了这一质区的美学理论进行分析:毕达哥拉斯认为神化的数构成万物;赫拉克利特认为神作为活火上下运动生发万物;柏拉图认为理式在被模仿中生发世界;亚里士多德认为彼岸的纯形式在化为此岸的形式中形成世界。这些理论,成为神的人化这一理论质区的结构环节,或曰不同级次的隶属度,层层递进地占有、丰富、发展了这一质区的内部规定性。特别是亚里士多德的理论,成了质区的最高隶属度,最充分地占有了质区的特有本质,成为含质度最高的量。也就是说:神的人化这一理论质区,在亚里士多德那里,已经发展到了极限。这样的分析,揭示了理论质区量变的增长与史的延展,显示了美学逻辑更精密的四维时空演进。

对理论质区的隶属度分析,理论意义是十分丰富而巨大的。

它使我们看到了某一历史时期美学思想特定本质的丰富量状,进而确证了这一理论本质的真实性和完备性。因为无量之质是不存在的,乏量之质是不成熟的。含质之量越多,质的发展就越充分。含质之量越是层次丰富,越是有序递进,质的发展就越完善,就越富生机与活力,对规律的展现就越深刻、明晰,理论意义也就越重大。

它使我们看到了某一历史时期美学思想特定本质形成、发展的完整态势和历史过程,看到了这一特定本质形成、发展的诸种内部机制,从而使我们懂得:某种美学规律的发现,某种审美本质的揭示,离不开众多美学家的通力协作,离不开前辈美学家对后辈美学家的影响与同化,离不开后辈美学家对前辈美学家的继承与发展。而这,正是美学发展的内部规律之一。

它使我们从某一历史时期美学思想特定本质量的渐变中,看到了这一美学思想不可避免地发生质变,并从内部催生另一理论质区的历史趋势,看到了美学发展线索上理论质区推移变化的内部机制和内部规律。当质区由于量变的积累,产生了最高隶属度的量,即最能体现和代表这一质区的量。质区的自身发展也就到了极限,形成了否定自身或超越自身的内在机制和内在要求,形成了从这一质区跃进到另一质区的强大内动力。如果质区的量变是朝着合规律、合目的的方向有序发展的,当最能体现质区的量即质区的最高隶属度出现后,质区产生的是超越自身的内在要求,是一种积极的自我否定,对后一质区的问世产生的是正面的作用力。像西方近代以自由为美的审美本质论,发展到德国古典美学的"美是自由",已经到了极限,从而产生了超越自身的内在要求,进而催生了现代唯物辩证的美是自由说。要是质区的量变朝着违背规律的方向逐渐发展,到达极限后,彻底违背了真,抛弃了善,失去了继续存在与发展的可能性与合理性,也就从反面激发了彻底否定它的新质,形成审美发展线索上理论质区的新陈代谢与更迭变换,使无序发展的审美历史重新回到有序发展的正途。像周来祥先生和陈炎教授在《中西比较美学大纲》中揭示的美在上帝说,发展到中世纪宗教神学的美的本质论,以及儒家的美在伦理之善说,发展到宋明的"存天理,灭人欲","以天择礼"的阶段,已经登峰造极,出现了质区的最高隶属度,趋于非真非善的顶点,也就从反面催生了彻底否定它的西方近代的美是自由说和中国明中叶的美在自然说,并以自身的荒谬确证了新质的合理,以自身的退场换来了新质的诞生。这就显示了一个时代的美学与另一个时代的美学十分内在的有机联系,显示了美学思想大落大起急转直下的历史大趋势,而美学规律也因此得到了淋漓尽致的展示。

正因为理论质区的最高隶属度,是理论质区最为典型的质,最高形态的量,是自身量变的最后阶段,是质变的"临界点",是美学发展线索上旧的质区向新的质区跃进的"内动力",所以特别为理论家所重视。一般来说,美学家对理论质区最高隶属度的分析常常是浓墨重彩的,深刻透彻的,从而使读者能十分清楚地把握一种美学思想、美学思潮转变为另一种美学思想、美学思潮的内在机制。

如果说对理论质区的标识,是对美学发展规律的直接揭示,那么对质区隶属度的分析则是在具体地探寻这些规律的构成环节和之所以形成的诸种内在机制和内部原因。从这个意义上说,隶属度的分析是对所标之质区的确证、论述、拓展,是理论走向深刻、具体、科学的表征,是理论科学从质的概括走向量的测定的例示,从而提高了理论的真理度和可信度。

中西对应地标识质域和质区,是在大的方面让读者对两种美学的同中之异、异中之同一目了然,而中西对应的理论质区隶属度的分析则是在更为具体的方面让人们把握两种美学的"同中之异"和"异中之同"。还有对理论质区的隶属度分析,更使人对同一质区所包容的美学思想的逐渐变化形成了有序的认识,准确地把握了它们的同与异。

从比较美学的角度来看:对中西对应的美学发展质域和质区的标识,属于大时空和中等时空跨越的比较研究,形成的是宏观和中观形态的简洁宏阔的四维时空的逻辑整生,而对质区隶属度的分析,则是小时空运动的比较研究,形成的是微观的繁复缜密的四维时空的逻辑整生。三者套合在一起,形成理论网络复式的四维时空的逻辑整生,步步深入地实现了从抽象走向具体和从历史走向逻辑的一体两面的耦合并进的动态统一,步步深入地形成了网络整生的辩证法,步步深入地实现了网络整生的辩证法与四维时空整生的逻辑结构的同一,可形成虚与实、疏与密、纵横古今与贯通中西、宏阔天放与缜密细致等多重辩证统一的理论整生态势。

星体在星系中演化,星系在宇宙中演化,宇宙构成了立体膨胀的演化态势与规律。网络整生范式,特别是所含复式立体网生的模式,和宇宙结构的演化与运动的最高规律对应,包含了最深刻的生态辩证法,成了辩证整生范式系统的最高形态。

（五）网络整生模式

从抽象上升到具体与从历史走向逻辑统一的方式不同，形成了不同的生态辩证法模式，形成了不同的网络整生的格局与模式。

第一种模式是以从抽象上升到具体为基础，以从历史走向逻辑为发展，形成网络整生。从抽象上升到具体，形成横向铺开的理论网络，形成立体生发的底座。从历史走向逻辑在这一底座上展开，使相应的历史结构逻辑化地形成，遂成四维时空推进的整生态势。

第二种模式是显态的从抽象走向具体与隐态的从历史走向逻辑统一。在一些理论著作中，理论逻辑从抽象到具体地展开，反映了从历史走向逻辑的态势，符合从历史走向逻辑的规律，也就隐含了从历史走向逻辑的规范，实现了二者的化合。像马斯洛的人的需求理论，人的需求这一抽象范畴，逐一分化出生理的需要、安全的需要、归属的需要、审美的需要、自我实现的需要等具体的范畴，形成了具体化。这些需要的依次产生，符合历史的实际，显示了历史的逻辑。需求从低到高的理论逻辑，和这些需求实际生发顺序的历史逻辑走向了统一。理论逻辑也就反映与隐含了历史逻辑，在两相统一中，实现了逻辑网络的整生。这一案例，也说明了马克思主义的生态辩证法，有着普遍的科学意义，既有普遍的影响，也可以普遍地发展。

第三种模式与第二种模式相反。它实现了历史逻辑对理论逻辑的潜含与反映，实现了从历史走向逻辑对从抽象走向具体的包蕴。在一些历史著作里，其历史化的逻辑结构，符合理论逻辑的结构，潜含了从抽象走向具体的意义。像我在《生态视域中的比较美学》一书中，描述了中国明中叶以后的自然人性的审美思潮，从《牡丹亭》的情，到《金瓶梅》的欲，最后到《红楼梦》情、欲统合的意志。这符合历史的逻辑，也潜含了正反合的理论逻辑。和第二种模式一样，第三种模式也实现了显隐统合的逻辑整生。

第四种模式是从抽象走向具体与从历史走向逻辑耦合并进的统一，是双方显态发展的统一，从而实现了历史逻辑与理论逻辑充分而平衡的统一。像前述四维时空的逻辑整生，显态的历史逻辑与显态的理论逻辑，一体两面，耦合并进，实现了立体推进的网络整生。

这种种逻辑整生的模式，作为网络整生制式的形态，丰富和拓展了后者的本质规定性。它们均为生态辩证法生发，显示了当代马克思主义的生态辩证法丰富的内涵、广泛的外延、普遍的适应性。

第三节　整生图式

这里说的整生图式，既指整生范式特别是整生制式向生态美学化入的格局与态势，更指整生范式自身生成与发展的格局与态势。这两者常常是结合在一起的。

立体环进、系统生发与立体网生，是基于整生原理与原则的框架、模式、路线、程式形态的生态审美规律和生态审美方法。它们凝聚为生态美学的整生制式，对生态美学整体、主干、局部的建构具有指导、规范的意义，并有机地化为生态美学的骨架、经络、血脉、肌理，成为生态美学理论体系的本身，达到整生制式图式化地内在于生态美学的结构。

整生制式与范式，有着形成更大格局的趋向，以形成更完备的整生制式与整生范式。整生图式标识了整生范式与制式的生成与发展的路径，揭示了后者的生发规律。

一、聚合的整生图式

这里所谈的整生的图式,主要是就发生学的角度而言的,讲的是整生的位格性构成与环节性生发的图景,探求的是生态美学最高规律的形成程式,追问的是整生理式和整生制式乃至整生范式的生成格式,以形成更明晰的整生理式、整生制式乃至整生范式的生成途径和规律,以对应生态美学体系的自由构建。理论家对各种生态形式、生态过程、生态路线做结构性组合与发展性定位,形成依次走向整生的图式。这种整生的图式是稳定的序列化的生态联系的显示,是深刻而系统的生态规律的凝聚。方法与内容的同一告诉我们:整生范式的构成,是和生态审美场的构建同步的。把握整生理式、整生制式乃至整生范式的形成环节与程式,有利于探求生态审美场的生成过程与格局,有利于秩序井然地、合乎整生图式与程式地建构生态美学。

整生图式的展开,是整生理式、整生制式乃至整生范式的有序生成,从而对应地反映了生态审美场和生态美学整体生发的逻辑。

在大整生的框架里,通过不同的途径,经由不同的环节,造就各种整生,显示出丰富而深刻的生态规律。我曾经归纳出六种整生图式:从依生经由竞生走向整生;从共生经由衡生走向整生;从共生经由范生走向整生;从共生经由环生走向整生;从对生经由环生走向整生;从对生经由网生走向整生。① 这各种各样的整生图式,分别揭示了最高生态美学原理本质规定的各个侧面,进而构成生态美学各种生态辩证方法的原则与模式,多维度地支撑起生态审美场的整体构

---

① 参看袁鼎生:《整生:生态美学研究方法论》,《思想战线》2005 年第 4 期。

架,显示出生态审美场多向度整体生成的路线、肌理、脉络以及模式、程式与图式。

各种各样的生态联系形成整生,各种各样的生态路线通向整生,各种各样的生态历程连成整生,各种各样的生态结构聚成整生,各种各样的生态机制成就整生,各种各样的生态规律铸就整生。诸多整生图式的聚合,提升了整生范式本质规定的概括性与普遍性,使其成了最深刻、最根本、最集中、最完整、最典型的生态规律、自然规律和美学规律的统一,实现了对其他学术范式、学术方法的发展与超越。

各种生态聚形整生,构成生态美学的整体规律,构成生态美学范式的生发逻辑,构成生态美学制式的生发路线,并内化为生态美学的灵魂与主导,内化为生态美学的结构与体系,显现为生态美学的态势与风貌。整生,是生态美学范式的生态,是生态审美场的生态,是生态美学体系的生态,有着三位一体性。在生态美学那里,学术范式、研究对象、理论系统是以整生为目标,实现高端集合、整体聚形、内在同一的。

二、统合的整生图式

统合的整生图式,是大整生中包含着小整生的图式。具体有以下几种情形。一是统观性统合的整生图式。统观的整生中,依序包含着宏观、中观、微观的整生图式,或者说,微观的整生图式,统合在中观的整生图式里,微观、中观的整生图式,统合在宏观的整生图式里,微观、中观、宏观的整生图式,统合在统观的整生图式里,形成系统增长的整生。上述复式四维时空的逻辑整生图式,就是统观中含宏观、中观、微观的整生图式,形成了多声部统合并进的复式整生图式。二是抽象性统合的整生图式,即一般的整生中,包含着逐级具体的整生,整体性整生,统合着普遍性、类型性、特殊性、个别性的整生。像天化艺术审美场中天人整体审美天性的整生,就统合着人类普遍性、性别类型性、民族特殊性、个体个别性审美天性的整生,形成了统合并进的大整生图式。三是结构性统合的整生图式。局部的整生,有机地组成了整体的整生;时期性的整生,有序地连成了全程性的整生。这样,整体性整生就统合了各局部的整生,全程性整生统合了时期性整生,形成了大结构的整体整生图式。像艺术审美的整生化,就统合了艺术审美生态化的整生图式、生态审美艺术化的整生图式、艺术审美天化的整生图式,统合了生态审美场生成、发展、提升的一系列整生环节。具体地说,艺术审美的生态化,是生态审美场系统生成的图式;生态审美艺术化,是生态艺术审美场的系统生成图式;艺术审美天化,是天性、天质、天构形态的天化审美场系统生成图式。它们都统合在艺术审美整生化的图式里,形成了整体结构性的整生图式。凭借这种统合,艺术审美整生化,包含了生态美学的三大定律,成为生态美学的整体规律。如果最简要地给生态艺术哲学下个定义,那它就是研究艺术审美整生化的科学。这说明,最高统合的整生图式,是形简而包蕴无穷的。

上述各种统合的整生图式,都内含了生态辩证法,都遵循了从抽象走向具体与从历史走向逻辑统一的辩证整生规律,是当代马克思主义整生观的具体实现。

三、复合的整生图式

复合的整生图式,基于生态文明的完整构造。生态文明是生态存在的文明、生态感受的文明、生态理性的文明的同构复合。这种同构复合的基础,是生态存在的文明,它的中介是生态感受的文明,其调控机制是生态理性的文明。三者各得其所,也就实现了三大生态文明的复合,构成生态文明的大整生图式。生态审美场的完整构造也一样,有现实存在的生态审美活动圈,有感受形态的审美氛围圈,有理性形态的审美范式圈,它们在复合运行中,形成了完整构造的审美场立体环进的大整生图式。对应于生态文明,生态审美场也有三种存在领域,一是现实世界的生态审美场,二是美感世界的生态审美场,三是理论世界的生态审美场。三种整生的生态审美场,凭借前者的基础、中者的中介、后者的调控,走向统一,实现同式运转,复合整生,构成生态审美文明的大整生。

上述三类整生图式,还有着依次整合性。统合整生,逻辑化地包含了聚合整生的成果;复合整生,整体地包含了统合整生。统合整生,有现实的结构、感受的结构、理性的结构,三种统合整生的结构,走向复合,同式运行,构成特大整生。像艺术审美整生化,其现实的、美感的、理性的统合结构,全程全域地复合运行,就构成了生态审美文明历时空的全景式的特大整生。

整生的格局越大,历程越全,聚合统合复合越好,内含的生态辩证法也就越系,从抽象走向具体和从历史走向逻辑的结合也就越充分、越自由、越自然,也就越能形成更完备的整生范式与制式,也就越能确证马克思主义学术方法的生态化发展,越能确证生态范式特别是整生范式的理论基础,是马克思主义的自然辩证法和生态哲学。

整生图式还标识了辩证整生范式系统的运行格局。超循环整生范式、系统整生范式、网络整生范式,都基于马克思主义的生态辩证法,都遵循螺旋提升的法则运行,都呈现出立体螺旋提升的格局,形成了统一于辩证整生的整体本质,形成了辩证整生范式系统。

辩证整生范式从美学、社会、自然、宇宙的生成、构造、运行的大势中抽象出来后,实现了天地、人间、艺术的生态规律与目的和审美规律与目的的高端统合,成为人们思维与行为的框图,并内化为生态审美场、生态美学的自律机制和生发图式。

审美系统的整生化,凝聚多种多样的审美结构整生化而成。辩证整生范式系统,是研究方法结构的整生化,生态美学,是理论逻辑结构的整生化,审美场特别是生态审美场,是研究对象结构的整生化。随着研究方法、研究对象、理论体系的三位一体,上述三大方面的审美结构整生化,走向了统合与凝聚,形成了审美系统的整生化。换句话说,审美场、生态审美场、生态美学、整生范式,是审美系统整生化的形态,是在审美系统整生化中形成的。审美系统整生化,是上述四者的共同本质。

审美系统的整生化,作为审美系统生态化与艺术化耦合并进,同趋天性天态天构的过程与方法,成了生态审美的总体规律。它概括与整合各种整生化路径,构成总体整生化路线。其三大环节:螺旋提升、立体环行、四维时空演进,和系统运生、生态循环、宇宙演化的大道同构,并与艺术审美生态化、生态审美艺术化、艺术审美天化的路径对应,达成了美学规律、生态规律、自然规律的三位一体,实现了真、善、美、益、宜价值的统合并进。这就使生态美学形成了不同于一般美学规律的本质规定性。

在生态审美本质的形成中,艺术审美生态化处于原点的位置。它促发审美系统整生化,成为审美场、生态审美场、生态美学、生态范式的整体机制;它生发的艺术审美整生化,是生态审美总规律的主干部分,是审美系统整生化的基本形态,是生态审美场形成、发展、提升的图式与机制;它作为生态审美的第一定律,不容置疑,是生态美学规律系统的生态始基和基因。

第二编　生态审美艺术化

生态审美场的分形，是整体的质、性、貌、构，依普遍性、类型性、特殊性、个别性的顺序展开与拓深，使各级子范畴网状艺术化。

艺术生境和艺术人生，相应地聚合了生态美、生态美的形式、生态和谐以及生态审美者走向艺术化的成果，聚形为生态艺术审美场。

生态审美艺术化，贯穿生态审美场的分形与聚形，所形成的生态艺术审美场，显示出天态生长的潜质与趋势。

第五章　系统生发的生态美

学界对生态美的研究,正由具体走向抽象:从认定它是自然中的生物美部分,到说它是生态系统的美,再到论证它是生命体与环境的和谐,理论的概括性在增加,内涵的覆盖性在拓展。立足生态哲学,我认为它是人与生境潜能的整生性自然实现。生境含生存状况、生存境界、生存场域的意义。这里主要指生存场域,可以和生态系统等同。人与生境潜能的整生性自然实现,可以理解为人与生态系统潜能的整生性自然实现。

第一节　生态美内涵的发展

在此之前,我曾界定生态美是主客体潜能的对生性自由实现。①作这种修正,基于对当下生态文明的理解,基于对生态美学研究范式的进一步认识,基于对生态审美艺术化规律的把握。生态美学的研究范式,从一般美学的生态研究范式发展而来,即从古代客体美学的依生范式、近代主体美学的竞生范式、现代整体美学的共生范式的依次发展中,形成当代生态美学的整生范式。整生范式包容、整合、升华了上述生态研究范式。从研究范式的角度反观,生态美是主客体

---

① 参见袁鼎生:《生态美的系统生成》,《文学评论》2006年第2期。

潜能的对生性自由实现的界说,更多地带有共生研究的痕迹,而人与生境潜能的整生性自然实现的生态美本质观,则为整生研究的范式所生发,更多地带有当代的生态文明即整生文明打下的烙印。

生态美的生发,是一个逻辑与历史耦合并进的过程。这一过程曾和生态审美艺术化的历程统合,使一般的生态美走向生态艺术美。生态艺术美作为生态美的高级形态,和上述整生文明、整生范式关联。也就是说,人与生境潜能的整生性自然实现,既包含了一般生态美和生态艺术美的本质,更反映了一般生态美走向生态艺术美的发展性本质。

对照两种生态美的本质说,其差异主要在三个方面。一是主客体潜能跟人与生境潜能的不同。在特定的理论视域里,不继续使用主客体潜能的说法,主要考虑主客二元的辩证统一,反映了生态系统的依生、竞生、共生的关系,不像人与生境潜能的统一那样,还能进一步地反映生态系统的整生关系。也就是说,采用人与生境潜能的说法,主要是考虑它们的统一,更能真切准确地表征生态系统的关系,与生态美学的当代研究范式更为对应。二是对生与整生的不同。对生既是较为普遍的生态关系,又是依生、竞生、共生、整生重要的生发机制。对生可以走向整生,形成整生,但不等于整生。整生包含了对生,又不局限于对生,更能深刻、全面与系统地反映生态美的生发态势与格局,更合乎生态美学的当代研究范式。三是自由与自然的不同。自然是最高的生态审美规律,是自由的最高形态,是自由结构的整生化形态,它包含并超越了各种自由。此外,用自然代替自由,更有化工般的艺术审美生成的意味,更能显示出生态艺术美的特征与本性。再从关键词来看,人与生境、整生、自然,更有生态性,更加提示了生态美的生成与发展规律,更和整生研究的范式一致。

需要说明的是,人与生境潜能整生性自然实现,跟主客体潜能的对生性自由实现,构成了承接与超越的关系。前者通过界定当代生态美的本质,包蕴了此前生态美的内涵,预测了未来生态美的特性,普适性强。后者通过界定现代生态美的本质,包蕴了近代和古代生态美的本质,潜含并指向当代生态美的本质。也就是说,现代生态美的质域,有向当代生态美延伸的态势,在生态美是主客体潜能的对生性自由实现的论述中,已有较为充分的主客体潜能整生性自然实现的阐释,主客体潜能的对生,已有向人与生境潜能发展的趋势。与此相应,论述人与生境潜能的整生性自然实现,也须基于并包含主客体潜能自由实现的内容。更明确地讲,人与生境潜能的整生性自然实现,是主客体潜能对生性自由实现的发展,两者构成了不同平台的生态美本质说。

对事物本质的界定,构成的质域,标识了理论范畴适应的范围。这一质域,应当由隐态的、显态的、可能的三大部分构成,有着质的发展的全域全程性以及有机有序性。当下连接过去与未来,有着三位一体性。对事物当下形态的本质阐释,构成显态的质域;因这当下本质,由以往本质走来,向未来本质走去,也就同时构成了隐态的和可能的质域。这就说明,对事物本质的界定,越发具备当下的显态性,就越发具备对以往本质发展的隐含性和对未来本质预测的可能性,也就越发具备科学范畴的普适性。基于上述事物本质界定的生态观与方法论,生态美是人与生境潜能的整生性自然实现的界说,较之主客体潜能对生性自由实现的界说,也就更加接近生态美系统生成的完备本质,也就更能揭示生态美走向生态艺术美的本质发展图式。

总而言之,人与生境潜能的整生性自然实现,隐含着主客体潜能的对生性自由实现。这是一种已经存在的历史性实含。主客体潜能的对生性自由实现,预含着人与生境潜能的整生性自然实现。这是一种可能存在的猜测性虚含。两者虽然互含,然在互含性方面,有实含和虚含的区别,在互含量方面,有整体包含和部分包含的不同。人与生境潜能的整生性自然实现的生态美本质说,把主客体潜能的对生性自由实现的生态美本质说,整体地、实际地、有机地包含在自身的理论结构中,也就更有历史的系统生成性,也就更有现实的系统生长性,也就更有未来时空的系统提升性,同时也更有系统整生性和普遍适应性。

生态美系统生长的高端形态是生态艺术美。较之其他生态美,生态艺术美更充分地占有了人与生境潜能的整生性自然实现的本质。

第二节　事物潜能的整生与生态美基础

潜能是事物的基元性、根本性存在,是事物隐态的本质与本质力量,是事物显隐发展结构的自设计、自组织、自控制、自调节的总体性机制,是一切形态的美特别是生态美整体生成系统发展的前提与基础。

整生构成分形。整生是"以万生一"和"以一生万"的统一。前者是以各局部之"万"生发整体本质与结构之"一",后者是以整体之"一"生发局部之"万",使之整体化、"一"化,形成分形的"自相似性",产生对生的机制,构成生态美的生发点。

一、事物潜能形成的整生

事物潜能形成的整生,是整体向个体的生成,是个体对整体的分形。整生有"以万生一"和"以一生万"的类型与路线。系统的整体质是"一"态的，是"以万生一"的，是"收万为一"的。也就是说，这种"以万生一"，是系统整体本质的整生化路线，是系统无数的组成部分，沿着"万态"的个别性、"千态"的特殊性、"百态"的类型性、"十态"的普遍性的阶梯，层层递进地走向"一态"的系统整体性本质。"以一生万"是在"以万生一"的基础上展开的，是个体本质的整生化路线，是"万态"个体的"一态"化。即"一态"的系统整体性本质，经由"十态"的普遍性、"百态"的类型性、"千态"的特殊性，走向"万态"的个别性，使"万态"的个别性"一态"化，或曰整体化、整生化，从而包含了整体质。

　　大自然是"一态"的，是万物的母亲。万物的潜能均为大自然整生，是大自然"以一生万"的结果。一朵花，一尾鱼，既标识了所属物种的进化成就，又呈现为整个自然历史的结晶。每个人在母体中的10个月，走过了人类几百万年的进化史，接受了人类乃至整个自然界进化的成果，名副其实地成为人类和大自然的"儿子"。基于发生学上大自然"以一生万"的整生化，人类个体间的潜能有了分形所造就的"自相似性"，有了同构性，可对生进而整生为生态美。也同是基于发生学上大自然对所属成员的"一"化，人类与其他物种的潜能，有了同构性对应的生态背景，形成了对生进而整生为生态美的前提。

　　事物潜能的整生化，是通过诸多中介来完成的。它以"父母"的直接衍生和所属小系统的共生来接受大自然的整生。因为中介的不同以及制约、影响中介的条件与环境不同，不同事物甚或同类事物的整生性潜能也就有了区别。只有那些直接秉承了"父母"的优异本质，进而秉承了所属物种的优异本质，最后秉承了大自然优异本质的事物，其原初潜能达到最佳形态的整生，走向丰盈优异，方可成为生态美的基础。如果说,事物本身的潜能是个别性的,他秉承"父母"优异的综合性潜能则是特殊性的,通过"父母"而秉承的所属人类及生物的优异潜能是类型性和普遍性的,直接通过"父母"、间接通过所属人类及生物而秉承的大自然的优异潜能则是整体性的,从而构成了整体对个体质、性、貌、构"分形"的阶梯,增加了整生的层次性和有序性。事物的潜能达到上述整体性、普遍性、类型性、特殊性、个别性的递次统一,或者说,其个别性的潜能,在整体的分形中为所属特殊性、类型性、普遍性、整体性的潜能依序生发,接受了它们丰盈而优异的成果,达到了理想的系统发育,也就实现了多层次的系统性整生和最高层次的系统性整生,形成了完备的"一"化。

事物潜能的整生性越充分,相互的对应域也就越宽,对应点也就越多,对应的层次也就越丰富,当然也就越能造就事物之间潜能的对生和人与生境潜能的整生,以构成多姿多彩的生态美。事物潜能的整生性越充分,自相似性越完备,相互的对应域也就越呈点、线、面、体展开,当然也就越能造就相互潜能的系列化对生,进而造就人与生境潜能的整生,以构成更为系统的生态美。这就说明,事物潜能的整生性,作为整体性基础,制约着生态美系统生成与发展的量与质。

著名美学家蔡仪教授建构了美是典型的学说。他认为:美是以鲜明突出的个别性体现充分而普遍的共同性、以独特的现象体现深刻本质的典型。"美的东西就是典型的东西,就是个别之中显现着一般的东西;美的本质就是事物的典型性,就是个别之中显现着种类的一般。"[①] "美的规律就是非常突出、生动、鲜明的形象充分而有力地

---

① 蔡仪:《新美学》,群益出版社 1947 年版,第 68 页。

表现着事物的本质或普遍性,这实际上指的就是典型的规律。"① 美是典型,揭示了事物潜能的整生性,即"个别之中显现着种类的一般",既是一种独立的美的本质说,又可从一个方面丰富人与生境的潜能自然整生为生态美的观点。由此可见,美学史上任何有价值的美的本质说,都可以参与对生态美的系统生发,都可以再造为生态美理论结构的有机成分。

二、事物潜能展开的整生性

原初潜能的系统生成,奠定了其结构性展开的基础。事物潜能构成的整生性与展开的整生性系统地孕育了生态美。

事物系统整生的原初潜能,预定了自己的隐态发展序列和显态发展序列,前者为持续展开与生长的潜能结构,后者为潜能结构的外向实现与生成形态,具备了含而待发的整生性。事物潜能的整生路线,在不同的背景和语境中,有不同的意义。系统整体质的"以一生万",其结果是"以万生一",造就了个体质的"一化"。这样,具体事物"一化"的个体质,有了系统展开的设计和预定,其潜能的展开与实现也就有了连贯而完备的整生性。这种整生性,可以看做是"以一生万"。也就是说,具体事物的潜能,其形成的整生性和展开的整生性,都可以表述为"以一生万"。潜能的生成,是大自然"以一生万"的结果,其实质是"以万生一",从而获得了系统质,走向了"一化",奠定了"以一生万"地展开与实现的基础。没有潜能形成的"以一生万"即实际上的"以万生一",是谈不上展开的"以一生万"的。两种关联贯通的"以一生万",构成了事物潜能生发的大整生,综合地奠定了生态美

---

① 　蔡仪主编:《美学原理》,湖南人民出版社 1985 年版,第 54 页。

的基础。

　　事物因系统发育的整生而优异丰盈的原初潜能,在一般情况下,所展开与生成的动态结构,是符合原初设计的,是一种合乎内在目的和内在规律的发展,可趋"以一生万"的境界,从而具备生态美的构成特质。事物的隐态发展即潜能结构的有序展开与生长,是和显态发展或曰潜能的有机实现与生成紧密相关的,并在共同接受外部环境的影响与制约时,展开对生,进而实现耦合并进。如外部环境优越,特别适宜特定事物的生存与发展,其潜能的每个阶段都得到了理想的、创造性的实现与生成,内向积淀也就丰厚。纵向展开的潜能结构因外向实现结构的层层回报,步步内化,其实际的发展生长情形也就超过了预定的轨迹,有着更为理想的整生性,形成更加完备的"以一生万"性,可成为更加高级的生态美的生成基础。也有一些时候,特定事物与外部环境不适宜、不对应,缺乏对生的条件,其潜能也就不能按照预定的程序实现与生成,潜能结构也很自然地无法按原设计展开与生长,其后续环节也相应地偏离了预定的发展轨道与预期的目的,导致潜能展开与生长的总体结构不及预定结构,没有完成"以一生万",从而失去了生态审美构成的特质。

　　事物潜能展开的整生,与相应的外部环境构成了对生性,可产生三方面的审美生成效应。一是事物潜能超越原设计的展开与实现,可构成主客体优态潜能的对生;二是环境的优化,可成为主客体优态潜能对生的成果;三是事物潜能与所属环境在对生中的耦合并进,可显示为人与生境潜能的整生,能构成生态美的生发图景。这就说明,事物潜能展开的整生,多方面地构成了生态美的生发机制。

三、事物潜能的整生机制——对生

事物原初潜能的整体形成与自由展开，即自主、自足、自律、自然地生成与生长，是构建主客体对应性整生特别是人与生境对应性整生的潜能结构，生成生态美之基础的关键。

潜能的整生，离不开对生。对生是事物潜能整体生成的机制。对生，作为生态规律和生态运动，揭示了事物的相互生成性与互为因果性以及耦合并进性。事物潜能的整生，从顺向看，是大自然的整体性通过生物的普遍性和生物种类的类型性、"父母"的特殊性对个体的个别性的孕生，是整体性、普遍性、类型性、特殊性依次整生个别性。从逆向看，个别性之间的对生，升华出特殊性；特殊性之间的对生，升华出类型性；类型性之间的对生，升华出普遍性；普遍性之间的对生，升华出整体性。由特殊性、类型性、普遍性、整体性所构成的各层次的整生性，均是由相应的对生性构成的，最高层次即整体性层次的整生性，是由层层对生构成的。此外，从个别性到整体性，再从整体性到个别性，形成了持续往复的对生，构成了系统发展的整生。在这种持续往复的对生中，大自然整体性层次的潜能，以及所范生的普遍性、类型性、特殊性、个别性层次的潜能，都不断地生发了整生质，都实现了持续发展的整生。这就见出：事物潜能的整生，虽直接由大自然整体性层次的潜能，依次范生普遍性、类型性、特殊性、个别性层次潜能而成，实际上是以整体性的潜能与个别性的潜能持续往复的序列化对生为基础，为前提的。这是因为，对具体事物的潜能进行整生的大自然的潜能，也是凭上述对生生发的。大自然整体性层次的潜能以及普遍性、类型性、特殊性层次的潜能，对事物个别性层次潜能的依次整生，也是在上述序列化对生中，由高到低，逐级逐位进行与强化的。没有对生,无法构成整生的本体;没有对生,整生的本体无法对派生体与衍生体进行整生。对生是其他生态运动特别是整生运动的基础;对生是其他生态规律特别是整生规律展开的前提。对生成了生态美的基础得以形成的机制。

对生还是事物整生的潜能走向整体实现和整体发展的机制。事物潜能的整生性实现,是在潜能与环境的对生中展开的。适宜的环境,促成事物潜能的依序实现,和依序发展创新的实现,而潜能的次递实现特别是次递发展创新的实现,促进了环境的优化,促进了环境与事物潜能更对应、更适宜、更友好的生态关系。如此回环往复的对生,促成与保障了事物潜能的整生性实现。事物潜能的整生性发展,是在潜能的实现与本质的内隐这一持续往复的对生中形成的。潜能实现与本质内隐的对生,是以潜能与环境的对生为基础的,是包含在潜能与环境的对生中的,是一种对生中的对生。凭借潜能与环境的优态对生,事物的潜能得到了发展与创新的实现,形成了优异的本质与本质力量。这优异的本质与本质力量,同步内隐为高级的潜能,促进了潜能结构的创新与发展。正是在潜能与环境优态对生的背景中,潜能与本质的显隐对生,耦合并进,促成了潜能的整生性实现与发展。

事物潜能的对生,成为生态美的生成机制。事物的潜能,不管是与环境的对生,抑或与本质的对生,还是自身个别性与整体性的对生,都可以直接和间接地走向主客体潜能的对生。也就是说,上述潜能的对生,包含或促成主客体潜能的对生,包含或促使生态美的生成。再有,事物潜能的对生,所促成的整生,既有客体潜能的整生,也有相应的主体潜能的整生,这就构成了生态美综合性的生发基础:整生的客体潜能、整生的主体潜能以及这两种潜能在对应中的对生。

在大自然的怀抱里,整生的客体潜能、整生的主体潜能以及双方的对生,构成了人与生境潜能整生的前提,构成了当代生态美综合性的生发基础。

第三节　主客体潜能的对生与生态美的生成与发展

主客体整生性潜能的对生,是生态美的形成机制;主客体潜能的整生性对生,是生态美历史发展的机制。

一、生态美的生成与主客体潜能的对生

事物在相互生成中共成整体质,是谓对生。主客体潜能凭借适构的生态关系,各自促进了对方潜能的发展与实现,在相生互长耦合并进中对生出了生态美。这是一种共生性生态美,是整生性生态美的直接前提。

(一)形式美起于主客体潜能的对生

生态对象形态、数量、体积、速度的美,是主体的视觉结构、功能与生态客体的构造、运动两相对生的产物。比如圆形,就不是纯客体的美,而是客体的特定形体结构与主体特定的视觉结构共同生发的。在客体一方,它的特定形体结构有一种被主体感觉为圆形的可能性,或曰潜能,在主体一方,它的视觉结构则有一种将客体特定的形体结构感觉为圆形的潜能,两者适构对生,生态对象的圆形之美生焉。

复杂的生态形式美,是生态系统特定的形态、构造与主体特定的感官结构、功能适构对应,进而谐构对生的。在人与自然共同进化、持续发展的整生性过程中,生态客体潜能发展与实现的完备形态、优异形态,跟主体潜能发展与实现的完备形态、优异形态生成了异质同

构性,对生出了生态美的复杂形式。像耦合对生、动态衡生、良性环生等生态美的形式,无不是人体结构、社会结构与天物结构、自然结构完备优异形态的共同抽象跟共同反映,无不是主客双方的对生态、共生态与整生态的结晶与凝练。主客体对生,不仅表现在天人结构的同形与生态结构的天人共组与整生方面,而且表现在主体对这种同形共组整生结构的适构性认知、认同、选择、概括、升华方面。这种双重的主客体潜能的对生,不仅成就了生态形式美,还为一切形式美的产生提供了最终的生态依据。

如前所述,对生是整生的前提与机制。一些处于非线性有序高端的形式美,如良性环生、网态整生等等,是人与生境潜能整生的。但这种整生,是由对生所生发的,是包含着对生的,主客体潜能对生的形,是人与生境潜能整生的形的有机部分和基础形态。也就是说,这些高端的非线性有序的生态美形式,归根结底起于主客体潜能对生的形,成于人与生境潜能整生的形。

(二)生态内容美起于主客体潜能的对生

生态美的内容有真态、善(含益与宜)态、真善统一态。事物的真态是主体对其本质合乎实际的反映。就客体而言,它是事物潜质与本性的对生性实现;就主体而言,它是人的认知潜能的对生性实现;就整体而言,它是客体的潜质与主体的智慧适构对生,进而耦合共生与整生的。单有客体本性的实现,而没有与之适构的主体智慧的发现,没有两者的耦合对生运动,就无法共生与整生出生态规律的真,无法共生与整生出生态的真之美。可以说,一切生态规律的真之美,包括自然形态的、社会形态的、自然与社会统一形态的,均是生态客体的本性与主体智慧的耦合对生性实现,都是两者的适构性共生与整生。在人类处于蒙昧阶段,大自然的生态系统自在、自为地实现自己的潜能,发展着自己的本性,然没有相应的人类智慧去认识它、发现它,有如"养在深闺无人知"的佳丽,无所谓真,无所谓美。凭借实践与进化的机制,主体智慧的形成达到一定阶段,与生态客体的特定层面、特定范围、特定系统的本质适构耦合,从而对生进而共生出初级层次的生态规律的真之美。主体智慧结构发展了,与生态客体较深层面、较广范围、较大系统的本质适构耦合,对生进而共生出较高层次的生态规律的真之美。随着自然的进化和社会的发展,生态系统的本质结构与主体的智慧结构实现了历史的动态耦合,对生进而共生和整生出由浅而深、由局部到整体、由特殊到普遍的生态规律的真状生态美系统。人类智慧与生态客体本质认知关系的动态适构与谐构,在耦合对生与共生和整生中,还实现了自然生态物真态美向人造物真态美特别是高科技产品真态美的拓展,形成更为丰富、更为深刻、更为广泛的动态发展的仿生真态美系统。这就说明,生态规律真态美的产生、深化和拓展,是与人类智能跟生态客体本质的动态适构、谐构、耦合、对生、共生、整生相联系的,或曰是受后者决定的。生态规律的真之美,不外乎是主客体潜能的对生性实现,不外乎是在主客体潜能对生性实现基础上的人与生境潜能的整生性实现。在生态美内容的生成中,主客体潜能的对生性实现,和人与生境潜能的整生性实现,是完整过程的两个阶段。前者是基础性生发,后者是高端集成。

建立在真状生态美基础上的善状生态美,借助于审美性生存关系和审美性实践关系构成,是主客体的意志潜能及主客体需要与功能的对生性实现,是主客体目的的耦合性生成,进而是人与生境的意志、价值、目的方面的潜能的整生性实现。善状生态美主要有四大层次:生态环境适合主体身心以及整个生态系统的宜之美,生态对象和生态系统物质功利的益之美,以及伦理功利和系统功利的善之美。宜之美,是主客体潜能的相适相宜性对生,进而是人与生境潜能的相适相宜性整生,生态审美特性突出。益之美,是客体潜在的功能、价值与主体欲求、需要之间的对生性实现,是客体的潜在价值与主体的实践目的及实践智能与体能的统一,进而是人与生境的价值潜能的整生性实现。生态伦理之善的美,表现为主体合乎生态道德规范的行为,它是主体的意志与目的跟客体的意志与目的以及整体的意志与目的相互统一的产物,是主体自律与客体他律和整体通律的结晶,进而是人与生境的意志与目的的整生性实现。在社会领域中形成的生态伦理之善的美,是客体的社会生态规范和社会生态目的与主体的生态伦理意志和生态伦理的实践能力耦合对生的,是个体与社会和谐共生与整生的产物。在社会与自然共组的生态领域中,生态伦理之善的美,是人与自然可持续协同发展的总体生态规范和生态目的,跟人类的生态伦理实践耦合对生的,是人类与自然和谐共生与整生的产物。系统功利之善的生态美,是上述三者中的大美,或曰生态大善之美。在这种美中,人类的生态伦理意志、生态伦理目的、生态伦理行为及其结果与效应,直接跟社会生态系统的稳定有序、持续发展,特别是跟包括人类在内的大自然生态系统的稳定有序、持续发展相关联,像火、计算机、中国古代的四大发明以及环保和绿色工程、循环经济都属此列。可见,系统功利之善的生态美,是主客体巨大潜能的对生性实现,是在此基础上的人与生境潜能的整生性实现。

宜与益既包含在善中,又可以作为独立的审美成分,与真善一起构成生态内容美的整体。生态内容美的整体以及内容与形式统一的生态美,是主客体潜能的序列化对生而成的,进而是人与生境的潜能整生而成的。主客体潜能的对生和人与生境潜能的整生,既是生态美直接的生成机制,也是其他形态之美的最终依据。可以说,生态美是一般形态之美的普遍性与深刻性的反映。它作为普遍形态的美,是一般之美的深层形态与高层形态。也就是说,生态美,既是美的一种类型,有着独立存在性,还是美的普遍形态,存在于所有之美的高处、深处与大处。所有的美都可以从生态视角作阐析,都可以发掘出其深层的生发机制:主客体潜能的对生和人与生境潜能的整生。

二、生态美的发展与主客体潜能的整生性对生

对生是整生的机制。主客体潜能的对生,有走向整生的趋向性,牵引着生态美的历史发展与逻辑生长,以显示出系统生发性。这也从一个方面说明了,由主客体潜能的对生走向人与生境潜能的整生,是生态美发展的内在需要;人与生境潜能的整生,是主客体潜能对生的必然,是主客体潜能对生性实现后生发的新潜能。由此更可见出,主客体潜能的对生,于生态美生发的基础性意义。也就是说,主客体潜能的对生,是作为一个完整的阶段,整合到人与生境潜能的整生过程中的。

(一)古代、近代的生态美与主客体潜能对生中的量态整生

主客体潜能在对生中走向整生,生成生态美,有着历史的发展性。在古代和近代,它们的对生,分别走向依生与竞生,最后形成量态的整生,所生成的生态美主要是一种元素质的整体化,即或是客体质的整体化,或是主体质的整体化。也就是说,生态美的整体质,是客体或主体的元素质的生发与扩展,是单质的,是单质单生的,而非多质共生的。

古代的生态美,作为主客体潜能的对生性实现,可以表述为主体潜能对客体潜能的依生性实现。它是一种对象性实现,是客体潜能

向主体的实现,是客体面向主体的对象化,是通过客体生发主体、主体向客体生成的对生,形成主体对客体的依生,形成客体化的量态整生结构。这种主客体潜能在对生中走向依生,最后在量态的整生中构成的生态美,在中国古代主要是天人合一的"道"之美,在西方古代主要是神人合一的上帝之美。老子说:"道生一,一生二,二生三,三生万物",① 进而提出"人法地,地法天,天法道,道法自然"。② 这就在道为本体的前提下,在道与物(包括人)潜能的对生中,形成了人对道的依生,进而在道的量态整生中,整个世界均成了道质、道性的生态美。"道行天下成大美",是量态整生的道之美的经典表达。西方基督教哲学与美学认为,上帝是圣父、圣子、圣灵的三位一体。他展开圣子的位格,化生人与万物;进而展开圣灵的位格,道成肉身,使万物与人以耶稣基督为榜样,向自身回生。在这神人潜能的对生中,构成了人对上帝的依生,形成了上帝的量态整生,整个世界也就成了单质、单生的上帝之美了。这就见出,在古代,主客体潜能双向往复的对生,造就的是主体对客体的依生,纯化与强化的是客体量态整生的美。

在近代,生态美作为主客体潜能的对生性实现,可以表述为主客体潜能的竞生性实现。它是人的本质力量的对象化,即主体潜能归根结底地向客体生成,以实现对客体的同化,最终构成的是主体量态整生的美。更具体地说,在主客体矛盾冲突的竞生性对生中,主体的潜能外化、扩张、实现与生成为客体的本质,客体在竞生中被主体征服了、同化了,成了主体的对象物,其潜能成为主体潜能的肯定、确证

① 老子:《道德经》第 42 章。
② 老子:《道德经》第 25 章。

与认同,产生向主体生成的生态运动。正是在主客体潜能的竞生性对生中,主体与客体同一了,同构了,主客体统一而成的整体,变成了放大的主体,变成了主体量态的整生体,形成了主体化整体的审美结构。如果说,这种生态美也是系统生成的话,同样只能说是量的扩大,值的增长,而不能说是质的新生、共生、整生与升华。也就是说,它是一种偏重于主体审美量的系统生成的生态美。

(二)现代生态美与主客体潜能对生中的形态与质态统一的共生

在现代的生态美中,主客体潜能的对生性,把古代主客体潜能的依生型对生所形成的客体量态整生,与近代主客体潜能的竞生型对生所形成的主体量态整生整合为一,升华为耦合并生的对生,展开为质态共生。现代生态美,既是对古代与近代生态美的超越,更是对它们的辩证继承与系统创新。也就是说,古代和近代生态美,进入现代生态美,成了更深刻、更系统的生态审美构建的有机成分。

现代主客体潜能的对生,是一种平衡的共生与整生。经过古代客体潜能的量态整生和近代主体潜能的量态整生,在审美的领域里,两者实现了历史发展的平衡。首先,双方在各自的充分发展中,形成了独立性。再有,双方在历史的依生与竞生关系的中和中,形成了可兼容性、关联交往性、互为因果性、相生互进性、共生整生性。还有,在上述两个方面的统一中,形成了主体间性。依据历史生成的主体间性,现代主客体潜能在交互平衡的对生中,耦合共生出了整体性生态美。

现代的整体性生态美,既不是量态整生的客体性生态美,也不是量态整生的主体性生态美,而是形态与质态均为主客体潜能在交互平衡中,耦合共生的整体性生态美。也就是说,它的整体性形态与质态,既不是客体潜能同化主体潜能形成的,也不是主体潜能同化客体潜能形成的,而是在双方独立存在、平等交往、协同协作中共同生发的整体新形与新质。这就实现了对古代客体量态整生和近代主体量态整生的生态美的超越,在更高的平台上实现了对它们的创造性整合。

正是这种超越与整合,使现代主客体潜能耦合共生的生态美,充满了历史的辩证法。它跨越古代混沌的主客同一,近代分离对立的主客二元,在主客体潜能的耦合并生中,在形态与质态统一的共生中,显示了走向更高形态生态美的趋向与潜能。也就是说,它在共生的基础上,可进而以持续推进的耦合对生的形式,形成主客体潜能形态与质态统一的整生,特别是人与生境潜能形态与质态统一的整生,催生当代的生态美。

(三)当代生态美和人与生境潜能形态与质态统一的整生

在现代生态美中,主客体潜能的耦合对生性实现,搭建了人与生境潜能整生性实现的平台,构成了当代生态美的生发点。

在现代生态美的形成中,主客体潜能的耦合对生,所生发的人与生境潜能的各种各样的质态整生,即整体新质的系统生成与系统生长,是和形态整生联系在一起的,是以形态整生为基础为载体的。主客体潜能的耦合对生,首先生发了人与生境潜能耦合并进、良性循环、网走周流的形态整生,进而同步地生发了相应的质态整生。这种质态整生,主要是整体新质的系统生长,构成的是有机发展的当代生态美。

耦合对生的持续进行,水到渠成地展开了耦合并进的形态整生。主客体潜能的每一次耦合对生,都在双方潜能的互进中,生发了人与生境潜能的耦合并进,推动了整体新质的动态平衡。耦合并进构成了交互发展、协同前进的整体生态结构。在这一结构里,人与生境的潜能交互制衡地相生相长,生发的整体新质呈中和态平衡发展,所构成的生态美典雅而灵动,整体和谐又活力沛然,可步入全面、协调、可持续发展的整体衡生境界。像一对夫妻,相亲相爱,耦合并进,推进了美满婚姻、和睦家庭、和谐社会的整生之美。又如人类与自然耦合对生,中和并进,就构成了大自然的生态和谐的整生之美。

耦合对生的持续进行,水到渠成地展开了良性循环的形态整生。耦合对生,既可以是主客体潜能耦合并进的线状对生,又可以是主客体潜能在生态圈各生态位上的循序环行的对生。后一种对生,可形成人与生境潜能良性循环的形态整生,进而同步生发螺旋提升的质态整生。这种整生,既保持了主客体潜能衡态共生系统新质的中和性,又构成了系统新质的周期发展的整生性,在生态发展的全面协同性和整体非线性有序方面都步入了当代生态美的境界。像生态审美活动生态圈,由生态审美欣赏活动、批评活动、研究活动、创造活动四个生态位首尾相连构成。主客体潜能循序耦合对生,使人与生境的潜能的整生在这四大活动中次第展开、良性循环,形成整体审美质周期性整生发展、螺旋提升的生态审美场。又如循环经济显示的生态美,也是主客体潜能持续的耦合对生,促成人与生境潜能逐级并进的圈态整生所生发的。

耦合对生的持续进行,水到渠成地展开了网走周流的形态整生。耦合对生,既可以是主客潜能点状共时的对生,又可以是它们线、环、体历时的对生。体状历时的对生,整合了点、线、环的历时对生,可形成人与生境潜能在生态系统中网走周流的形态整生。复杂的生态系统,形成网状的生态位,主客体潜能在所有网结上对生,进而在所有网结间纵横对生,往复运转,生发出人与生境的潜能在整个生态系统中网走周流的形态整生。在网走周流中,整体新质生焉,这是"以万生一"的质态整生;同样是在网走周流中,整体新质流布到各生态位,实现了各局部的整体化,这是"以一生万"的质态整生。两种整生呈对生态展开,形成了双向的网走周流,保证了立体环进的质态结构,张力与聚力的活态平衡。这就形成了四维时空形状的立体环进的质态整生,生发了系统整生的统合发展的当代生态美。

人与生境潜能在耦合对生中发展的网走周流的形态整生和立体环进的质态整生,达成了与生态系统运行格局以及运行规律的同一,整体地趋向了自然形态,生成了当代生态美的完整本质:人与生境潜能的整生性自然实现。

主客体潜能的耦合对生,所形成的人与生境潜能耦合并进、良性环行、网走周流的整生,生发了当代形态与质态协同整生的生态美,从而不知不觉地实现了对现代共生性生态美的超越,进而在这种超越中,实现了对此前三种生态美的创造性大整合,构成了更大历史跨度和更多逻辑维度的系统生成性,更充分地占有了生态美学整生研究范式的本质规定性。

同是主客体的对生,既可生成古代客体量态整生的生态美,也可生成近代主体量态整生的生态美,还可形成现代主客体形态与质态共生的生态美,更可形成当代及未来各种各样的人与生境形态整生与质态整生统一的生态美。可见,生态美是主客体潜能的对生性实现的界定,有着可持续发展的弹性空间,能够水到渠成地走向人与生境潜能的整生性实现的高层境界。同时,也再次说明了人与生境潜能的整生,是以主客体潜能的对生为出发点的,是包含了主客体潜能的对生的,是承续、发展、提升主客体潜能的对生而成的。

也就是说,生态美本质的界定,既要有普遍适应性,又要含不同时代的变化性,更要具备当代的创造性,达到历史的稳态发展性和时代的整体超越性的统一,才会更加具备生态发展的意义,才会更加具备整生的态势。

　　主客体潜能对生性实现的历史蕴涵不同,造就了各时代生态美的质态结构与生态过程的不同,显示了不同审美场及其审美范式的范生力。天态审美场及其依生之美的范式造就了古代生态美客体化的质态结构与依生性对生的客体量态整生化过程;人态审美场及其竞生之美的范式,造就了近代生态美主体化的质态结构与竞生性对生的主体量态整生化过程;整体审美场及其共生之美的范式,造就了现代生态美整体化的质态结构与耦合性对生的系统新形与新质的整体化过程。① 生态审美场及其整生之美的范式,造就了当代生态美耦合并进、良性环行、网走周流的自然态整生化过程,以及动态衡生、螺旋发展、立体环进的自然状质态整生结构。

第四节　人与生境潜能的自然整生跟
当代生态艺术美的涌现

　　从生态审美哲学的角度看,主客体潜能对生的性质和所生成的生态美的性质,以及人与生境潜能整生的新质和所生成的生态美的性质,在很大程度上是由双方潜能自由对生及自然整生的质、值、量、度决定的。

　　上述人与生境潜能形与质的自然整生,是审美规律与目的和自然规律与目的的同一造就的,构成了基本的自律,形成了哲理自由的

――――――――――

　　① 　关于古代天态审美场、近代人态审美场、当代生态审美场及其相应的审美范式,请参阅袁鼎生:《生态视域中的比较美学》。

形态。在此基础上，当代生态美走向系统的自律，进而实现生态艺术化的自然整生，以和生态审美场形成后，走向生态审美艺术化的历史趋势一致。

主客体各自整生的潜能结构，为其自由对生奠定了基础，进而为人与生境潜能的自由自然的整生奠定了基础。可以说，主客体各自潜能结构的整生性越好，就越能自由对生，就越能生发人与生境潜能自由自然的整生。潜能的整生性，是历史形成的整生性与历史实现的整生性的统一。古代，客体的潜能达到了历史形成的整生性与历史实现的整生性的统一，与未趋此境界的主体潜能形成了非平衡的自由对生；近代，主体的潜能走向了历史形成的整生性与历史实现的整生性的统一，与未达此要求的客体潜能形成了非平衡的自由对生；现代，凭借历史的整合性，主客体潜能均达到历史形成的整生性与历史实现的整生性的统一，形成了自由的耦合对生；当代，在主客体潜能平衡自由的耦合对生的基础上，形成了人与生境潜能的自然整生。

受制于整体的生态关系，古代、近代、现代的主客体潜能，以及当代的人与生境的潜能，形成了不同结构比例和结构关系的自由对生，从审美哲学的源头上，分别形成了客体量态整生、主体量态整生和主客体形态与质态共生的生态美，以及人与生境或曰天人生态系统形态与质态整生的生态艺术美。这就显示了生态美历史与逻辑统一的系统生成与发展。

主客体潜能不同质度与量度关系的自由对生，有着如下多层次的体现。这多层次的体现，构成了走向人与生境潜能自然整生的阶梯，特别是艺术态自然整生的阶梯，从而更具体地显示了生态美系统生成与发展的逻辑与历史统一的轨迹。

一、主客体潜能的自主对生

事物的潜能自主对生,是其本身的必然要求与必然趋向,是生态系统自组织、自控制、自调节以实现动态平衡的需要,如强行抑制,则违其本性,破坏了事物的有机联系,有碍世界的有序性。事物潜能之所以是自主对生的,因组织机制、动力机制、调控机制在其本身,所属整体的调控系统也是由它们共成的,只要外部环境为其提供相应的条件与契机,使其按照预定的程序自然与相宜事物对生,就可表现出自在自为、任性任意的自由特性。

这种自主对生,如物我双方均出于春蚕吐丝的需要,即出于生命的必然要求与自然趋向,是情之所至、性之所发、意之所趋、趣之所适,可达天人自主整生的境界。"看万山红遍,层林尽染,漫江碧透,百舸争流,鹰击长空,鱼翔浅底,万类霜天竞自由",这"竞自由",不就是万物与人的潜能不受约束、不受压抑地对生性实现吗? 它们之所以很美,乃在于其潜能与人的潜能达到耦合并生的自主实现。人"使自己的生命活动本身变成自己的意志和意识的对象",[①]"依赖于自己和按照自己的爱好而生活",[②] 超脱了内在物欲、奢望的羁绊和外在舆论、情势的逼迫,就成了内外皆然的自主性对生行为。像李白的"一生好入名山游",雷锋的"热心助人",孔子的"学而不厌,诲人不倦",都是率性任心的行为,都是生命的本真趋求,都是潜能的对生性自主实现,从而与客体共成了一种美生境界。

---

① 马克思:《1844 年经济学哲学手稿》,见《马克思恩格斯全集》第 42 卷,人民出版社 1979 年版,第 96 页。

② 卢梭:《爱弥儿》,转引自《西方资产阶级教育论著选》,人民教育出版社 1979 年版,第 97 页。

　　这种自主对生,成了主客体潜能对生性自由实现的一般形式、基础形式。自主是自由的一般性意义,前提性意义,抛开了自主,也就无所谓自由,也无法走向整体的自然。贾高建曾指出:"自由的一般规定:人的自主活动状态。"[①] 主客体潜能的自主实现,是跟两者的对生性关系相关的,并可从主体、客体、整体的自主度进行分析。如前所述,在古代、近代的生态美中,主客体的对生性关系,主要是依生型对生关系和竞生型对生关系,最终生成的均是一种对象性生态关系。对象性生态关系是一种同化和顺化的关系,在古代的生态美中,处在对象性生态关系中的客体,占据着同化的主导地位,主体处于顺化的趋同地位。所以,客体潜能的对生性实现,集中地表现为对主体的创造与同化,自主度高;主体潜能的对生性实现,集中地表现为对客体的依从与趋同,是在对客体的肯定与趋向中表现出自主性,实际上是对客体自主性的确证,是客体自主性的一种延展,本身固有的自主度低,影响了自身潜能的自由实现;这就从根本上导致了古代的生态美,主要是一种客体生态美。在近代的生态美中,主客体潜能的对生性自主实现,主要是一种主体化的对生性自主实现。由于生态结构关系在竞生中的移位,主体由顺化地位挪为同化地位,自身潜能在向客体的对生性实现中,有着很高的自主度,客体潜能的自主实现则受到了压抑,进而异化,变成主体潜能自主实现的一种形式,最终导致主体潜能的自主实现成了整体潜能的自主实现,造就出主体化的整体生态美。

　　主客体潜能对生性自主实现,或造就了客体潜能整体化自主实现的古代生态美,或造成了主体潜能整体化自主实现的近代生态美。

---

　　①　贾高建:《三维自由论》,中共中央党校出版社 1994 年版,第 21 页。

正是上述两者的趋合与统一,历史地形成了主客体潜能耦合并生性自主实现的现代生态美。处于耦合并生性关系中的主客体潜能,在相生相抑与相竞相赢中,均得到了充分的自主实现,并有机地构成了整体的自主实现,从而共生出、结晶出具备系统新质的生态美,有别于单质单生的古代客体性生态美或者近代主体性生态美。在对现代主客体潜能自主共生的生态美的承接与超越中,人与生境的潜能在动态中,自主地整生出当代的生态美。

二、主客体潜能自足对生

主客体潜能对生性自主实现,这是生态自由的一般要求,在此基础上达到整体结构形态的对生性自足实现,则是一种更为深刻的、内在的完整的生态自由。它能使主客体的潜能以及人与生境的潜能,尽性尽意、尽质尽能地自足对生与整生,形成整生化程度更高的生态美。

主客体潜能的自足对生,须依赖人际关系、天人关系的平衡自由与广泛协同,依赖社会与自然生态文明的提升与发展。人处在平等、协同、和谐的群体中,诸种社会关系和社会规律不再成为约束个性、压抑生命的必然,而是成了人自主展示与发展生命、个性、情趣、才能的依赖、保证与基础,整个社会文化成了个体全面潜能的对应化、对生化存在,成了个体全面潜能的对生性实现物,成了个体与对象全面潜能的相互肯定与相互确证的共生体。人处在自然中,双方构成了可持续发展的协同关系,自然不再是外在于自身的异己对象,也不是为自己所征服、破坏转而报复自己否定自己的对象,而是成了人自身生命的对应物与对生物,自身价值的共创者与相互肯定者,自身才智外向实现的协同者与共生者。凭此,主客体的潜能在耦合并生中,达到自主自足的整体性实现,生成完备的生态美。

主客体潜能整体结构化对生,可形成纵向历时的整生化之美,以及横向共时的整生化之美。前者指主客体按照程序实现预定的潜能,构成了秩序井然、比例匀称、层次分明的序列化对生,自然而然地形成整生化的动态审美结构。如人的一生,在其生命的诸阶段,即幼年、童年、少年、青年、中年、老年,均完备地实现了预定的潜能,一生潜能的对生化实现,都是自由的,都是自主自足的,其生命的历程也就成了美的历程和审美的历程,并与生命的对生物构成了流转不息的生态美场与生态审美场。后者指主体生命运动的某个阶段,特别是最为重要的阶段,其潜能的各个方面都得到了自主的对生化实现,构成了一个多质多层次的系统结构,形成了光彩照人的整生化之美。像伟人毛泽东的壮年时代,整体各方面的潜能,诸如军事、政治、艺术、历史、哲学潜能的发展处于巅峰时代,并相互促成,达到了整体结构化的对生性实现,构成了一代通才的整生化之美。主客体潜能整体结构化的对生性实现,是一种在自主基础上的自足实现,它是造就主客体的美生、构成生态审美场的机制。

主客体潜能自足对生的程度,或曰尽质尽性尽能地对生的程度,在很大程度上也是由两者的生态关系决定的。在古代生态美中,主客体潜能的对生性实现,是以客体为主导的,是客体生发主体、主体趋同客体的对生化实现。如此,客体的潜能得到了完备的自主实现,主体的潜能则受到抑制,难达自由挥洒的境地,常常出现客体潜能的自足实现导致主体潜能的非自足实现,客体潜能的结构性实现往往成为主客体整体潜能的结构性实现。这样,主体也就谈不上实现整体的美生了。古代西方神人合一的生态美,人压抑感性趋同于神;古代中国天人合一、人人合一的生态美,人牺牲个性与欲求趋同于天,趋同于群体;均属于以自身潜能的不完备实现成就客体潜能的完备实现,使自身潜能的不完备实现成为客体潜能完备实现的特殊形式,或成为客体潜能完备实现的一种确证。近代的生态美则与之相反,主体在压抑、征服、否定客体中自足地实现自己的潜能,把自身潜能的完备实现建立在客体潜能的非完备实现的基础上,使自身潜能实现的完备性变成整体潜能实现的完备性。现代的生态美,主客体潜能耦合并生地实现,双方彼此生发,彼此约束,交互共进,既达到了各自潜能的结构性实现,又同步地实现了整体潜能的结构性外化,所生成的生态美自由度高,美质当然超过古代和近代的生态美。当代生态美,在主客体潜能结构性耦合并生与实现的基础上,达到人与生境潜能的四维时空的结构性自足实现。这是一种立体推进的整生性自足实现的自由,可造就人与自然关联贯通流转不息的生态美场。

三、主客体潜能的自律对生

主客体潜能合规律、合目的的对生,既是一种哲学意义上的自由实现,又为双方潜能自主地对生和自足地对生提供了历史的、现实的依据。也就是说,主客体的潜能只有达到合规律、合目的的对生,即自律的对生,它才可能是自主、自足的对生。作为高层次的生态自由,它包含并统合着自主、自足的对生。

合自身所属小系统及自然大系统的规律。事物潜能的外向对生性实现,是循规律而行的,也就为外界环境、外部规则所认可、所协同,从而无阻无碍、通达顺畅,达到自然逍遥的境界。"海阔凭鱼跃,天高任鸟飞",是鱼、鸟潜能与环境的对生性自由实现。这种对生,首先暗合了鱼、鸟物种的生态规律,具备了自由实现生命潜能的直接前提与基础,如果是鱼跃陆地、鸟翔海底,则有违物种特性与生态规律,也就无法自主地实现跃与翔的潜能。再者,它们的跃与翔还要符合大自然的生态规律,与环境构成和谐的生态联系。鱼跃大海,鸟翔高空,处于自然运动的整体联系之中,与自然的整体运动相适应,是组成自然整体运动的有机成分,是自然和谐运动的一个环节。它们跃与翔的条件,是整体的生态环境提供的,并因此受大环境的运动规范与调节,进而与整体的运动保持了一致性、协调性与统一性。再如人类的活动,既符合社会的规律,也符合自然运动的总规律,方具备与客体自律对生的依据。

合自身所属小系统及自然大系统的目的。主客体潜能合规律地对生性实现,成为历史的必然,为环境所认同,获得了自由的特质,而它的合目的对生性实现,则成为历史的必需与必要,为环境所肯定,所趋合,同样具备自由的精神。概括起来,主客体潜能合规律、合目的的对生性实现之所以是自由的,乃在于它具备了一种社会的、自然的以及历史的、现实的合理性。正是这种合理性,既构成了主客体潜能对生性实现的自由特质,又成为双方潜能对生性自由实现的保障、基础与依据,并且还是双方潜能对生较高品格生态美的保证。

任何有价值的东西都是跟目的相关的,生态美亦然。从更高的角度来看,合规律是为合目的服务的,合规律是手段、合目的才是宗旨。也就是说,合目的是主客体潜能在对生中构成生态审美特质的最终根源。

主客体潜能合目的的对生,也有层次上的区别与联系。最低层次的目的,是优化个体自身、发展个体本质的微观目的。基于此,事物潜能合个体目的实现,是个体生命发展的需要,是个体本性的显示。在这一点上,潜能的自主实现与合目的的实现达到了同一,只不过前者偏于感性欲求与意志,后者偏于理性目的与理想罢了。高一层次的目的,是优化所属群体与种类,发展群体与种类素质的中观与宏观目的。最高层次的目的,是优化整个大自然系统,持续发展包括人类在内的整个大自然界的统观目的。一般来说,主客体潜能合多重目的对生性实现,可获得整体自由的品质。

古代的生态美,主客体潜能偏于合规律的对生性实现,客体性强,客体的自由度大;近代的生态美,主客体潜能偏于合目的的对生性实现,主体性强,主体的自由度大;现代的生态美,主客体潜能的对生性实现,在既合主体规律、也合客体规律、更合整体规律的基础上,侧重合主体的目的,兼顾客体目的和整体目的。当代的生态美,应该是充分、全面地合规律、合目的的,实现系统的自律,从而在人与生境潜能耦合并进的自觉自然的整生中,趋向生态美的典范形态与前沿形态。

四、人与生境潜能的自然整生

主客体潜能三个向度的对生性自由实现是统一的,人与生境潜能三个向度的整生性自由实现更是统一的,它们形成了趋向更高境界的自然实现的共同性和整体性,有着构成自然的自由系统的内在要求和整体基础。具体地说,在生态美中,主客体潜能自主的实现是任性任意的实现,整体结构性的实现是尽性尽意尽能的实现,合规律合目的的实现是按性按质和依性依质的实现,从而都是天然性的实现,有着共成为自然的自由整体的必然。正是这种必然性的实现,为当代生态美统合以往时代的生态美,提供了一个人与生境潜能自然性自由整生的平台。这也说明,当代生态美的本质,有着历史的、逻辑的系统生成性与系统生长性。

一般来说,规律与目的,有着外在的必然性与刚性的规范性,于自然的自由本质有距离。但现代特别是当代的生态美,基于主客体潜能的耦合对生,所循的规律与目的,都是内在的、自然而然的。其规律是事物的性与质的展开和所属系统的性与质的展开及其相互联系,其目的是事物性与质和所属系统性与质的存在与发展的要求,均不是外在的、异己的必然。也就是说:生态美三度自由的本质深处都是自然的自由,它们都以自然为最高的本质规定,能够整合成自然的自由系统。这种自然的自由系统生成于当代生态美中,使之实现了对以往生态美的高端集成,并在自然的自由性与整生性的耦合并进方面趋向了历史的、逻辑的制高点,从而更深刻、更全面、更系统地发展了生态美的本质。

　　主体与客体、人与生境的潜能自主的对生性和整生性实现,即任性任意的实现,是自在自为的感性自由。主体与客体、人与生境的潜能的整体结构性的对生与整生,在尽性尽意尽质尽能中包含了目的与规律,是感性自由向理性自由的过渡,是潜理性自由。主体与客体、人与生境潜能合系统目的、合系统规律的对生与整生,从感性自由、潜理性自由走向了自律自觉的理性自由。三者整合而成的自然的自由,实现了感性自由、潜理性自由、理性自由的统一,构成了自然的自由系统,形成了最高的整体形态的自然的自由结构,实现了对纯天然自由的超越。这就使主客体潜能自然对生的生态美,特别是人与生境潜能自然整生的生态美,达到了老庄哲学倡导的"无为而无不为",孔子年届七十而"从心所欲,不逾矩",审美创造的"浓后之淡"和"无法而至法"的生态艺术美境界。这说明,当代生态艺术美,实现了对以往生态美量与质的双重承接与双重超越,达到了整生态审美量和自然状艺术质的统一,成为生态美的一般本质形态。也就是说,它的本质规定,可以视为一般生态美的本质规定,从而反映了一般的生态美向生态艺术美发展的历史趋势,反映了生态艺术美从生态美的局部形态逐步变为整体形态的发展格局。

当代生态美走向生态艺术美的自然之境,实现了审美价值立体维度的整生化。一是生态审美价值本体的系统生成。真、善、益、宜、艺形态的生态美,各具相应的审美价值,在相生互长中,提升了本己的审美价值,又在真、善、益、宜、艺诸美咸集毕至中,生成了艺术化的生态审美价值本体,在共生整体生态艺术审美质中共有了整体质。二是生态艺术审美价值和生态功利价值的共生。真、善、益、宜形态的生态艺术美与生态化的纯粹艺术美同形共构的价值本体,既是一个艺术化的生态审美价值系统,也是一个生态功利价值系统,两者耦合并进,形成更大系统的价值整生。三是质、量互进的生态审美价值的整生。生态美实现生态审美价值、生态功利价值、生态艺术价值的三位一体,达到质与量的同增共长,构成了深度、宽度、高度三维关联立体推进的价值整生,实现了生态审美的艺术化。

三级价值的整生,使当代生态美和一般形态的美有了更为明晰的分野。一般形态的美,讲究审美价值的纯粹性和其他价值的潜在性,不追求真、善、美、益、宜的价值并生与相生,也不追求真、善、美、益、宜的审美价值与功利价值的耦合并进,更不追求审美价值领域、非审美价值领域、高审美价值领域的贯通为一。

立体推进的价值整生,确证了当代生态美人与生境潜能整生的自然性,显示了当代生态美自然性自由的超越性。以往美之自由,有三大局限,一是存在时空的局限,二是审美距离的局限,三是审美疲劳的局限。当代生态美凭借自然性的系统自由,将超越这三大局限。它是真、善、美、益、宜统一的生态美场,将逐步与生态场和生态环境场重合,最后使整个世界成为生态美场,成为生态艺术美场,也就获得了全时空的存在。它是生态自由与审美自由的统一,是审美功利与其他生态功利的耦合并进,不需要排除功利,保持审美距离,以促成和维系美的生成与存在,不存在功利干扰美的生成与持续,使真、善、美、益、宜在显态统一、同物共相中整生,获得了超越审美距离的自由。它是上述生态审美价值、生态功利价值、生态艺术价值的三位一体,与主体构成了艺术化的生态审美关系。艺术化的生态审美关系因是认知关系、实践关系、日常生存关系与艺术化审美关系的整生化,保障了艺术化的审美活动与生态活动的同步展开与持续发展,避免了单一的审美活动以及质与量不高的审美活动所造成的主体审美感官的麻痹与审美心理的疲倦,以及由此引起的审美注意的分散和审美活动的中止。也就是说,当代生态美因上述三级价值的整生性构成,处于艺术化生态审美关系中,使主体相应地形成了不会疲倦的生态审美感官,不会分散的生态审美注意,不会中止的生态审美活动,从而在生态审美价值的生发上,获得了高度的整生性自由。正是在对以上三大局限的超越中,当代生态美获得了以往形态的美无法比拟的存在的自由、生成的自由、价值的自由。而这一切,是人与生境潜能的自然整生造成的。

主客体潜能的对生性自由实现,有三个层次的理论含义:偏于客体潜能的依生型自由对生,对应于古代的生态美;偏于主体潜能的竞生型自由对生,对应于近代的生态美;两者通过耦合并生性进而达到相竞相赢性、共生共进性、协同结晶性自由对生,则对应于现代的生态美。最后一个层次,是此前生态美本质结构的主体层次,它把前两个时代的生态美本质创造性地包容其中,成为生态美本质的共生形态。

当代生态美,作为人与生境潜能的整生性自然实现,则实现了前三种生态美高端的系统集成,进而揭示了生态美的发展趋势,构成了生态美本质历史的现实的未来的整生性发展,达到了科学性与普适性的耦合并进。从系统生成的角度看,由依生、竞生、共生,走向整生,是历史生态和逻辑生态的统一,有着生态辩证法的依据和生态规律的支撑。从自由系统的运行看,自主、自足、自律这三大层次的自由,有着从低位到高位的依次生发性和从高位到低位的范化性,从而在双向对生中,形成了良性环行的圈态系统,并整体地生发了和螺旋性地提升了自然的自由这一系统质。当代生态美,是此前生态美的系统生成和系统发展,其人与生境潜能的实现,也就顺理成章地达到了整生性与自然性以及艺术性统合的境界,构成了人与生境潜能的整生性自然实现的本质规定。

人与生境潜能实现的自然性,是生态性和艺术性的聚焦,集中地体现了生态美走向生态艺术美的发展性本质,形成了跟其他形态之美的区别。这种自然性,是从整生性涌现出来的。人与生境潜能在对生中形成的形构与质构的整生性,三大自由良性环行的整生性,审美自由与生态自由统合的整生性,审美价值与生态价值整合的整生性,均生发了自然性,并实现了自然性的高端集成,进而凝聚为生态美的发展性本质,并和生态审美艺术化的整体趋向一致。

生态美是系统生发的。这种系统生发性,也主要体现在整生性的生发方面。主客体潜能的整生性形成,构成了生态美系统生发的基础。古代客体潜能与近代主体潜能各自的整生性实现,造就了现代主体的整生性潜能与客体的整生性潜能的耦合对生性实现,使之发展出当代人与生境潜能形构与质构统合的整生性实现,形成旨趣趋向自然的艺术生态美。显而易见,这种生态美,基于整生性历时空的生成与生长。

如果说,美是和谐主要解释了古代之美,美是人的本质力量的对象化,主要解释了近代的美,美是主客体潜能的对应性自由实现,[①]主要解释了现代的美,那生态美是主客体潜能的对生性自由实现,则试图对古代、近代、现代的美作整体的生态性解释,并进而说明古代的客体化生态美转换为近代的主体化生态美后,历史地、逻辑地生发出现代的共生化生态美,有着现代以往各种生态美甚或其他形态美的普适性。在此基础上,我们做出的生态美是人与生境潜能的整生性自然实现的逻辑界定,也就既包蕴了生态美的生态史,又尽可能地把各历史阶段关于美的经典性或代表性解释,融为自身的理论层面,以确证当代生态美的界说,不仅是所有生态美的结晶和未来生态美的预测,还是由各种美的旧界说"生长"出来的,从而进一步显示出它的系统生成性与系统生长性。凭此,当代生态美的界说,成了生态美的一般本质规定性。

　　人与生境潜能整生性自然实现的生态美,既是由各种生态美历时性的逻辑发展而成,也是由各种一般形态的美历时性的逻辑发展而成,有着两种系统生成性与系统生长性。这就说明了生态美从美的特殊形态,走向了美的一般形态,进而说明了生态艺术美将从生态美的特殊形态,走向生态美的一般形态,再而说明了生态美发展到目前,已成了美的主流形态、主潮形态,生态艺术美将在未来成为生态美的主流形态、主潮形态。生态美的这种特质,是由与之关联的生态审美、生态审美场、生态美学的当代地位与当下本质规定的,是生态审美艺术化的时代潮流规定的,是对它们的依次分形。

---

　　① 　参见袁鼎生:《美是主客体潜能的对应性自由实现》,《广西师范大学学报》(哲学社会科学版)2000年第4期。

第六章　生态美形式的生长

天人既真且善的结构对生,是生成美的形式之路。它基于美的本质规定:主客体潜能的对应性自由实现。[①] 相对于纯粹从客体的整一性或者主体的统一性去寻找形式美的根由,这应该是一种新的路线。

生成生态美的形式,似乎更为复杂一些。它起码包括抽象与升华生态结构,反映与提取生态规律,体验与认同生态价值,还加上生态化阐释与重构美的形式等等。凡此种种,构成了生态美形式系统生成的机制,显示了主客体潜能的系列化自由对生,进而彰显了人与生境潜能的自然整生,从而占有并深化了生态美的本质。

鲁枢元认为:文艺的生态研究,就是探索自然的法则、人的法则、艺术的法则三位一体。[②] 他揭示的生态文艺学的基本规律,跟生态美形式基本的生成路径有着对应性。将自然的法则、人的法则,统合为生态规律与目的、生态格局与关系,进而与艺术形式同构,当可系统生成生态美的形式。

生态美形式包含形式美,即生态系统关系的协调与统一,平衡与稳定,有机与有序,自然与自由。它还包含形式丑,即生态结构的非

---

① 参见袁鼎生:《审美生态学》,第 177—193 页。
② 鲁枢元:《生态文艺学》,第 73 页。

和谐、反和谐。它含美还是显丑,取决于生态秩序。它含美的高低,则进而取决于生态秩序的深浅。

曾永成提出的生态秩序美范畴,[1] 可以做理论的升华,使其超越具体的审美形态,生发出生态美形式历史发展的基本规律:生态线性有序,形成古代结构聚力性形式;生态非序,形成近代结构张力性形式;生态非线性有序,生成当代结构聚力与结构张力中和发展弹性伸张的生态艺术形式。

生态美形式高级阶段的历史进程,和生态审美艺术化的历程有着对应性:生态美形式的当代形态,是生态艺术化的。

第一节　生态线性有序:结构聚力性形式

结构是形式的主体。生态美的形式主要抽象于生态系统的矛盾结构。这一结构的质、性、形,取决于张力与聚力对生的关系。生态美形式品位的高低也主要取决于这两种力的大小及其对生关系的平衡、自由。聚力由生态系统的目的性、共同性、统一性、稳定性生成,张力由生态系统的丰富性、个性、差异性、变化性生成。聚力是生态平衡性规律与目的的表征,张力是生态多样性规律与目的的概括,两者可共同生成生态系统中和发展的整体规律与目的,它们关系的变化,内在地影响、制约、决定了生态美形式的生长。

生态线性有序,主要是一种结构聚力性和谐,它在直接的、单向的生态关系中,形成生态结构的统一性,构成生态美的初级形式。

---

① 　曾永成:《文艺的绿色之思——文艺生态学引论》,第 132 – 135 页。

一、并生与齐生

传统的对称、整齐划一等美的形式，一旦获得生态系统结构形态与结构关系的意义，就成了生态格局与关系、生态规律和目的的反映，就成了生态美的结构形态，就显现与转换为生态形式美：并生与齐生。

并生，指事物呈对称性生长的态势。像银杏的叶片相对而出，人的双手双脚相对而长，均呈耦合并生的形式美。齐生，指对象的各部分呈整齐划一的生态形状与生长样式。如田中的禾苗株距行距相等，显齐生的格局与关系。并生或齐生者，整体各部分在形态、性态、质地、数量、尺度诸方面有着突出的同一性，相互之间非常亲和与协调，凝聚力大，统一素丰富，整体协同的程度高，然"千人一面"，缺乏鲜明独特的个性以及丰富多样的审美特征，结构张力很小，与聚力不平衡。这就造成了聚力对张力的压抑与吞并，导致两者对生关系的不协调，不自由，不合生态形式美的深层规范。中国美学认为："声一无听，物一无文"①，要求各种因素造成"和"，避免"整齐划一"的因素形成"同"。并生、齐生显然不符合这一审美规则所反映的生态系统"和而不同"的深层生态关系，仅仅停留在对简单的生态系统外部结构形态的抽象上，以及直观的生态秩序的反映上。再有，它们在结成整体时，各因素按集合的方式统一，简单容易，浅显外露，拘谨局促。这类形式在生态美身上体现出来的时候，既形成了整齐、有序、庄重、典雅、肃静的审美特性和审美价值，也生就了呆板、僵硬和缺乏变化与生气活力的反审美特别是反生态审美的负价值，容易生成审美疲

---

① 《国语·郑语》。

劳,有碍审美活动与生态活动平衡稳定地合二为一,难以保证生态审美活动的持续进行。

生态结构的张力与聚力作为构成生态美形式深层和谐的两大要素,在审美价值的生成上也是各有千秋的。聚力,凭借各部分的关联与集合、稳定与平衡、协同与统一,形成某种十分集中与突出的审美特征,给人强烈而深刻的审美印象;张力,凭借各部分的个性、丰富性的充分展开,形成了格调迥异的、大流量和多流量的审美信息。低层次生态形式美因结构张力的缺乏,所包蕴的审美信息也就难以饱满、奇特、多样了,其居下品,也就势在必然。生态系统结构关系的协调,作为生态和谐的本质,既从各部分的凝聚与统一等外在层次体现出来,更从张力与聚力的平衡和关系自由等内在层次显示出来,并生、齐生仅在浅层次上获得生态和谐的本质,仅在结构张力依同结构聚力的框架里形成整体的统一,未能形成深层的生态和谐与整体平衡的生态和谐。

二、匀生与衡生

均衡、渐变、节奏等传统形式美类型,进入生态视域,也可重组、升华为生态美的形式:匀生。匀生反映了生态存在与生态生长的合比例性,表现了生态位置的经营、生态尺度的确立和生态格局的推移等的匀称性和适度性。它虽也偏于结构聚力,但张力渐生,能形成弹性初长的生态美结构,显示了其形式审美品位的发展。

匀生,指生态系统的各部分在形体、色彩、质地诸方面的比例大致相等,并均衡而协同地生长,显示出整体结构存在与发展较为直观的匹配性与有序性。匀生凭借组成部分的相似性和生长变化的相近性,既生成共性值和共性质,产生亲和力与凝聚力,达到整体统一,还同时产生些许差异、个性、变化,在一定意义上避免并生与齐生所带来的诸如僵硬、呆板、沉寂等审美负价值。然匀生所追求的个性、变化、生机、丰富都是有限的。它的个性值远不及共性值高,它的变化只能在一定程度上消除高度同一所带来的呆板,它的丰富也仅仅是与并生、齐生所显示的单调相比,以后者为参照系,才或多或少地展露出来。总而言之,匀生的共性值、稳定值、统一值过高,个性值、变化值、丰富值偏低,二者不成比例,从而导致整体结构的张力与聚力不够平衡,不够协同,影响了深层生态和谐质与整体和谐质的生长。或者说,它的张力与聚力在对生中趋向统一,然未达平衡统一。它那仅次于低层次生态形式美的强大聚力,造就了外部关系的匹配与有序,形成了充分的外部和谐;发展中的张力,显得微弱,两者处于非协同、非匹配发展的境地,内部生态和谐特别是整体生态中和的自然度与自由度,难与高层次生态形式美相提并论。

　　事物等时等量增长,是构成匀生形式的重要途径。匀生把节奏、渐变等形式美规律包含其中,并使其和相应的生态格局与关系、生态规律与目的同构统一,生成生态形式美。生态视域中的节奏和渐变,是生态发展有序性的表征,可以有机地融入事物等时等量的发展所形成的匀生形式。这种匀生的增长一面,显示了个性、差异性、变化性、丰富性,形成了张力,它增长的等时等量的一面,显示了共性、同一性、统一性,构成了聚力,达到了张力与聚力的对生性统一。但这种统一,有着非平衡自由的特性。它靠增长的等时等量,来调和变化,达到统一,从而消融、减弱、模糊了增长的差异与个性,形成相似性、相近性甚至同一性。其同一性的获得,是以差异性的损失为代价的,其共性的生成与增长是以个性的削弱与降低为前提的,其稳定性的萌发是以变化性的淡化为基础的。这种此消彼长的情形,虽然造就了生态审美对象各组成部分的共性、同一性、稳定性、统一性与个性、差异性、变化性、丰富性之间的适当比例，使二者的指数大致匹配、相称，使矛盾的对立面达到协调与统一，但这是用抑此扬彼、水落石出的方式造成的，而不是靠水涨船高、耦合并进的方式生成的，未把共生与整生的生态格局、生态关系、生态规律、生态目的包蕴其中，形成的是张力依存聚力的结构统一，从而还停留在依生性形式的框架里。其结果，对生的双方都很难充分发展，作为个性、差异性、变化性、丰富性的矛盾一方，为成就自己的对立面，还产生了负增长，这就影响了双方统一而成的生态和谐的质、值、量、度。

　　古希腊毕达哥拉斯学派主张把"杂多导致统一，把不协调导致协调"。[①] 中国儒家哲学和美学推崇"中庸之道"，主张"清浊，小大，短长，疾徐，哀乐，刚柔，迟速，高下，出入，周疏，以相剂也"，[②] 要求"乐而不淫，哀而不伤"，[③] "直而不倨，曲而不屈……哀而不愁，乐而不荒"[④]。这些看法，均和匀生相通，都可以作为理论成分，融化在匀生的本质结构中。这类中和、调和、渐变所共生的匀生之美，是由于现实的生态结构、生态关系尚未促成个性与共性协调地、充分地发展的结果，是人类特定历史阶段的必然产物。在过去时代，它们可能是最高的审美理想或曰生态形式美理想，但时过境迁，在追求非线性生态和谐形式的现代人眼里，却等而降之了。

　　生态系统矛盾中和结构的稳态存在，显示出衡生的形式美。生

---

①　尼柯玛赫：《数学》，见北京大学哲学系美学教研室编：《西方美学家论美和美感》，商务印书馆1980年版，第14页。

②　《左传·昭公二十年》。

③　《论语·八佾》。

④　《左传·襄公二十九年》。

态系统各部分的矛盾对生关系,是形成与维系系统衡态存在的机制。系统各部分是个体存在和整体性、整体化存在的统一。为保持自身个体存在的相对独立性,它与别的部分相离相拒,甚或相克相抑;为实现自身的整体性和整体化存在,它和其他部分相合相和,相生相长;两方面辩证统一,形成衡态的系统生存性。在中国传统哲学里,金木水火土的相生相克,形成生态结构均匀匹配稳态布局的衡生。太极图中的阴阳鱼,也在相生相克中,维系了矛盾中和的衡态存在。衡生的生态美形式,是矛盾双方耦合并存的生态结构、相生相克的生态关系、对立中和的生态格局以及均衡、对称、对立统一等形式美规律的整合性统一。

　　在这一生态形式美中,矛盾对立形成结构张力,矛盾中和形成结构聚力,形成了结构张力走向结构聚力的生态运动,构成了结构张力依从结构聚力的整体生态关系和生态格局。从静态结果看,它的结构张力与结构聚力是对称的、平衡的;从动态过程看,其结构张力消融在结构聚力里,形成的是非平衡的统一;从本质看,它还是属于结构聚力性形式美。像中国封建社会,在矛盾对立和矛盾中和的循环中,形成了超稳态存在的衡生结构。

　　衡生的生态形式美,已包蕴了对立统一、生态平衡、生态循环等因素,较之并生、齐生与匀生,依生性在逐步减弱,生态有序的"线性"特征在逐步降低,显示了向生态非线性有序的形式美发展的潜能与趋向,相对具备了较高的审美价值。它和动态衡生分属不同的生态形式美平台,所具中和之质也有静、动之别。衡生,是矛盾中和结构的存在形态,动态衡生,是矛盾中和结构的发展形态,前者是后者的生成基础与前提。

　　同属偏于结构聚力的依生性生态形式美,并生、齐生跟匀生和衡生却有层面上的不同。并生、齐生体现了结构张力对结构聚力的依同，匀生显示了结构张力对结构聚力的依存，衡生表征了结构张力对结构聚力的依从，从而不同程度地分有与拓展了依生之美的本质，成为不同质度的生态线性有序的形式，显示了在既定质域中的历史生长性。它们都属于古代生态美的形式。古代生态美是主体依从、依存、依同客体的整体美，古代的生态和谐理想是追求统一、合一、同一的理想，古代的审美范式是依生形态的，审美场是天态的。[①]凡此种种，层层规范了古代生态美的形式，是结构张力依同、依存、依从结构聚力的形式，即聚力化、聚力性的线性有序的生态结构形式，并凭此和生态美内容的客体化进程一致，即客体潜能成为生态美整体质的历史进程一致，从而达到了内容与形式的统一。

上述各种生态形式美，虽均属线性有序的依生性形式，但从它们的结构张力对结构聚力的依同、依存、依从的变化中，可以看出依生性在逐步减弱，线性有序的特征在逐步淡化，呈现出突破依生的框架，向非线性有序领域发展的趋向。当然，这仅仅还是一种趋向，从本质上看，它们还处在依生之美的历史时空里和逻辑疆域中。

第二节　生态无序:结构张力性形式

生态美的形式要走向高级形态，需要一个中介阶段来历史地、逻辑地发展生态结构的张力，为其后阶段与生态结构的聚力中和发展、协调并进做准备。由此可见，偏于生态结构张力的生态美形式在近代生发，是生态美的形式历史发展的规律使然。当然，更直接的原因

---

① 参见袁鼎生:《生态视域中的比较美学》第四章。

是范化生态美形式的诸因素,包括生态美的内容以及相关的审美理想、审美制式、审美理式、审美场向主体化方向扩张了。主体的潜能在竞生型对生中形成的张力,在美的内容、审美理想、审美制式、审美理式、审美场中的展开,呼唤偏于结构张力的生态美形式。

竞生性形式,其生态结构的张力与聚力的对生,经历了三个发展阶段。一是结构张力冲击、抗拒结构聚力,二是结构张力否定取代结构聚力,三是结构张力冲决解构结构聚力,冲决解构形式。与之相应,形成了生态美丑怪的失序形式、荒诞的反序形式、虚幻的非序形式或曰非形式三个张力递增的竞生性依次强化的层次与形态。

一、生态失序的丑形式

失序的形式是崇高型生态审美对象的形式,是失去生态稳定性、平衡性、统一性的形式。生态崇高的内容,形成于主体历史地改变客体化的生态结构,进而建造主体性生态结构的行程与趋向中,失序的形式随之而生。在客体化生态结构的改变中,在客体主位的生态关系的变换里,结构的聚力在削减,张力在增加,形成了偏于结构张力的竞生性形式。由于个别性、差异性、变化性、丰富性强烈地对抗与冲击整体性、共同性、稳定性、统一性,从而造就了结构的震荡、扭曲、变形、破裂,造就了生态结构的失序和形式的丑陋,生态美的形式失去了以往的和谐之美。由于两种结构力的竞生,导致崇高的主体性生态结构,不管是现实形态的,还是趋向形态的,在失去生态秩序后,都呈现出震荡摇晃、扭曲变形、似决欲开、似破欲裂的丑陋怪异的审美特征。

在这种失去生态秩序的形式中,生态结构的张力与聚力的对生,表现为双方对立冲突的竞生。在竞生中,结构张力冲击、抗拒结构的

聚力,形成偏于结构张力的非稳定非平衡的生态结构,唤起了欣赏者
震惊、新奇、怪异的美感,并在痛感中潜生暗增着快感,形成丰富多样
的生态审美感受。

二、生态反序的怪形式

生态反序的形式是悲剧性生态审美对象的形式,是违背生态规
律性和生态目的性的形式。在这类生态美中,主体的感性潜能在对
生性实现中,否定了主体的理性潜能,否定了现实世界的真,形成了
主体感性化的生态结构,即非理性的生态结构。这是一个否定聚力
的张力结构。作为张力的个性、差异性、变化性、丰富性,在竞生性对
生中,否定、放逐了整体性、共同性、稳定性、统一性,形成了随意杂
陈、无机拼凑的反序结构。各部分的连接和生态关系全是偶然的、随
机的、倒错的、变幻无常的、荒谬绝伦的、不可理喻的。无法找到它们
之间的生态联系性、生态稳定性、生态规律性,有的只是共属非理性
的同一性与统一性。理性的聚力被感性的张力驱走了,维系生态结
构的理性聚力被感性的张力取代了,感性的张力同时行使感性的聚
力,把同属非理性的各部分"结构"成非稳定的反序状态。而这样的
形式恰好托载了非理性的主体化的生态审美内容。

生态审美对象的反序结构,是非理性的主体在竞生中同化客体
后形成的主体化生态结构,它否定了崇高,否定了崇高理性形态的主
体性生态结构,或曰趋向性的理性化主体生态结构,建构起了一统天
下的张力化生态结构。这是一个非组织的生态结构,但它还是一个
结构,它的结构性体现在感性主体化的整体性,或非理性主体化的整
体性。

生态审美对象的反序结构是聚力依同张力的结构。感性的聚

力,即各部分共属非理性的同一性与统一性是隐态的,是以张力的形式出现的,从而形成了更加偏于结构张力的形式,或曰张力整生化的形式。

三、生态非序的无形式

生态非序的形式,是生态系统失去结构的形式,即无形式。无形式是喜剧性生态审美对象的"形式"。生态喜剧解构了生态悲剧,解构了非理性的主体化生态结构,使同一于和统一于感性主体的整体生态结构断裂了、解构了,成为一堆碎片。也就是说,生态结构的张力在与聚力的竞生型对生中,彻底地解构了聚力,形成了非结构的纯张力性"形式"。而这样的"形式",也正好托戴了无客体关联与确证的"非主体"生态审美内容,以及无主体关联与确证的"非客体"生态审美内容,即游离飘忽的、恍恍惚惚的、似有若无的、似是而非的、无根无据的"非主体"、"非客体"的"虚无"性生态审美内容,"无形式"与"虚无"的内容是如此匹配与对应的统一,显示了生态审美的内容、生态审美对象对生态审美形式的范生性,确证了近代主体性审美文化系统生发的态势。

同一性是内容与形式的关系,凭此,形式对内容发挥托载力、表现力、创造力。形式的主体——结构所承担的形式功能,主要通过聚力与张力的协同运动来发挥的。张力主要是拓展、创新、变异审美信息,聚力主要是整合、统一、规范、稳定审美信息。近代主体性生态审美对象偏于结构张力的形式,在发展过程中,张力一步一步强化,聚力在一步一步减少,结构性和形式性在一步一步消失。在生态崇高阶段,张力冲决或意欲冲决聚力的约束,使生态审美对象的形式削减甚或失去了审美的特质;在生态悲剧阶段,张力否定了理性聚力,张力和感性聚力走向同一,实际上,张力取代了聚力,十分隐在地、宽泛地、含混地维系着整体的某种同一性,即整体的非理性,而实际的结构力已不复存在;在生态喜剧阶段,张力解构了聚力,破除了聚力对自身的规范与约束,也使自己失去了规定性与确定性,沦为虚与幻。这"幻"态的张力与"空"态的聚力,构成了无形式。近代生态审美对象无序的形式,高度发展了结构张力,在创新、拓展审美信息,使之高度独特、怪异、奇幻,增加与创造审美吸力方面,确实有所贡献,但它起码在三个方面违背了生态美的形式特别是生态形式美的规律。一是结构张力与聚力的整体关系未处理好。两者本是矛盾的统一,本应对应中和地整生化发展,以生长与提高形式美。然近代生态审美对象的形式,却片面强化了它们的对立关系,忽略甚或否定了它们的同一性,让张力冲决、否定、取代、解构了聚力,使形式的审美因素一步一步地削减,以致丧失了生态形式美,最终沦为无形式。二是结构张力与聚力未协同发展。双方本应是耦合并生的关系,张力发展到哪里,聚力随之到哪里,实现结构的发展性与整体性的同步统一。然近代生态审美对象的形式因素是单兵突进的,张力与聚力未能做到"比翼齐飞",仅仅实现了张力的整生化。三是结构的聚力未能内化为张力。高度统一的张力与聚力,两者不是截然分开的,而是聚力内在于张力中,使张力化他律为自律,从而随心所欲不逾矩,达到自由发展的境界。这些审美缺失,是片面的深刻造成的。它为当代生态美的形式既提供了综合的基础,又留下了进一步发展的空间。

　　当然,近代主体并非着意建构失序、反序、非序的生态审美形式,而是主客体潜能失控的竞生使然的。[①] 近代主体,意欲通过竞生产

---

　　① 参见袁鼎生:《生态视域中的比较美学》第八章。

生的结构张力,去改变客体主位的聚力性生态结构,形成主体自由的
生态结构。然主客双方持续展开的竞生性对生,使主体化的生态结
构,在失控的张力中,走向了生态自由的悖论:从非规律非目的,到反
规律反目的,最后到无规律无目的。近代生态审美的形式,基于对这
样的非自由的生态结构的抽象,势必是张力性的,张力整生化的,因
而也势必是失序、反序与非序的。

第三节　生态非线性有序:结构聚力与
张力中和发展的生态艺术美形式

当代耦合对生、动态衡生、良性环生等生态形式美的特征是非线
性有序:组成生态结构的各部分,其整体性、共同性、稳定性、统一性
以及个别性、差异性、变化性、丰富性等诸多对立面都得到了充分的、
协同的发展,在质、值、量、度等方面都具备了较高的指数,都达到了
较高程度的对等性匹配,进而走向统一,共成新质。也就是说,生态
非线性有序的形式美,是整体各种矛盾对立的内在要素得到充分展
开后,再走向中和发展的审美类型,是整体生态结构的张力与聚力在
耦合并进中得到充分发展,达到动态平衡与统一的整生性中和美。
它是一种非稳定的稳定、非平衡的平衡、非有序的有序的辩证形式。
它的非稳定、非平衡、非有序往往是局部的、表面的,是手段和机制,
它的稳定、平衡、有序常常是整体的、内在的,是目的与效果。

一个生态审美对象的结构,其组成部分越多样,各自的个性越独
特,相互间的差异越大,对立、对抗程度越高,其结构张力也就越大,
反之,则越小。另一方面,其丰富的组成部分,内部的生态联系越紧
密,共同性越充分,统一性越深刻,稳定性越持续,整体性越强,其结

构聚力也就越大。其结构张力与聚力在对生中,越走极端,越在高质、高量、高值的基础上达到对等、平衡、匹配与自由自然的协调统一,其生态和谐美的等级也就越高,价值也就越大。凭此,它们和结构聚力的整生化形式美,以及结构张力的整生化形式,都形成了分界点。

当代生态形式美,追求非线性的生态有序,生发非线性的生态和谐,在生态关系的复杂运动中,形成结构张力与结构聚力中和发展的整生化格局。也就是说,生态结构的聚力化运动,形成线性有序的生态形式美,生态结构的张力化运动,形成无序的生态形式,生态结构张力化与聚力化耦合并进的运动,形成非线性有序的生态形式美。后者是对前两者的综合与超越,是生态辩证法的体现。总而言之,生态非线性有序,是有序与无序共生的更为深刻的有序,更为高级的有序。作为在共生性基础上生发的整生性形式,它是抽象与反映生态系统整生化的结构、整生化的关系、整生化的规律,并与相应的形式美规律统合,所形成的生态形式美。

生态结构张力与聚力的中和化与整生化、生态结构的非线性有序化,显示了艺术形式美特别是生态艺术形式美的本质、特征与要求。它说明了当代生态形式美的本质规定和生态艺术形式美本质规定的同一性;说明了生态美形式的生长目标,是生态艺术形式美;说明生态艺术形式美的涌现,是美的形式特别是生态美形式历史与逻辑耦合并生的结果,是正反合的历史辩证法特别是生态辩证法的体现。

一、耦合对生

生命体之间相生互发,生态结构各层次互为因果,构成了对生的生态格局、生态关系与生态规律、生态目的，推进了生态美形式的生发。像人类审美场这一生态系统，就是在多重对生中，形成与发展整生化审美结构的。首先是主客体审美潜能的环向对生，形成审美欣赏、批评、研究、创造活动圈。审美活动圈的运转，生发审美氛围。审美氛围升华为审美范式。审美范式范生审美氛围。审美氛围规范审美活动圈的运转。这三大层次回环往复的对生，构成了审美场的生发格局与生发规律，构成了审美场的形式美。可以说，对生，是基础的生态关系、生态格局、生态规律、生态目的，诸如共生、衡生、环生、整生都是在它的基础上发展起来的，诸如耦合对生、动态衡生、良性环生、网状整生，以及良性环生与网状整生统合形成的立体环进等生态形式美也是以它为前提，生发更高层次的生态格局、生态规律、生态目的，整合相应的艺术形式美规律构成的。

耦合对生是双方交互生发、同增共长、持续发展的整生性有序形式。它的动态中和质突出。它和主次统一、多样统一、对立统一达到同形共态多位一体的统合，并派生出相应的审美样态，形成统属于自身的类型。

由主次统一的一般形式，发展为主次对生的生态艺术化形式美，改变了结构的生态关系以及生态结构的运动方式。在古代社会形成的主次统一，本是一种依生性结构关系，即次要部分统一于、依同于主要部分。主次对生则调整了它们的生态位与生态关系：主要部分居主导地位，各次要部分居主体地位，形成了生态平衡性；两者在相生互发耦合并进中共生整体质，一改依从依同的生态关系，一改整体质是主要部分质之放大的格局。更为重要的是：主次对生，使结构张力与结构聚力走向平衡与中和，形成了整生化运动，形成了非线性有序，对线性有序的主次统一，实现了质的超越，进入了生态艺术形式美的质域。

　　主次对生之张力的形成，除了主体部分和众多个体部分本身的个性独特、鲜明、多样外，还要求主体层次和次要层次之间，以及次要层次和次要层次之间，有一定的空间距离，构成生态间性。生态间性是生态独立性与生态关联性的统一。生态独立性是生态个体自在自为自主性的体现，是生态个性自由自然发展的特征。生态关联性起码有三重含义：一是生态个体之间，各不相同的生态个性有着可兼容性，二是各生态个体有着平等交往性，三是各生态个体有着发展目标的共趋性和整体质的共生性。生态间性是生态独立性和生态关联性的中和发展。凭借适宜的空间距离，主次对生的各部分，形成上述张力与聚力辩证生发的生态间性，其个性才不会相互遮蔽、模糊，并形成空间张力。如果缺乏必要的间隔距离，则主次难分，个性难辨。主次对生之聚力的形成，除了各部分的共性充分外，还要求主体层次处在一个独立特出的位置上。主体部分是结构聚力的主要生发者，它处在显赫且间距适度的地位，才能有效地发挥对次要部分形牵意引的聚力作用。当然，其间距也不能太远，否则鞭长莫及，聚力顿减。再有，主次之间要有统属关系，使感召力与响应力耦合对生。凡此种种，都在生态间性的总体要求内，是对生态间性所含生态辩证法的具体化，是形成生态非线性有序的具体机制。像人的脑袋作为结构主体，处在人体的正中且最高处，与距离适中的躯干四肢构成了主次对生关系。脑袋统领躯干四肢，躯干四肢支撑大脑，并协调地响应与完成大脑的指令，从而构成了张力与聚力耦合对生的形式美。从上可见，生态系统的结构张力成于主次对生，结构聚力也成于主次对生，双方平衡而协同地运动同样成于主次对生。三种主次对生，都是耦合对生形态的，显示了动态平衡与整体中和的整生化效应，形成了非线性有序的生态艺术形式的审美境界。

由多样统一的一般形式美，走向多样对生的生态艺术美形式，其整生质也是中和态的。它靠组成整体的各部分，在同异兼具、同异充分、同异相称、同异互补、同异互进以及和异生同、长异增同中生成，即靠同异双方的耦合对生而成。一个生态系统，其组成部分越多样越好，因为它是造成充分的"同"与充分的"异"的基础，进而是这同、异双方对生共进的基础。这多样的组成部分，一方面要求质、性、形各异，并"异"得越独特、新奇、怪诞越好，越不重复与相似越好，以此取得充分发展的"张力"；另一方面则要求相互间有着充分的共同性，有着紧密而多样的内在联系性，同步地形成与"张力"匹配而共进的"聚力"。在毛泽东的词《沁园春·雪》里，雄伟的山河、千古的风流人物、俯对造化的豪性、终结历史的壮志，形成了充分的多样性与互不重复的个别性。然而上述诸者，有着深刻的内在联系性和丰富的同一性，共生了中和形态的整体质：雄放的审美基调。这就在多样对生中，实现了张力、聚力充分而平衡的耦合对生。这种多样对生，是对异质共生和多质整生的生态规律的包含与表达，深得结构张力与聚力内在亲和的肌理，比较充分地占有了生态艺术形式美的本质规定性。

矛盾对生的形式，作为耦合对生的生态艺术形式美的样式，更为明显地具备了历史结晶的中和性。它从依生性与竞生性形式的整合而出，形成了对立双方相互依存、彼此促成、耦合并进的生态格局和生态规律。这是一种结构张力与结构聚力更为同步并生与共进的生态格局，是一种更深刻的相反相和、相反相成、相反相进的生态联系与生态规律，是升华了对立统一的形式美规律的生态艺术的审美形式。它要求组成整体的各部分，形成十分矛盾的对立面，构成鲜明的差异性、对抗性,显示出截然不同的、完全相反的、强烈对抗的审美个性,从而在竞生中构成持续发展的高质高量高值的结构张力。它还要求相互矛盾、相互对抗的部分又存在着相互联结、相互依存、相互促成以及共生整体新质的内部关系,以生成十分巨大的结构聚力,和"张力"同步平衡,形成动态中和的非线性有序结构。像中国历史上魏蜀吴三国鼎立,构成了矛盾对生的结构,形成了生态系统动态稳定整体中和的艺术审美形式。

由对立统一升华的矛盾对生,双方"水涨船高",对抗性与同一性同步产生,耦合前进,其张力与聚力达到了同步的、动态的匹配与对应。可以说外在十分显露的对抗与内在十分自然的同一是这种生态艺术审美形式的显著特征。正因为它的聚力是内在的,自然的,不显山不露水的,其整体的统一也就达到了艺术化合的高级境界。这也是它的审美价值与品位特高的原因之一。

在各种耦合对生的非线性有序的形式中,也可以划分出不同的层面。我认为:矛盾对生应属耦合对生形式的皇冠。判断生态美的形式审美品位的高低,论定其是否进入生态艺术形式美的行列,最高的标准是看整体结构统一的"自由"程度。这种"自由"的统一,除了结构张力与结构聚力的持续对生耦合并进外,主要取决于结构张力的外显程度和结构聚力的内隐程度。只有"张力"充分外露,才能使个性、差异、变化充分自然地显示;只有"聚力"高度内隐,藏"有为"于"无为"中,十分潇洒通脱,自由自在,才会使"规范"内在,成为"张力"的固有本质,造成"张力"似乎不受约束,却又"随心所欲不逾矩",达到哲理意味的自然性自由境界,达到生态艺术形式的自然化审美境界。这种寓聚力于张力之中的内在同一,一方面导致"张力"充分发挥;另一方面又同时促成各部分"悄然"凝聚,形成不露聚合痕迹的

"化功"般的整生化审美结构,并在这种"不经意"、"不费力"的"举重若轻"的聚合中,显示出聚力的强大,显示出聚力与张力耦合对生与协调并进的自然性自由,以进入生态艺术形式美的境界。

再有,矛盾对生同步生发了结构张力与结构聚力,避免了结构张力先于结构聚力所形成的结构震荡,也避免了结构聚力先于结构张力的系统增熵,促成了生态结构持续中和地发展。上述耦合对生的诸种非线性有序形式,相应地重组与升华了主次统一、多样统一、对立统一的形式美,形成了高于后者的生态艺术形式的审美品格。主次统一、多样统一、对立统一的形式美,在张力与聚力的兼具中,实现了张力与聚力的统一,具备了一些非线性生态和谐的特征,具备了生态艺术形式美的潜质与要素,超越了结构聚力性的线性有序的形式,但由于它是从结构张力走向结构聚力的形式,是结构张力统一于结构聚力的形式,未像多样对生、主次对生、矛盾对生那样,在矛盾双方和矛盾多方的耦合对生中,同步地发展结构的张力与聚力,同步地生成与生长着非线性有序,因而未能步入中和态非线性有序和持续发展态非线性有序的生态艺术形式美境界,是未充分展开与发展的非线性有序的形式。它们是继起的主次对生、多样对生、矛盾对生的生态艺术形式美的基础与前提。这也说明,生发生态艺术形式美的主要机制是结构张力与结构聚力的动态中和,充分的非线性有序的生态艺术形式美特征,主要是由这种动态中和生发的,主要是由这种动态中和的整生化导致的。

二、动态衡生

动态衡生的生态艺术美形式,是两相匹配的结构张力与结构聚力交互生发所生成的形式。它是生态平衡的生态结构与关系、生态规律与目的跟相应的艺术形式美的整合发展。

生态系统动态衡生的形式与稳态发展的规律和目的互为表里。一个稳定发展的生态系统,是结构张力与结构聚力均充分发展并且平衡统一的结果。如果它的结构张力大大地超出结构聚力,将无法保持动态平衡,不可避免地走向解体,也就无所谓整体存在或曰系统生存了。反过来,要是它的结构聚力大大地超过张力,也会使系统失去动态平衡,在弹性与活力的逐步减少中,在熵的增加中,可兼容性、可融通性、可变化性、可持续发展性的自由空间被压缩,整体不可避免地走向沉寂与僵死。张力与聚力的协同而匹配的发展,是造就整体结构动态衡生,使之步入生态艺术形式美行列的机制。

动态衡生作为更高层面的生态艺术形式美,以耦合对生为生发机制。像耦合对生的最高形态:矛盾对生,就不仅仅是一味地相克相抑,相争相斗,因系统共生关系的规范,它还有着更深刻的一面:相容相通与相生相长。这种相克相抑与相容相通、相争相斗与相生相长的辩证统一,可生发出整体结构的动态衡生之美。

多样对生也趋向动态衡生。整体的任何部分都是多质多层次的,这多样的质需要与生态系统的其他部分产生对应性的联系,需要与所属系统进行多维的信息、物质、能量方面的对生与交换,这就要求系统必须是多样性的存在。否则,多质多层次的部分将难以在所属系统中存活。也就是说,多质多层次的局部只有在生态多样性的整体中生存,才能维系自身的完整性存在和系统性存在,才能在网络般的相互交换与对生中,耗散旧质,接纳新质,均成为动态平衡的耗散结构,进而促成整体的动态衡生。

在动态衡生多样的生成机制中,竞生尤为重要与关键。共生是整体生成的机制,衡生是整体稳定生存与生长的机制,竞生是整体发展的机制。在共生背景中生发的竞生,使矛盾双方于耦合并进中,相互支撑,相互推动,相互超越,持续地创造与生发整体中和的新质,更加成为整体稳定发展或曰动态衡生的机制。

有机系统中的竞生,或曰处在共生关系中的竞生,是相克相抑与相生相长、相争相斗和相胜相赢的统一。相克相抑与相生相长结合,构成整体动态稳定的生存,奠定了整体稳定发展的基础,而相克相抑与相生相长、相争相斗与相胜相赢的一体化运动,则进一步实际地形成了整体的稳定发展,形成了更深刻、更复杂、更系统的非线性有序的生态关系,构成了系统的衡态生长性。

生态平衡的生态结构、生态关系、生态规律、生态目的与动态平衡的艺术形式美多位一体,构成了动态衡生的生态艺术形式美。动态衡生,吸收、融会并升华了动态平衡非平衡的平衡、不稳定的稳定的精髓,生发了自然形态的生态自由品质,形成了更富生机与灵性的审美形态。非平衡的平衡是以局部的不平衡来达到整体的平衡。局部的不平衡显示出个性、差异、变化、丰富,生成结构张力;整体的平衡则形成整体性、共同性、稳定性、统一性,产生结构聚力,并在对生中,达到两相对应匹配的整生化。这也见出,动态平衡,是非线性规律的反映,和对立统一一样,同属一般形式美的高级层次,能成为非线性有序的生态艺术形式美的整合因素。像青年书法家唐健钧的作品,振毫走笔,不循常规,任情依性而行,笔法异,字体怪,自然而然不失规范,如刘勰所说:"以正驭奇",有动态衡生的意味。读他"清静无为"四字,其中"静"字,左边"青"字右斜,墨凝笔硬,振锋捣就,右边"争"字左抵,似推"青"字下角,欲使直之,一派墨动笔灵,意古韵真,左右局部各呈异形,各显怪态,分而看之,均不平衡,均不挺正,但两者统一却造成了整体的清正与平衡,构成了动态衡生的境界。郭沫若题写的"广西民族学院"校牌,诸字俯仰向背,争奇斗怪,然在左顾右盼、前呼后应的聚合里,此轻彼重、此收彼放的关联中,达到了整体的有序跟统一,使人产生了动态衡生的时空美感。两者所书,均使局部显奇显怪,整体见雅见正。即以诸局部的不平衡,显出个性、创造性、率真天放性,整体的平衡,则见出统一性、规范性、雅正性,从而创造出一种独特的动态衡生的过程之美,整生化过程之美,形成高级的生态艺术形式的审美品质。

不稳定的稳定,指组成整体的各部分在数量上是不相等的,在空间分布上是不均衡的,从而造就倾斜、变化,形成个性及其多样性,产生了较大的结构张力,但凭借空间尺度的处理和比例关系的调配,却实现了不稳定的稳定,不平衡的平衡,形成与张力相称并关联为一的较大聚力,达到了整体生态结构的矛盾统一,形成了动态衡生之美。像桂林山水结构,以独秀峰为核心;北面的叠彩山、宝鸡山、老人山等一派密集,分量很重,且离中心很近;南面象鼻山、南溪山等十分稀疏,分量较轻,并离中心较远;这就形成了南远北近、南轻北重的倾斜格局,仿佛极不稳定;但从生态审美的视角仔细揣摩,却又在动态中达到了张力与聚力的对生性平衡。这就像一杆秤,以秤的秤毫为中心,所称之物与秤砣相等,则形成等距的平衡,所称之物轻,则秤砣离秤毫远,构成不规则的稳定,超常态稳定,即动态稳定,给人动态衡生的生态艺术形式的美感。

非稳定的稳定,非平衡的平衡,是非线性世界的秩序性的反映。动态衡生整合了它,也就有着更丰富的生态艺术形式的审美质。动态平衡形成的是矛盾各方衡态共存与共进的格局,主次统一、多样统一、对立统一构成的是张力走向结构聚力的态势,它们分别成为动态衡生和耦合并生的基础,也就有了审美品位的高下之分。动态衡生在动态平衡的基础上,整合相关的生态规律与目的,抽象相关的生态结构与关系,在生态自由和审美自由的中和生发中,形成了结构张力与结构聚力相争相胜的并进,其结构生态和结构运动的整生化,比动态平衡更进了一步,体现了更深刻的生态辩证法,有着更充分的非线性有序的特质,有着更深邃的生态艺术形式美的本质。

动态衡生与匀生都是以"巧妙"的布局和艺术化的位置经营,来协调整体结构的生态关系的,但前者在"协调"中似乎考虑了张力与聚力的双向发展与总体对应。也就是说,在动态衡生中,整体的张力和聚力都在增值,都在耦合并生,都在动态对应和"积极对应",都在共生中和形态的整体质,而不是像匀生那样,只是聚力在增值,张力在减值,聚力通过抵制、削弱张力来增值,来实现消极的平衡、对应与匹配。正因此,动态衡生实现了张力和聚力两相对应的整生化,特别是进而实现了结构中和的整生化,而匀生仅实现了结构聚力的整生化,双方也就有了不同时代的生态审美特征了。

动态平衡的形式美,和生态平衡的生态结构与关系、生态规律与目的有着天然的亲和性,所共生的动态衡生的生态美形式,也就在生态审美自由的整生化中,趋向了生态艺术形式的化境。

三、良性环生

良性环生是稳态发展、持续提升的超循环形式美。生态系统的各部分,在按序生发中回还往复,构成良性循环、螺旋提升的稳态发展结构,形成了系统的生态运动规律与生态运动目的。良性环生的非线性有序的生态美形式,首先是对这种自由的生态结构的抽象,从而奠定了坚实的生态学基础。

在此基础上,良性环生进而实现了生态结构、生态规律、生态美形式的三位一体,是生态自由性与审美自由性完备结合的整生化形式。生态圈是生态系统整体存在的形式,良性循环是其整体运动的基本规律,是其结构张力与聚力衡性持续对生与耦合环进的格局与形态,是其动态平衡的机制。正因此,良性环生,实现了生态系统基本的生态结构、基本的生态关系、基本的生态规律、基本的生态目的、重要的艺术形式美规律的天然合一,成了生态艺术形式美的高级形态。良性环生还把耦合对生、动态衡生纳入其中,成为自身的有机部分,成为综合性和整生性更强的生态艺术形式美,也就更深刻地体现了审美系统整生化的生态审美总体规律,也就成了生态艺术形式美的最高形态。

良性环生对各种下位的非线性有序的生态美形式的全面整合,是层次分明,井然有序的。良性环生圈上的每一个生态位,都是结构张力与结构聚力耦合对生的中和态。良性环生圈的逐位移动,都是结构张力与结构聚力的耦合并进态。良性环生圈的每一次循环,都构成了整体结构新的动态衡生。良性环生在耦合并生和动态衡生的持续中生成与发展,是后两者共生的形式,是包含后两者并超越后两者的形式。这样,良性环生对各种非线性有序的生态美形式的整合与创新,也就趋向了艺术化境。

良性环生作为整生性形式,关联性地整合了各种下位的生态形式。这是一种以共生为基础、以竞生为核心、以整生为目标的整合。这乃因为受其他生态自由的形式制约的竞生,可形成有序的竞生。有序的竞生,是自由的竞生,是生态结构良性环生的机制。也就是说,良性环生圈中的竞生,是一种关联着相生与共生并推进整生的竞生,是一种张力与聚力并进的竞生,是一种在无序中生发有序的竞生,是通过无序提升有序的竞生,从而构成了丰富而系统的非线性有序。这也说明,良性环生的形式美,归根结底是非线性有序的生态运动的反映;任何生态美形式,失去了生态规律性和生态目的性的基座,将不成其为生态形式美;任何生态美形式,在实现生态性与审美性的复合时,如果不以生态自由性为本为根,将会貌合神离,将不成其为生态美形式,更不会成其为生态艺术形式美。

良性环生是高级而普遍的生态美形式。生态循环是生态系统普遍的结构形态,普遍的生态运动形式。良性环生以此为生态基础,也就相应地获得了普遍性的意义,成为原理性的生态美形式,既形成了普适性,又具备了很高的生态艺术形式的审美品格,达到了质与量的同增共长。

良性环生的最高形态是立体环生。立体环生是对生态系统网走周流的生态格局、生态联系、生态运动的抽象,是对生态网络纵横生发的结构方式、立体环进的运行方式的提取,成为包蕴更多非线性有序形式的形式。立体环生是纵横网生和一般的良性环生的统一,是纵横网生的格局以良性环生的方式运行,所形成的整生化程度更高的生态艺术形式。

在生态系统中,各物种彼此关联,物质、能量、信息周流不息,形成了生态网络结构。在物质、能量、信息的网状周流中,生态系统的整体新质不断地被各物种共同生发后,又不断地范生各物种整体的类型质和各物种个体的个性质,如此周而复始,形成了整体质、类型质和个性质的持续不断的纵横网生。这就在结构张力与结构聚力的双向往复的运行中,立体地推进了生态结构的动态平衡,形成了四维时空良性环进的生态模式。

纵横网生的两种主要形式,都是结构张力与结构聚力同步发展耦合并进的。各物种个体的个别性和群体的类型性,在网络化对生中,共生出系统整体新质,构成"以万生一"的网络整生化。系统质,是结构聚力的核心部分;系统质的"新化",是结构张力的集中体现;系统新质的生发过程,或曰"以万生一"的过程,是结构张力和结构聚力耦合并进的过程,是整体结构非线性有序化的过程;系统新质的生成,即"以万生一"的结果,是结构张力与结构聚力耦合并生和耦合并进的整生化形态,是整体结构非线性有序化的结晶。整体新质形成后,向共生它的网络系统回生,向网状关联的各物种群体与个体回生,使后者分有并进而发展系统新的规定性,构成"以一生万"的网络整生化。各物种的群体与个体,分有系统新质,生发了结构聚力;发展了系统新质,展开了结构张力;在分有中发展系统新质,则实现了结构聚力与结构张力耦合并进的中和性整生化,新化了非线性有序的整体结构。

纵横网生所形成的立体推进、四维时空圈行周走的生态系统,以生态循环的序性运行,成为更高的非线性有序的生态艺术美形式的原型,促使良性环生的生态艺术形式美生发出更高的质态:立体环生。它的生态关系是相当和谐的:结构聚力是特征独具、个性各异的各物种群体和个体网态整生的,当它范生各物种的新特征与新个性,也就特别亲和,张力与聚力的统一也就十分自然与内在。再有,网态传输,使结构张力与结构聚力的生发与统一走向每个生态位,达到了更高程度的整生化。这就实现了整体的稳态发展与平衡发展的高度统一,导致生态系统的抗震荡性、抗倾斜性、抗失衡性、抗增熵性的机制很好,能够实现全面协调可持续的中和发展,并凭此拓展了非线性有序的生态艺术形式的核心本质:在不和之和、不和而和中,生成中和,发展中和,提升中和,以形成更为内在的审美系统整生化,特别是艺术审美整生化。

良性环生特别是立体环生,是生态艺术系统的审美形式,是整生化程度最高的生态艺术系统的审美形式,[①] 只有它,才能表征与托载全球甚或宇宙环行的生态艺术系统的美。

四、非线性有序生态美形式的对生

非线性有序的生态美形式,也有一个系统生成与生长的过程。在非线性有序的生态美形式的序列中,耦合对生是基础形态,其他形态都是以它为出发点,进一步生发而成;动态衡生是发展形态,它承续耦合对生,成为更深刻的非线性有序的生态艺术美形式类型;良性环生是普遍形态和整体形态,包容整合了此前的非线性有序生态艺术美形式类型,为所有的非线性有序的生态艺术美形式所生发,是非线性有序的生态艺术美形式系统生成与系统生长的结晶,包含了最深刻的生态艺术形式美的本质。

非线性有序的生态美形式,在系统生成和系统生长的过程中,生发了不同层面的理论意义。技巧、技术层面的形式,是个别性生态规律与相应的审美规律的统一;方式、模式层面的形式,是特殊性生态规律与相应的审美规律的结合;原则性层面的形式,是类型性生态规律与相应的审美规律的同一;原理性层面的形式,是普遍性生态规律与相应的审美规律的一致;本原性层面的形式,是整体性生态规律与相应的审美规律的同构。作为本原性层面的良性环生的形式,包含与创新了各层面形式的理论意义,形成了生态艺术形式美的规律系统。

各层面的非线性有序的生态艺术美形式,有着对生性。正是这

---

① 参见袁鼎生:《生态视域中的比较美学》第十二章。

种对生性,既使上位的形式,整合提升了诸下位形式,也使下位形式,潜含暗连了诸上位形式,从而均具有了整生性,提升与丰富了生态艺术审美的质与量,提高了对生态艺术美内容的托载力。这种对生,还使各种位格的非线性有序的生态艺术美形式,在良性环行中,形成了螺旋提升的生态艺术形式美系统。

非线性有序的生态艺术形式美,特别是良性环生的生态艺术形式美,与一般的形式美和线性有序的生态形式美相比,形成了三个方面的显著特征:更有意味性;更具时空运动性;更富中和性。各种位格的非线性有序的生态艺术美形式,凭借对生和良性环行的运动,上述三方面的特征,还向普遍性和整体性方向强化与提升了,从而更有审美价值和学术意义。

非线性有序的生态艺术形式美,为生态格局、生态关系、生态规律、生态目的、一般形式美所共生所共组,达到了真、善、美、益、宜的统一,构成了内容化的形式,有着丰厚的审美意味。一般形式美,从生态视角看,也源于对真、善、美、益、宜的生态结构的抽象与升华,但在生成的过程中,形成了审美距离,淡化了、模糊了、隐去了生态结构的丰厚意味,显性存在的仅为形式规律的意味。其作为形式本身的审美蕴涵也就不及非线性有序的生态艺术形式美了。

非线性有序的生态艺术形式美,是对立体环进的生态格局及其所含生态规律、生态目的和相应的形式美的总体抽取与凝聚,具备共时性与历时性统一的特性,表征了四维时空的运行,动感与活性很强。一般形式美,主要是对共时性存在的生态结构的抽象,是对动态结构的静态凝聚与瞬间照取,其时空运动性也就等而下之了。

非线性有序的生态艺术形式美,基于结构张力与结构聚力的耦合对生,达到了内外结构的动态中和性,并凭此生发了整体结构鲜明突出的动态中和性,构成了整生化的中和。对称、齐一、均衡等一般形式美,以及线性有序的生态形式美,具备外部形态的中和性,然活性、深刻性、普遍性、整生性明显不足。中和,是生态结构真、善、美、益、宜的整生化形态,是非线性有序的生态艺术形式美的最高本质规定,是它和线性有序的生态形式美、一般形式美的最高区别。

第四节 生态形式美的生发规律与机制

生态形式美和生态美形式是两个相关联的范畴。从逻辑的角度看,生态形式美是生态美形式的重要属性,从逻辑化的历史角度看,生态形式美是在生态美形式中发展的。经历了近代的曲折后,生态形式美不仅重新回到生态美的形式中,而且在当代获得更高层次的发展,更加成为生态美形式的基本属性和根本属性,更加成为生态美的高级形态——生态艺术形式的本质属性。在生态形式美的历史生成和历史发展中,近代的否定,是达到更高层次肯定的中介,是生态形式美历史发展不可或缺的条件。

一、天人对生与整生

生态形式美的生成与发展,跟人类社会与自然界的统一性密切相关,跟人类自身生理结构的形式、社会组织结构形式,与大自然及其万物的组织形式、结构形态,生发同构对应性、耦合并进性密切相关。天人生态结构的对生与整生,是生态形式美产生与发展的规律与机制。

由于进化的机制,特别是基于生产劳动的实践,人类的生理结构发生了巨大的变化,和自然界其他物种的生理结构,在功能与属性的优异方面,形成了更多的对应性。生存、生活、劳动的实践所产生的信息反馈,一次又一次地告诉人类,自身以及别的物种,诸如对称、均衡等完整的生理结构,于其生存、活动特别是劳动既善且宜,而残缺、畸形的生理结构则于存在、实践有害无益。于是,人对自身及别的物种和谐的生态形式,就产生了深厚的爱悦情感。正是以这种包含功利因素的爱悦情感为中介,人类各族的先民,产生了自身与图腾、自身与巫术活动中的互渗交感之物,对应和谐的生态形式是美的,不和谐的生态形式是丑的审美意识。这样,人类从自身与天物同构的和谐的生态形式中,抽象出了生态形式美的规则。可见,生态形式美是天人同构对生的结晶,同样是主客体潜能的对生性自由实现,以及人与生境潜能的整生性自然实现。

当生态形式美的规则从天人同构与耦合并生中结晶、抽象而出后,就产生了延展性。一方面,人类运用这些规律来创造外物的形式美,使其在审美创造中完善和提高;另一方面,人类又以这些不断完善和提高的规则为蓝本、为标准、为基础,来选择、确定和发展现实事物的生态形式美,以确证和发展它的普适性。生态形式美规则的普适性,也基于它的天人对生性。

当然,人类开始形成的只是低级的生态形式美意识,而相应生成的也是同一等级的生态形式美。随着社会实践的充分展开和物种进化之树的生长,人类不但自身的生理结构更美了,还构成了更为复杂的社会群体结构,形成了协调的社会群体的生态关系,并发展了更高的认知能力,发现了外物因自然进化而更趋复杂完美的生态结构特别是内在的生态结构,发现了外物间复杂完美的生态结构关系特别是内在的生态结构关系,发现了它们与人的结构、社会结构、社会组织关系的同构性,进而从这种同构中抽象出发展形态的生态形式美规则,形成了相应等级的和谐的生态形式美意识,并以此为标准去选择、创造外物(包括艺术)的诸如匀生、衡生等中级生态形式美,以检验和完善这些规则的普遍适应性。

到了现代和当代社会,人类的个性要求充分发展,社会结构要求打破僵化的平衡,达到有序的发展,并发现天物具有相应的结构和结构关系也特别利于它们的发展。这样,主次对生、多样对生、矛盾对生等多种耦合并生的形式和动态衡生的形式,成了理想的社会生态结构形式与自然生态组织形式耦合并进的模态。与此相应,人类也就发展了相应的非线性有序的生态艺术形式美理想,并以此来进行审美创造和审美选择,在自身和人造物、天物中实现和完善这些高级的生态艺术的审美形式。

随着生态文明的发展,人类生发了天人整生观,进而从包括人类在内的生态系统和生态网络的结构形态、结构关系、运动形式中,抽象出良性环生的形式美。正是这种生态形式美的形成,使主客体潜能对生性自由实现的形式,升华为人与生境潜能的整生性自然实现的形式,使生态美形式的本质规定性和生态艺术美形式的本质规定性走向了同一。

不同层次的生态形式美,在不同历史时代的形成与发展,都基于天人结构特别是结构关系的同一性,均属天人对生与整生的结果,都属主客体潜能的对生性自由实现的形态,和人与生境潜能的整生性自然实现的形态。凭此,它们才普遍地适应于人自身、人造物、天物以及生态系统的生态审美和生态审美创造领域。随着天人同构和天人整生的进一步发现与发展,生态形式美特别是生态艺术形式美将进一步拓展与提升。

二、生态美形式的历史规定性和时代发展性

应该补充说明的是：多样对生、主次对生、矛盾对生、动态衡生等生态形式美虽历史地存在于古代社会，但在当时却没有走向自觉形态和理论形态。这是因为在古代社会，不管是人的生态审美意识，还是社会群体的生态结构，其共性与个性都没有高度分化，特别是个性没有得到充分的发展，更谈不上与共性一起充分地协调地发展，生态审美意识不可能达到张力与聚力高度发展和高度平衡与持续对生的理想形态。此外，当时之人也难以审美地认知天物个性与共性高度分化、协调发展的结构形态与组织关系，难以形成天人耦合并生的审美发现，无法概括出主次对生、动态衡生等深层的属于未来时代的生态审美规范，也就无法使其趋向理论化。完善形态、充分形态的非线性有序的生态艺术形式美，将在当代社会或未来社会产生，并随主客体的耦合进步，同构发展，持续对生，特别是人与生境的一体运转，立体环生，形成更新更高的本质规定，取得越来越卓越的审美品位。

综上所述，各种层次、类型的生态形式美一经历史地形成，便随历史发展，合乎逻辑地获得不同历史阶段的新内涵，使自身的本质拓展，形成相互对应的历史层次性和逻辑层次性，显示出可持续发展的态势。比如并生，在过去时代特别是古代社会主要是一种静态对称，到了改革开放的现代社会，则获得了动态质，实现了系统的减熵，成为有变化、有发展的耦合对生，成为不对称的耦合对生，即局部地打破对称的耦合对生。像现代一些青年的服饰，尺度、质地对称，但色调、图案、饰物不对称，形成了稳定而活泼的生态审美格调。这种局部不对称的整体耦合对生，既保持了对称性并生的强大聚力，又避免了完全并生的审美负效应，达到了动态平衡的效果，形成了聚力与张

力协调统一耦合并进的深层和谐,从而使得古典生态形式美具备了当代生态审美意味,低层次生态形式美迈进了中、高层次生态形式美的领域。又如耦合对生所含的主次统一的形式美规律,在古代社会,主要部分占据绝对的主体、主导的地位,次要部分无条件地服从、依存主要部分,形成非平衡统一的生态结构。在现代和当代社会,主次统一进入耦合对生的非线性有序的形式美,结构关系发生了变化,主要部分在结构关系中占据的是主导的地位,众多次要部分则成为结构的主体部分,两者形成了主导与主体的相对平衡统一的和谐生态关系。这种各次要部分地位的提高,增加了结构整体的制衡机制,使得过去时代结构张力与结构聚力非平衡对生的静态主次统一,变为现代的动态平衡的主导与主体的耦合并进,既保持了主次统一原有的巨大的结构聚力,又生发增加了原来不够的结构张力,使两者趋于动态的平衡,内在生态关系的和谐也就随之质增量长,生态形式美的品位也同步得到提升。

生态美形式的时代发展性,还基于生态美形式的运行规律。每一个时代不同层次的生态美形式,都可在对生中形成整生性。各时代的生态美形式,进入当代,形成不同位格,并在对生中,形成良性环行的整生化。这样,生成于过去时代的低位格的生态美形式,也就自然而然地具备了当代高位格生态美形式的一些品格,实现了对自身的超越,进入了生态艺术形式美的质域。基于此,生态艺术形式美,有了普遍生发的意义,表现出由生态形式美的局部形态走向整体形态的趋向性。与此相应,生态艺术形式美的本质,也将系统地生长为生态形式美的一般本质,进而系统地生长为生态美形式的一般本质,以和生态审美艺术化的进程一致。

对生态形式美的品位,我们既作了相对静态的层次性分析,又作了历史与逻辑两相统一的动态发展的层次性分析,旨在说明诸种层次的生态形式美都是可以持续发展的,都可以实现对自身位格的超越,旨在强调用饱含当代生态审美精神和生态审美趣味的、符合当代审美范式的、高层次非线性有序的生态艺术形式美,去规范、改造、提升低、中层次的线性有序的生态形式美,使其提高审美品位,包含更为深刻的辩证的生态法则、生态运动的方式、生态发展的规律,具备当代生态审美特质,从而完成生态形式美的整体向新时代转型,向生态艺术形式美的转型。

三、生态美形式的价值参数

生态美的形式,在古代与生态形式美同一,在近代放逐了形式美,在当代又与发展提高了的非线性有序的生态形式美统一,与生态艺术形式美同构。纵观历史,生态美形式的品位和生态形式美的层次,主要受三方面的影响与制约。一是主客体潜能的优异度与同构对应度以及人与生境潜能的整生度,二是结构张力与聚力的对生关系,三是结构张力与聚力生发与实现的自由度。这三个方面的价值参数,都是与生态美形式的本质规定相关联的。

生态美的形式和生态形式美都是从天人结构、天人结构关系和天人生态规律与目的中概括出来的,主客体潜能的优异度与同构对应度以及人与生境潜能的整生度,主要指天人结构、天人结构关系的丰富、完备、有机、深刻、和谐、自由程度,以及双方的同一性特别是内在的同一性程度,还有主体对上述种种的审美认知的深刻、全面、系统程度。生态美的形式和生态形式美的品位高,层次优,上述指数的实现就好。这一生态美的形式和生态形式美的指标,不可能凭空拔高,须受人与自然协同发展、耦合对生、自然整生的程度制约,并与后者同步发展。因此,生态美的形式和生态形式美的高下,有着历史的规定性。实施可持续发展战略,推动人与自然的和谐并进、自然整生,可从根本上促进生态美的形式和生态形式美的发展速度与质度,可从整体上促进生态美的形式向生态艺术形式美转换。

生态美的形式和生态形式美的品位与形态,直接决定于结构张力与结构聚力的对生关系。若张力依生聚力,聚力单一地走向整生化,生态美的形式和生态形式美将缺乏活力、弹性、灵韵,缺乏创新创造的潜质。若张力抑生、消解聚力,张力单一地走向整生化,则形成另一种生态不平衡,生态美的形式和生态形式美将缺失审美性,缺失自身的规定性,向非审美的方向异化,向非形式的方向幻化。若张力与聚力协同发展,耦合并进,动态衡生,双方对应地走向整生化,进而达成整体中和的整生化,生态美的形式和生态形式美将合规律合目的地发展与创新,在以正驭奇中,在走向生态艺术化的过程中,不断地形成与发展雅正与新奇辩证统一的特性,具备生生不息的与时俱进的纯正活力。这是生态美的形式和生态形式美,特别是生态艺术形式美,可持续发展的真道、大道与正道。

结构张力与结构聚力生发与实现的自由度,与生态位、生态关系相关。张力依生聚力,张力生态位低,很难自主、自足、自律地实现自己,影响了生态结构整体高质高量的审美生成。张力抑生聚力,张力自主、自足地实现了自己,居于低生态位的聚力则不然,且张力的自由实现未达自律的境地,走向了悖论,导致生态美的形式和生态形式美的形成与发展,背离了规律与目的。张力与聚力处于耦合共生、动态衡生的结构及关系中,双方与整体均达到了自主、自足、自律、自然的整生化实现,也就促进了生态美的形式和生态形式美自由自然地生成与发展,使之步入生态艺术形式美的天地。

　　上述三种价值参数的变化,使不同时代的生态美形式,形成了历史发展的本质规定。古代线性有序的生态美形式,是主客体潜能依生性自由实现的形态;近代失序的生态审美形式,是主客体潜能竞生性自由实现的形态;现代非线性有序的生态美形式,是主客体潜能耦合对生性自由实现的形态;当代非线性有序的生态美形式,是人与生境潜能的整生性自然实现的形态。当代生态美形式的本质规定,是以往生态美形式的本质规定的系统生成与历史生长,包含、提升与创新了以往各种生态美形式的本质规定,对应了生态艺术形式美的本质规定,可以看做是生态美形式的一般的本质规定。生态美形式的本质规定的历史发展,是和生态美的本质规定的历史发展对应的。生态美形式的本质规定,是生态美本质规定的有机部分,是对后者的分形。唯有这样,它才是真实的、合理的。也就是说,生态美形式的本质生发,受所属系统的生态美本质规定生发的规范与制约,还受更大系统的审美场的本质生发的规范与制约,以形成多层次生态审美文化、生态审美文明的整生化,以形成审美系统的整生化。

　　生态形式美的生成,离不开生态结构、生态规律、形式美规律的同构性统一。三者如超越直接的线性因果关系,在非线性有序的平台上实现一体化,也就越能形成表征复杂有序的生态结构、包蕴深刻而系统的生态规律、植根高品位形式美规律体系的生态形式美。这样的生态形式美,以其不和而和的非线性中和的审美价值,与艺术生态美的形式同质同性同构。这也见出,生态美形式,从生态线性有序的和,经由生态失序的不和,走向生态非线性有序的中和,显示出生态审美艺术化螺旋发展的轨迹,显示出生态艺术形式美辩证生发的历程,显示出生态美形式整体地走向生态艺术形式美的历史趋势和逻辑图景。

第七章　从生态和谐到艺术生境

　　生态和谐指的是生态对象特别是生态系统的平衡与稳定、协调与统一、有机与有序、自由与自然。

　　它为多学科所涉及，有着科学母题的意味。生态科学要探求它，生态伦理学要追求它，生态美学要寻求它，生态工程要建构它，生态经济要遵循它，生态文明要高扬它。跟生态相关的学科、文化与文明，如果不讨论它，将出现研究对象的缺位。可以说，它是当代生态文化研究和生态文明研究的聚焦点，是美学和各种生态文化、生态文明的立体交叉点、结合点，是美学的规律与目的跟各种生态规律与目的的高端集成和天然融会。一般的美学走向生态美学，生态和谐是呼唤者之一。

　　生态和谐成为多学科的整合点，乃因它聚焦多重价值，具有价值的整生性。真、善、美、益、宜，均是价值，均是构成价值系统的基本要素。真，作为人的认识与客观存在的一致性，是客观规律和人的认知智能的统一，是人类实践的前提，在人类实现自由的生态行为方面有着重大的意义与价值。生态和谐，是人类研究生态系统的形成与发展时，所达到的主体认知性与客体实在性的一致。不容置疑，它是一种生态"真"。真，表征了人的认知的合规律性。善，确证了系统行为的合目的性。生态和谐是人类、其他物种、天人生态系统的内在需要，是人类行为的目的，也是其他物种存在和发展的目的，更是包括人类在内的整个大自然生态系统整体生存与发展的目的,是一种系统的生态善。美,是主客体潜能的对应性自由实现;生态美是人与生境潜能的整生性自然实现,是在主客体潜能的对生性自由实现的基础上形成的;生态和谐作为生态系统中主客体潜能特别是人与生境潜能自由的对生物,也就不容置疑地成了一种生态美。益是功利,宜是物种生存的合适合度,生态和谐有这两种属性,能形成这两种价值。真、善、美、益、宜聚焦生态和谐,生成多位一体的价值物,形成生态审美价值系统。这样,生态和谐成了生态美学的高位范畴、代表性范畴,应从生态审美的角度进行综合研究。再加上它有生态研究的母题性,对它的审美研究,更应该放宽视野,从生态审美文化和生态审美文明的大视角切入,方能拓展其集大成的生态审美意义。

也就是说,生态美学对生态和谐的研究,一要整合与升华多学科的研究成果,二要从生态哲学的高度探索深层的审美规律,使之包含的美学原理与美学原则,有收万为一的概括性。

生态和谐还有着纵向的整生性。它是历史生成和历史生长的,在不同的历史阶段,表现出不同发展位格的审美形态。就是在当代,也显示出不同的发展层次。生态和谐的不同历史形态,跟所处审美场密切相关。这就要求,对生态和谐的研究,要有历史生态性,要体现出审美历史的整生性。

生态和谐是生态系统的本质、结构与功能,既是审美形态,更是时空广阔深邃的美场与美域,可以形成审美生境,直至艺术生境。生态和谐是生发艺术生境,以和艺术人生对应,共生生态艺术审美场的基础与机制。

第一节　生态和谐的历史发展

伴随人类审美场的历史发展,生态和谐从依生式经由竞生式、共生式走向整生式,系统地生发了自身的本质。其中,竞生式生态和谐,是意志、愿望、理想形态的,并最终走向悖论。从严格的意义上讲,它是一种没有得到历史实现的生态和谐,是一种走向了异化的生态和谐。但它在生成更为高端的生态和谐的历程中,有着历史中介的意义。从历史的整体性来看,竞生性和谐的异化,既存在历史的必然性,也有着历史的必要性。有了这一段历史的曲折,其后的共生式、整生式生态和谐的生发,才更具历史的生态辩证法。

一般来说,整生性和谐已经构成审美生境,生态中和抵达艺术生境,整生性与中和性交互生发,拓展艺术生境。这就见出,在逐级进化中,经由审美生境,走向艺术生境,是生态和谐的历史向性和逻辑序性的统一。

一、依生性和谐

生态系统中的依生关系,有多样的形态。它可以是整体的主导的关系,也可以是局部的次要的关系。在古代社会,它被视为生态系统的整体关系和主要关系,成为生态系统的本体性、本质性结构关系,即决定生态系统整体质的结构关系。古代生态观认为:客体处于生态本体和生态本原的地位,它衍生了主体,奠定了构成客体整生化结构的基础。《庄子·达生》说:"天地者,万物之父母也。"《周易·序卦》认为:"有天地,然后万物生焉。"《尚书·泰誓》指出:"惟天地万物父母。"《荀子·礼论》强调:"天地者,生之本也"。"天地合而万物生"。

《周易》乾卦《彖》辞曰："大哉乾元,万物资始。"《周易》坤卦《彖》辞曰:"至哉坤元,万物资生。"这就见出,客体有着生态始基的意味。从出于客体的主体,对客体有一种天然的向性,有着向客体回生的本能。这种回生,使主体的客体性不断增强,使主体不断地获得客体的质,实际上成了建构客体整生化结构的生态行为。主体向生态本体和生态本原即客体的回生,造就了主体与本原性客体的同质同性,形成了主体与客体的同生,形成了客体化整体的生态结构,形成了主体依从、依存、依同客体的生态和谐。这种客体生发主体尔后统合主体进而统生整体的生态和谐,是以客体为主导、为核心、为宗旨、为目的的和谐,是客体向主体、客体向整体生成的一元化和谐。

"日出而作,日落而息",这是对主体的生态活动依从客体运行规律,所构成的生态和谐的写照。荀子认为:"污池渊沼川泽,谨其时禁,故鱼鳖优多而百姓有余用也;斩伐养长不失其时,故山林不童而百姓有余材也。"① 这和孔子所说:"巍巍乎! 唯天为大,唯尧则之",② 同出一个道理,都指的是主体顺天应时,走向依天、仿天、同天,以成客体化生态和谐。

这种生态和谐,建立在主体以客体为本为根,进而向其回生的基础上,形成了客体化的整生结构和整体本质,有着很高的一元化的统一性,也有着历史的合理性与必然性,包含着在今天还可借鉴的生态原理、生态原则和生态智慧。但这种依生性的生态和谐,其生态统一性的获得,是以生态多样性的消失为代价的。主体在同生于客体、构成客体化整体结构的过程中,增强了整体质与共同性,削减了个性质

---

① 《荀子·王制》。
② 《论语·泰伯》。

与差异性，离开了和而不同的深层和谐规律。

二、经由竞生的共生性和谐

近代主体，为获得充分的生态自由，极力改变主体依生客体的生态关系，改变客体统生主体、统合整体的生态结构，以形成主体统生客体、统合整体的生态结构，以形成由主体做主导处上位的生态和谐。这样，两种不同结构趋向和价值取向的生态统合形成了竞生，进而使生态结构失和、非和与违和。生态失和、非和与违和，是生态系统失去与违背生态秩序、生态规律、生态目的的状态。局部看来，这种竞生性失和等，离开了生态和谐发展的历史轨道，但从整体来看，它是依生性生态和谐走向共生性生态和谐以及整生性生态和谐的历史条件。

共生性和谐是主客体耦合并生的和谐。在古代依生关系中构成的统合，主客体的生态地位、生态自由是不平衡的，生态张力与生态聚力也是此消彼长、水落石出的，形成的是静态平衡的整体生态结构。静态平衡未反映深层的生态规律，也未表征深层的审美规律，是生态和谐的初级形态。现代的共生性和谐，既创造性地承续了古代客体化生态和谐的精髓，又凭借近代竞生性非和所高扬的主体生态自由，消除了古代依生性和谐的相应局限和诸种弊端，形成了更高生态品位的和谐。可以说，共生性和谐是古代依生性和谐与近代竞生性非和共同生发的，是生态和谐的历史发展结晶。周来祥先生说：和谐是主体与客体、人与自然、灵与肉、现实与理想、个性与共性、个体与社会的协调统一。[①] 这种统一是建立在矛盾双方充分生成与生长

---

① 　周来祥：《论美是和谐》，贵州人民出版社 1984 年版，第 73 页。

基础上的协调发展,形成的是动态平衡的生态和谐。具体地说,矛盾双方的充分发展,形成了各自独立的生态地位、相对均等的生态自由,相生互发、共赢共进的生态关系,实现了生态张力与生态聚力的水涨船高,形成了耦合共生的辩证和谐。

这种辩证和谐,既有相对静态的耦合并存型,还有相对动态的耦合并进型。矛盾双方是既依生又竞生的,依生的相依相生性,与竞生的相争相斗性统一,构成两者的生态平衡,达成耦合共存的和谐。矛盾耦合,既形成静态的制衡,也生发动态的制衡。竞生的相争相斗性,既有相抑相消的一面,也有相胜相赢的一面。竞生的相抑相消性与依生的相依相生性中和,形成静态制衡。在静态制衡的基础上,竞生的相胜相赢性与依生的相依相生性胶合,进一步形成动态制衡,生发耦合并进的生态和谐。

在现代耦合共生的和谐中,主体与客体,是互为主位的,是共同构成整体质的。也就是说,在这种生态结构中,是主体与客体动态平衡的运动所产生的系统合力,推动了生态系统的运行,决定了生态系统的发展变化,生发了生态系统的整体新质。显而易见,这种生态和谐,是主客体潜能更为平衡自由的对生性实现,显示了向整生性和谐发展的趋向。

三、整生性和谐

整生性和谐是一种系统生成、系统生存、系统生长的和谐,是一种呈四维时空展开的生态和谐。以万生一和以一生万是整生性和谐的生发路线与生发机制,良性循环和动态平衡是整生式和谐的主要形态和基本规律。

依生性和谐与共生性和谐,主要定位于主客对待、矛盾统一的生态和谐,整生式和谐是定位于生态系统整体协同稳态发展的和谐。也就是说,在整生式和谐里,主客体的生态关系,不再是一种相对独立的系统主导性关系和系统整体性关系,而往往是一种系统关系中的局部与局部、局部与整体的关系。在生态系统中,任何一个局部,都占据着一个不可替代的生态位,均属于整体的生态运动不可或缺的生态环节。正因为如此,任何一个局部的生态活动,既要合自身的生态规律与生态目的,还要合其他局部的生态规律与生态目的,更要合整体的生态规律与生态目的,还要合环境的生态规律与生态目的,以实现自身、他者、整体、环境的生态自由,以实现整体的生态和谐,以实现整体与环境的生态和谐。

凭借上述生态结构和生态关系,生态系统中的整体与局部都是以万生一和以一生万的。所有局部共生整体,整体和所有局部都共同生发每一局部,是谓以万生一;整体生发一切局部,每一个局部都生发其他局部和整体,是谓以一生万。正是在这种网络般的因果关系中,生态结构中的每一个部分,都保持与发展了自身的独特质,兼具了其他局部的多样质,分有了整体质。这三种质都是张力与聚力兼具的。独特质以张力为主,但它处在多向往复的因果关系网中,与其他局部的独特质形成了可兼容性;兼有质实现了张力与聚力的平衡,它一方面是自身质的拓展,增长了张力;另一方面因同化了他者,生发了聚力,在一体两面中,构成了张力与聚力的均匀统一;分有质以聚力为主,但由于各局部分有进而创新了整体质的不同侧面,形成了差异,产生了张力。各局部的张力与聚力都是整生的,是生态结构整体的张力与聚力的有机构成部分,其张力促进自身发展,聚力促进自身统一,以实现动态平衡外,还可促进其他局部的动态平衡,更可促进整体的动态平衡,生成自身、他者、整体的整生式和谐,以及整体与环境的整生性和谐。

生态系统是按一定的等级、位格建立起来的整体，形成了有序发展的生态关系，构成了物质、能量、信息的整体周流，并在这种按序按位的整体周流中，形成生态循环，构成整生性和谐之美。

有机生态系统的生态循环，是一种螺旋提升的良性循环。构成这种良性循环的生态机制起码有两个方面，即内外部的生态关系。凭借与外部生态环境开放的生态关系，生态系统耗散旧质，形成新质，以形成良性循环的整生性和谐。在生态系统按序排列的生态位系列中，相邻的生态位有着相生相克、相竞相赢、相争相胜的生态组织关系。这种自控制、自调节、自平衡、自发展的生态组织关系，促成了整体生态系统的稳态发展与良性循环。这两种生态关系的统一，更推进了生态系统的整生性和谐。

整生式生态和谐是深刻而系统的生态规律与目的、审美规律与目的的统一，它把古代依生式和谐与现代共生式和谐生态的、审美的规律与目的包蕴其中，成为自身生态审美自由的有机成分。也就是说，依生式和谐反映的是底层生态领域的生态审美规律，共生式和谐反映的是高层生态领域的生态审美规律，整生式和谐反映的是顶层和整体生态领域即生态系统四维时空环生运动的生态审美规律。

整生式和谐还是包括人类社会在内的大自然生成发展的整体生态历程的有序性的反映，它把大自然从无序到有序、从低级的有序经由无序走向高级的有序、从局部间有序与无序的统一走向整体的有序的和谐化行程包容其中，在历史与逻辑统一的整生化中，形成了最高系统的生态和谐。

整生性和谐，凭借以万生一和以一生万的整生化运动，形成了整体网络状的动态衡生，形成了一个周期连接一个周期的整体良性环生。这种周期性运转的动态衡生,纵横推进,螺旋提升,四维时空环发,是生态系统最高的生态有序性的表征,是最高的生态和谐形态,是最具整生性的和谐。同时,这种整生性和谐,是人与生境潜能的整生性自然实现的最佳境界,成为高端的生态美形态,高端的审美生境。正是在这种周期性立体环进中,生态和谐和着诗的节拍、舞的旋律,一步一步地走向艺术生境。也就是说,生态系统的周期性立体环进,是生态和谐走向艺术生境的图式。

第二节 生态中和构成艺术生境

共生性和谐特别是整生性和谐的精髓是生态中和。或者说,生态中和是前两种和谐的发展目标和审美理想。深含生态辩证法的生态中和,走向非线性生成,形成整生性自由,生发艺术生境。

一、生态中和的辩证性

中和是和谐的一种形式与模态。在中国古代美学里,它是和谐的核心模态与理想模态,表征了和谐艺术的审美规律。在生态美学中,中和与时俱进,成为生态中和,成为各种生态要素以最佳比例生成的整生之美,成为生态和谐的整生化形式与主要形态。可以说,生态中和是整生性和谐的最佳结构形态和最佳组织形态,深刻地体现了审美系统整生化的规律与目的,集中地体现了生态艺术的审美精神。

中国传统的中和之美,为生态美学的生态中和之美提供了丰富的思想资料,提供了可资借鉴的审美规范。中和之美是一种平衡之美,是一种审美关系最为合适、审美结构恰到好处的审美形态,是一种最为雅正的审美形式。中国古代哲人认为中庸是天地正道,致中和,方能"天地位焉,万物育焉"。这就为中和之美提供了天理天道的最高依据,提供了审美的本体与本原的基础。这种大真大善的底蕴与雅正气派的结合,使中和成为天地大美,潜含了生态审美的高端意味。古代中和的雅正之美,还融进了儒家伦理之善的标准。孔子说:"质胜文则野,文胜质则史。文质彬彬,然后君子。"① 此外,它还包含着生态方面的益与宜的思想,所谓"乐而不淫,哀而不伤",既是保持谦谦君子伦理典范的需要,也有宜于身心健康的好处。可以说,中和之美,是真、善、美、益、宜的统一,是真、善、美、益、宜诸种价值因素的最佳匹配,是系统地具备生态审美特质的形式。从生态审美的视角看,传统的中和之美,已是高质高量的生态美范畴,能从民族审美根性方面,水到渠成地生发当代的生态中和之美。

　　生态中和秉承了传统中和衡与正的审美特征,发展了真、善、美、益、宜最佳结合与最优匹配的生态审美性原则,提升了"天地位焉,万物育焉"的生态审美创造价值,并在整体结构的动态平衡方面、各种生态因素整体匹配的适度方面、各局部之间特别是各局部与整体之间生态自由的统筹兼顾方面,形成了创新。生态中和是生态结构的张力与聚力走向平衡的状态,是生态系统各安其位、各得其所、整体协同共进的境界,是各种合规律合目的的生态活动达到整生化境地的反映。

　　传统中和的衡与正之美,在"执两用中"、"无过无不及"的规范中生成,显示了辩证精神。生态中和承其辩证根性,发展为生态辩证法。它以和与不和的统一、在不和中生和、在超越静态平衡中走向动

————————

　　①　《论语·雍也》。

态平衡、在局部不稳定中走向整体稳定等诸多非线性有序的模式，显示了不和而和、不和大和的本质，实现了深刻而辩证的生态本质和深刻而辩证的艺术本质的统一，构成了深层的生态规律和深层的艺术规律的结合，达到了生态自由和艺术自由的一致。

二、生态中和的非线性艺术生成

整生，是非线性之魂。基于整生，生态中和形成了非线性艺术生发的路线与规范。

系统的合规律合目的，既是整生的机制，也是整生的表征。通过系统的合规律合目的，形成整生，生态中和水到渠成。系统的合规律合目的表现在两个方面：一是局部的生态存在与生态活动，既合乎自身的生态规律与目的，也合乎相关局部的生态规律与目的，更合乎整体的生态规律与目的；二是整体的生态存在与生态活动，既合乎整体的生态规律与目的，也合乎环境的生态规律与目的，还合乎各局部的生态规律与目的。正是这两个方面的生态辩证法的统合，使整体与局部、系统与环境的生态自由，在系统内外的动态平衡中，各得其所，各适其宜，形成了整生化运动的中和。在一段时间内，我们过多地强调局部对整体的价值与意义，环境对系统的价值与意义，忽略了整体对局部、系统对环境的责任与义务。这就背离了系统的生态辩证法，影响了生态系统的整体平衡性与内外中和性。

基于整生，生态中和在生态审美价值和生态价值的多位一体中，结构性地良性环生而成。真善美统一是美的普遍规律。在一般的美中，真与善是隐在于美之中和美之后的。生态美则是真、善、美、益、宜多位一体，显在统一的。科学求真，文化求善，艺术求美，实践求益，生存求宜，凡此种种的统一，形成了生态价值的整体。在这生态价值系统中,还包含着一个生态审美价值体系的内核,即由真、善、益、宜形态的生态美和艺术形态的生态美形成的整体生态美结构。这一生态美结构良性环行的内部运动,使各种生态美价值因素相生互长,形成整生质。即在科学之真的生态美中,潜含着文化之善的生态美、纯粹艺术的生态美、实践之益的生态美、生存之宜的生态美,形成整合的生态美价值系统。依此类推,文化之善的生态美、纯粹艺术的生态美、实践之益的生态美、生存之宜的生态美,也都在自身显在的生态审美质里,潜含着其他形态的生态审美质,构成了生态审美质的整生化。上述五种整生化的生态审美质,在生态美系统中有机整合,形成比例适度、整体协同的中和化生态美。这一中和化的生态美价值系统,既是生态价值系统的内核圈,同时又是这一价值系统的一个生态位。也就是说,生态美和生态真、生态善、生态益、生态宜一起,构成了良性环行的生态价值圈。生态价值圈的良性环生,构成了生态价值结构的动态衡生。正是生态美结构的中和化和生态价值结构的动态衡生,既构成了系统内在的艺术化生态中和形态,又构成了系统艺术化生态中和的内部机制,促进了生态中和的非线性艺术生成。

艺术化的生态中和在生态系统的结构张力与结构聚力的耦合并生中形成。生态结构的聚力由整体各部分的统一性、关联性、同一性、普遍性、稳定性、整体性、增序性等组成,生态结构的张力由整体各部分的对立性、独立性、多样性、个别性、差异性、变化性、失序性等组成,两者的结构关系不同,形成不同的生态美和生态艺术美。古代的生态美中,生态结构的聚力大于张力,形成偏于静态的生态和谐之美。近代的生态结构,张力大于聚力,张力削减聚力,生态和谐逐步解体,走向了崇高、荒诞与虚幻的生态审美形态。随着人与人、人与自然主体间性的发展,聚力与张力在现代的耦合并生和当代的耦合并进中,走向一体两面的共生与共进,即生态结构的发展,是张力与聚力的同步生成与同步推进,是生态平衡的同步生成与同步发展,是生态中和的动态展开与立体推进。如果说,现代生态结构的张力与聚力的耦合并生,形成横向展开的生态中和,当代生态结构的张力与聚力在耦合并生基础上的耦合并进,则形成了纵横双向展开的四维时空环进的生态中和。这是一种整生化与艺术化统一的生态中和。

在整生的前提和背景下,生态中和作为生态和谐的主潮形态与主导形态,还有着各种各样具体的非线性艺术生成路径,还有着各种各样具体的非线性生态艺术关系的机制。在对生中走向中和,构成的是动态平衡的艺术化中和。对生是生命体在相互生发中共同构成整体本质的生态行为。处在整生系统中的对生,表现出以万生一和以一生万的最高形式。系统的"一"态本质,是"万"态的个体共生的,万态的个体,是一态的整体范生的;每一个个体,都生发了其他个体,全部个体都共生了每一个个体。这两种对生,成就了系统整体的中和生态,成就了整体与局部的中和生态,成就了局部与局部的中和生态,最终成就了系统整生化的中和生态。对生,使生态结构的各部分互为因果,在相互制约和相互促进中平衡发展,走向中和。当然,这种动态制衡,是就整生系统而言的,不是指各部分的均等发展。各部分的均等,往往造成缺乏生机、活力、灵性及发展空间的静态中和。静态中和不是真正的生态中和。对生,作为整生系统动态制衡的机制,它使系统的各部分,在遵循整生规律、趋向整生目的的前提下,在合乎整生比例的格局中,协调发展与协同发展。这就使发展不仅没有破坏系统结构关系的中和,而是使其更加合理与适度,更加合乎动态中和的生态艺术的标准与尺度,更加统筹兼顾系统与环境的中和,系统与局部的中和,局部与局部的中和,以真正形成与发展整生化和艺术化并进的生态中和。

竞生是生命体在生存、生长中相互比拼争夺,以赢得和发展生态自由的行为。整生系统中的竞生,使对立诸方,在相生相克中,求得彼此存在和整体存在的中和;在相争相胜、相竞相赢中,形成彼此发展与整体发展的中和。在竞生中走向中和,形成的是衡态发展的艺术化生态中和。生态系统各部分的生态关系,是各种各样的,其中的竞生关系,越来越因其他生态关系的相互作用和整体生态关系的制导,而强化与升华了生态辩证法。竞生的生态辩证法包括两个方面,一是相生相克的制衡;二是相竞相赢、相竞相胜、相竞相长的耦合并进;两者的统一,造成了生态系统衡态发展的艺术化中和。

衡生是生命体彼此匹配地生长,彼此相称地发展,整体匀称地进化,以求得生态系统平衡发展的状态。生态系统中的各部分,比例匀称、搭配合理、尺度合适,构成线性的生态中和。根据物种的属性,遵循对生、竞生、共生、整生的规律,进行种类、数量、比例、位置、尺度的调配,以成景观生态,以成非线性的生态艺术化中和。这是一种内在的协和,复杂的协和;这是一种内在的平衡,复杂的平衡;它们构成的中和,是深刻的、全面的、整体的。前一种中和,服从后一种中和,纳入后一种中和,成为后一种中和的有机成分,使后一种衡生更具稳定性和匀称性发展的非线性艺术化中和品格。

对生、竞生、衡生等生态关系和生态运动,在依生性、竞生性、共生性系统里,在依生、竞生、共生的整体运动中,形成不了整生化的生态中和,形成不了非线性的生态艺术化中和。它们只有在整生化系统里,成为整生化关系的具体形态,成为整生化运动的具体环节,才能成为生态中和的机制,才能生发出非线性生态中和的艺术之美。

三、生态中和成为生态艺术系统

生态中和在合规律合目的中,形成了系统生成、系统生存、系统生长的整生性自由,走向生态艺术系统。

生态中和最合系统整生化的规律。生态中和与系统整生是互为因果的。生态中和的形成,既是系统整生的结果,又维系了系统整生的格局。影响生态系统和谐存在与发展的因素,主要来自两个方面。一是超稳态运转,二是失序运转。前者如依生性的统合,抑制了生态系统的灵性与活力,导致了系统的增熵。后者如竞生性的非和,导致了生态系统的扭曲、振荡、错乱与解体。生态中和消除了这两方面的隐患,主要基于各部分在系统整生化规律与目的规范下的适度发展与协调发展。适度发展,与发展速度、规模有关,但不一定与加快发展和快速发展矛盾。合乎系统整生化规律与目的的加快发展和快速发展,属于适度发展的范畴。某些不快不慢的发展,看起来是适度的,但与系统整生化的规律与目的不相适应,不在适度发展的范围之内。系统整生化规律与目的,包含但不等于整体的规律与目的。基于这种认识,适度发展应从三个维度衡量。一是各部分永续发展,需要自身各个时期的发展适度;二是各部分的共生,需要彼此的发展适度;三是系统的良性环生,需要各部分的适度发展,形成融结力、统合力与整生力。也就是说,各部分的适度发展,出于自身发展、其他局部发展、系统发展需要的最佳匹配,是一种综合的权衡,整生的统筹,包含了中和的意图。协调发展,是凭借相互关联、相互照应、相互促进、相互制约所达到的局部与局部、局部与系统、系统与环境都很适合都很适度的发展,是一种合乎系统整生规律、指向系统整生目的的发展,显示了中和的结果。这就实现了系统发展的动态平衡,使生态系统处于一种最佳的整生化状态,最佳的艺术化和谐状态。这种局部与局部、局部与系统、系统与环境都很适合与适度的动态衡生,既抑制了系统的增熵,又避免了系统的失稳,形成了系统的艺术化中和状态。这种生态中和,有点像宋玉《登徒子好色赋》中的东家处子,增之一分则太长,减之一分则太短,施粉则太白,施朱则太赤,整体结构的艺术化生成,恰好处在各种审美因素最为适度的结合点上、整生点上。

生态中和是生态系统各部分的生态本性、生态潜能的整生性适度实现。这样,各部分的本性与潜能,系统的本性与潜能,环境的本性与潜能,都预留了发展与实现的空间,中和的生态结构富有弹性与张力,也就更加符合系统整生的规律与要求,也就更加符合生态系统整生化与艺术化并进的规律与要求。这就在系统整生化方面,消除了"木桶理论"所描述的短木板影响整体协调发展和可持续发展的现象,同时又在系统艺术化方面,消除了某些局部的过度发展或因某些局部的发展受限所形成的比例失调、整体结构失衡、整体艺术审美功能降低的现象。生态中和,还使得生态结构的整体与各部分有较大的自调节潜力、自调节余能、自调节余地,当系统因外部原因产生振荡时,有可能调节自身的结构与属性,以适应外部变化的环境,以形成与新环境的动态平衡。生态环境是生态系统的承载体,生态系统的中和运转以及跟环境的中和运转,构成相生互进性,减轻了环境的承载负荷,增加了跟环境的友好性,增加了自身的稳定发展性。这就见出,生态中和多方面地形成了系统稳定存在与发展的机制,有着较为充分的抗振荡、抗侵入的预设,包含着丰富的生态平衡的规律,也就更合系统整生的规律,从而促进系统整生化和生态艺术化的耦合并进。

生态中和最富系统整生化的目的。在统合的生态系统里,各局部的生态价值与生态目的,汇入整体的生态价值与生态目的。整体的存在与发展被强化了,突出了,个体与局部的独立存在性与自主发展性被淡化了。个体对整体的责任与义务似乎是天经地义的,而整体对个体的责任与义务则是无足轻重的。这种片面追求整体价值与目的的生态伦理,显然存在着重大的缺陷。因为,漠视个体的价值与目的,不仅不公正,同时,也会涣散个体对整体的聚力,将很难持久地维系整体的价值与目的,最终有违整生的目的。共和的生态结构,突出了各部分价值与目的的相生互长性,强化了各部分对整体价值与目的的共生性,也形成了整体对个体价值与目的的分生性。个体与个体,个体与整体,形成了互惠互利的公平公正的生态伦理关系。然而这种共生性的合目的,是建立在共生规律的基础上的,需要更深刻、更系统、更科学的整生规律的支撑。中和的生态结构,不仅各部分的相生互发,于自身、他者、系统、环境是适度的,而且各部分对系统的共生,于自身、他者、系统、环境是适度的,还有系统对个体的分生,于系统、个体、其他个体以及环境都是适度的,这就形成了以整生规律为基础的、更为公平公正的、更为科学合理的生态伦理,实现了系统整生之善。

适度,是整生化之真和整生化之善的共同表征,是非线性生发的依据与结果,是生态中和的精髓与机制。全面协调可持续发展的系统,都离不开生态关系和生态运动的适度。离开了适度,它将失真失善,既不能全面发展,也不能协调发展和可持续发展,更不能进一步成为生态艺术系统。

适度、非线性有序、系统整生化、生态中和,包含着艺术审美的精神,成为生态艺术审美的原理、原则、模式。它们互为因果,相互包含,凝聚为系统化的生态艺术规律。特别是生态中和,更是上述诸者的集大成,从而成了生态艺术的基本规律。也就是说,生态系统在各部分的中和中,形成了统领全局的整生质,形成了全面协同的非线性整生化关系,形成了匹配适度的整生化结构,成为和谐生态,成为和谐生境,成为审美生境,成为艺术生境。这也见出,生态中和以其生态规律与目的和艺术规律与目的的整生性统一,生发整生性艺术自由,构成生态艺术系统,实现了从生态和谐向艺术生境的发展。

总而言之,生态系统整生化、中和化、艺术审美化,相互生成,三位一体,促使生态和谐走向了艺术生境。

第三节　生态系统自觉的中和运行

审美生境,即审美化的生存场域,是由各种生态美、生态和谐有机关联、组合、集成的审美化生存时空。它是四维时空化了的生态美,是生态系统化了的生态和谐。生态和谐从依生、竞生、共生形态,走向非线性的中和性的整生性和谐,也就自然而然地从审美生境,走向了艺术生境。非线性中和性整生性生态和谐与艺术生境有着同构性。生态和谐的非线性、中和性、整生性程度越高,就越能成为艺术生境。艺术生境作为审美生境的高级形态,是整生化的生态和谐,强化非线性生态有序,提升系统中和性造就的。

当代整生式生态和谐,和审美生境同构,是初步形态的艺术生境。它以现代的共生式生态和谐为基础,伴随现当代生态文化和生态文明生成与发展。现当代生态文化和生态文明,首先是一种生态反思的文化与文明。它们在对近代以来惨重的生态代价的反思中,探索新的生态和谐的路径,以构建更高形态的生态和谐,以促成生态和谐走向审美生境,进而走向艺术生境。在生态和谐的恢复中,生发更高的生态和谐,促成审美生境走向它的高级形态——艺术生境,即形成艺术化的生存场域和生态系统,表征了现当代生态文化和生态文明特别是生态审美文化与生态审美文明的进步。

在整生化、非线性有序的背景下,生态系统的中和运行,是生发生态艺术系统,构成艺术生境的规律与路径。生态系统依据自发的自组织、自控制、自调节的机制,实现生态系统的整生化,非线性有序,达成中和运行,提供了艺术生境的原型。当人类的行为,破坏了生态系统自发的中和运行,也就从根本上破坏了生态艺术系统。人类在上述的生态反思中,找到了两条恢复和发展生态系统中和运行的路径。一条是自发的自组织、自控制、自调节,使生态系统恢复整生化和非线性有序,回到自发的中和运行。一种是人类积极地科学地参与自然的生态运动,形成自觉的自组织、自控制、自调节,形成生态系统的整生化、非线性有序,使之走向自觉的中和运行,形成更高形态的生态艺术系统,构建全球艺术生境。

一、生态系统恢复与发展中和运行的基本路径

人与自然的协调发展,是生态和谐特别是生态中和的发展路径。人与自然要协调发展,各种形态与层次的生态文化均达成了共识,但如何协调发展,却见解纷呈,议论蜂起。这些同而不同的看法,构成了生态中和恢复与发展路径的不同形态。

一是依生式的协调发展。这种看法,要求主体放弃对自然的干预,让自然凭借自身合规律、合目的的生态运动,自在自为地修复破损、失衡的生态结构,重新形成宜人、宜生、宜乐、宜美的生态环境,构成人与自然协调发展的基础与前提,构筑生态和谐特别是生态中和

的生成条件。诸如退耕还林、退牧还草、退田还湖的生态工程,即属人类依从自然的生态规律与生态目的,构成双方协调发展的整体结构。在这一整体结构里,形成的是人类以自然为主导、为中心的依生性结构关系。这种做法,在重新形成良好的生态基础方面是有意义的,它有可能使失衡失序的生态系统重新中和运行。

二是非衡生协调发展。这种观点把人与自然的协调发展作为手段,使其为实现人类更好地生存、发展的目的服务。他们认为,人类处在与自然协调发展的核心地位,占据着结构关系的主体、主导地位,处于结构关系的宗旨、目的一端,人以外的自然万物,未具备独立的意义,未具备与人同样的价值,双方构不成衡生的自由结构。人之所以与自然协调发展,不是承认对方与自身有对等的权益,而是因为自身的发展必须以与自然的协调发展为前提,为条件。这是一种以人为出发点、为旨归的人与自然的协调发展观,是人类中心主义的一种改良、发展与完善。它统筹兼顾人与自然的生态规律,但又不是为了真正实现双方的生态目的与生态自由,只是把与人协调发展的自然作为更为宜人与为人的环境来利用,作为更好地实现人类目的之手段来使用。它缺乏生态伦理的自觉,因而不能平等地看待自然,善待自然,尊重自然。在本质上它是一种从近代走向现当代的过渡形态的生态观,能在一定程度上促成与促进生态和谐,但难以实现生态中和。因为生态中和,是系统的生态自由促成的。非衡生的协调发展,缺失了主客体合目的衡生,也就很难真正地实现主客体合规律衡生,当无法实现完备而系统的生态自由,生态系统的中和运行也就落空了。

三是相生式协调发展。主体强调自身生态价值与自然其他物种生态价值的平等,强调双方生态权力和生态义务、生态自由的对等,并从此出发,把生态伦理拓展到整个大自然领域,构成人与自然相生互长的结构关系,形成人与自然相生式协调发展的图式,以发展生态和谐,能够一定程度地形成生态中和的条件。

四是共生式协调发展。这种观点认为人与自然处在共同发展的系统之中,双方形成既相互依存、相互促进又相互矛盾、相互制约的耦合发展关系。这种关系,决定了它们都不能离开对方的发展而单独发展,都要以对方的发展,作为自身发展的条件与契机,都要以对方的发展形态、发展速度、发展水平,作为自身再发展的前提、基础与出发点。这样,人类促进自然的发展,也就为自身的发展创造了环境,为双方的共同发展,拓展了空间。这种相互推进、相互制衡的共生式协调发展,是生态辩证法的反映,是人与自然的生态权益与相应的生态义务、生态自由的整体结合与辩证体现,是能形成生态系统中和运行的基础。

五是整生式协调发展。这种观点认为,主体与自然构成了天人生态圈。在这个生态圈里,人与万物,各得其所,占据着不可或缺、不可置换的生态位,在依生、相生、竞生、共生、衡生的统一中,构成了良性循环、动态平衡的整生关系,构成了天人生态圈螺旋提升的整生式协调发展。整生式协调发展,将上述人与自然各种协调发展的模式尽数纳入,构成了很高形态的生态发展平台,并在这一平台上,生发出真、善、美、益、宜统一的生态价值结构与生态价值整体。我们认为,从文化生态学的发展,还可形成另一种整生性协调发展:环境生态、文化生态、社会生态在双向对生中构成的整生性良性循环。整生式协调发展的和谐,走向了质高量巨的审美生境,构成了生态系统中和运行的机制。

人类与自然协调发展,这是现当代生态文化的基本精神,也是现当代生态文明的集中体现，还是古老的天人合一观念的更新和与时俱进。生态艺术哲学吸纳、概括、升华其基本精神，以构成生态中和在恢复与发展中走向审美生境和艺术生境的基本路径。

二、生态系统中和运行的自由模式

现当代生态文化与生态文明，倡导建构主体与客体、人与自然和谐统一的生态结构与生态关系，否定与超越了近代生态文明中主体与客体、人与自然矛盾对立的生态结构与生态关系，在探询上述生态和谐特别是生态中和恢复与发展路径的基础上，相应地形成了逐级发展的四重生态和谐特别是生态中和的理论境界。这四重理论境界，也相应地标识了生态美学在现当代生成与发展的位格。前两重理论境界主要在现代生成，后两重理论境界主要在当代生发，并相应地成为审美生境和艺术生境的构想。审美生境是在生态和谐的整生式发展中跃出的，艺术生境则进而在生态中和的发展中涌现的。

1. 和天生人

构建主体一元化的生态和谐结构，形成了现当代生态文化特别是生态美学的第一重理论境界，构成了现当代生态和谐的第一个理论形态：和天生人。和天生人的意义，指的是通过构建人与自然的和谐，为人的生存发展服务。

现代生态美学、生态文化和生态文明面临的首要任务，是指导与规劝人类按照自然的生态规律和主体的生态要求，修复破损的生态环境，重新形成与发展自然生态的完整性与适人宜人性，使自然与人握手言和，重构主客和谐的生态结构与生态关系。这种重构，不是对古代和谐的天人生态结构的平面复归。古代天人生态结构与生态关系虽然和谐，但缺乏主体性，构成的是较低平台的生态自由。在古代客体生态场中,主体依生依存依同于客体,人类依生依存依同于自然,最终形成的是主体生态同于客体生态的一元化整体结构,即客体化的整体生态结构。这样的生态结构统一而和谐,但主体的生态自由是在依存客体的生态自由中形成的,因而是有限的、非主动的、它为的、为它的。现当代的生态美学、生态文化、生态文明,首先要重构的和谐生态结构,则是宜人的、为人的,从而带有古代生态文明向近代生态文明统一的痕迹。也就是说,这种天人生态结构、生态关系是和谐的、统一的,但却是以主体的生存发展为主导、为核心、为宗旨、为目的的,和天是为了生人。它通过人的本质、本质力量对象化的生态活动,实现自然的人化,构成人类与人化的自然、主体与主体化的客体和谐统一的生态结构。很显然,这是主体一元化的整体生态和谐结构。这是一种在近代没有实现的甚至走向悖论的生态理想,经过历史的曲折后,在现代的初步实施。

这种主体一元化的和天生人的生态和谐结构,不同于近代矛盾对立的主体一元化生态结构。前者在"和天"的基础上"生人",合乎生态规律,从而一定程度地确证、保障与发展了人的生态自由,后者却背离了生态规律,天在暂时屈从人的生态自由后,奋而否定、破坏与弃绝了人的生态自由。

主体一元化生态结构即和天生人的生态和谐,与古代、近代生态文明一元化生态结构,同又不同,同是继承,不同是超越。正是在承前启后中,现当代的生态文明和生态美学一元化生态和谐结构,既形成了主客体失和的生态结构向生态和谐结构的过渡,又促使其后的生态和谐向更高的层次与形态发展,实现对自身的超越。它处在历史的转折点上,套用马克思对但丁的评价,它是近代主体生态结构的最后形态,又是现代生态和谐的最初形态,同时也显示出它构建和谐的生态系统,走向审美生境的潜能。

现代生态文化和生态美学一元化和谐的生态结构,所形成的和天生人的审美生境,在学理上继承与发展了人类学生态研究的文化决定论(cultural determinism)思想。这种观点认为,在人与自然的关系上,人类文化决定与同化了地理环境,人是地理环境的创造者与统一者①。

2. 天人相和

现当代生态文明的第二重理论境界,是人与自然合规律、合目的的相生互发,形成天人相和,构成自律自觉的生态自由,显示出生发审美生境和艺术生境的趋向性。

脱离人类中心主义的影响,现代生态文明努力形成主客耦合共生、天人协同发展的生态和谐结构。这种生态结构的逐步形成,在很大程度上,得益于生态伦理与主体间性的理论。主体间性的理论,已有了生态哲学的意义,它是生态文明一元化和谐的生态结构向二元并生共进的生态结构发展的理论基础。它和生态伦理学一样,强调了主体与客体生态权益的平等性,人与自然生态自由的平衡性。它认为:不仅人与人之间,而且人与自然之间,都应互为主体。这就形成了二元并存的生态结构。人与自然动态的互为主体,自然而然地展开了二元互进的生态结构,形成了耦合发展的生态关系。与上述主体一元化和谐的生态结构相比,主客二元并存及二元并进的生态结构,具有更突出的共生性,特别是在主客共同生成、共同生存、共同生长方面,显得更为协调。共生是生态规律、生态目的、生态自由的

---

① 谢继昌:《文化生态学——文化人类学中的生态研究》,载李亦园编:《文化人类学选读》,台湾食货出版社1980年版,第63页。

统一。在遵循共生的生态规律方面,两种前后生成的现代生态文明和生态文化有着共同的出发点。在实现生态目的方面,两者形成了明显的区别:前者遵循人与自然共生的规律,主要是为了人类更好地生存发展的目的,而忽略了自然的生态目的,形成了非平衡的合目的;后者既遵循人与自然共生的规律,又实现双方共生的目的,构成了相互平衡发展的合目的。在构成共生的生态自由方面,双方更见出了高下。生态自由,是建立在合规律合目的的基础上的。不管是自主的自由,还是自足的自由,离开了合规律、合目的的支撑,将无法形成与持续。自律的自由、自觉的自由、自然的自由,更是直接以合规律合目的为内容的。一般来说,合规律合目的的平衡度、统一度越高,生态自由度也就越发平衡,越发大。主体一元化的生态和谐结构,从合乎人与自然双方的整体的生态规律出发,追求合主体的生态目的,仅有平衡的合规律,缺乏平衡的合目的,形成了非平衡的生态自由,即人类主体的生态自由度大,自然客体的生态自由度小。这种非平衡的生态自由,制约了主体与整体生态自由的进一步发展和可持续发展。主客二元共进的生态结构,在双方动态平衡的合规律合目的中,构成了双方动态平衡的、可持续发展的生态自由。很显然,主张主客耦合共进之自由的生态文明与生态美学,较之倡导主体一元化和谐自由的生态文明与生态美学,在理论境界方面,以及理论所表征的生态和谐境界以及审美生境品位方面,都实现了超越。这标志着现代生态文明在逐步摆脱近代生态文明的不良影响,完成了从主体美学到生态美学的过渡,构成了独立的理论品格,初步生发了自成理论境界的生态美学。

　　从学理上,现代生态文明和生态美学倡导的主客耦合并进的生态结构,承接与发展了人类学生态研究理论的人与环境互动的观点①,以及文化生态学的相关主张。"文化生态学探讨环境、技术以及人类行为等因素的系统互动关系,以社会科学的方法分析特定社会在特定环境条件下的适应与变迁过程"②。在 2004 年 5 月举行的第二届人类学高级论坛上,台湾学者李亦园说:"人类与环境之间的互动关系其关键在于文化理念,也就是宇宙观、价值观、价值取向等等的作用。今日以西方文明为主导的文化理念,'制天'而不'从天',重竞争征服而漠视和谐、无限制利用物质而欠缺循环与回馈观念,已造成全球环境、气候、生态的极大危机。在此一时刻,反省中华文化的'天人合一'、'致中和'等等与自然和谐的文化理念,应该是吾人可多加努力发挥的一个课题。"③ 这些主张,在精神实际上是一脉相承的,反映了中外学人的共识,具有普遍意义。他们强调了共生基础上的主客互动,有助于建构与发展天人耦合并进的生态和谐结构,有助于自觉地建设中和运行的生态系统,形成艺术生境。

3. 和天生一

现当代生态文明和生态美学构建的第三重理论境界,是和天生一。一,指整体,即生态圈。和天生一,指通过人与自然的协调发展,形成天人良性循环的生态圈。这是一个整生的和谐结构,中国古代天人合一的哲学为其提供了理论基础,生态循环的科学理论为其提供了结构模式。天人合一是极富理论潜力与理论张力的生态模型。

---

① 谢继昌:《文化生态学——文化人类学中的生态研究》,载李亦园编:《文化人类学选读》,第 63 页。

② Netting, Robert MaC. : Cultural Ecology, in *Encyclopedia of Cultural Anthropology*, Vol. 1, edited by David Levinson & Melvin Ember, New York, Henry Holt and Company, 1996, p. 267.

③ 李亦园:《生态环境、文化理念与人类永续发展》,《广西民族学院学报》(哲学社会科学版)2004 年第 4 期,第 7 页。

生态文明、生态文化、生态美学从其借来天人贯通为一的理论内涵和结构模态,并和生态循环的科学规律结合,建构了天人良性循环的圈状生态结构,形成了和天生一的理论境界,揭示了人与自然在协和中整体生成、整体生存、整体生长的"一"态生境,实现了对前两种生态文明分别倡导的主客同生态、并生态境界的超越,能相应地形成整生性、非线性、中和性程度高,且相生互发统合并进的艺术生境。

在人与自然圈状整生的结构中,人与自然的其他物种各据既定的生态位,相互生发,相互制约,构成生态平衡,进而相争相胜,相竞相赢,走向良性循环,螺旋提升,形成整生态势。这样的整生,是非线性有序的生态真、适宜适度的生态善、自然而中和的生态自由的表征。处在整生圈中的物种,其生态活动,合乎自身的生态规律,潜含他者的生态规律,显示整体的生态规律,实现自身的生态目的,促进他者的生态目的,生发整体的生态目的。这就构成了自身、他者、整体中和的生态自由。这种生态自由,是生态系统动态平衡的自由,是在自主、自足、自律、自觉的生态自由的基础上,形成的出自本性、成乎天然的系统中和的生态自由。或者说,它是整生的规律与目的,融入生态圈的局部与局部、局部与系统、系统与环境的生态本性,所形成的非线性生态有序的状态,所形成的天然而中和的自由境界。这样的状态和境界,已经艺术生境化了,同时,它又保障和促进了生态中和的发展,从而进一步生成了艺术生境。

人类作为天人整生圈或曰大自然整生圈中的最具智慧与良知的物种,其生态活动,既遵循又不局限自身的生态规律,既合乎又不局限自身的生态目的,既实现又不局限自身的生态自由,不仅兼顾其他物种的生态规律、生态目的、生态自由,更要把天人生态圈整生的规律,作为最高的生态规律来遵循,更要把天人生态圈整生的目的,作为最高的生态目的来实现,更要把天人整生圈整生的自由作为最高的生态自由来追求,使自身的生态规律、生态目的、生态自由,关联、平衡、促进其他物种的生态规律、生态目的、生态自由,并最终服从、融入、组成、平衡、中和与促进整生圈的生态规律、生态目的、生态自由,在和异生同中走向和天生一的生态大和境界,即高平台的审美生境,或曰艺术生境。

当代生态文明和生态美学揭示与倡导建构的天人整生圈的生态结构,其理论境界超越了主体一元化和谐的生态结构和天人耦合并进的生态结构,走向了当代生态审美文明和生态审美文化的理论前沿,代表了生态审美文明和生态审美文化的发展方向。它揭示的天人圈态整生的规律、目的、自由,是包括人类在内的大自然生态系统最高形态的生态真、生态善和生态自由,使生态科学、生态伦理学、生态哲学达到了相当深刻、相当完整的统一。

当代生态审美文明倡导的天人圈态整生结构,其理论渊源可追溯至系统生态学。格尔茨认为:生态系统有着相互交错影响的多重网络关系,凭此,生命体、无生命体通过能量流和物质循环,建构动态流程关系,生存的其他问题得以解决①。天人圈态整生系统的运转更为复杂,需要社会的自然的大网络关系作协同,需要高度系统发展的生态文明来支撑,需要高度整体发展的生态文化来规范。

和天生一与天人相生,标识了不同的生态和谐境界,显示了不同层次的生态审美文明,形成了不同的生态审美观。它们的区别,主要体现在三个方面。一是在对大自然的看法上,双方形成了环境与生境的分野。天人相生的生态审美观,把自然视为环绕人的环境,人处

---

① 　参见庄孔韶主编:《人类学通论》,山西教育出版社 2003 年版,第 139 页。

于矛盾结构的中心,其生态运动指向属人与为人的目的,其生态格局是以人为主导形成的,因而未脱离人类中心主义的框架。只不过它从追求天人对立的人类中心主义,走向了天人和谐自由的人类中心主义,生态关系从矛盾对立走向了协调统一。环境一词,是以人以己为基点而言的,有着以人以己为出发点和归宿点的意义。环境,表达的是自然围绕人类、他者围绕自己而转的言外之意。和天生一的生态审美观,把大自然作为人和其他物种共同的生境,即共同的生态载体,共同的生态母体,共同组成的相生、竞生、共生、整生的生态境界。生境,显现了物种间、各物种与生态载体之间的生态关系,所共同构成的生存依据、生存境遇、生存境况、生存境界,生存场域,消解了人的生态中心地位。它确立了整生这一最高的生态境界,显示了整生这一最高的生态价值,揭示了整生这一最高的生态规律。生境观的生成,使审美生境特别是艺术生境从生态和谐的发展中跃出,更显生态自觉性和生态自由性。

二是在天人关系上,它们形成了主体--客体和局部—整体的区别。天人相生的生态审美观,将人与自然的关系,确定为主体与客体的关系。这是一种二元对立的关系。由这种关系发展不出物我一体的生态结构,也就难以形成天人一体的生态和谐。和天生一的生态审美观,在和异生同中,使主客体的生态关系走向统一,逐步淡化与模糊了二元对立的分界,走向了主客两忘,天人一体。正是在天人一体中,人与自然螺旋式地回归了局部与整体的生态图式,构成了天人整生的和谐格局,生发了审美生境特别是艺术生境。

三是在生态关系上,两者产生了共生与整生的差异。天人相生的生态审美观,将近代生态审美文明对自然的单向人化,改变为自然的人化和人的自然化的统一,构成人与环境双向往复的对生,构成耦合并进的共生格局。和天生一的生态审美观,将人与自然的对生,或拓展为生态圈中人与各生态位上的物种双向环回的对生,构成生态系统良性循环、螺旋提升的整生,或拓展为生态圈中人与各生态位上的物种构成网状纵横的对生,构成生态系统整体周流、立体环进的大整生,构建了审美生境,生发了艺术生境。

总而言之,天人相生的生态审美文明,蕴涵的是自身与他者、人类与自然在对生中共生的规律;和天生一的生态审美文明,蕴涵的是自身与他者、人类与自然在对生中整生的规律;后者是对前者的承续与创新,包含与超越。后者更有深层生态学和整生哲学的理论支撑,也更有非线性生态有序、整生性生态中和的艺术生境品质。

现当代生态审美文明和生态审美文化是在超越自我中,发展与升华理论境界的。现当代生态和谐的第一重理论境界,以天合于人,超越了天人对立;它的第二重理论境界,以天人耦合并进,超越了天合于人;它的第三重理论境界,以天人圈态整生,超越了天人耦合并进。随着生态审美文明的发展,天合于人的唯我,升华为天人共生的物我,最终升华为和天生一的无我。这种化入审美生境特别是艺术生境的无我,是一种整生化的自然大我与宇宙整我。正是在从唯我的竞生,经由物我的共生,走向无我的整生过程中,人类正一步一步地与自然一起,走向高尚的、理性的、超越的、审美的、艺术的存在,一步一步地从自律的生态自由走向自觉、自然的生态自由,逐步地使生态系统走向自觉的中和运行,并相应地促使生态和谐走向审美生境,进而步入艺术生境。

4. 协和天人而生一

从生态科学的角度看,人作为一个特定的物种,在大自然的生态圈中运行,构成整生性和谐。从生态哲学的角度审视,天人整生,呈现出全球环境生态圈、全球文化生态圈、全球社会生态圈协同运行的态势,构成了以文化协和天人而生一的格局。协和天人而生一,指的是全球文化生态圈协和全球自然、社会生态圈,形成全球整体生态圈的立体良性还进,这就构成了现当代生态和谐的第四重理论境界,可生成全球立体环行的审美生境,特别是艺术生境。协和天人而生一,是和天生一的发展与提升。它在艺术生境的整生性、非线性有序性、系统中和性及其统合并进方面,超越了和天生一。

全球文化生态圈、社会生态圈、环境生态圈,是构成全球生态系统的三大结构元素。三圈同构同运于全球,可成大整生的和谐。在三圈同运中,文化生态圈起着中介、协同、调节甚或主导的功能,从而保证三圈运行的合拍与整一。

文化生态圈处于三圈同运的中介地位,基于它的共生性。文化生态是社会生态和自然环境生态共同孕生的,是两者的共生物。从发生学的角度看,文化首先是人类社会适应自然环境的产物,尔后成为人类社会认识自然,进而合规律、合目的地改造自然、驾驭自然、征服自然、同化自然的工具与力量,这样,它就历史地成为社会与自然相互作用的结晶,成为自然生态和社会生态共同生发的中介形态。文化生态学所描述的环境决定文化、文化改变环境、文化与环境互动的观点,是各自独立的,有着不同的生成时空,但从学术发展的生态视角,可以看成是一个连贯的逻辑与历史统一的系统生成的过程。环境决定文化、文化改变环境,是双方互生的阶段,是其后双方互动的基础。如果在环境、文化之外,加上社会的因素,形成环境—文化—社会的整体生态结构,当更能反映天人整生关系的生发。人类社会创造文化,以适应自然环境,可以看做是环境决定文化,归根结底是环境生发了文化。人类社会利用文化,使自然环境人化,从根本上看,是人类社会生发了文化。可见,文化是自然环境与人类社会的共生物,文化是自然环境作用于人类社会和人类社会作用于自然环境的中介物。正是在人类社会与自然环境双向往复的对生中,文化得以历史地创造出来。文化的天职也因此而形成:成为社会与环境对生、互化、互适,最后走向整生的中介。

随着全球化的形成,各民族的社会关联,构成全球社会生态圈,各民族的文化关联,构成全球文化生态圈,各民族的自然关联,构成全球自然生态圈。这三圈,都有可能各自构成良性环行的整生性和谐,都有可能形成协同运行的大整生和谐。这种协同运行的机制在于文化圈。基于前述自然与社会对文化的共生,基于文化在社会与自然互动中的中介作用,全球文化生态圈的运行,也就自然而然地成了全球社会生态圈和全球自然生态圈协同运行的中介。

全球文化生态圈,在全球社会生态圈和全球环境生态圈的相互作用中生成后,产生了多方面的功能。首先,它作为中介,把全球社会生态圈运行的影响力传导至全球自然生态圈,把全球自然生态圈运行的影响力传导至全球社会生态圈,使两者和自身一起整一运行。其次,它作为全球社会生态圈和全球自然生态圈的共生物,反过来共生后两者,使之和自身协调发展。这样,全球三大生态圈,也就在多元共生中,构成了大整生。最后,它在全球三大生态圈的协同运行中,进而成为协调与制导的机制。全球三大生态圈的运行以及三者复合构成的大自然整体生态圈的运行,都应是合规律、合目的的自由运行。文化,是社会运行、自然运行以及自身运行特别是三者共成的大自然运行的规律与目的的结晶,从而有着系统自由的品质。这样,全球文化生态圈以自身的系统自由的运行,导引和规范全球社会生态圈和全球自然生态圈,同步地实现系统自由的运行,促成大自然整生圈系统自由地运行,以生发天人大整生的和谐,构成三大生态系统走向一化的中和之境,构成立体环进的全球艺术生境。

　　构筑这种生态大和,形成全球审美生境特别是艺术生境,全球文化生态圈的良性运行至为关键。只有它的良性环行,才能协同其他两大生态圈相应地良性环行,以成大整生的和谐。全球文化生态圈的良性运行,基于圈上各民族文化生态位的自由。各民族文化,应为所属社会与自然对生而成,凝聚了所属社会运行与自然运行的规律与目的,实现了三大生态的同一性运行,形成了系统的生态自由。在进入全球文化生态圈后,它们更要保持和发展自身的生态自由,协同地形成整体的生态自由,方能构成全球三大生态圈协同的良性运行。这是因为,各民族的文化生态,实现了系统的自由后,和所属社会生态、自然生态的本质与规律,达成了同构性对应,生成了三位一体的运行。各民族自由的文化生态关联成圈后,其整体的自由运行,即合规律、合目的的运行,结构性反映了全球社会生态圈和全球自然生态圈的规律与目的,中和了它们的自由运行,也就可以顺理成章地实现全球三大生态圈三位一体地自由运行,构成整体生态系统的良性环行,拓展全球艺术生境。

　　需要特别指出的是:全球文化生态圈的自由运行,以及由此规范与导引的全球生态圈的自由运行,不是某个和某些民族文化生态意志的体现,而是全球各民族的文化生态实现域内中和,进而实现域外中和,最后给出合乎整生规律与目的的向性、轨道、规范的结果。只有这样,才能实现全球生态圈的立体良性环进,构筑生态大和,形成广阔深邃的审美生境和艺术生境。否则,将会导致文化生态意志,与整体生态圈的规律与目的的冲突,最终酿成全球生态灾难。

三、生态系统的中和运行与全球艺术生境的构建

当代生态美学,所描述的两种整生式和谐模式,可构成人类完整的审美生境和艺术生境。全球艺术生境的生发,关联着艺术人生的展开,有走向全球生态艺术审美场的历史趋向性和逻辑发展性。

生态系统的中和运行,是构建全球艺术生境的总体性机制。生态系统的整生性、非线性有序性、生态自由性,聚焦生态中和,共成艺术生境。其中,生态系统的整生性,是形成生态中和的总体条件。这是因为,整生系统,其生态自由是自然的,其生态有序是非线性的,包含了生成与促进生态中和的所有因素。也就是说,生态系统的整生化程度越高,其生态有序也就愈发非线性,其生态运动也就愈发超循环,其生态自由也就愈发自然,也就愈能综合地提升生态中和。生态系统的整生化、中和化、生态艺术化是呈正比例增长的。总而言之,生态系统整生与中和的耦合并进,是构建全球艺术生境的整体规律。

基于上述规律,提升生态系统的整生性,使其更为自由地中和运行,是生发全球艺术生境的关键。提高生态子系统的整生性,是增强生态大系统整生性的前提。在此基础上,全球文化生态子系统的自由运行,是中和各生态子系统的整生性,形成生态大系统自由而中和地运行的机制。这一机制的生成是多层次的。首先,全球文化生态圈的运行,中和了各民族文化生态圈的规律与目的,反映了全球文化形成、发展与运行的规律与目的,形成圈内中和的整生的自由;其次,这种圈内自由,是圈外自由的反映,包含了全球社会生态圈和全球自然生态圈中和的整生的自由;最后,水到渠成地实现圈内圈外自由的整生化,推进整体生态系统超循环地中和化运行,形成全球艺术生境。也就是说,全球文化生态圈,以自身的规律性和目的性,标识、表

征、包蕴全球自然与社会生态圈的规律性和目的性，以及整体生态圈的规律性和目的性，形成自身自觉自然的中和运行，进而调适全球自然、社会生态圈特别是整体生态圈，使之同步地达成自觉自然的中和运行，这就在中和性与整生性对应互进的提升中，顺理成章地生发了全球艺术生境。

从生态和谐走向审美生境，进而步入艺术生境，于生态审美场的发展，有着十分重要的意义。艺术生境与艺术人生互为条件，并在相生互发中，实现耦合并进。正是这种耦合并进，构成全域全程性的艺术化生态审美活动，生发生态艺术审美场。如果没有艺术生境，无法成就艺术人生，没有艺术生境和艺术人生的双向对生与耦合并进，审美活动无法生态艺术化，审美场也无法生态艺术化。

全球艺术生境，不仅是世界生态艺术审美场生发的整体条件，还是诸如民族的、个体的等等下位的生态艺术审美场的生成背景。就个体人来说，他的艺术生境有断续形态和连续形态两种。前种艺术生境，仅能形成一定时空的审美活动，构成相应的生态艺术审美场。后一种审美生境，可能生发生命全程全域的生态艺术化审美活动，构成完备的生态艺术审美场。后一种艺术生境，如果脱离了全球艺术生境，是不可能存在的。有了整体的艺术生境作背景，个体的、家庭的、民族的、国家的艺术生境也就可以全时空地持续展开，各种位格的生态艺术审美场才可能次第生成，最后成就全球生态艺术审美场。

第八章 走向艺术人生

艺术审美生态化,促成审美关系与生态关系的耦合对生,造就审美活动和生态活动的齐头并进,导致审美领域和生态领域的动态重合,推动审美价值与生态价值的整合发展,从各个方面推进审美人生,创造审美生境,构建生态审美场,展示美学发展的新纪元。

审美人生指主体生命展开的全程全域,均与显美、审美、求美、造美统一行进的经历与境界。它实现了人的审美与人的生态的一致。审美人生和审美生境相互关联,互为前提,共同生发,并在共同生发中自然而然地形成生态审美场,显示出典型的系统生成性。也就是说,没有审美生境,难以成就审美人生,离开审美人生,审美生境无法构筑。审美人生在生态审美场中实现,审美生境在生态审美场中存在,审美人生和审美生境共同构成生态审美场。反过来,审美人生和审美生境是审美场的分形。三者互为条件,整体形成。凭此,探讨审美人生的规律,于生态艺术哲学来说,有着整体研究的意义与价值。

艺术人生进一步达到了人的生态历程与艺术审美的融合与并进。它是审美人生的高端形态和发展目标。审美人生有整体地走向艺术人生的潜能与趋向,并在生态审美场向生态艺术审美场的发展中实现,体现出审美系统的整生性规律。或者说,从审美人生走向艺术人生,从审美生境走向艺术生境,从生态审美场走向生态艺术审美场,是三者关联,整体推进与实现的,形成了一致的审美向性,展开了艺术审美的整生性。

第一节　历史铸就的审美人生范式

人类审美活动的发展轨迹,标识了审美人生的历程。审美人生的形成规律和发展程式,来自人类审美活动的发展规律,来自对人类审美活动推移变化环节的概括。或更具体地说,它来自对人类艺术审美生态化轨迹的抽象。这就见出,种类与族群的审美历史,自然铸就了一般审美人生范式,规范了个体的审美人生,成为个体审美人生的生发依据。

一、审美人生的原型

审美人生在生态审美活动中形成。人是生命体,生态活动是人生活动的全部。在人类各种各样的生态活动中,有审美活动,它构成了局部的审美人生。由局部的审美人生,走向全局的审美人生,不能离开纯粹的审美活动,也不能全凭纯粹的审美活动。全程全域形态的审美人生,不能全由纯粹审美活动构成。人要靠纯粹审美活动以外的其他生态活动,完成物质的、精神的、自身的生产以及必要的休养生息,以支撑、延续、发展和升华生命。要成就完备的审美人生,必须借助生态审美活动。纯粹审美活动是多种多样的生态审美活动中的一种,它既和其他生态审美活动一起,构成完整的生态审美活动,又提升其他生态审美活动的质量,促成完备审美人生质与量的并进,成为审美人生走向艺术人生的基因和机制。

人类的审美活动,经历了历史辩证的发展过程,呈现出艺术审美生态化的行进轨迹。首先,形成生态审美活动;其次,纯粹审美活动在生态审美活动中起源,两者耦合并生共进;最后,双方共成更高更广平台的生态审美活动。

生存活动与艺术审美活动结合,所形成的生态性审美活动,是个古老的现象。人类的动物祖先,审美活动与生殖活动关联;原始社会,艺术活动与生产劳动结合,与巫术祭祀的文化活动统一;这两者都可以看做是生态审美现象。只不过,后者构成了审美人生的原型,前者是这一原型的生物学远因和进化论基石。

动物生态艺术化的审美活动,提供了人类生存审美的悠远源头和生物学基础。在澳大利亚的丛林中,有一种"精舍鸟"。成年期的雄性鸟,以建造精美的鸟舍,来吸引雌鸟。它叼来蓝色的长羽毛,插在鸟舍的门口,用植物的汁液涂抹墙壁,进行艺术化的妆饰。艺术装扮越漂亮的"房子",门前待嫁的美丽雌鸟越多,就越能成为"新房"。在动物那里,这类在艺术审美中婚嫁的现象较为常见。它在审美源头上,呈现出三个方面的意义。一是原初的审美是生态性的,即动物自身的生产在审美中进行,表现出生态审美性。二是这种生态审美是艺术化的。三是这种艺术化的生态审美多在生命的繁殖时节发生,过后即淡出,形成局部的审美生存。

人类早期的审美活动,在对动物审美的进化性承接中,发展了艺术生态性。原始先民的艺术,或跟劳动结合,或与宗教巫术文化关联,形成生态审美活动。这种情形,在残存的原始习俗中,尚可见到。壮族的"蚂拐节",通过诸如"找蚂拐"、"祭蚂拐"等系列化的艺术仪式,表达了"稻花香里说丰年,听取蛙声一片"的高产意愿,折射出远古时代跟劳动及巫术文化结合的审美幽光。作为审美人生的原型,远古的生态审美活动,形成了三方面的特性。一是审美跟劳动、文化关联结合的生态性。二是生态审美的艺术性。三是审美人生的时空局限性,即艺术审美活动未能跟所有的生态活动结合,未能达到生命全域全程的审美,未能实现完备的生态审美。

远古原型的生态审美活动造就的审美人生,是天态的,自然的,艺术的,有着对人类生态审美历程的预设性,有着对人类生态审美逻辑终端的预构性,有着对人类生态审美超循环运行方式的预定性。人类生态审美的提高形态是天态艺术审美,审美人生的最高境界是天态艺术人生。远古原型的审美人生潜含了上述形态与境界,也就富有良性环回的整生性意义。然原型,终究难以美轮美奂,它存在着质与量两个方面的局限。局部的审美人生,量的不足显而易见。其质的不高,在于这种初始的生态性艺术,未具纯粹艺术的规范,难达精湛境界。审美人生期待着质与量的互进,以实现历史的超越。这种超越,以艺术走向独立为契机。

二、质与量互进的审美人生范式

艺术走向独立后,出现了两种情况。一是有了纯粹审美的艺术,形成了与其他生态活动脱离的纯粹审美活动,二是发展了与生产劳动及其成果结合的实用艺术,形成了与生产劳动、日常生活等紧密结合的生态审美活动。生态审美活动与纯粹审美活动有着相生共长的关系。生态审美活动支撑纯粹审美活动,为后者提供原生态的审美资源,并和其他的生态活动一起,成为后者的生态承载体。纯粹审美活动提升生态审美活动,为其提供精湛的不断创新的审美规律,成为它的发展范形。两者耦合并进,使审美活动的质与量协调发展。对纯粹艺术的欣赏、批评、研究、创造所构成的审美活动,主要发展着审美活动的质。它探索、总结、升华不断发展的审美规律,使自身和审美活动整体不断进入新的审美境界,跃上新的审美平台。对实用艺术的创造、欣赏、批评、研究所构成的审美活动,主要发展着审美活动的量。正是它,使艺术的审美活动向亚艺术、非艺术的审美领域推进,进而向非审美的领域推进,一步一步地拓展生态审美场的地盘,一步一步地增长生态审美活动的量,一步一步地推进人类生态活动的审美化,一步一步地生发审美人生,使之趋向完备。人类生态活动的审美化,显示了这样一条质与量协调发展的路径:纯粹艺术的审美精神与审美规律,贯穿于实用艺术中,展开于其他形态的审美文化中,实现于一般的实践活动中以及日常生活中。这样,纯粹艺术的审美精神与审美规律,就成了不断展开的生态审美活动的魂,保证了生态审美活动的质,使生态审美活动有可能达到"诗意地栖居"的境界。生态活动的审美化,是审美活动的量走向最大化的表征;生态活动的艺术化,是审美活动的量与质同步地走向最大化与最高化的表征。人类的审美生活,不仅求量的最大化,还求质的最高化。为达此目的,纯粹艺术的原理、原则、规律与方法,必须递次贯穿到实用艺术、审美文化、实践活动、日常生活中去,使生态活动的审美化,同时达到艺术化的高度,使人类全域全程的生态审美活动所构成的整体审美人生,成为艺术化的整体审美人生。

　　审美人生特别是艺术人生,作为历史发展的趋向,虽远未覆盖人类活动的全域全程,但上述艺术活动与生态活动的双向对生,已为人类个体走向审美人生,进而走向艺术人生,提供了背景与范式。

三、审美人生的规律

　　与上述审美活动的发展相对应,人类审美主体由局部的审美人生,走向局部的审美人生与局部的艺术人生的耦合并进,再而走向全局的艺术化审美人生,构成了审美人生的历史行程。审美人生与艺术人生全程全域的耦合,是审美人生质与量的完备生成。

个体审美人生的达成,也要遵循上述族群与种类审美人生的历史发展规律。也就是说,艺术人生与其他审美人生的双向对生,是完备审美人生的生发图式与生发规律。具体言之,完备审美人生的路径为:从艺术审美人生走向科学审美人生、文化审美人生、实践领域和日常生活领域的审美人生,并在回环往复中,达到艺术审美质和生态审美量的统一,形成审美人生完整的发展的本质。

从更高的视角看,艺术审美生态化,还是生态审美场的历史生成规律。人类的动物祖先,形成生态艺术审美场,成为人类生态审美场的进化论"基因",人类远古的劳动艺术审美场和巫术宗教艺术审美场,作为人类生态审美场的起源,奠定了艺术审美生态化的基础,形成了艺术审美生态化的基本规律。其后,纯粹艺术审美场,——与实用艺术审美场、科技生态场、文化生态场、实践活动场、日常生存场对生重合,构成完备的生态审美场,走的都是艺术审美生态化的路子,遵循的都是艺术审美生态化的规律。审美人生的规律与生态审美场的规律一致,说明了审美人生是生态审美场的分形,说明审美人生的生成,有着更高层次的整体审美规律的依据与支撑,从而更具历史的必然性和更为系统的科学性。

基于同属生态审美场,审美人生与审美生境,在艺术审美生态化方面,构成了"自相似性"。原生态的艺术生境,作为局部的纯粹艺术的存在境界,遵循艺术审美生态化的路径,与一般的文化生境对生重合,进而与社会生境和自然生境对生重合,构成完备的艺术性审美生境。两者从艺术的本位出发,走向艺术生态化,各成完整的本质与结构,共生更为真切的同构对应性。这说明审美人生的规律,有着相关规律的呼应与对生,共成整体规律,从而更具普适性。

审美人生的规律,还有一个重要的意义:它通过揭示审美人生生成的路径,为审美人生的发展与提高,提供了出发点,以形成更为整一的审美人生规律,即审美人生的生成、发展与提高的规律。审美人生的发展目标是艺术人生,其路径是:从艺术审美的生态化出发,走向生态审美的艺术化。这一螺旋式复归的行程,是和生态审美场的艺术化行程一致的,即与生态审美场走向生态艺术审美场的行程一致的,这显示了局部随整体发展的态势。显而易见,艺术审美的生态化,是生态审美艺术化的基础,生态审美艺术化,是艺术审美生态化的发展,两者耦合并进,形成艺术审美天化,构成了生态审美的提高规律,构成了生态审美场的提高规律。审美人生的生成规律、发展规律,作为审美人生提高规律的有机部分,作为生态审美场提高规律的有机部分,也就更具整生性,也就更具整体真理性与整体科学性的潜能。

第二节　审美人生的生态美育机制

为了自由地构建审美人生,使其合规律、合目的地生发,还须形成生态美育的路径与机制。生态美育,是通过自由自觉的生态审美活动,培育生态审美者和相应的生态审美对象的行为与过程。生态美育是更为自由自觉地生发审美人生和审美生境的机制。我曾说过:在构建生态审美场的过程中,生态美育承担着培养相应的审美主客体特别是审美主体的任务。[①] 只有成为生态审美者,才会有完备的审美人生和与之对应的审美生境。生态美育培养了生态审美者,

---

① 袁鼎生:《审美生态学》,第 332 页。

也就奠定了审美人生的基础,标识了审美人生与审美生境相生互发的路径。

一、授—受美育构成了生态美育的基础

生态美育从艺术美育出发,与审美人生的生成历程一致,两者走的都是艺术审美生态化的路径。

生态美育是在艺术美育和一般教育美育的基础上开展的,它的两大特点即自我美育与自由自觉的美育,均离不开艺术美育和一般教育美育提供的前提性条件,均离不开艺术美育和一般教育美育之效应的制约与规范。一句话,艺术美育和一般教育美育培养了能够生成具体的生态审美场的审美者和审美对象,培养了能够与生态审美场适构且受后者陶冶并与之同步发展的审美者和审美对象。这种生态审美者和审美对象,可以进一步生发为审美人生和审美生境。

艺术美育与一般教育美育,主要是授—受方式的美育,它对审美者和审美对象的审美建设有着规范化、程序化的特点。它能使受教育者受到系统的审美训练,既建造了美的心灵结构,增强了跟审美对象的对应性、同构性与亲和力,又掌握了较为系统的审美和造美的原理、规律、方式、法则、技巧,提高了审美欣赏能力与审美创造能力,能按照美的规律进行生存、生活、生产的实践,从各个方面创造了人进行自我美育的条件。这就使他们有可能在生存的环境与活动中,发现美、选择美、创造美、欣赏美,使生态场同时成为审美场,使生存的实践同时成为审美与造美的实践,使生态关系同时成为审美关系,使生态的过程同时成为美育的过程。由此可见,经过授—受方式的艺术美育和一般教育美育,能使受教育者实现自身与对象跟生态审美场的同步生成,实现自身与对象在生态审美场中的对应性审美发展,

或曰共同的审美提升，以成就审美人生和审美生境。

可以说，以授—受方式展开的艺术美育与一般教育美育，培养了能够真、善、美、益、宜整一生存的人，培养了能够协同地创造与欣赏生态美的人，进而造就了同构对应的生态审美者和审美对象，最后培育了耦合并进的审美人生与审美生境，对应地形成了生态审美场赖以构成的条件和基础。生态和谐是重要的生态审美对象，它的诸种层次——自然生态和谐、社会生态和谐、文化生态和谐，以及它们三位一体的良性环行所形成的整体审美生境，均跟人自由的真、善、美、益、宜一体的生存与实践有关。人遵循自然的生态规律和自身的生存、发展目的，开发、利用、保护、修复、建设自然，也就保持与促进了自然生态系统的整一性、稳定性与持续发展性，也就保护与促进了自然的生态和谐。社会合规律、合目的的发展，从总体上奠定了社会和谐的基础，而人与人、人与社会、人与生存与实践对象的真、善、美、益、宜一体的和谐自由关系的展开，对应双方潜能的自由而统一的实现，则生成与发展了社会生态和谐。自然生态和谐与人类社会的生态和谐双向对生，结晶出文化生态的和谐。文化生态的和谐规范导引前两种生态和谐，在同构运行中形成审美生境的大和。从自然和谐的生态审美特征出发，辅以相应的人工之美，达到天人合一，实现自然与人文的珠联璧合，也就建构了人文—自然系统的生态和谐。以这种交叉叠合的生态和谐为基础，社会、自然生态和谐贯通循环为一，也可形成整体的审美生境。从上可见，诸种形态的生态和谐的建构，处处离不开物种尺度(对象的规律、人的规律、整体生态系统的规律)和人的内在尺度(人的目的、人所认知的物种目的以及生态系统的整体目的)的统一，离不开按照真、善、美、益、宜的规律来造型的人类生存与实践。人类生存与实践的合乎真、善、美、益、宜统一的生态审美规律,跟授—受形态的美育相关。人类越是受到良好的授—受形态的美育,就越能把真、善、美、益、宜统一的生态审美规律内化为自己的审美智能和外化为自己的自觉行为,使自己的生存与实践活动与审美创造活动同一,使自己的活动成果甚或活动本身,成为生态和谐的建构与结晶。

授—受形态的美育,参与创造了生态和谐,参与创造了生态和谐的欣赏者与建构者,参与创造了自育形态的生态美育者,显示了自身巨大而深远的功能效应,确证了美育系统诸层次间的有机联系,确证了美育系统内部的创造性、再生性活力,确证了美育系统各层次间互为因果、双向逆反的良性内循环效应,确证了美育系统的自控制、自调节特性。

二、生态审美场的建构与审美人生的展开

生态美育是在生态审美场中生发的,生态审美场,也就同时成了生态美育场。遵循系统生成的原则,生态美育还是在生态审美场的建构中进行的,生态审美场、生态美育、生态美育的效能——审美人生的形成,有着同步展开性,显示了审美系统的整生化规律。

生态美育具有生存、审美、造美、美育同步展开的整生性。生境的美化与审美,构成了巨大的持续存在与发展的造美场、审美场、美育场。它们不管是自然形态的、社会形态的、文化形态的,还是自然、社会、自然三位一体形态的,都是与人的生存实践活动相随的。人的生存实践活动在其间展开,形成生态美育场。在审美生境完备生发的大背景下,人生存实践的活动场,就是造美场、审美场、美育场,并相互复合为生态审美场。这样,人不管走到哪里,不管是何时何地,不管是进行何种活动,都处在美的裹围中,都处在审美、造美和美育

统一的状态里,都在不知不觉地接受自己参与创造之美的潜移默化,接受自己参与创造之审美场的熏染陶冶,形成审美、造美与美育同步的效果,形成审美者和审美对象共同提升、审美人生和审美生境耦合并进的审美效益。可见,生态美育带有非经意、非专门化的特点,带有生存与审美、造美统合为一的特点。它是人在生态活动过程中和置身生态环境中,水到渠成地形成生态审美场,自然而然地完成审美教育的。也就是说,生存与审美、造美、美育相叠合,后三者完全渗透在前者中,成为无目的的合目的美育,成为潜在地整体地合乎生存与审美规律的美育,即自在自为和自由自觉的生态美育。

当然,自然生境、社会生境、文化生境特别是三者一体运行的整体生境的和谐,人生存与实践活动全程化的真、善、美、益、宜的同一,时空无限的生态审美场的形成,高度自由的生态美育的实施还有待艰辛的努力,还须假以时日。但在授—受美育场中经过陶冶的人,具有对应地建构审美生境和审美人生的潜能。他能根据特定的审美意识,凭借审美选择、审美整合、审美营构等中介,创造属于自己的审美生境,创造自己的审美人生,使自己真、善、美、益、宜一体的生存与实践和真、善、美、益、宜一体的生境耦合并生,自然而然地生成与持续不断地发展生态审美场,自然而然地和持续不断地生发生态美育,那高度自由的生态美育也就不断地由可望变为可及。人与生境同步的审美生发,有两大趋势,一是社会化的整合,二是艺术化的升华。人对自身和生境耦合并进的审美创造,不管是采取选择、整合还是营构的方式,都是按照特定的审美意识进行的,都是特定审美意识的对应性物化或物态化。而这特定的审美意识既是创造者审美个性的结晶,更是一定时代、民族、地域甚或人类整体审美范式或曰审美共性范塑而成的。这样,人创造的生境美,和同时在其中展开的审美化的生存与实践,既是个性化的,又是具有普遍性的,有着相互通约性和相互连贯性的潜能。而众人所创造的生境美,和同时在其中展开的审美化的生存与实践,也就有了相互整合而成更大的生态审美者和审美对象的可能性与趋向性,也就有了进而形成整体的生态审美场以及生态美育场的可能性与趋向性。

基于生态美育的实施与生态审美场生成的同步,生态审美场生发的质度与量度,制约了生态美育的质度与量度,制约了生态美育效能的质度与量度,即人成为生态审美人进而成就审美人生的质度与量度。人在受到很好的授—受美育后,越是自由自觉地参与建构高质高量的生态审美场,就越能受到高质高量的生态美育,就越能成为高质高量的生态审美者,就越能生发高质高量的审美人生。

三、生态美育的艺术化与艺术人生的实现

生态审美场不仅有着量的整一性生成,还有着质的艺术化生成。在授—受美育中达到较高境界的人,对生境的美化和自身的审美化生存,常常趋于艺术的境地。他用生态艺术化的审美意识选择、组合、营构生态环境,指导、规范、营造自身的审美化生活,创造了生态艺术审美场,使生存与生态艺术的审美及造美结合,使生态美育成为高品位的生态艺术美育。

跟生态美育的展开与生态审美场的建构同步相对应,生态美育的提升与生态审美场的优化并行。随着生态审美场向艺术化的方向发展,生态美育也就同时获得了艺术性的品质。生态美育所促成的审美人生,也顺理成章地趋向了艺术人生的目标,实现了审美品位的提升。

具备艺术灵性的人,看到了生境的艺术美潜能,看到了它组合、

发展成更为完整的艺术美系统的可能性,从而因地制宜,天人合一,结合自身的艺术化审美生存,整合出艺术化程度甚高的审美生境,构成生态艺术审美场。举世闻名的澳大利亚悉尼歌剧院,其帆状的造型和突入海中的尖状地势,跟宽阔的大海整合,显现艺术生境,构成扬帆海上的艺术意境美。人艺术化地生存其间,生态艺术性的审美场和生态艺术性的审美教育成焉。桂林七星山一带,有小东江流经,两岸遍长花木,早春时节,花影入江,胜如朝霞辉映。审美心气极高的桂林人,建花桥于其上,空灵的圆形桥孔,犹如满月沉璧,人文、自然两相整合,构成了花好月圆的艺术化的审美生境。它为追求完满、统一的人们所普遍认同,并审美地生存其间。这就在生态艺术性的审美场的构建与持续发展中,进一步提升了人们的和谐艺术心灵和生境的和谐艺术品位,实现了审美人生和审美生境交互生发的艺术化。

用生态艺术的标准与尺度来规划、设计、建构审美生境,便之形成更加整一的艺术生境品格,和艺术化审美生存的人们达到更高平台的耦合并进,这当是生态美育很高的质态境界。园林、建筑群以及居室等,走向生态艺术化。生存其间的人们,也就长处生态艺术性的审美场,时刻感受到诗情、画意、乐韵的美趣,身心沉浸在生态艺术的审美氛围中,不知不觉地与生境之美同升共长,持续地生发生态艺术化的审美教育效益。

生态审美场的艺术性质态与自然化社会化整合的量态是统一的,这就使得生态艺术性的审美场有着普遍生成的趋向性、可能性,生态艺术性的美育有着全面推行的必然性。

生态美育的艺术化,既是艺术美育、一般教育美育造就的,又是其功能的效应显示,是其价值的确证。艺术化的生态美育还实现了向第一阶段的艺术美育的螺旋式复归。它超出了第一阶段的艺术美育之处有：(1)人的审美主动性与审美创造性突出。艺术化的生态环境是人依据特定的审美意识选择、组合、营构而成的，人集美的设计者、创造者和接受者于一体，是生态艺术性的审美场的生成者和受育者的统一，美育的自在自为性特征十分突出，美育的自觉自愿性以及合规律、合目的的自由性十分显著，也就更加完备地占有了自由的生态美育的本质，特别是深层的自觉自律的自由本质，从而洞开了艺术美育从规范走向自由的上乘境界。(2)人审美的历时性、自由性显著。生存与审美结合的生态艺术化美育，不像第一阶段的艺术美育那样受审美时空的限制，受审美对象的形态和存在地点的限制，而可以随时随地处于艺术审美状态中，使生态的存在和艺术审美的存在同一，使生命的活动和生态艺术审美的活动一致，使生存的空间和生态艺术审美的空间复合，构成生态艺术性的审美场，造就一种最为自主、最为随意的连贯而持续的生态艺术美育形式，从而再一次深化了生态美育的自由本质。

从授—受形式的艺术美育和一般的教育美育走向自为的生态美育，美育的自觉、自由本质得以显著地升华。自在自为自由自觉的生态美育不可能一蹴而就，它是规范的授—受美育造就的，离开了规范的授—受美育，不可能出现自在自为自由自觉的生态美育。授—受美育那规范力的合理度、深刻度、完备度，直接制约着自在自为的生态美育的自由度和自觉度。美育从规范走向自由的历程，生态美育从规范的授—受美育走向自由的自我美育的规程，是人类从必然王国走向自由王国的历史缩影，是社会发展的普遍规律对美育特殊规律的制约。这说明：美育系统从规范走向自由，规范的生态美育走向自由的生态美育，是美育系统的自律与环境他律的结果，有着历史的必然性。可以想见,随着众多具体的生态审美场特别是生态艺术化的审美场的整合,覆盖人类生存时空的生态审美场甚或生态艺术性的审美场必将出现,生态美育有了完全属于自己的实施处所与受育者,必将步入更高的自在自为自由自觉的艺术境界。从另一个角度看,受初级阶段的整体生态审美场规范的诸多具体的生态审美场,所生发的生态美育,不断地化生与同步地提升生态审美者和审美对象,必将促成一般的、整体的生态审美场向艺术化的高度提升,从而生成更高品位的生态美育。生态审美场与生态美育互为因果,同步艺术化,使两者的生态规律统合为一,形成生态艺术的审美规律和生态美育规律的整生化。

　　从本质上来看,生态美育是生态审美场向审美者分形的行为与机制。通过生态美育,审美者分有了生态审美场的本质与功能,成为生态审美者,具备生态审美的素质与能力,具备谱写审美人生、建构审美生境、提升生态审美场的潜能。与此相应,人在生态审美场中的一切生态审美行为,生态审美场对人一切的生态审美影响与范塑,人因此而向生态审美者的生成,向艺术化审美人生的发展,均属于生态美育的范畴。审美人生与审美生境的耦合并进,彼此携手的生态艺术化,以及由此形成的生态审美场的艺术化升华,均可视作生态美育价值与功能的生发。由此也可见出,生态美育是生态审美场自组织、自控制、自调节、自发展的机制。使人成为生态审美主者,进而成就艺术化审美人生,是这一机制的重要功能之一,是这一机制发挥其他更为重要的功能、更为整体的功能的中介。

　　审美场和美育场的同一,美育的实施者和接受者以及审美创造者和欣赏者四位一体的辩证重合,使生态美育,在审美系统的整生化中,自主自觉自由自然地展开,推进审美人生的系统生发与艺术化。

第三节　艺术审美生态化成就审美人生

艺术审美生态化是审美场走向生态审美场的规律,作为生态审美场分形的审美人生,也是遵循艺术审美生态化的规程生成的。

对生是组织结构各层次间互为因果的生态关系,展示了系统双向往复的生态运动图式,是系统自组织、自控制、自调节、自完善的机制。审美人生的系统建构,也遵循了对生的规律。从艺术人生递次走向科学、文化、实践、日常生活领域的审美人生,展示了艺术审美生态化的规程与图式,是审美人生顺向的系统生发。从日常生活领域的审美人生递次走向艺术人生,显现了生态审美艺术化的环节与态势,是审美人生逆向的系统生长。正是在这种双向对生中,既构成了审美人生的系统生发与整体提升,形成了审美人生完备的本质结构,又洞开了审美人生走向艺术人生的图景。

整体审美人生的结构顺序和运动模式,是人类审美活动历史的反映,是人类审美活动系统和生态活动系统结构关系的表征,有着生态审美系统整生化的意义。正因为如此,它的生发规程与图式,才是自由自觉的,才合乎自身、系统、环境的整生化规律与整生化目的,显示出历史与逻辑统一的必然性。

一、从艺术人生出发

从人类审美活动的发展规律以及生态美育的规律来看,要成就审美人生,必须首先成就完备的艺术人生。这种完备的艺术人生,主要是就人精湛而系统的艺术素质与艺术实践而言的,是局部时空形态的,并非指人生命全域全程的艺术化存在,但前者有走向后者的潜能。

完备的艺术人生,是通晓艺术的欣赏、批评、研究、创造规律,并加以整体实践与创新的人生。理想的审美人生,应该是艺术的最高审美质度与生态的最大审美量度走向统一的境界。艺术是最精纯的审美形式,蕴涵着最深刻、最集中、最普遍、最完整、最典型也最具创造特质的审美规律,凭此,艺术审美成为审美质度最高的形式,成为人们走向审美人生的高起点,成为构建生态审美场的高平台。

一个人要成就高品位的审美人生,须先反复审视本民族和全人类创造的经典艺术,领略与体验最为精湛深邃广博的审美境界,得到最好的审美享受,把握最高的审美规律,培养高级的审美能力。在此基础上,他还要广泛涉猎各种艺术形式,拓展艺术审美的心胸,开阔艺术审美的视野,领悟复杂多样的艺术审美的规律系统,形成综合的艺术审美能力。他也要涉足艺术理论、美学理论的领域,提高审美理性,增强艺术自觉。他更应投身艺术批评、艺术研究、艺术创作的实践,发现与提升艺术规律,形成与增长艺术创新的才智。他还要探求生态艺术的生成原理与创造规律,开辟艺术审美走向生态审美的理论与实践之路,寻求审美人生的生发图式与程式。这样,他也就成了一个艺术审美的通才与高才,成为一个集艺术的欣赏、批判、研究、创造于一体的艺术审美者,是一个集艺术审美的现实性与生态审美的趋向性于一身的艺术审美者。这是一个整生形态的艺术审美者,是一个具备全方位的生态审美张力和生态审美潜质的艺术审美者。这样的艺术审美者,具备了高而全、广而深、博而通的审美基础,有着可持续发展的生态审美潜能,有着集审美、求美、造美于一体的系统的生态审美潜能,有可能成长为理想的生态审美者,有可能成就高级的局部性艺术人生,进而成就系统的审美人生,最后成就与生命活动重合的艺术人生。

艺术是高于现实的审美世界,审美地展现与创新了丰富多彩的生态现象。在它的背后,关联着原生态的审美世界。艺术审美者,实际地成了在艺术世界与原生态审美世界的重组中,再造艺术生态世界的人,从而不知不觉地形成了生态审美的潜质,成为生态审美者的原型。这种生态审美的潜质,可望在艺术以外的现实审美中,一一实现为生态审美的本质。这种生态审美主体的原型,同样可望在艺术以外的现实审美中,一一实现为各种类型的生态审美者。这就更加见出,艺术审美者是生成生态审美者的基础与前提,局部性的艺术人生是完整审美人生的准备,理所当然地成为审美人生系统构成与发展的起点。

二、跨进科学与文化领域的审美人生

艺术求美,科学求真。科学审美是从艺术审美走向生态审美的第一步。这是历史与逻辑双重规定的第一步,是不能置换也不能代替更不能跳过的第一步。

1. 科学审美人生

科学审美者,是能将真与美结合的人,是能将真转换为美的人,是能遵循真创造美的人。与此相应的科学审美人生,在审美人生的系统生成中,处于第二个位格,基于生态美和生态审美结构的排序。生态美是艺术的审美质度与科学之真、文化之善、实践之益、生存之宜的审美量度的有机整生体,生态审美是聚合融通上述审美元素形成共生性整生性价值新质的审美。从内在的结构关系来看,生态美和生态审美诸种价值元素依照顺序,各安其位,各得其所,形成环环相扣的生态链,以保证内部生态运动的有序,以保证这种有序的运动生成整体质。一个人，从艺术审美者走向科学审美者，也就实现了真的认知价值与审美价值的统一，形成了美与真的同构，实现了艺术审美与科学审美的结合，实现了艺术人生与科学人生的统一，从而在通向生态审美和审美人生的大道上前进了一步，并为后续的发展准备了条件。这是因为生态审美者，是将审美规律与生态规律结合运用的人，而生态规律是综合把握各种科学规律方可认知与运用的规律，科学审美也就成了生态审美的中介，艺术性的科学人生也相应地成为其他艺术性审美人生的过渡。或者说，人把握的科学规律越全面、越深刻、越系统，就越能遵循具备审美特质的生态规律进行实践与生存，就越能遵循审美性的生态规律进行文化活动、实践活动、日常生存活动，实现艺术的审美性与有机发展的生态审美性的动态统一，构成完备的生态审美活动，以形成完备的审美人生。

　　科学审美者，是因求真而达美的人。每门科学在揭示相应对象存在与发展的规律系统，展示其内部联系、内在运动的"真"态图景时，同时显示了这种运动有序、平衡、统一的内在结构之美，实现了美真同体。歌德满怀激情地歌唱："存在是永恒的；因为有许多法则保护了生命的宝藏；而宇宙从这些宝藏中汲取了美。"[①] 他用诗的语言，揭示了法则之真与生命之美的统一。维纳也指出："科学家一直在致力于发现宇宙的秩序和组织，这也就是同主要敌人——无组织——进行博弈。"[②] 这说明，科学探索是真美同步的。人在学习科学知识和进行科学研究时，既作为认知者，去把握和探究科学的真，又同时作为审美者，去把握科学的真之美，在两者的统一中，展开科

---

　　① 〔奥〕埃尔温·薛定愕著，罗来鸥、罗辽复译：《生命是什么？》，湖南科学技术出版社2003年版，第17页。

　　② 《维纳著作选》，上海译文出版社1978年版，第20页。

学审美人生。

　　科学审美者,既是认知者,又是审美者,两者在辩证结合中共生出、结晶出整体新质:既区别于一般的认知者又不同于一般的审美者的本质规定,成为生态审美者系统生成中的一种形态,一个环节。科学认知越趋真的境界,对世界的内部联系、内部规律的把握也就越简洁、深刻、系统,所形成的科学美,也就越精当、和谐、统一。就科学美来说,美在真中,大美在大真之中,至美在大真的深处。这样,科学的认识越深入,越全面,越系统,所达到的科学审美的境界也就越深邃、广阔、整一。大美与大真的统一性,至美与整体规律和深层规律的一致性,使得主体对科学的审美追求,强化了对科学之真的深层境界、整体境界的认知追求。此外,审美的愉悦性与创造性,也可强化科学认知的动力,开启和增加科学认知的灵性与慧心,提高科学认知的质量,增强科学认知的成效。正是在这种相互作用中,人发展了兼有科学认知者和一般审美者但又不同于这两者的系统新质,即作为科学审美者向生态审美者进发的中介质,显示出一种成为系统的生态审美者的向力,显示出一种走向完备审美人生的趋势。

　　不仅如此,因科学认知活动是人生态活动的重要组成部分,科学审美者也就自然地具备了生态审美者的特性,成为生态审美者的初步形态和局部形态。随着社会文明程度的不断提高,随着学习型社会的进一步形成,随着终身教育体制的建构,人类科学认知的范围越来越广,科学认知的门类越来越全,科学认知的整体性越来越强,科学认知越来越成为重要的、经常的生态活动,越来越具备增强学养、完善人生、提高品味、升华素质的生态意义,越来越使人们趋向智慧人生、文明人生、审美人生的境界,科学审美者也就不断地获得了、强化了生态审美者的质。这就在科学审美人生的拓展中,更好地形成了走向下一领域审美人生的中介条件,显示出走向完备审美人生的必然性。

要从一般的审美主体,走向生态审美者,成就审美人生,必须经由科学审美者的中介,必须建构很好的科学审美者的中介。人在各门科学的审美活动中,把握了各种科学规律,逐步实现了各门科学的融会贯通,进而把握了各种科学规律与审美规律的统一,逐步走向科学规律系统与审美规律系统的融会贯通,逐步完整地形成生态审美的潜能和创建审美人生的潜质,从而使整体的审美人生成为可能。庄子描述了"庖丁解牛"、"吕梁丈夫蹈水"等各种各样的"以鸟养养鸟",意在说明通过洞悉、把握与运用各种生态活动的具体规律,最后"蹈乎大方",通达自然大道,趋于至人、圣人、神人的逍遥游境界。这就揭示了一条通过把握具体的生态活动规律,逐步把握生态规律系统,实现生态审美的路径。毛泽东指出:"马克思主义者承认,在绝对的总的宇宙发展过程中,各个具体过程的发展都是相对的,因而在绝对真理的长河中,人们对于在各个一定发展阶段上的具体过程的认识只具有相对的真理性。无数相对的真理之总和,就是绝对的真理。"[①] 这就启发我们:科学发展的历史,就是由相对真理走向绝对真理的历史。在科学文明高度发展的今天,人通过科学审美的中介,逐步把握对象世界与自身活动的各种规律和规律系统,进而使自身的生态活动,与对象世界的运动统一,形成既合乎生态规律也合乎审美规律的耦合并进,即合乎生态审美规律的耦合并进,这就进一步奠定了走向整体审美人生的基础。可以说,不通过科学审美的中介,人难以把握各种科学规律整合而成的生态规律系统,难以把握生态规

---

① 《毛泽东选集》第一卷,人民出版社1991年版,第294页。

律系统与审美规律系统的统一发展,也就无法时时处处自觉地遵循生态审美规律,展开生态审美活动,成为完全意义上的生态审美者,成就整体意义上的审美人生。

科学审美者逐渐地把握了生态审美规律,形成了生态审美潜能,往生态审美者的方向前进了一大步,有了系统地形成审美人生的条件。同时,他是在艺术人生的基础上走向科学审美人生的,也就实现了生态审美潜能与艺术审美潜能的协同发展。或者说,科学审美者的生态审美素质中,渗透着艺术的审美素质,保证了审美的艺术性与生态性的结合,保证了生态审美潜能的量增质随。同时,也可进一步见出,艺术审美者作为生态审美者系统生成的始发性位格的合理性。如果不是这样,在系统生成生态审美者的全程中,将无法实现审美性与生态性对应耦合的并进;所形成的生态审美者以及审美人生,也就难以达到质与量的结合。

科学审美活动,实现了审美的艺术规律与科学的生态规律的统合共进,形成了生态审美规律,这就为审美人生的系统生成,搭建了关键性的平台。或者说,科学审美人生,已经形成了整体审美人生的基本潜能。

2. 文化审美人生

艺术审美者经由科学审美者,在往生态审美者的发展中,必然地成为文化审美者,并相应地展开文化审美人生。生态审美者在系统生成的过程中,先要奠定艺术审美素质特别是生态化的艺术审美素质的基础,接着要把握生态审美的规律,还要构成生态审美的目的,也要生成生态审美的效益,再要达成生态审美的功能,最后实现艺术的审美品质与真、善、益、宜的生态审美要素的协调发展和总体凝聚以及全面升华,方成正果。文化审美者,处在重点形成生态审美目的的台阶上,是在把握艺术审美规律、生态审美规律后,主要发展了有关审美价值追求与创造方面的生态审美素质。也就是说,在文化审美者那里,实现了合生态审美规律与合生态审美目的的统一,形成了较完备的生态审美自由,构成了较完备的生态审美潜能,走向了较完备的审美人生。

　　人类的文明主要由科学与文化构成。科学求真,文化求善。科学是文化发展的前提和依据,文化是科学的产物与结果。文化遵循科学提供的规律发展,在合规律的基础上达到合目的,在真的基础上形成善。就像美是艺术的本质一样,真是科学的本质,善是文化的本质。正因为如此,人们在成为艺术审美者之后,继而成为科学审美者,再而成为文化审美者,也就有着水到渠成性,合乎生态审美者的生成逻辑,也相应地展示了审美人生各种位格推移的合理性和发展路径的正确性。

　　文化依据科学而生发,维系与提升人类乃至整个世界存在与发展,以善态文明的特质,推进审美人生。它主要由四个方面组成:观念文化、技术文化、器物文化、制度文化。它们所生成与包含的善主要有系统功利之善,伦理道德之善,物质功利之善。物质功利有善与益这两个价值层面,文化形成的物质功利主要属善,实践产生的物质功利主要为益。系统功利之善,是文化的最高本质。伦理道德之善和物质功利之善虽有独特的价值,但最终是要汇入系统功利之善的,最终是要向系统功利之善生成的。系统功利之善,主要指文化维系与推进人类社会系统及其所属子系统稳定、进步和与自然协调发展的整体价值与功能。文化审美者首先要把握文化的善态本质,把握这一本质向审美的本质生成的路径,把握美善一体,构成生态审美本

质的机制。善与美是统一的。孔子提出"里仁为美"，[①] 孟子主张
"充实之谓美"，[②] 均揭示了伦理文化之善的审美本质。苏格拉底认
为："凡是我们用的东西如果被认为是美的和善的那就都是从同一个
观点——它们的功用去看的。"[③] 他意在说明美善同构、美善同质，
美善同值。我们认为，文化之善向文化之美生成，主要有两方面的机
制。一是构建文化之善时，所据科学之真要与艺术之真结合，所追求
的文化价值要与审美价值统一，也就是既合文化所循的科学规律也
合艺术所钟的审美规律，既合文化目的也合审美目的，形成系统的合
规律、合目的的审美哲学的自由。二是在追求文化之善时，要有着审
美的超越性。首先是超越文化功利的小为，趋向生态功利与生态审
美功利统一的大为。物质功利之善和伦理道德之善，都应在自身的
实现中指向和提升为系统功利之善，特别是要升华为人类与自然协
调发展的最高生态之善，实现最高的生态目的之善与最高的生态和
谐之美的统一，以此强化生态审美的质性，从而使文化追求、接受、创
造者成为文化审美者。其次是与功利规范同生共进，走向平台更高
的审美自由。功利目的有着很强的社会规范性，它调节着主体的自
由，制约着主体的自在自为的自由，使之服从和构成社会整体的自
由。一般的审美特别是艺术审美则是无目的地合目的，在无为中形
成有为、多为与大为，显示了人自在自为与自足自然的审美自由。文
化审美者实现了两种善的统一，把文化的多重功利目的与审美目的
结合，使审美目的与上述三重功利目的整生，实现高雅的审美目的与

---

① 《论语·里仁》。

② 《孟子·尽心(下)》。

③ 北京大学哲学系美学教研室编：《西方美学家论美和美感》，商务印书馆 1980 年
版，第 19 页。

实用的文化功利目的的耦合并进,形成整体发展的生态审美目的,形成更高形态的生态审美自由,构成质高量巨的审美人生。正是在上述两种善的统一中,在生态审美目的的整合中,文化追求、接受、创造者变成了文化审美者,形成了文明与高雅的审美人生。

文化审美者在对生态审美目的的追求中,进一步拓展了审美人生的空间。他的审美足迹遍及整个文化领域,使自己的审美人生从艺术的天地进入科学的天地,再而进入科学所生发的文化的天地,一步一步地拓宽了审美人生的疆域,推进了审美人生全面的实现。更为重要的是,他生发的生态审美目的,构成了审美人生不可或缺的本质侧面,实现了既合生态审美规律又合生态审美目的的高度自由的审美人生,在质的丰富与整合方面,推进了审美人生的系统生成,促进了审美人生质与量的统一生成与增长。

文化审美人生在实现生态审美之真与生态审美之善的统一中,形成了审美人生的基本构架;科学审美人生和文化审美人生,共同成就了审美人生既合生态审美规律又合生态审美目的的自由本质;艺术人生、科学人生、文化人生的三位一体,造就了审美人生的基本内涵,使审美人生走向了框架性的生成。

三、步入实践活动与日常生活领域的审美人生

实践活动是主体生态活动的重要方面,洞开了审美人生的另一质域,推进了审美人生质与量的系统生成。在审美人生系统的递次生成中,至文化审美,审美人生的基本构架已然搭成,实践审美则已经接近较为完备的审美人生境界了。如果说,艺术审美者追求美,科学研究者追求真,文化创造者追求善,那实践活动者则追求益。上述各种活动者在一步一步地整合为较完备的生态活动者,并通过与审

美结合,一步一步地走向较完备的生态审美者,以成就较完备的审美人生。

1. 实践活动中的审美人生

实践活动是以益为目标的生态活动。益表现为直接的功利,表现为直接的有用,是一种直接满足主体以及人类与自然的整体生存与发展需要的价值。益的实现,离不开真、善的规范,离不开真、善价值的支撑,只有依真、向善,才可能成就益和发展益。在依真、向善、造益的过程中,主客体的潜能达到了对生性的自由实现,从而生发了美,益也就成了真、善、美的结晶。实践活动者要实现益多样统一的价值目标,必须集艺术、科学、文化于活动者一身;益要获得生态审美质性,实践活动者要进一步成为实践审美者,益要实现功利属性与审美属性的统一,益的生态审美属性必须走向整生。益的整生,一方面指它凭借真、善、美的基础产生后,四者相生互长,构成生态性与审美性统一的价值系统。在其中,益因真善而进一步生态化,因美而艺术化,从而综合地获得了生态审美的特性,形成了生态审美的价值。与此相应,实践活动者在与艺术、科学、文化活动者的共生与整生中,同形共构,多位一体,强化了生态质与审美质,形成了生态审美的系统质,成为生态性与艺术性不断增长、不断完备的实践审美者。另一方面指它的生态审美属性与真、善的生态审美属性以及艺术精湛的审美质性统合发展,实现生态审美的量增质丰。与此对应,实践审美者,也就为艺术审美者、科学审美者、文化审美者所共生,成为复合性递增、整生性见长的生态审美者,成就较完备的审美人生。

在走向生态审美者的征程中,实践审美者更加趋于整生态。他是显态的实践审美者与隐态的艺术审美者、科学审美者、文化审美者的统一,是具备上述三者生态审美潜能的实践审美者,是上述三者的生态审美素质范生的实践审美主体,从而形成了系统化程度较高的生态审美特质,实现了整合性更强的、整生化程度更高的实践审美人生。

2. 日常生活中的审美人生

主体的日常生活,诸如衣食住行游、吃喝拉撒睡等等,是作为生命体的最基本的生态活动。它追求的价值目标是宜,即宜生,诸如宜身、宜心、宜乐等等。宜的价值是一种生态价值,是一种适合生命体的生理心理特性,满足生命体的生理心理需求,有利生命体存在发展的综合性价值。人审美化的日常生存活动,追求的价值目标是更高境界的宜生,即审美化的生存,"诗意地栖居"。要实现宜生的价值,人审美化的日常生存活动,必须为艺术审美活动、科学审美活动、文化审美活动、实践审美活动共同支撑,必须以上述审美活动为背景展开。也正因为如此,审美化的日常生存活动,在实现艺术精湛的审美质性和真、善、益、宜的生态审美属性的统合中,凭借其有着精湛的艺术审美文明和深厚的生态审美文明的背景,集中地促进了生态审美价值的系统生成,集中地促成了审美人生诸种要素的整合与整生。

生态审美化的宜,在生态审美价值的生成中,处于较后的逻辑阶段,因而系列地积淀了此前各阶段的审美价值与生态价值持续走向生态审美化的成果,即艺术之美、科学之真、文化之善、实践之益依次走向生态审美化的成果,显示出丰厚的生态审美价值的积淀,能促成丰盈博雅的宜态审美人生。这也见出,宜是美、真、善、益共生的,生态审美化的日常生活之宜,是生态审美化的艺术之美、科学之真、文化之善、实践之益共生的,日常生存审美者是艺术审美者、科学审美者、文化审美者、实践审美者共生的,宜态的审美人生,是此前审美人生的叠合态。日常生存审美者如果不是上述审美者的复合,不可能实现宜,不可能实现生态审美化的宜,甚至可以说,不可能一跃而为日常生存审美者,不可能在日常生存活动中实现审美人生,更不可能实现集大成形态的即真、善、美、益、宜统合的审美人生。

日常生存审美者因历史的积淀、逻辑的发展,而成为生态审美性最为凝练的人。他在日常生存的自在自为中,构成了合乎生态审美规律与生态审美目的、实现生态审美功利、形成生态审美功能的生态审美自由。他潜合暗符的生态审美规范最多,接受的生态审美教育最全,而形成的生态审美自由也最大,所生成的生态审美素质也最齐备,所构成的审美人生系统化程度最高。

日常生存审美者,生成了生态审美者所有的结构要素和本质侧面,成为本质规定系统生成的生态审美者,创造了整生性的审美人生,成为艺术审美生态化的结晶。

从纯粹艺术领域的审美人生,走向日常生存领域的审美人生,显示了完整审美人生的结构性生成。这是按照严格的生态秩序,以不可倒错、置换、省略的生态位序列,形成的生态发展链环。在这条生态链环上,纯粹艺术的审美人生,一一生发出真、善、益、宜的生态审美人生,构成了整体审美人生递进生发的环节,实现了审美人生质与量同步展开、内涵与外延并肩趋向完备境界的整生化。审美人生质量并进、整体生成的程式与图式,遵循了艺术审美生态化的规范,符合了艺术审美整生化的要求,实现了审美发展的规律与目的和生态发展的规律与目的结合,深化了辩证整生的美学范式。

第四节　艺术人生

审美人生的系统生长,是在生态审美者的系统生长中形成的。

这种系统生长,既形成了中和化与整生化并进的审美人生,更使各类审美人生的高端部分在聚形中,走向艺术审美人生,最终成为艺术人生,成为中和化与整生化并进的艺术人生,以和艺术生境对应,进一步聚形为生态艺术审美场。审美人生的系统生长,遵循了生态审美艺术化的规律和艺术审美整生化的规律,实现了艺术人生的自由。

一、各位格生态审美者的对生造就艺术人生

递次形成的艺术审美者、科学审美者、文化审美者、实践审美者、日常生存审美者,多方面地形成与依次积累了生态审美者的局部质、层次质和发展质,依次成为愈发整体化的局部,依次成为复合程度更高的生态审美性更强的审美者。它们虽还有待走向更完备的生态审美者,但却显示了生态审美者依次生成的形式,形成了生态审美者的生长阶梯,构成了生态审美者完备生成的基本元素以及这些基本元素的生态位和关联方式,从而成为生态审美者系统生成的形式与机制。

生态审美者的系统生成,从艺术审美者、科学审美者、文化审美者、实践审美者、日常生存审美者的传承性发展中显示出来,其系统生长,则从上述各种生态审美者双向往复的生态关系中体现出来。

艺术审美者在生态审美者系统生成和系统生长中,成为整体历程的起点、终点、发展点的统一,和日常生存审美者一起,构成了各类生态审美者双向对生的基点,共同成为生态审美者系统生成和系统生长的最为关键的机制。两者的逐位对生,使各类生态审美者生发的审美人生,具备了整体质和系统质,成为整生化程度更高的、中和性特征更突出的审美人生局部。

日常生存审美是审美量度最大的形式,是人们从审美的艺术化

走向审美的生态化,成为生态审美者系统生成的终结性环节,或更准确地说,成为终结性与回旋发展的起点性结合的环节,即旧的终点与新的起点统一的环节。也就是说,从艺术审美开始,经由一系列的中介,抵达日常生存审美,是人们形成生态审美素质,成为生态审美者,创造审美人生的基本路径。在此基础上,日常生存审美者反向回生,逐位走向艺术审美,使各种领域的审美人生在依次积淀中走向艺术人生。如此回还往返,各种类型的生态审美者都增长了整体质,都在走向完备的生态审美者,都在实现系统质的审美人生,都在趋向高端的艺术人生。这就见出,生态审美者的生成与发展,是一个从艺术审美者,走向日常生存审美者,再由日常生存审美者,走向艺术审美者的持续对生的过程。与此相应,审美人生也走向了量、域、质的整生化,并由各种位格与类型的艺术化审美人生,聚形为整体的艺术人生。

二、艺术人生的整生化

各类生态审美者,在顺逆双向的生态审美质的对生中,构成了网络般的相生相长的关系,共生和整生了生态审美者的整体质,实现了生态审美者质量并进的系统生长。生态审美者的整体质形成后,又一一化入局部质,使其成为整体化的局部,实现了艺术化的生态审美者向各个局部的系统生发,即向艺术审美者、科学审美者、文化审美者、实践审美者、日常生存审美者的系统生发,使上述审美者一一成为完备的艺术化的生态审美者,实现了艺术化的生态审美者的具体化。这种具体化,造就了显态的类型的艺术化生态审美者与隐态的整体的艺术化生态审美者的统一,构成了生态审美者艺术化的系统生发。生态审美者在经历了从单质逐步走向复合质,构成整体质,实现初步的系统生成后,还经历了从局部走向整体,从整体走向局部,从具体走向抽象,从抽象走向具体的双向往复的辩证对生历程。正是这种双向对生的运动,既动态持续地发展了生态审美者的整体本质,促成了生态审美者整体本质的艺术化,又使活生生的具体可感的各类生态审美者,走向了整生性与中和性并进的艺术化,从而使各类艺术化的生态审美活动得以形成,使全域全程的艺术人生得以趋向整生化、中和化的境界。

由少到多、由量到质、由整体到局部,构成了生态审美者系统生发的三大路径。由少到多,指的是审美人生从部分领域走向整个生存时空。从艺术审美者走向日常生存审美者,遵循了艺术审美生态化的路径,在生态审美者的系统生成中,生成审美人生结构。由量到质,指的是艺术人生在量的增加与丰富中,实现质的整生。从日常生存审美者走向艺术审美者,遵循了生态审美艺术化的路径,在生态审美者的系统生长中,生成由各类生态艺术人生和纯粹艺术人生统合的整体艺术人生,构成艺术人生整体质和整体量的整生化和中和化。由整体到局部,指的是艺术人生的整体质,向各类艺术人生的分化。从系统的生态艺术审美者,走向各种类型的生态艺术审美者,遵循的是艺术审美整生化的路径,实现了艺术人生整体质的全面流布。凭此,形成了整生化与中和化并进的各类艺术人生,最后形成了整生化与中和化程度更高的艺术人生系统。这三大路径的关联,则构成了生态审美者总体形态的系统生发。只有经历了这一总体形态的系统生发的历程,才能培育出真正完备的生态艺术审美者。这样的生态审美者,不管从事什么样的生态活动,都会凭借系统的艺术化的生态审美素质来进行,都会形成完整的生态艺术化的审美活动,都会形成纯粹艺术的精湛审美质性与真、善、益、宜的生态艺术审美属性统一的整生化与中和化的艺术人生。

　　生态审美者的系统生长,是一个结构张力与结构聚力协调发展的过程。其张力表现在人们生态审美量的增加,从自身存在的某些领域某些时空的生态审美,走向生存的全部领域全部时空的生态审美。其聚力表现在两个方面,一是生态审美者所有局部形态质,诸如科学审美者、文化审美者、实践审美者、日常生存审美者的生态审美质,随着上述生态审美活动的展开,一一整合、凝聚、升华为生态审美者的完备本质。二是艺术审美质随着生态审美域的拓展而拓展,随着生态审美者本质的全方位生成而生成。也就是说,生态审美域扩张到哪里,生态审美者的整体质拓展到哪里,艺术审美质的聚力随之发展到哪里,从而使多样统一的系统生长的生态审美者,是具备艺术审美品格的生态审美者,是生态艺术审美者。正是结构张力和结构聚力的协调发展,使生态审美者的系统生长,是审美人生的质与量耦合并进、平衡发展的过程,是整生化、中和化的艺术人生的生成过程。

三、艺术人生的自由性

　　鲁枢元在20世纪末,得西方生态批评的风气之先,极富创意地提倡用生态方法研究文艺学,并明确指出:文艺的生态研究,就是探索自然的法则、人的法则、艺术的法则三位一体。[①] 这可以看做是对生态审美的整生性与中和性本质的描述。生态审美的整生性与中和性,是构成与发展艺术人生的自由性的机制。

　　生态审美的整生性,基于生态审美者的整生性。生态审美者的整生性,除了上述递次生成性、双向对生性与多向往复的系统生长性

---

① 鲁枢元:《生态文艺学》,第73页。

以外,还有着丰富多样的表现形式,并凭此构成了与一般审美者的区别,强化了艺术人生的自由。

　　生态审美者,是一个在审美角色的多重复合中构成的整生化程度不断提高的审美者。它的整生化中和化程度越高,所形成的艺术人生的自由也就越大。它是生态艺术审美者与多种类型的生态活动者的重合与整生,是一个集美、真、善、益、宜多种生态活动于一体的人。它凭此形成的艺术人生,是持续发展的,构成了超越审美距离的自由。一般的审美者,通过审美距离,将艺术审美活动从其他生态活动中孤立出来,使自己与科学、文化、实践、日常生存活动者相脱离,成为"孤生"的人,所创造的艺术人生也就是片断的,有限的,常常被其他的人生样式取代,因而是不够自由的。

　　它还是集生态艺术的审美欣赏、审美批评、审美研究、审美创造于一身的人,使得生态艺术审美活动的各种形态,都是以自身为主导集他者于一身的整生化形态。人的生态艺术欣赏活动,同时还是生态艺术的批评活动、研究活动、创造活动。依此类推,人的生态艺术的批评活动,同样不脱离其他三种生态艺术的审美活动。这样,各种类型的生态艺术审美者,都是一体多面的,都是局部和全体的统一,所构成的艺术人生,也就有了各种审美本性自足实现的自由。一般的审美活动,各种类型的审美者因分工明确,虽有重合,但不像生态艺术审美者那样,分别以一种类型的生态艺术审美者为中心,其他三者与之齐头并进,构成显态的整生,也就无法在各种审美意义和价值的咸集毕至中,构成整生化中和化的艺术人生,无法构成尽质尽性尽能实现的艺术人生,其自足的自由也就打了折扣。

　　生态艺术审美者是与生存时空整生的人。他在所有的生态活动中,在所有的生存时空中,都是一个生存与艺术审美统一的角色,实现了艺术审美时空与生存时空的重合,并在这种重合中,保证了艺术人生的生生不息、绵绵不缺,实现了超越时空局限的自由。一般的审美活动,与其他的生态活动分离,而审美活动仅是人生态活动的一部分,人需要把更多的时间与精力用于比审美更为重要的生态活动方面,时常不在审美时空中,时常从审美时空中走出来,无法实现审美与生存的同一,也就难以形成整生意义上的审美人生,特别是难以形成整生意义上的艺术人生。

生态艺术审美者更有着因内涵发展而形成的审美意义的整生。它既使生态艺术审美覆盖生存的全程全域,实现审美之量的整生,还使得每种生存状态的审美,都超出了固有类型的审美意义,而具备了整体化的艺术生存意义。人在生态活动中,审视科学之美也好,审视文化之美也好,审视实践之美也好,审视日常生活之美也好,都能相应地形成生态艺术化的真之美、善之美、益之美的价值,更能形成生态艺术化的真、善、益、宜之美统一的整体价值,构成生态艺术审美内涵的整生化与中和化。正是高端审美内涵即生态艺术审美内涵的丰富多彩的整生,使得生态艺术审美不会产生审美疲劳,可以维系生态艺术的审美活动与生命活动的全程全域重合的整生性,构成全时空的自由艺术人生。

从生态审美者的整生中,可以看出,他是在全部生态活动中进行生态艺术审美的人,是在全部生态关系中进行生态艺术审美的人,是把全部生态活动的价值汇入生态艺术审美活动的价值,构成生态艺术审美价值的人,是把全部的生态活动的规律与目的与生态艺术审美的规律与目的统合,生成生态艺术审美自由的人。他包含、整合并超越了各种类型的审美者,在实现艺术审美者与生态活动者的辩证统一后,展开了历时空的行进,身后留下的全是生态艺术审美的足迹,眼前展现的全是生态艺术审美的世界,实现的全是自由的生态艺术化的审美人生,或曰自由的艺术人生。

艺术审美生态化和生态审美艺术化,作为生态审美的基本规律,划出了审美人生系统生成并走向艺术人生的轨迹,是艺术人生在整生化和中和化的并进中,生成与发展自由品格的依据与机制,是其走向更高的自然的自由,成为天态艺术人生的基础。天态艺术人生的生发,遵循的是艺术审美天化的规律。艺术审美的天化,是艺术审美生态化和生态审美艺术化的耦合并进构成的。艺术人生的自由和生态美学的规律是对应生发的,离开了生态美学规律系统的支撑,无法形成、发展与提升艺术人生的自由。

自由的艺术人生,促进世界的艺术化,提升艺术生境的品位;世界的艺术化和艺术生境的优化,促进艺术人生的自由,升华艺术人生的境界;两者在耦合并生的聚形中,使生态审美场走向生态艺术审美场。生态艺术审美场在生态审美艺术化和艺术审美整生化中生发与完善后,将在天化艺术人生和天化艺术生境的对生与并进中,走向越来越拓展的生态场,走向越来越拓展的生态环境场,达到与后两者的动态复合,谱写出人类审美文明布满地球、走向宇宙的天性天态天化的艺术生态审美场的新乐章。

第九章 生存美感的诗化

人片段地、间隔地生存在审美中,一次又一次地加深了美好的体验,强化了长处其中的美生欲求,推动了审美人生与审美生境的耦合性对生,形成生存美感。生存美感是人与生境审美潜能的整生性自然实现。

生存美感的质与量,取决于生发它的审美人生和审美生境的质与量,取决于三者的相生互长,良性环行。随着审美人生和审美生境走向艺术化,生存美感相应诗化,理论形态和现实形态的艺术生态审美场也随之生成与生长。

第一节 美生欲求

欲求是行为的根由,决定行为的性质、强度与长度。审美活动起于审美欲求,其性质、强度、长度也受后者制约。美生欲求的诗化,即人生命全程全域地生美、造美、审美欲求的艺术升华,促成生态艺术审美活动,造就生存美感的艺术升华。

一、美生欲求的生成

在审美人生与审美生境对生与共进中形成的生态审美活动,是一种满足人内在整体审美需求的活动,即美生欲求的活动,从而相应地形成了自主自足的审美自由。人内在审美需求的整生性,建立在内在需求层次化和系列化生成的基础上。马斯洛的需求层次理论,揭示了人的需求的发展梯次,体现了历史与逻辑的统一,显得有机而全面,一时成为经典。但这种理论还不是充分的系统生成的理论,因而难以揭示人的需求的深层规律与整体规律。基于生态学基本原理以及生态哲学基本方法的系统生成理论,要求人们在研究复杂的系统时,一方面揭示对象的构成元素,按历史与逻辑统一的顺序,逐级形成与发展;另一方面或曰更重要的方面则要论述对象的各层次在双向往复的对生中,共生整体质;再一方面也就是最重要的方面,还要论证这整体质在超循环的运动中,渗透、囊括、整合、提升各部分,使之构成整生性,成为整生化的局部。

　　用系统生成的理论与方法,探究人的需求,确如马斯洛所言,形成了由低层次的生理需要到高层次的审美需要和自我实现的需要的发展。这种由低到高的逐层推进,既切合历史实际,又合乎逻辑规律,更对应生态规律与原理,构成了一个完整的理论发展系列。进一步探究,这多层的需要,在相生互发中,构成了双向往复的整生关系,形成了人的欲求系统的整体新质:美生。美生的欲求,或曰审美地生存、诗意地栖居的欲求,作为人类高平台的整体欲求,既为人的全部欲求共同生发,又概括、统领、升华了人的全部欲求,还融入各层次的欲求,丰富与提升了各层次的欲求,使之成为整体化整生化的局部。这样,美生的整体欲求,就具体地化入了各层次的欲求,使生理的需要、安全的需要、归属的需要、审美的需要、自我发展的需要等等,既是一般欲求的各种形式,同时又成为美生的整体欲求的各种具体形态,具备一体两面性。

　　美生欲求的系统生成与提升,是通过四段路径和它们的关联统一完成的。一是如马斯洛所说,各层次按序生成;二是马斯洛未提及的,高位格欲求向低位格欲求逐级回生,构成环生,并通过环生,使各层次系统地生成整体质;三是整体质在良性环生中螺旋提升,并持续地向各局部分形,使之不断地获得系统发展的整体质。经过这三段路径的系统生成与系统发展,美生的欲求,在质与量两个方面实现了整体发展,真正成为了整体欲求和整生欲求。美生的整体欲求,作为动力机制,使得生态审美活动在自主的基础上实现了自足,同步地生成了自主与自足统一的审美自由。自足是比自主更高一个层次的自由,是人全面发展个性、全面实现潜能、全面提升本质的自由。美生的欲求融入各层次的欲求,使得各层次的欲求美生化,在审美人生与审美生境的对生中,形成各种各样的终其人一生的生态审美活动,也就满足、实现与升华了人自足的审美自由。这种自由又内化为美生的欲望,丰实与提升了美生的欲望,从而实现了美生的欲望、生态审美活动、生态审美自由在回环往复中的诗化,构成了美生欲望第四段生发路径。上述四者的统一,构成了内在的良性循环与外在的良性循环关联运行的路径,显示了美生欲望在超循环中生成与诗化的整体规律。

二、美生欲求的显态系统化

美生的欲求,成为持续显态存在与发展的欲求系统,是整生规律使然。

生的欲求的普遍化形式,即它化入并统合其他欲求,走向整生形态,有普遍规律的意义。内在的欲求是人的生态活动的控制与调节机制。人的生态活动的转换,与欲求的变换有着互为因果的关系。人的欲求兴起,生发相应的生态活动;又因这生态活动的实现,满足了欲求,导致了欲求的转换。这样,人的欲求系统,此起彼伏,处在各种因素各种形态有序替换的运转中,外在的生态活动也因此相应地有机变化。各种欲求的有机替换,有着生理、心理、社会的调节控制机制。人的欲求的多样性、适度性和交替显隐性,导致欲求实现带来的感觉与体验,变换不居。审美的感觉与体验也一样。当然,在人各种各样的欲求中,唯有生的欲求是最基本的持续显态存在的欲求,否则,人无法维系生命的存在。人各种各样显隐互替的欲求,均是和生的欲求关联的,均是生的欲求的表现形态,均是生的欲求的具体化。也就是说,生的欲求,是通过化入其他欲求,以具体显示与实现为整体欲求的,是通过化入其他欲求,来统合其他欲求,以成为整体欲求的,以成为超乎其他欲求的整体欲求和最高欲求的。生的欲求,如果不化入其他欲求,如果不以其他欲求作为自身的形式,将是抽象的,难以实现的,难以构成整体形态的。

生的欲求的整生化,为其他欲求的整生化,提供了基础与模式,从而使审美欲求走向美生欲求,有了基础,有了可能,有了路径。

各种具体的欲求,要成为持续显态存在的整体性欲求,一要与生的欲求结合,成为生的欲求的普遍形式;二要与别的各种欲求结合,使别的欲求成为自身的形式,使其他欲求的交替兴起,构成自身波与波相鼓、浪与浪相接的欲求流。这是具体欲求走向整体欲求的图式。审美的欲求也是这样,它与生的欲求结合,成为美生的欲求,一跃而为整体性的普遍性的欲求。进而,它与其他欲求相结合,使之成为自身生生不息的具体欲求,进而使之关联成为自身整体化展开的欲求。这样,它就实现了对局部性断续性欲求的超越,获得了持续显态存在与发展的整体性整生性欲求的品格。

美生的欲求系统,不独立于人一般的欲求系统之外,它把后者作为基础的层次,载体的层次,进而使之审美化,形成整生的审美欲求系统。也就是说,人一般的欲求系统,与审美的欲求全面复合,升华为美生的欲求系统后,原有的本质与特征没有消失,而是在美化与升华中,形成了辩证统一的整体功能,生发出既能满足一般的生存与发展的欲求,又能满足审美生存欲求的生态审美活动。

三、美生欲求的整生化机制

美生的欲求,走向贯穿生命全程全域的整生化,其深层的机制是它化解了、统合了各种欲求之间的矛盾,特别是审美欲求和其他欲求的矛盾。凭此,审美欲求和其他欲求和谐结合,得以持续全面地实现;审美活动和其他生态活动协调统一,得以全方位、全时空地展开;这就保障了人美生的欲求自足地实现,保障了生态审美活动自足地发展。

审美的欲求和其他欲求统合的机制,是生态文明的发展所带来的审美欲求的生态关系的变化造就的,以及生态环境的改善使然的。审美欲求和其他欲求的生态关系,历史地经历了依生与竞生的阶段,正走向共生和整生的阶段。审美欲求的生态环境,也相应地经历了随和、对立、共和、大和的格局与形态。

人类的远古时代,生态文明初露曙光,审美的欲求依生于生的欲求,依生于跟生的欲求直接相关的其他欲求。这样,审美的欲求未能单独地涌现与实现,而是伴随和依从其他维生的欲求一起涌现与实现的。审美欲求的环境是和谐的,或更准确地说,是随和的,非自主的。审美欲求作为人的意志来说,生态自由的程度不高。

一般来说,在生态文明发展到一定程度然尚未高度发展的阶段,审美欲求脱离了依从其他欲求的生态关系,跟生的总体欲求形成了既相适应又相矛盾的关系,跟那些与生的整体欲求直接相关的其他欲求,形成了竞生的关系。审美欲求的生态关系,从总体上看,是非和谐的。因为脱离原本的依生关系,审美欲求和人生的其他欲求在争夺内在的心理时空和外在实现时空时,往往不占优势。这是由求生的总体欲求所决定的。生,作为生命体的总体欲求,是生命存在与发展的前提所在和价值所系,处于统领的地位,是规范和调节其他欲求的。凡是跟生的欲求紧密关联的欲求,在内在心理时空的显现和外在现实时空的实现方面都占有优势。审美的欲求不在是否生的层面上涌现,而是在更好的生的层面上生发。当它与那些直接关系生的欲求,在心理涌现和现实实现方面发生矛盾时,常常被生的欲求调节到潜意识的深处和无意识的底层。墨子说:"食必常饱,然后求美;衣必常暖,然后求丽;居必常安,然后常乐。"① 马克思指出:"忧心忡忡的穷人甚至对最美丽的景色都没有什么感觉。"② 荀子认为:"心忧恐,则口衔刍豢而不知其味,耳听钟鼓而不知其声,目视黼黻而不知其状,轻暖平簟而体不知其安。"③ 这说明,在生态文明不甚发展的历史时期,审美欲求在人的欲求系统里,属于弱势群体,处于被扶持的地位。所谓保持"审美距离",以及"静观玄揽","澡雪精神",可视为抑强扶弱的审美心理现象。

当生态文明发展到较高阶段,生存条件趋向优化,跟生的整体欲求直接相关的欲求得到了满足。这就为审美的欲求腾出了心理涌现

---

① 北京大学哲学系美学教研室:《中国美学史资料选编》上册,中华书局1982年版,第22页。

② 马克思:《1844年经济学——哲学手稿》,《马克思恩格斯全集》第42卷,人民出版社1979年版,第126页。

③ 北京大学哲学系美学教研室:《中国美学史资料选编》上册,第52页。

的领域和现实实现的时空。同时,审美的欲求和其他欲求的竞生关系也变成了共生关系。审美的欲求,有了更好的生态环境,即共和的环境。由于生态文明的发展,提供了更好的生态基础,从总体来看,生的欲求和美生的欲求已经不再是一对矛盾,可以和平共处,相生并长,走向统合了。与此相应,审美欲求和其他欲求也可不再竞生,并在相互适应中,寻求到了彼此无碍且相生并进的共生点。这种共生关系的生成,相应地造就了审美欲求的共和环境。

生态文明发展到当代,生态条件的进一步优化,欲求系统的良性循环,造就了人的整体欲求的升级。也就是说,人的整体欲求,已从生的位格跃升为美生的位格。与此相应,其他形态的欲求,也成了美生形态的欲求,成了美生欲求的形式。这样,审美欲求和其他欲求构成了整生化的关系,审美欲求的环境成为友好形态的大和格局。正是生的整体欲求统合于美生的整体欲求,其他形态的欲求统合于各种各样的美生欲求,形成了整生化的美生欲求,并得以全时空地涌现于人的心理,全时空地实现于人外在的现实。

美生的欲求,避免了一般欲求显隐转换所带来的时空局限,走向生命全域全程的整生化,其另一深层的机制,是它与一些整体性的欲求形成了统一。随着社会的进步和人格的发展与完善,求真、求善、求益、求宜,日益成为人类的基本欲求。它们与人的生存、发展、提升相关,有着持续存在性、终其一生性,已经可以看做是整体性和整生性的欲求。美生的欲求,在实现审美的欲求和生存的欲求整体统一后,还进而在这一基本框架下,使审美的欲求——与上述整生性的欲求统一,——与上述整生性的欲求复合运转,也就形成了随生命全程全域涌现与实现的立体整生性,也就在审美与生态的耦合并进中提升了自身整生化的质与量。

美生欲求的整生化,还在于它进而实现了与相关的整生化欲求的统合,走向了良性环行的大整生。与生存的欲求结合,形成整生化的欲求,除了美生的欲求外,还有健生的欲求和乐生的欲求。这三者都是贯穿人的生命全程全域的整生化欲求,都是超越时空局限的自由的欲求。它们还有着关联递增性。生存的欲求是它们的共同基础与底座。在生存欲求的底盘上,生发健生的欲求;在健生欲求的基础上,形成乐生的欲求;在乐生欲求的基础上,生长美生的欲求。这美生的欲求,一一向生存的欲求、健生的欲求、乐生的欲求回生,使之按序美生化。这就形成了良性环行的美生欲求系统。这样的美生欲求系统,化入并统合着生存欲求、健生欲求、乐生欲求,形成了立体环进,有着很高的超循环整生性。

美生欲求的整生化是逐步提升的。美生欲求和生的欲求及其各种表现形式结合,基本形成了整生化;它进而与真、善、益、宜的整生性欲求统一,在整生化的发展中,形成了自身作为生态审美欲求的完整的本质规定性;它再而与生、健生、乐生的整生化欲求统合,形成良性环进的结构,提升了立体整生化的品格。这就为审美系统整生化,提供了完备的心理动力机制。也就是说,美生欲求的整生化程度越高,生发的生态审美活动就越完备,显示的生态审美规律就越系统,形成的生存美感也就愈发贯通为一,达到和生命的全域全程一致。

四、美生欲求生发的诗化趣味结构

美生趣味指人生命全程全域地显示美、生成美、创造美、审视美的价值心理、价值态度与价值取向。它是一个生态审美的价值向性系统。它是一个集生态审美的驱动力、导引力、牵动力于一身的审美向力系统。它虽以生态审美目的方式出现,但饱含生态审美的规律,有着自由自然的品格。

美生的欲求是美生趣味的原生态,有着整体生发的潜能。它一方面可以直接生发为生态审美活动;另一方面则形成美生趣味结构的整体生发,外向显现和递次提升为美生的嗜好、美生的标准、美生的理想,形成完整的美生趣味系统。以此为基础,它产生良性环行的结构性运动,在螺旋提升中,形成诗化的美生趣味生态圈,成为整生性持续增强的超循环运行的生态艺术审美调控系统,从而更自觉、更系统也更为强有力地支撑、规范、制导审美人生与审美生境在耦合并生中走向艺术化,形成自由自觉的生态艺术审美活动,生成和升华艺术化的生存美感。

美生的欲求,是美生趣味结构的底座。它是一种生命的审美向性。就生态审美的方向性与目的性来说,美生欲求的生命冲动是明确的、坚定的、持续的。它虽然不一定直接指向某种类型的生态审美,不一定直接形成类型性、特殊性、个别性的生态审美的冲动,但在上位的整体性、普遍性的生态审美的趋向里,潜含着上述诸种下位的生态审美指向。也就是说,美生的欲求,以整体性、普遍性的显态层次,统一了类型性、特殊性、个别性的层次,形成一个小部分露出水面,大部分藏在水底的系统。在这个系统里,上位层次和下位层次依序双向对生,最后构成良性环生。正是这种圈态结构的良性环生,使每个人的美生欲求,以人类整体性的形式,包含时代普遍性、性别类型性、民族特殊性、个体个别性的内容与特性,成为一个多质多层次的系统。结构性的美生欲求,是美生趣味系统的底座。它凭借这一地位,使所生发的其他美生趣味层次,有了相应的结构组成和结构运动,为整体的结构组成和结构运动奠定了基础。

美生的欲求是意志形态的,呈现出感性的指向性。然这种感性的指向是明确的,是合人生的规律与目的的,是合生境的规律与目的的,是合生态系统的规律与目的的,因而是受理性规范与制导的感性,是以感性的形式表现出来的潜理性,是显在的感性与潜在的理性的统一。凭此,它所生发的美生趣味系统及其各层次,才包含着生态审美理性,才能自由地制导审美人生与审美生境的对生并进,以生发自由的生存美感。

美生嗜好为美生欲求生发,是美生欲求的目标、形态、样式的具体化。它表现为人对相应的生态审美对象的钟情,对某种特定形态和特定样式的审美人生、审美生境的特别偏好,对审美人生和审美生境耦合相生共进的特定形态和特定样式的超常喜爱。这种生态审美的偏好和喜爱,还集中地表现在对生态审美活动方式—任本性的选择。

美生嗜好是一种个体性的生态审美要求,它以显态的个体个别性的生态审美的价值趋向和价值选择,隐含着民族特殊性、性别类型性、时代普遍性、人类整体性的生态审美的价值趋向和价值选择,有着多质多层次的价值规律和价值目的的支撑。它以直观的感性的生态审美的价值取舍,显示了理性的自觉的生态审美的价值追求。较之美生欲求,美生嗜好包含的生态审美的价值向性和价值理性更为具体与明确。

美生标准是美生嗜好的升华,是对美生欲求和美生嗜好的目标、形态、样式作生态审美价值尺度的衡量。人用一定的生态审美的价值尺度、价值准则,选定和确立某种形态与样式的审美人生与审美生境,进而形成审美人生与审美生境耦合并生与共进的具体形态与样式,使美生标准具象化。美生标准作为价值尺度,基于和通于审美价值规律,但又不是抽象的审美理性,而是规律融于目的、理性赋予感性的审美人生范本和审美生境模式以及审美人生和审美生境耦合并进的样态。

美生标准带有特定个体显态的个别性,但它包含着特殊性、类型性、普遍性、整体性的生态审美的价值尺度与准则,为各种上位的美生标准所范塑,有着丰富的价值理性。

美生理想是美生标准的凝聚与提升,是特定的人美生趣味的集中表现和最高层面。它是特定的人根据生态审美的历史发展规律和现实的前进趋向,所设计的典范性的审美人生的图式和审美生境的蓝本,所构想的上述审美人生和审美生境耦合并生与共进的最佳境界。美生理想表征了历史、现实、未来贯通的生态审美的价值规律,形成了由过去、当下、将来的生态审美目的共成的生态审美目标,从而形成了最高的生态审美的价值理性,能够导引特定审美人生的发展和审美生境的建构,能够牵引特定的人在审美人生与审美生境的耦合并生中,生发生存美感,建构生态审美场。

美生理想是"以万生一"的成果。它是特定的人一切生态审美经验的凝聚,是特定的人生态审美价值追求的结晶,是特定的人所认知的生态审美规律与目的的升华。作为个体审美人生与审美生境的指南,它还在对各种上位的美生理想的逐级分形中生成,与各种上位的美生理想和各种同位的美生理想,在"自相似性"中形成整体联系,进而在双向对生中,形成良性环生,以持续地与各种上位和同位的美生理想交换信息,以螺旋性地发展与提升自身。

在"以万生一"中,美生理想选择、集中、提炼了最大量态和最高质态的审美经验,凝聚和升华了系统而深刻的审美规律,自然而然地走向了生态艺术化,水到渠成地实现了诗化。美生理想是当然的诗化理想,是生存美感诗化的依据,是生态艺术审美场的生成机制。

　　各级各层次的美生趣味,形成了多样统一的特性。美生的欲求,体现了生态审美的天性。美生的嗜好,展示了生态审美的本性。美生的标准,生发了生态审美的根性。美生的理想,凝聚了生态审美的理性。上述诸者统一,形成了生态审美的价值心理、价值态度与价值向性。在生发与形成多样统一的特性的基础上,美生趣味系统,构成了多样统一的功能:美生的欲求,是生态审美的动力机制;美生的嗜好,是由生态审美的习性形成的态度机制;美生的标准,形成了生态审美的价值判断与价值选择的机制;美生的理想,是生态审美的导航与定位的机制;它们整体地形成了生态审美的驱动、牵引与导向系统。

　　美生趣味的逐位发展,是有序地生发与提升生态审美的向性,是一步一步地集中与明晰生态审美的指针功能。它各种位格的特性与功能是不可或缺的,其生态位是不可更改。各位格的美生趣味逐级生成后,在整体联系中形成回生运动,高位格的特性与功能逐级分予低位格,提升与丰富了低位格的特性与功能,整体的特性与功能,也相应地成为各位格的功能与特性结构共有的层次,增强了各位格的同构性、亲和性、动态平衡性。在这双向对生所构成的良性循环中,各位格的美生趣味保持、发展、提升了自己固有的特性与功能,又吸纳和分有进而创新了其他位格与整体的特性与功能,从而在整生中,持续地形成与发展了系统特性与功能的活力,以更好地推动与导引审美人生与审美生境的互生与共进,以丰富与提升生存美感,以发展与提升生态审美场。

　　各位格的美生欲求,在良性环回中,为诗化的美生理想所提升,不断地强化了艺术化的趣味潜能与向性,并逐步地显现与实现为艺术化的美生趣味系统,以和审美人生、审美生境的艺术化趋向一致,以和艺术化生存美感的生发相对应。

第二节　生存美感

人对审美生境快适愉悦地整觉、通觉、通识、通融与通转,构成生存美感系统,构成生存美感良性循环的结构,以跟圈态运行的生态审美活动结构、生态审美场结构同形共态。

这一良性环行结构,是诗化的美感境界。简要地说,生存美感是贯穿美感境界诸环节的运转人的身心的快悦通感流。快悦通感伴随审美人生和艺术人生,成为生存美感的常态,成为生存美感境界的基础性环节,成为生存美感的一般本质规定。

快悦通感作为生存美感的本质,有四方面的意义。首先,它是生态审美感官系统,或曰审美整觉系统。其次,它是审美运行的方式。再次,它是生存美感的本质。最后,它是逐层展开的生存美感的境界。第一、第二两个方面,使它成为生存美感的基础环节,第三、第四两个方面,使它成为生存美感的普遍形式。四个方面逐级生发,彼此关联与支撑,共成快悦通感的整体意义,共成生存美感完整的本质规定性。

快悦通感是审美人生和审美生境的对生物。随着审美人生和审美生境对应地走向艺术化,快悦通感相应地诗化。

一、生发快悦通感的审美整觉系统

能听懂音乐的耳朵,能欣赏绘画的眼睛,是艺术审美的感官。生态审美感官是在艺术审美感官的基础上形成的,是更为整生的艺术化审美感官,是能形成快悦通感的审美整觉系统。

　　生态审美感官,之所以被称为生发快悦通感的审美整觉系统,一是它生成的快悦效果,能贯通身心,流转不息。二是这种通转身心的快悦,是对应生理感官的快感因素和对应心理感官的美感因素统合后,所形成的多元并进的生态美感流。这样的美感流,离开审美整觉系统,是无由整生与环流的。三是上述生态美感流,结合着艺、真、善、益、宜的趣味,是更为系统的美感整生流。生态审美感官能艺术化地感受艺真善益宜之美,能在或真或善或益或宜的对象上,感受艺真善益宜的整生意味,不容置疑,它必须是一个审美整觉系统。

　　上述美感效果的实现,美感功能的生成,基于感官的审美素质。这种素质体现在两个方面:审美官能与审美文化。审美官能方面,具有知觉、直觉、整觉、顿悟、融通的潜能。这种审美官能在很大程度上得力于相应的审美经验和审美文化的支撑。所以,这两个方面的素质是统一的,共生的。

　　凭借上述审美素质,审美整觉系统更加整生化。已有不少学者论述审美感官是眼、心贯通的,审美是眼观与心看结合的。贡布利希指出:"纯洁之眼是一个神话",① 主张"看"是有期待的目的性活动,认为一切看到都是解释。② 他强调了"看"是心与眼并用的综合性审美审视。刘勰说:"物以情观",③ 要求"目既往还,心亦吐纳"④,更加明确了审美的心、眼共观性和美感的物我共成性。格式塔心理学指出了心灵与感官共成的内在知觉范式,与外在知觉对象的同型性,对知觉对象的选择性,以及所形成的知觉形象的完形性。从知觉范式

---

① 见肖鹰著:《美学与艺术欣赏》,高等教育出版社 2004 年版,第 11 页。
② 同上。
③ 刘勰:《文心雕龙·诠赋》。
④ 刘勰:《文心雕龙·物色》。

与美感知觉形象的同构中,不难意识到审美感官的系统性。我认为,这种内在知觉范式,是在身心感官系统的运转中,由身心审美特性及其关联的审美文化特质所生发的趣味原型,是审美整觉系统的功能表现和趣味凝聚,和前述美生欲求系统中的美生嗜好、美生标准等关联。人的审美感官系统,由眼、耳、鼻、舌、身的生理感官部分,和情、意、理、志、性、趣、神、韵的心理感官部分组成。两大感官系列,可分别形成通感,也可相互形成通感,在一气贯通中,组成通感整觉系统。这样,身心各部分感官,处在整体感官系统中,都通感化了,整觉化了,成为整生化的局部,具备了通感整觉的功能。与传统的通感相比,它不仅贯通与整合了各生理感官,还贯通与整合了各心理感官,更贯通与整合了整个审美感官系统。也就是说,每种具体的审美感官,都融通了整觉形态的审美感官系统,能贯通整合地生发所有感官分别对应的美感价值因素,以成复合整生形态的快悦流,通转弥漫身心,能整觉地把握对象真、善、美、益、宜的审美意味和生态意味,构成整生化的生存美感价值系统。

二、快悦通感复合周流的方式

凭借身心一体的往返回旋的审美整觉系统,快悦通感流形成了复合周转的生发与运行方式。

人的生理感官是网络化的,可构成循环运行的系统。由此,眼耳鼻舌身的审美感觉相通,既可分别对应地感受艺术化生境的审美属性,也可多位聚焦地共同感受艺术化生境的某一审美属性,从而造就各种生理快适相通相生相和后的复合,形成全面、集中而流通的审美生理快感系统。外在的审美生理感官系统,关联着内在的审美心理官能,打通了情、意、理、志、性、趣的审美心理感觉系统,并将艺术化生境的审美文化信息相应地传输给后者,让后者在整悟通识中,形成心理愉悦的循环流转。人的审美心理感觉系统在相通中互化,可形成内在的通感,比如情、趣的审美心理感觉,在所属系统结构的环回通转中,构成诸如情理、情意、情性、情趣以及理趣、意趣、志趣、情趣等复合态乃至整合态感受。这就造就了各种心理愉悦相生相通相和后的复合,生成整合推进的圆活流转的审美心理愉悦系统。人的内外感觉系统的贯通,使复合型的全身快适与复合型的全心愉悦,相互促进,相互强化,相互统合,一体流转,形成快悦通感特有的复合周流的整生化运转方式。这样,快悦通感也就构成了各种快适愉悦统合后的身心通转循环的整生化格局与图式。

快悦通感这种特有的生发运转方式,促成了生存美感特有的本质规定性。

三、作为生存美感本质的快悦通感

人常处审美生境中,快适愉悦不离身心。从本质上看,生存美感是一种身心流转的快适愉悦感。它作为此前审美人生的积淀,存在于人的身心。随着生态审美活动的持续,它累积地汇入对当下审美生境的通觉通识通融中以及重组再造中,形成日益递增的整生化。它流转于良性循环的生存美感结构中,有着生命全程的递进性整生化特征。

快悦通感,作为身心快适愉悦感的通称,显示了生存美感的本质规定。这里的通,有着整体的意义,有着整体贯通的意义,有着整体的各部分均具整生化美感质的意义。它是人的眼耳鼻舌身的快适,是眼耳鼻舌身的快适贯通合流立体共进的通体快适,是眼耳鼻舌身处于循环运转的整生性快感流中,生发的复合态整合态的"一化"性快适；它还是人的情、意、智、志、性、趣、神、韵的愉悦，是情、意、智、志、性、趣、神、韵的愉悦贯通合流后立体共进的全心愉悦，是情、意、智、志、性、趣、神、韵处于循环运转的整生性愉悦流中，生发的复合态整合态的"一化"性愉悦；它更是人生理结构的整生性快适和心理结构的整生性愉悦，在耦合并生中走向贯通合流，实现立体共进的循环运转，所形成的身心整一的快悦，是人审美整觉结构的各部分，即眼、耳、鼻、舌、身和情、意、智、志、性、趣、神、韵，处于身心循环的整生化快悦流中，分别生发的复合态整合态的"一化"性快悦。这就构成了身心良性环行的整生化快悦通感，构成了良性环行结构中各感官的整生化快悦通感。

"一化"有着整生化的意味，它是快悦通感的"通"的注脚，也是快悦通感的生成机制。这种"一化"在三个平台上进行。一是生理快感的平台，眼耳鼻舌身的快适贯通流转是"一化"；在贯通流转中，实现各种快适复合共进，进而共生生理结构的整体快适质是"一化"；在贯通流转中生理结构各部分，强化自身的快适质，分有整体快适质，兼有其他部分的快适质也是"一化"。二是心理愉悦感的平台，人的情、意、智、志、性、趣、神、韵的愉悦贯通流转是"一化"；在贯通流转中，实现各种愉悦复合共进，进而共生心理结构的整体愉悦质是"一化"；在贯通流转中心理结构各部分，强化自身的愉悦质，分有整体愉悦质，兼有其他部分的愉悦质也是"一化"。三是整体生存美感结构的平台，生理结构立体环进的快适与心理结构立体环进的愉悦，在贯通合流互化中实现立体循环是"一化"；在这种立体循环中形成身心快悦的美感整体质是"一化"；在这种立体循环中各感官强化自身美感质、分有美感整体质、兼有其他感官的快适质或愉悦质也是"一化"。这就见出，"一化"是生存美感特有本质规定的生成路径。生理快适和

心理愉悦是生存美感的生成元素,它们分别在第一、第二平台上的
"一化"和共同在第三个平台上的"一化",系统地生成了快悦通感的
本质:快适愉悦的身心贯通性;各种快适愉悦合流互化共生并进的身
心循环性;每种快适愉悦对其他快适愉悦的兼有性和对整体快适愉
悦的分有性。简而言之,就是快适愉悦的身心通转性、通和性、通有
性,以及三者共同构成的并日益强化的整生性。这些本质特性,是其
他美感不曾具备的。

　　生理快适感和心理愉悦感,在过去的美感论中有多样的论述:排
斥生理快感,仅认可心理愉悦感者有之;以生理快适感为辅、心理愉
悦感为主者有之;认为它们是美感整体的两个层次者有之。我们认
为快悦通感是生存美感的整体质和整生质。这种亦快亦悦的生存美
感,是身心感官系统与审美生境共生的,是在身心整体结构的整生化
流转中完善的。

　　快悦通感是审美生境的整生化审美潜质与人身心感官的整生化
审美潜能的对生物。它作为以往审美人生和审美生境耦合对生的结
晶,既是每一轮生存美感循环结构的起始环节,又贯通生发强化于其
他环节,更流转于生生不息的良性循环的整体美感结构中,成为多重
意义上的快悦通感。也就是说,快悦通感在人身心系统中整生化流
转,在每一轮生存美感循环结构中整生化流转,在伴随人一生的超循
环生存美感结构中整生化流转,一层一层地强化了其作为生存美感
本质的规定性。

　　总而言之,生存美感的精义是:身心超循环整生的快悦。它贯穿
于生存美感的每个层次,递进于生存美感的每个周期,增长于艺术人
生全程,具有普适性。简言之,它就是快悦通感。

四、贯通生存美感整体境界的快悦通感

眼、耳、鼻、舌、身与情、意、智、志、性、趣、神、韵，是生存美感生发与承载结构的各个生态位，快悦通感环流其间，形成生存美感的整生化结构。这一整生化结构不是抽象的，而是逐层地生发于生存美感的境界中，以系统地生成自己的本质规定。也就是说，快悦通感统摄生存美感境界诸层次，使其成为生存美感本质的表现形式与展开层次。快悦通感贯通生存美感境界诸层次，成为名正言顺的生存美感整体质和整生质。生存美感境界诸层次，又层层深化了快悦通感的蕴涵与意义，在有序拓展生存美感整生化境界的同时，完整地生发了生存美感的本质规定。换句话讲，快悦通感是生存美感的定式，是生存美感的整体本质，生存美感境界的每一个层次，都是快悦通感的不同环节和不同形态。随着生存美感境界诸层次：快悦整觉、快悦通觉、快悦通识、快悦通融、快悦通变等，一一递进地展开，快悦通感走向了整生化，生存美感的本质实现了系统生成。

第三节 生存美感的诗化结构

生存美感是一个持续螺旋环升的结构，是一个由无数良性循环的快悦通感周期构成的超循环结构。快悦通感既是生存美感的本质，又是生存美感各层次环回通转的一个流程，一个良性循环的周期，一个周期的起点性和终点性层次。这终点性层次，同时又是下一周期的起点性层次。快悦通感圈和超循环的快悦通感圈，构成了生存美感的基本结构和整生结构。这样的结构运行，是非线性有序的、整生的、中和的，有着自然性的自由。此外，它的快悦通转和良性环

回,透出如歌的行板,如诗的节拍,如圆舞曲般的韵律,达到了诗形诗构与诗情诗韵的统一性,成为有意味的诗化形式,诗化结构。

一、快悦整觉

快悦整觉首先是此前生存美感整生结构的统合,是此前超循环运行的生存美感结构的凝聚与结晶,是生存美感的整生化运动承前启后、继往开来的层次。

与一般美感的间歇性生发不同,生存美感是流水不断的。它把此前结构性的美感经验,即长随身心的圈态流转的快悦通感,以整生化的成果形式沉积下来,作为当下生存美感结构生成的前提、基础与出发点,即第一层次。用快悦整觉来表述这一层次,可以突出它超循环的系统生成性,可以强调它周期化的历史结晶性,可以预示它延展无限和螺旋提升的系统生长性。

在超循环运行的生存美感结构中,每一个周期的生存美感生发成果,凭借快悦通融的机制,凝聚为快悦整觉。它是快悦通感层层贯注、层层强化的结果,是承接此前周期性生存美感经验后,所达成的快悦通觉、快悦通识、快悦通融、快悦通转的统一,从而成为快悦通感的集大成形态,成为生存美感的集大成形态。它是此前、当下、以后生存美感运动的契合点。也就是说,在生存美感的超循环整生中,它占据了关键的生态位,成为多重角色的统合。它是前一轮生存美感循环结构的终点和此前生存美感整体历程终点的统一,是当下展开的生存美感循环结构的起点、终点以及下一个周期生存美感运动起点的统一。在生存美感的快悦通融和快悦通转中,它成为集三大终点和两大起点于一身的形态,并凭此促发生生不息的螺旋环进的生存美感整生化结构,以和审美人生走向艺术人生对应,以和生态和谐走向艺术生境契合,更和后两者的耦合发展同步,以期整体地实现生态审美艺术化。

在生存美感的螺旋运动中,承接无限生发无限,成为快悦整觉集中的本质规定性;继往开来的角色,成为快悦整觉三大终点两大起点的角色走向统一后的整体角色。继往,是为了开来,凭此,我们把它作为周期性生存美感结构的第一个层次。

二、快悦通觉

快悦通觉,既是生存美感境界层次,也是生存美感方式,是两者的统一。它以快悦整觉做背景,做支撑,凭借身心感官系统的聚能,对当下的审美生境做出整体的把握,形成整生化的美感世界。

(一)作为生存美感方式的快悦通觉

快悦通觉建立在知觉的基础上。心理学的常识告诉我们,感觉是人的各种感官对事物相应的个别属性的把握,知觉是各种感觉的综合,是对事物属性的整体把握。凭借感觉经验的积累,凭借各种审美官能的相通,人对事物可以作直接的审美知觉,可以对事物的个别属性,作审美知觉式的审美感觉。我们认为,这是一种整合式、整生式的审美通觉。它与以往审美经验描述中的通感,即感觉官能的转换与置换,或曰感官换位后的感知也是不同的。前者是诸种感官相通后的整体聚能的通觉,后者是诸种感官相通后的换能的感觉。前者在审美通感的基础上,聚合所有的审美感官功能,实现对当下审美生境的系统把握,形成了审美通觉的本质。

作为生存美感方式的快悦通觉,比上述对个别事物的整合式、整生式审美通觉有着更高的本质规定。它是对审美生境直观而整体的快悦把握,是对审美生境各部分审美通觉的关联与整合。它是把人自身作为审美生境的一部分,和生态系统的其他部分加以贯通把握的审美通觉,是一种生态系统化了的、生态结构化了的、生态关系化了的、生态运动化了的整生式审美通觉。也就是说,这种审美通觉,有着对和谐的生态系统作整体结构、整体关系、整体运动的直观、直觉的功能。只有这样的审美通觉,才可能形成快悦的整觉形态的生存美感境界。

(二)作为生存美感境界的快悦通觉

快悦通觉十分注重对生境关系的活态把握,形成亲和生境的快悦通觉,生发通觉形态的和谐快悦的生存美感境界,使美感本质和美感境界耦合发展。"我见青山多妩媚,料青山见我应如是","花鸟虫鱼吾友于","花鸟虫鱼自来亲人",展现的均是对亲和生境的快悦通觉境界。庄子跟惠子说,鱼很快乐,惠子不解天人通和,说:你不是鱼,怎么知道鱼之乐。庄子答曰:你不是我,怎么知道我不识鱼之乐。① 这个故事,可以看做描述了一种对天人亲和生境的快悦通觉,展示了在快悦通觉中形成的天人和乐的生存美感境界。它与"上下与天地同游"、"吾与天地精神相往来"同属一类生存美感,即通觉形态的生存美感境界。

快悦通觉还注重对审美生境圆活流转的生态运动的整体把握,以形成通觉形态的气韵生动的和谐自由的生存美感境界。"一水护田将绿绕,两山排闼送青来",诗人在对亲和生境的通觉式把握中,生成了生机勃发的快悦通觉境界。中国古代的文化人,喜欢置身灵虚的审美生境,快悦通觉宇宙灵气的运行,构成通觉式的物我一体的生存美感境界。苏轼的《前赤壁赋》,有着灵动的宇宙生境美感意识:

---

① 《庄子·秋水》。

"月出于东山之上,徘徊于斗牛之间。白露横江,水光接天。纵一苇之所如,凌万顷之茫然。浩浩乎如冯虚御风,而不知其所止;飘飘乎如遗世独立,羽化而登仙。""侣鱼虾而友麋鹿","挟飞仙以遨游,抱明月而长终。"① 他在直观物物的交流特别是物我的交流中,通觉到大自然的生机活趣乐性灵韵,构成了气韵生动的美感生境。庄子借笔下的圣人、至人、神人的自由生境,描述了人与万物互动共进同生的生态自由:"至人神矣! 大泽焚而不能热,河汉冱而不能寒,疾雷破山、飘风振海而不能惊。若然者,乘云气,骑日月,而游乎四海之外。"② "藐姑射之山,有神人居焉。肌肤若冰雪,淖约若处子,不食五谷,吸风饮露,乘云气,御飞龙,而游乎四海之外"。③ 这就在理想化的直观通觉中,形成了审美幻象境界,形成了人与万物息息相关的共生与整生的自由美感境界。

快悦通觉是人对所处生境与自然一体流转的自由美感,是对天人合一之生境的审美感受。它从感受生境亲和开始,进而从生境生动气韵的流转中,通觉到生态循环的气韵,通觉到自身与社会、自然的贯通,跟宇宙的一体运行;再而遍及万象,和其生机、活趣、灵韵;最后形成了共生与整生的超然的生存美感境界。

"登山则情满于山,观海则意溢于海。"④ 快悦通觉是饱含并不断生发与强化情趣意韵的审美通觉。它生发的通觉式的和谐自由的生存美感境界,是其后生存美感境界的产生前提。它的通觉里,流变

---

① 苏轼:《前赤壁赋》,见朱东润主编:《中国历代文学作品选》中编第二册,上海古籍出版社1980年版,第326页。

② 《庄子·齐物论》。

③ 《庄子·逍遥游》。

④ 刘勰:《文心雕龙·神思》。

着灵性,它的感性中,运行着理韵。这富有意味的快悦通觉,生发了快悦身心的生存美感构架,成为基座性的生存美感环节。

快悦通觉,统合审美感官系统的功能,形成审美整觉的官能,对审美生境作直观把握,对生存美感境界作整觉创造,生发出审美情境,成为其后美感层次递进生发的前提。

三、快悦通识

快悦通识是快悦通觉的理趣化与情志化。与快悦通觉一样,它首先是一种生存审美方式,然后是一种生存美感境界层次。

(一)作为生存美感方式的快悦通识

作为生态审美感受的方式,快悦通识是快悦通觉的深化。快悦通觉形成了对审美生境饱含情趣意韵的整觉性生存美感境界,快悦通识进而对这一美感境界所包含的生态规律与生态目的,进行整体的把握,以形成真态和善态的生存美感。这种快悦通识一是顿悟形态的,二是探索研究形态的。它快悦地顿悟与探索的是通觉性美感境界中的整生规律与整生目的,从而显示出审美通识的特征。整生的规律,是生境中包括审美者在内的所有物种生存发展的规律,是审美者与其他物种相生、竞生、共生、衡生的规律,是审美者与所处生境和谐生发的规律,是审美者所处生境的生态和谐规律,是审美者所处生境与全球社会生境、自然生境以及宇宙整体生境的生态和谐规律,是审美者通过所处生境及层层关联的社会、自然生境与宇宙生境和谐整生的规律。整生的目的,是生态发展的趋向与生态发展的意志的统一。它作为生态善,以生态真为基础,进而包含后者。也就是说,整生的目的,是遵循整生的规律并按照生态伦理的要求形成的。它指的是生境中包括审美者在内的所有物种生存发展的趋向与要求,是审美者与其他物种相生、竞生、共生、衡生的趋向与要求,是审美者所处生境和谐生发的趋向与要求,是审美者与所处生境和谐生发的趋向与要求,是审美者所处生境与全球社会生境、自然生境以及宇宙整体生境的和谐生发的趋向与要求,是审美者通过所处生境及层层关联的社会、自然生境与宇宙生境和谐生发的趋向与要求。整生的规律与目的,起码含有三个方面的意义:生境中所有物种的生态规律与生态目的;宇宙整体生境的规律与目的;为各层次生境特别是宇宙整体生境所范生,从而获得整体性、普遍性、类型性、特殊性整生质的个别物种的生态规律与生态目的。审美者对所处生境快悦通觉,形成了和谐自由的美感情境,进而对其包含的上述整生的规律与目的,进行快悦通识,愈发快悦地把握了其生态化的纯粹艺术之美和真、善、益、宜的生态艺术之美,以及上述诸种艺术统合整生之美,形成愈发浓郁深厚的快悦通感,进一步强化了生存美感的整生性。

(二)作为生存美感境界的快悦通识

生存美感境界,是通觉、表象、艺象形态的生境。凭借快悦通觉,审美者形成了整觉形态的快悦生境。这是一个流转情趣意韵的快悦生境。在快悦通觉基础上展开的快悦通识,则使这快悦生境,增长了情理情志,生存美感境界更趋饱和,快悦通感进一步深化。

美感生境中的审美情理,生发于对快悦生境所包含的整生规律的快悦觉识。对整生规律所显的大真性生态艺术的快悦美感,叠合了它关联复合的善、益、宜生态艺术和纯粹艺术的快悦美感。凡此种种,均化入美感生境,成为流转期间的审美情理。

美感生境中的审美情志,生于对快悦生境所含整生目的的快悦觉识。对整生目的所显的大善性生态艺术的快悦美感,叠合了它关联复合的真、益、宜生态艺术和纯粹艺术的快悦美感。它们化入美感生境,成为审美情志,和审美情理一起,主要强化了审美者理智与意志的快悦,进而流转为整个身心结构的快悦。

快悦通识,主要是一种快悦意境,它生发了审美意象层次的生存美感境界。它叠合在快悦情境之上,进而融入快悦情境之中,共同促发更深层次的生存美感境界。

四、快悦通融

快悦通融的美感方式与美感效果,在快悦整觉、快悦通觉、快悦通识中有之,然主要生发于审美表象中。快悦整觉、快悦通觉、快悦通识中的快悦通融,集聚为审美表象中的快悦通融。凭借快悦通融,生发了审美表象。审美表象是快悦通融形态的美感境界。凭借快悦通融,审美表象走向快悦整觉形态,走向当下生存美感周期的终结性阶段。

作为感官和感受方式的快悦通感,以审美整觉的形式,积淀着此前审美人生的经验与情调,在生发审美通觉的同时,实现了对后者的快悦通融。快悦通识层次的美感境界,因在快悦通觉的基础上生成,其快悦通融,也就贯通了快悦整觉、快悦通觉和快悦通识的美感成果,使审美情调、审美情象、审美情意、审美情韵、审美情理、审美情志在融通中一体流转,形成悦趣、悦情、悦韵、悦意、悦智、悦志、悦神的全心愉悦,进而与眼、耳、鼻、舌、身的生理快适在融通中合流并进,生发整体快悦的美感效果,显示了快悦通感作为生存美感的整体本质规定性。

与快悦通觉叠合融会的快悦通识,有两大形象层面。基础性层面是人对审美生境直观的整体感受和对美感境界的整觉构造,所形成的快悦映象,第二个层面是意象,是生发情调、情意、情韵、情理、情志的形象。这映象和意象都伴随着身快神悦的乐象。乐象和映象、意象相生相长,融入并关联映象与意象,促进美感境界的统合与整生。

快悦整觉、快悦通觉、快悦通识在通融化合中形成的美感境界,即快悦通融境界,通过记忆,快悦通变为表象美感境界。

美感表象,是美感整生结构各层次快悦通融的形式与结果。这种通融,在美感形式的转换中,自然而然地形成了审美者的审美情致、审美情性、审美情趣对快悦整觉、快悦通觉、快悦通识等美感层次的再造性,从而使得快悦通融形态的表象美感,与自身的各种来源,即快悦整觉、快悦通觉、快悦通识美感是同又不同的。更加审美趣味化和审美个性化的表象美感,使生存美感的主客共生特别是人与生境共生更富创新性,持续地激发了审美者的身心快悦。与快悦整觉、快悦通觉、快悦通识的美感境界相比,在表象美感境界中,审美情调、审美情意、审美情韵、审美情理、审美情志与审美情致、审美情性、审美情趣贯通运转,相生互化,循环升华,从而更加审美意味化。与此相应,表象美感境界,更系统地生成了悦情、悦韵、悦意、悦智、悦志、悦神与悦性、悦趣一气贯通并与生理快适统合的整体心悦身快循环的美感效果。上述美感的丰富与升华,足以见出快悦通融作为美感生发方式的功能,与作为美感境界提升机制的价值。

快悦通融的美感重组与美感再造方式,更主要体现在审美表象生成后的表象通融阶段。表象通融既是表象集合,还是美感经验的重组与变异,更是美感经验在对应与关联中的美感新境的生发。

美感经验中相关相似的审美表象与当下美感境界中的审美表象快悦通融后,形成了审美表象系列、审美表象群落、审美表象系统。这些系列、群落、系统形态的审美表象,相生互发,贯通流转,于快悦通融中,形成更为丰盈的表象美感境界。像《红楼梦》中的林黛玉,欣赏《牡丹亭》中的唱曲:"'原来是姹紫嫣红开遍,似这般,都付与断井颓垣。'林黛玉听了,倒也十分感慨缠绵,便止住步侧耳细听,又听唱道是:'良辰美景奈何天,赏心乐事谁家院。'听了这两句,不觉点头自叹,心下自思道:'原来戏上也有好文章,可惜世人只知看戏,未必能领略这其中的趣味。'想毕,又后悔不该胡想,耽误了听曲子。又侧耳时,只听唱道'则为你如花美眷,似水流年……',林黛玉听了这两句,不觉心动神摇。又听道:'你在幽闺自怜'等句,亦发如醉如痴,站立不住,便一蹲身坐在一块山子石上,细嚼'如花美眷,似水流年'八个字的滋味。忽又想起前日见古人诗中有'水流花谢两无情'之句,再又有词中有'流水落花春去也,天上人间'之句,又兼方才所见《西厢记》中'花落水流红,闲愁万种'之句,都一时想起来,凑聚在一起,仔细忖度,不觉心痛神驰,眼中落泪。"[1] 林黛玉听《牡丹亭》唱曲,形成当下的审美表象后,美感经验中相关相似的表象纷至沓来,成列成群成系统,拓展了美感境界。

表象通融中的美感经验重组与变异,使变异了的表象更富审美情韵。审美表象留存脑海后,在审美理想的作用下,与相应的审美表象叠合重组,形成表象变异,使美感境界进一步韵化。这种韵化,通过形的变化,更显表象对应之物的审美神韵,更显主客体潜能的对生性自由实现和人与生境潜能的整生性自然实现,更合美感的基本规律。像画家李苦禅所画之鹰,傲立高岩,俯视下苍,鹰爪粗劲弯曲如弓,似要抓透岩石,鹰嘴粗大,利吻如钢钩后转,形神尽显英武。李苦

---

[1] 曹雪芹、高鹗著,中国艺术研究院红楼梦研究所校注:《红楼梦》上,人民文学出版社 1985 年版,第 327 - 328 页。

禅将审美经验中的猛禽凶兽悍物勇士的形神与鹰的表象融通,在叠合重组中,使后者变异。变异了的鹰之表象与原有表象及其对应之物,均似又不似。似,因未脱离美感基础——物象之故;不似,乃表象通融后向审美理想变化之故。伴随着表象通融,美感经验的快悦与审美理想的快悦,一并融入变异了的表象,使美感境界愈益快悦,更显快悦通感的特质。

表象通融,使新旧表象对应关联重组再造,形成气韵更为生动流转的、更加丰富系统的美感境界。当下表象与审美经验中的相关表象幻化出的意象,按照美感生态关系与情感逻辑,关联组合,有机运转,流变而成更为完整的美感境界。毛泽东的词《蝶恋花·答李淑一》,是表象通融重组美感境界的典范:"我失骄杨君失柳,杨柳轻飏直上重霄九。问讯吴刚何所有,吴刚捧出桂花酒。寂寞嫦娥舒广袖,万里长空且为忠魂舞。忽报人间曾伏虎,泪飞顿作倾盆雨。"牺牲了的杨、柳二君,是毛泽东的基础性美感表象,杨花柳絮化忠魂升天,吴刚捧酒,嫦娥献舞,人间伏虎,烈士喜泣化雨等从经验表象中幻化出的意象,有机关联,浑如天成一体,生发出神韵流逸的美感新境。

快悦通融,在快悦整觉、快悦通觉、快悦通识的通融通变中,形成了新的快悦整觉,生发了生存美感环行结构的终结层次。

五、快悦通转

至快悦通融,生成了较为完备的生存美感境界,形成了生存美感循环运转的一个周期。快悦通融的生存美感境界,积淀了生存美感的系统生发成果,成为整生化的生存美感环节,成为整生化的生存美感境界集大成的层次。这样,它带着整体的整生的成果,水到渠成地实现快悦通转。正是这种快悦通转,还使当下快悦通感循环圈的终点环节,成为下一轮快悦通感循环圈的起点层次。这种通转有自传、下转和外转。它自转而成诗境;下转而成新一轮的快悦通感循环;外转形成生存美感的物态化与物化。下转与外转往往形成同一性与统合性。

(一)快悦通转的诗境

生存美感的核心是快悦通感,快悦通感的生发流转,构成了生存美感的流程。快悦通感不是孤生的流,伴随着它的是意义,托载它们的是境界。这样,完整而系统的生存美感,应该界定为快悦通感流转其中的意境,即审美人生和审美生境耦合并进而共成的快悦通感流转其中的意境。它是情、意、境的统一。情为快悦通感,意为生态规律与目的,生存价值与意义,境为生态活动的时空形象。生存美感是一种情感、意义、境界流,是呈四维时空推进的。而这一切,基于审美人生和审美生境的共生运动。快悦通感的运转,起于审美人生与审美生境的耦合并进;生态规律与目的、生存价值与意义,生于审美人生与审美生境的相生共长;生态活动的时空形象,成于审美人生与审美生境的交互运行和同组共建。总而言之,生存美感是审美人生与审美生境共同再造的生态审美情象、意象、韵象时空。生存美感境界。从快悦整觉的韵象,走向快悦通觉的情象,再而走向快悦通识的意象,最后走向快悦通融的韵象,这就形成了从韵象到韵象的快悦通转的诗境。

快悦通转而成的诗境,即在快悦通融中形成的审美韵象,以情、意、韵、境融通化合的整觉形态,成为快悦通感圈的终结性环节。它带着以往周期性运转的积淀,融进本周期运转的成果,成为下一轮生存美感环行圈走的基础与起点。这样,快悦通转,还进而成了超循环生存美感结构的运行方式。在这种生存美感圈接生存美感圈的快悦通转中,诗化的生存美感境界,持续地走向诗化程度更高的生存美感境界,形成了生存美感境界的诗化螺旋环升的态势。这样,生存美感境界次第展开的规程,和生存美感规律有序显现的轨迹,以及生存美感本质系统生发的图式,走向了合一,共同显示、支撑、规范了生存美感结构的诗化。

(二)快悦通感的外向诗化

这种快悦通转有两种形态,一是快悦通融的美感境界转化为生态艺术世界,二是它转化为艺术化审美生境。

生存美感外向的快悦通转,是其功能的实现。它沟通了生存美感、审美生境、生态美学互为因果的对生关系,沟通了三者环走周流的超循环关系。生存美感的快悦通转,是上述三者构成的生态审美文明的大圈,超循环诗性运转的机制。

从哲学的角度看,事物的规定性可从本质和特性两方面形成,而特性常常是本质的拓展与延伸。生态美感的规定性也一样,它那外向诗化的快悦通转的特质与规律,在生存美感的特性里,展示得淋漓尽致。

第四节　生存美感的特性

生存美感与审美人生对应,有着人生命的全身全心性,有着人生命历程的全域全程性,有着诸种美感要素统合的和谐生态性,有着与生态系统的相生互进性。凡此种种,使生存美感说,进一步与传统的美感论构成了区别。

一、身心美感结构的整生性

人的生存,是身心统一的生存。生态审美,是与各种生态活动结合的生存审美。这就决定了生存美感,是身心结构形态的美感。它不是纯粹的美感心理结构,也不是纯粹的美感生理结构,而是由身而心、由心而身的通体流转的快悦结构。

这种身快心悦的美感结构,有着久远的历史源头。人类的动物祖先,其审美活动是和生态活动结合的。繁殖季节,雌雄动物双方,在自身生产的性活动与审美活动的统一中,均享受到了心理的愉悦与生理的快适,形成的当是身快心悦的通体流转的美感结构。人类早期的审美活动,在生产劳动中展开,成为生态性审美活动,既减轻了劳作的疲劳,有了生理的快适,又是精神的享受,不乏心理的愉悦,同样在身快神怡中,构建了身心美感结构。这种历史的审美经验与审美体验,为生存美感身心快悦结构的生成,提供了基础与原型。

身心美感结构的生成,还与生态审美的对象、主体有关。生态艺术美作为主客体潜能的对生性自由实现,特别是作为人与生境潜能的整生性自然实现,有着整生性的审美结构。它由生态化的纯粹艺术和真、善、益、宜的生态艺术构成。凭借系统整生的关系,真、善、益、宜的生态艺术和生态化的纯粹艺术,除包含自身的生态艺术质外,还包含着其他局部的生态艺术质和整体的生态艺术质,均是整生化的形态,有着复合整生的生态艺术美整体质,有着快悦身心的美感价值潜能。一般来说,真、善、益的生态艺术和生态化的纯粹艺术主要悦神,宜状的生态艺术主要快身,因所有形态的生态艺术美,均是上述五者兼有的,所以既悦神又快身。这样,所有形态的生态艺术美,均能成为身心美感结构的生境前提。也就是说,生态艺术美快身悦神的美感价值潜能是普遍的,整体的,并分生到各具体形态的。与此相应,生态审美者在审美人生的历程中,从艺术审美者出发,逐步地成为科学审美者、文化审美者、实践审美者、日常生活审美者,同步地具备了把握美质逐位叠加的生态化的纯粹艺术美和真、善、益、宜的生态艺术美的潜能。在艺术、科学、文化、实践、日常生存审美者的双向对生中,走向艺术人生的审美者整生化了,既具备了上述五种审美者的整生的系统质,又随时集这五种审美者于一身,能在各种形态的生态艺术美中,审视出生态化的纯粹艺术和真、善、益、宜的生态艺术相生互含的美质,形成快身悦神的生存美感。上述审美者和审美生境的耦合并生,奠定了身心美感结构的基础。

身心美感结构的生成,还跟审美历程有关。任何形态的审美,都是自外而内的。刘勰说文学欣赏是"瞻言而见貌",[①] 其他形态的审美,也是通过感、知觉,整合地把握对象的形貌与属性,在眼耳鼻舌身的贯通性快适中心旷神怡,形成身心快悦的美感结构,进而直觉顿悟,在智畅志舒中强化感官的快适与生理的舒坦,形成了快身悦神对生环回的美感整体结构。也就是说,身心美感结构,具有普遍的意义,是美感运动的整体规律,存在于所有形态的审美中。只是在过去的一些美感论中,将生理快感从美感整生结构中排除出去了,仅留下美感心理这一局部的美感结构,并将这一局部结构当成了整体结构,以至于漠视了客观存在的身心美感整生结构。生存美感较之其他形态的美感,更为典型、完备、系统地占有了身心美感结构的整生质,其快身与悦心的对生关系和整生运动特别为人瞩目。

生态审美在艺术化生境中进行,审美者置身其间,在审美中参与

---

① 刘勰:《文心雕龙·物色》。

其生态运行,构成生态审美关系。这种生态审美关系是生境宜人、适人、乐人、悦人等诸种快悦身心关系的统一,能使审美者持续地生成快悦身心的美感境界,持久地生发快身悦神的耦合并进的美感整生结构。这种耦合并进性,既包含了快身与悦神的对生所形成的周体流转性,又突出了它们并发共进的纵向整生性,是对被忽视的快悦互生互动的一般美感结构的承续与超越。这种耦合并进的快身悦神的美感整生结构,可以持续一个美感周期,形成周期性快悦通感结构。即从快悦整觉始,展开快悦通觉,经由快悦通识,抵达快悦通融,旋生快悦通转,整个生存美感境界的诗化性生发,都是快身悦神相生并进的,构成的是快悦身心的美感整生结构。这种诗化的美感整生结构,可以持续整个艺术人生。这乃基于生态审美关系是生生不息的,与人的生命共始终。这样,快身悦神的耦合并进的生存美感结构,可以伴随审美生命全程全域地展开,构成其他美感结构无法企及的整生性。这种整生性,是身心美感结构最为重要的本质规定,是和艺术人生、生态艺术审美场紧密关联的本质规定。从这一意义上说,其他形态的美感,仅仅占据了身心美感结构的部分本质规定性,只有生存美感才整体地形成了它的本质规定性。正是在这一点上,生存美感和其他美感得以清晰地区分开来。

二、美感流程流域的持续性

跟身心美感结构的整生性相关联,生存美感有着流程流域的持续性。它由美感周期的流转性、流变性和流通性构成,并和其他美感的生发态势构成了明显的区别。生存美感是纵向整生性与阶段性的统一。每一个周期的生存审美由快悦整觉、快悦通觉、快悦通识、快悦通融、快悦通转构成。每一个周期构成一个审美阶段,段段相转、相变、相通,构成既丰富多彩的又不间断的美感流,生成既千变万化又圆活相接的美感域,使生存美感的整生性更具生机、活趣、灵韵。

生存美感的流转,随艺术人生的变更形成。人的生态审美活动变换空间,即形成新的艺术生境,新的美感周期相继生发,也就自然地转换了美感阶段。美感阶段的转换,变化了美感境界,生成了别样的身快神悦。这种美感时空的切换,是步移境连,流水不断的,保证了生存美感与艺术人生全程全域的耦合并进性,突破了其他美感固有的局限,形成了超越性的自由。其他美感形态、美感周期之间,常常间有非美感时空,因而是断断续续的,有着美感时空的局限性。生存美感凭借美感境界的流通性,消除了这一局限。此外,它还凭借艺术生境真、善、益、宜的生态艺术和生态性纯粹艺术的美感价值以及其他生态价值系列的耦合并进,生发了美感境界和谐友好的环境,消除了生态价值对美感价值的干扰,消除了传统美感须和其他生态功利感保持距离的局限,形成了更为超然的美感自由。再有,它凭借美感境界的流转性和流变性,保持与发展了美感的新颖性与创造性,消除了美感疲劳,使美感数量与美感质量互动共进,保证了身心美感结构共时与历时统一的整生性。

三、价值的和谐生态性

生存美感是一个丰富的系统,有着很好的组织性。艺术生境,作为价值本原,它生发了两大价值系统。一是生存美感价值系统,二是生态功利价值系统。艺术生境是生态化的纯粹艺术之美和生态艺术的真、善、益、宜之美的整生,在艺术人生中,相应地生发了美感价值因素:纯粹艺术,快身悦情。生态艺术系列的真之美,快身悦智;善之美,快身悦志;益之美,快身悦意;宜之美,快身适体悦趣怡性。这些价值因素,有机地构成了一个和谐的整体:快悦身心的整生化结构。这个结构的和谐,主要体现在内部的生态和谐与外部的生态和谐两个方面。

内部的生态和谐,体现在美感价值因素的各种生态运动所形成的整生结构的动态平衡。上述价值因素,在整体结构的整生化中,呈对生运动,即生态化纯粹艺术的快身悦情,向生态艺术系列真之美的快身悦智、善之美的快身悦志、益之美的快身悦意、宜之美的快身适体悦趣怡性通融,然后,集各种美感价值因素之大成的宜之美价值,依次反向通融,直至生态化纯粹艺术的美感价值因素中,如此双向往复的对生,形成了生存美感身心快悦结构的动态平衡。上述价值因素,在美感结构的整生化中,还形成了良性环生运动,即生态化纯粹艺术的快身悦情,依次向生态艺术真之美的快身悦智、善之美的快身悦志、益之美的快身悦意、宜之美的快身适体悦趣怡性通融,最后回流融通至生态化纯粹艺术的价值因素,形成一个环回的价值融通格局。然后,从丰盈提升了的生态化纯粹艺术的美感价值出发,展开下一个环回的美感价值通融。如此良性循环,也生发了生存美感身心快悦结构的动态平衡。这两种格局的动态平衡,在强化生存美感结构整生性的同时,增长了这一结构的中和性。这种中和性,主要体现在两个方面。一是生存美感结构通体快悦身心的系统质,是各种生存美感价值因素在整生化的运动中中和的。二是各种生存美感价值因素在整生化运动中,分有了系统质,兼备了其他因素质,均生成了中和性。局部与整体的中和性,使生存美感结构高度和谐。

生存美感结构的外部和谐,在生态系统的价值关系中生成。人置身生态系统,实现了生态审美价值与生态功利价值的统一。两种价值的同源性,奠定了它们相生互发的亲和基础,形成了生存美感结构外部和谐的前提。生态系统有两大价值系列:生态化纯粹艺术与真、善、益、宜的生态艺术生发的生存美感价值;生态化纯粹艺术和各种生态艺术原本的生态功利价值。随着人生态审美活动的展开,两大价值系列同时生发,并相互促进,共同发展,形成了耦合并生的中和。生态功利价值生发的快悦身心的功利感,与生态审美价值生发的快悦身心的生存美感,互借互化,互生互进、互胜互赢,实现了生态系统动态平衡的价值整生。在上述生态关系中,生存美感结构与生态功利结构走向了和谐,与生态系统的价值整体构成了和谐,形成了自身生发的友好环境,和谐生境。

其他形态的美感,因审美距离的机制,因审美活动与其他生态活动的分离,难以构成多种美感因素良性环生的结构,其内部结构的和谐性,难及生存美感结构的系统化与整生化,其内部生态关系的平衡性,难及生存美感结构关系的中和化。同样是审美距离的机制,同样是审美活动与其他生态活动的分离,其他形态的美感,与生态功利的快悦感,难以显态地齐生共发,耦合并进,难以形成双方中和发展的格局。也就是说,其他形态的美感,难以形成像生存美感那样友好亲和的环境与生境。

凭借友好亲和的环境与生境,生存美感的快悦通感本质,有了进一步发展提升的条件。

四、生存美感与生态系统的相生共进性

生存美感与生态系统的相生互进性,是生存美感与环境及生境友好亲和性的拓展,是生存美感价值与功能的延伸。快悦身心是生存美感的本体性价值,除此以外,它有着如下多方面的延展性价值。

一是直接促进生态系统功利价值的生发。生存美感是在生态审

美活动中生发的,其身心快悦,能同步地促进与审美结合在一起的其他生态活动的效益。具体言之,生存美感的身心快悦,使审美中的科学活动者,精力旺盛,思维敏捷,灵感叠出,从而更好地发现真,取得更好的科研成果。再有,在科学研究中,美真同体,生存美感生处,是科学之真现处,生存美感的生发,于科学之真的探索,有着导引性与确证性以及共进性。生存美感的身心快悦,使审美中的文化活动者,创造力勃发,慧心开启,意趣盎然,心地自由,能更好地推进文化建设的创新。生存美感的身心快悦,使审美中的生产劳动者,智能与体能得到激发,减轻了疲劳,放松了心情,灵巧了动作,提高了产品的质量与数量。生存美感的身心快悦,使审美中的日常生活者,形闲意淡,身舒神适,"目送归鸿,手挥五弦",于身心解放中,生发了乐生与健生的价值。生态审美活动中的功利价值与美感价值有着同源性,生存美感的身心快悦,也就能使审美中的各种生态活动者,统合相应的价值目标,在生存美感价值与生态功利价值的同步生发中,推进价值整体的系统生发。

二是同步地促进生态系统的美化。生态审美活动是审美活动与其他生态功利活动的统一,使得生态审美欣赏活动,同时也是生态审美创造活动,使得生态审美创造活动,化入跟美的欣赏结合的其他生态活动。这样,生态审美活动,是美的欣赏、美的创造、其他生态活动的三位一体。凭此,在生态审美活动中生成的生存美感价值,特别是其中的升华审美者的审美趣味、把握生态审美创造规律、提高生态审美创造能力方面的价值,能同步地转化为美化生态系统的成果。也就是说,生存美感价值一旦生成,同步成为人生态审美创造的素质,随之付诸生态审美创造的实践,马上形成生态系统美化的效益。

与美的欣赏、美的创造、生态活动三位一体相对应,生存美感价值、审美创造价值、生态活动价值,三位贯通,流转于生态审美活动中,生发于生态系统里。这三者的相生互发,循环运转,螺旋提升,构成了生态审美活动的价值规律,构成了生存美感价值的转化规律。正是这些规律,确证了生存美感价值的延展。

三是导引生态世界的发展,生发美感世界与现实世界的循环。生存美感世界是逐步生发的,在快悦整觉中,展开快悦通觉,初成整觉形态的和谐整一的生存美感世界,经由快悦通识,使这一世界情理化和情志化,更显生态审美规律与美的,经由快悦通融,最后走向快悦通转,形成审美理想化的诗化程度更高的生存美感世界。这一生存美感世界,其艺术审美性高出于现实的生态世界,成为现实世界发展的蓝图。遵循理想的诗化的生存美感世界,主体展开生态审美活动,使现实的生态世界审美理想化。如此循环往复,诗化的生存美感世界导引现实的生态世界,朝着逐轮提升的审美理想化的方向螺旋提升,形成了巨大的系统功利价值。

从更为系统的视角看,美感世界、理论世界、现实世界是良性环生的。生存美感世界,生发理论生态审美场,创造现实的生态审美场。当生存美感走向艺术化,也就相应地引发了理论形态和现实形态的艺术生态审美场,并在回环往复的递次提升中,形成整体与各部分的持续优化。

快悦身心的生存美感的本体价值,所生成的三种发展性价值,使生存美感进一步生成了独特的本质规定性。其他形态的美感,生成于跟其他功利性生态活动分离的审美活动,难以直接促成功利价值,更不用说美感价值与审美创造价值、功利价值三位贯通,良性循环了。其他形态的美感,也能导引现实世界的美化,这说明美感与现实的循环运动,是普遍的规律。生存美感与现实世界的循环,是在生态审美活动中形成的,流转更为顺畅快捷与整体化,价值效应也就更为看好。同时,这种以生态审美活动为机制的美感与现实的循环,也为其他形态的美感与现实的循环,提供了借鉴。这也说明,生态审美代表了审美发展的方向,生存美感标识了美感转型的趋势。这可以算作生存美感的本体性价值生成的另一种发展性价值吧。

生存美感外向诗化的价值运动,是生态审美场走向生态艺术审美场的机制。这说明生态审美场是一个自组织、自控制、自调节、自发展的有机系统,是一个通过自身的进化,向着更高的质态与量态耦合发展的生态系统。

艺术人生与艺术生境对生,生发了生存美感形态的、现实形态的、理论形态的生态艺术审美场。三大生态艺术审美场相生互发,在理论形态的生态艺术审美场的调控与导引下,逐步统合,同式运转,立体环进,构成超循环诗化的生态审美文明圈。

参与生态审美文明圈的超循环运行,生存美感的诗化,也就更合大系统的规律与目的,进而推进生态艺术的审美,形成更高的质态与量态的统一,一步一步地促成生态艺术审美场的天化。

第三编　艺术审美天化

生态艺术审美场的天化，是其向远古天然的生态性艺术审美场螺旋式复归的方法与历程。它在艺术审美生态化和生态审美艺术化的耦合并进中，在质与量共趋极致的生态境界与艺术境界的重合中，生发天化艺术审美场。

从天性艺术审美场走向天态艺术审美场，抵达天构艺术审美场，形成了生态审美场的天化程式。

第十章　大众文化与天性艺术审美场

生态审美艺术化和艺术审美生态化的耦合并进，是生态审美场的天化路径。大众文化凭艺术审美与日常生活的双向对生入之，初成天性艺术审美场。天性艺术审美场，是出自本性的生态活动与艺术活动统合，形成旨趣天然的生态艺术审美活动，进而与相应的审美氛围、审美范式对生重合，所构成的立体环进的审美文化生态圈。它是艺术审美天化起始环节的产物，是天化审美场的基础形态与初级形态。

大众文化是跟人民群众的日常生活紧密相关的有着较高科技文明的审美文化，是进入人民群众日常生活审美的商品消费性艺术文化。或者说，它是人民群众日常生活审美的发展性、提升性形式，是使人民群众的吃喝拉撒睡、衣食住行游不断地增强生态艺术化的特质，有着天态审美文化趋势的样式，有着更高的生态审美文明走向的形态。大众文化使艺术形态的科技性审美文明，走向大众的日常生活领域，在科技文化的艺术审美质与日常生活审美量两相结合的拓进中，强化艺术与生态向自然境界的共进，和生态审美场的天化走向更为一致。

大众文化是一个放大了的范畴。作为一个审美系统，它由三个层次有机构成：一是大众文化的艺术产品层次，二是这种产品生发的大众日常生活化的艺术审美活动层次，三是大众的艺术化和艺术审美化的日常生活层次。三者在相生互发中,形成超循环结构。正是如上定位,显示了它在审美人生的实现与提升中的地位,显示了它在日常生活领域里,生发趣味天然的生态艺术审美场的价值,显示了它在生态审美场的"天化"中,所处的初始性环节。

当然,如上定位大众文化,是从它所属的生态审美场不断提升的角度着眼的,是从它历史地促进文化艺术性生态审美场的价值趋向和价值潜能考虑的。更为具体地说,这种定位,是着眼于时下优秀的大众文化的发展性本质的,是着眼于时下普遍的大众文化的发展性潜质与潜能的,有着导引大众文化自由进步的意味与意图。这和时下从文明消费的角度、艺术商品的角度、传媒覆盖的角度、科技制作的角度和权力控制的角度系统发展地定义大众文化并不矛盾。大众文化是一个质域未尽的生态审美文化系统,本就有着多义的本质发展和多元的价值趋向,正在形成不断发展的本质结构和价值体系。我们取其推进与提升大众日常生活审美的最高本质与功能,作为高位价值、高位价值潜能、高位价值趋向来论述,将它其余侧面与层面的本质和特性,纳入相应的位格,作为通向高位价值、生发高位价值潜能、形成高位价值趋向的中介与机制来分析,力求做出聚焦高位本质、潜能与特性的系统性阐释,并以此引导大众文化朝着生态艺术审美天化的方向发展,以合于生态审美场的天化历程。

也就是说,大众文化有着在日常生活领域里生成天性艺术审美场的功能,有着提升天性艺术审美场的潜能。它在生态艺术审美场的天化中,实现潜能,提升本质,以和时代的生态文明特别是生态审美文明的发展同步。

大众文化走向天性艺术审美场,基于艺术审美化和日常生活化的对生,基于"宜生"的审美价值定位,基于"宜"的审美范式,基于艺术天性大众化的审美制式。

第一节　大众文化艺术审美化与
日常生活化的对生

艺术审美与日常生活的对生,构成日常生活艺术审美化,是生态审美场走向发展的机制,也是与日常生活领域复合的生态艺术审美场生发天趣,强化天性,走向天化的前提。上述机制是从审美性与生态性的对生发展来的。传统的大众性文化有着日常生活艺术审美性,为当下大众文化的日常生活艺术审美化提供了原型与模态。

一、从艺术审美性与日常生活性的对生走向艺术审美化与
日常生活化的对生

大众性文化历来就跟人民群众的日常生活的艺术审美结合在一起的。这在中国,已经形成了优秀的生态审美传统。节日的庆典、民间的祭祀、茶楼的说书、圩场的杂耍等等,无不是艺术审美性生活甚或艺术审美化生活的方式。在古籍中,我们不难翻到有关节庆、祭祀等等的日常生存艺术审美的记载:"灯宵月夕,雪际花时,乞巧登高,教池游苑。举目则青楼画阁,绣户珠帘。雕车竞驻于天街,宝马争驰于御路。金翠耀目,罗绮飘香。新声巧笑于柳陌花衢,按管调弦于茶坊酒肆。"① 清明时节,"官员士庶,俱出郊省坟,以尽思时之敬。车马往来繁盛,填塞都门。宴于郊者,则就名园芬圃,奇花异木之处;宴

_____

① 　孟元老等:《东京梦华录》(外四种),古典文学出版社 1957 年版,"梦华录序"第 1 页。

于湖者,则彩舟画舫,款款撑架,随处行乐。此日又有龙舟可观,都人不论贫富,顷城而出,笙歌鼎沸,鼓吹喧天"。[1] 然而,这种大众性艺术审美文化,只是偶尔地、断续地、单一地切入人民群众的日常生活,难以形成艺术审美人生的完整性与持续性,也看不出稳定地形成艺术性文化生态审美场的态势。但是,它的日常生活审美性的价值与功能,却启迪了当代科技化、信息化、复制化、商业化、消费化的大众文化对艺术性生态审美的借重性与依存性。进而,它凭借自身科技化、信息化、复制化、商业化、消费化的优势,对人民群众的日常生活深广介入,逐步地实现了艺术审美化与日常生活化的对生。正是这种对生,客观上促进了人民群众日常生活的艺术审美化,解决了传统的大众性文化所面临的审美与生活的矛盾,消除了审美时空的局限,生发了生态艺术审美的本质。

　　审美与生活的对生,本是传统大众性文化的特质,但由于这种对生是局部的、断续的,虽有着生态审美性,然尚未生成生态审美质。由生态审美性发展为生态审美质,这首先是量变,更是连续的巨大的量变所引发的质变。使审美性与生活性的对生,变为审美化与生活化的对生,这是大众文化生成生态审美质、形成天性艺术审美场的关键。

　　性,即事物的特性,大都指的是事物的特征。它有整体性和局部性之别。传统的大众性文化,其日常生活审美性,是局部性特征。也就是说,这种大众性文化的艺术审美,未覆盖日常生活的全程与全域,更未覆盖最广大群众日常生活的全程与全域。当然,随着社会的

---

　　① 　吴自牧著:《梦粱录》卷二,"清明节"。见孟元老等著:《东京梦华录》(外四种),第148页。

进步,它有着从局部性特征走向全局性特征的趋向与可能。化,即事物的质化,指的是事物的本质形成与发展的过程与方法。它同样有一个从局部性本质走向整体性本质、从次要性本质走向主导性本质的过程。就大众文化的日常生活审美化而言,已跨越局部性、次要性本质的阶段,展开了整体性、主导性本质的生成与生长的历程。也就是说,它那文化艺术态的审美,正趋向覆盖最广大群众日常生活的全程与全域。或者讲,它那艺术审美化与日常生活化的对生,所形成的天性艺术审美场,正向最广大群众日常生活的整体时空展开。由此可见,大众文化的发展,显示了生态审美场走向天化的趋势。当然,这是生态审美场局部性天化的趋向。这是因为完整的生态审美场的天化,还要在最广大群众的日常生活领域以外的时空展开。日常生活领域的艺术审美化,或者说天性艺术化的日常生活和日常生活的天性艺术审美化,仅是生态审美场趋向天化的冰山一角。

从历史发展的角度看,传统的大众性文化,为当下的大众文化提供了日常生活艺术审美的模式,提供了艺术审美与日常生活对生的机制,富有生发天性艺术审美场的意义。可以说,中国的大众文化,应在传统的大众性文化的基础上,接受西方大众文化的影响,发展革新而成。中国的大众文化要寻求深远的民族审美文化的根由,应在内在的生态审美精神上,实现中国化,不能简单地移植、仿造,弄成彻头彻尾、彻里彻外的"舶来品"。如果"数典忘祖",不去努力承续与创造性地发展中国传统生态审美文化的神韵和天性艺术文化的特质,将会出现西方大众文化在中国的情形,将会出现审美生态的侵入。

传统的民族民间的大众性文化,为生态审美场的天化,提供了范型与机制,这是饶有兴味的。它起码说明了,在审美现代化的历程中,在当代美学特别是当代生态美学话语体系的建构中,中国不会失语,也不应失语。由此也可以看出,当代生态审美场的天化,有着传统生态审美文化的支撑,可以从传统的生态审美文化承接与发展中寻找与创新路径。

二、大众文化艺术审美化与日常生活化对生的背景

大众文化和大众社会是现代工业的产物,两者是相生对长耦合并进的。现代工业社会凭借先进的科技,制造与传递艺术文化产品与商品,供大众社会消费。这就形成了社会生产与社会需求在日常生活领域里的对应,构成了大众文化艺术审美化与日常生活化对生的背景。

从生态审美的内在驱动机制看,广大群众实现日常生活艺术审美化的需要,是当下大众文化成为生态审美重要形式的前提,是大众文化形成艺术审美化与日常生活化对生的基础。在过去时代,这种需要,是一种时显时隐的欲求,相应地成就了传统的大众性文化。到了当代,这种需要,逐步发展为全显态的欲求,推动大众文化向日常生活的全面覆盖。这种需要,是在美生欲求的背景下生成的,或者说,它就是美生欲求的一部分。

生、健生、乐生、美生,这是人不同位格的生态目的。人的存在即生命的延续,是最基本的生态要求与生态目的。当生的基本条件得到保障、生的基本需求得到满足后,人自然地萌发健康地生存与快乐地生存的生态要求与生态目的,形成健生与乐生相统一的生存方式、生态模式。这种生态目的得到基本实现,这种生态模式达到基本形成,审美地生存的生态目的与生态模式,也就由潜意识形态转化为显意识形态,进而由意识形态生发为现实形态。也就是说,只要生态条件具备,生态环境许可,审美地生存这一本能式的需求就会显现,就

会实现。历史的进步,社会的发展,已经为广大的人群提供了生的机制,提供了健生与乐生的条件,提供了美生的基础与可能。这样,审美地生存,甚或艺术态地审美生存,已经成为较为普遍的社会心理和社会意识形态了。这就使大众文化生发生态审美化的本质与功能,有了天然的土壤。而这样的社会生态条件和社会心理条件,是传统的大众性文化所不具备的。只有当下的大众文化,生逢其时,对应社会的生态审美天性,也就自然而然地生发了生态审美的本质,或更准确地说,生发了文化艺术形式的生态审美的本质。

大众文化实现艺术审美化与日常生活化的对生,生发天性艺术审美场,还与生态文明的发展一致,或者说,它体现了生态文明的进步要求,符合生态文明的发展趋势。人类生存发展的历程和由此引起的生态系统关系与结构的变迁,彰显了生态文明的样式与范式的发展历程。生态文明从依生式文明始,经由竞生式文明,正在跨越共生式文明,走向整生式文明。生态文明的标志是生态系统的和谐、自由与自然。生态文明的程度也是由生态系统和谐、自由、自然的质度与量度标识的。这和谐与自由、自然,既是一个生存状态与质态的范畴,也是一个审美形态与质态的范畴。在生态文明中,生存状态与审美形态是结伴而行的,生存质态与审美质态是交互并进的。上述生态文明样式与范式的发展与更替,显示了生态系统和谐与自由的辩证发展,显示了生态系统自然样态与质态的曲折进步与螺旋提升,标识了当代生态文明对高位格生态自由与生态审美的历史呼唤。古代的生态文明,形成的是人类生态依从依存依同自然生态、个体生态依从依存依同群体生态的和谐与自由。近代的生态文明,形成的是人类生态与自然生态,以及人类生态之间,争夺生态自由、争抢生态结构主位、破坏生态和谐、背离生态自由的格局。它以巨大的惨重的生态失衡、失稳、失序甚至失构的代价,形成了走向高位格辩证生态和谐的中介,显示了形成动态平衡的生态和谐、生态自由、生态自然的历史要求与现实趋向。现代的生态文明,努力形成的是人类生态与自然生态,以及人类生态之间,共生生态和谐、共成生态自由的格局。当代生态文明,努力形成的是人类生态系统和包括人类在内的大自然生态系统一体运转循环提升的整生式和谐、自由与自然,努力形成的是全球文化生态圈协同全球自然、社会生态圈,构成三位一体运转的整生式和谐、自由与自然。当代整生性文明,是以往生态文明成果的结晶,它包含的生态和谐、生态自由与生态自然,生存与审美的质度与量度最高,只有形成生态审美,才能满足它的整生性自由自然的审美与整生性自由自然的和谐存在同行并进的要求。大众文化的艺术审美化与日常生活化对生,与当代生态文明要求的整生性自由自然的审美和整生性自由自然的和谐存在统一,在发展方向上是对应的、一致的,并可能在后者的调控下,走向双方的匹配。或者说,前者在发展中,努力实现对后者的实施,前者在提升中,努力成为后者的一部分。正因为大众文化的发展趋向与当代生态文明进程的一致,所以它在当代生态审美场里的天化,也就有了历史的必然性与合理性。

　　当然,大众文化与当代生态文明的对应发展,是一个历史的概念。就当前来看,大众文化与生态文明均仅是向着整生式和谐、自由、自然的境界生发,它们向着共同的天化的目标,相生互发交合并进的路程还很长,共同跨越的历史平台还很多。

三、大众文化艺术审美化与日常生活化的对生点

　　大众文化艺术审美化与日常生活化对生,构成文化艺术形态的

日常生活审美。寻求与构成这种对生点，成了大众文化生发天性艺术审美场的关键。现代科学技术，是生成这种对生的总体性条件。文化的艺术复制化、文化的艺术操作化、文化的艺术用品化，构成了大众文化艺术审美化与日常生活化的对生机制，形成了它们的对生点。正是大众文化的艺术复制化、艺术操作化、艺术用品化，既拓展与强化了它的大众化，又同时拓展与强化了它的艺术审美化与日常生活化的统一。

大众文化的艺术复制化，使得大众文化在增加艺术审美性的同时，提高了对日常生活空间的覆盖性。凭借现代科学技术，大众文化在艺术复制的过程中，非常容易地去掉了原有的瑕疵、缺陷，非常方便地弥补了先天的不足，非常自然地增长了新的美点，从而可以变得十全十美。博德里亚主张，经由"拟像"、"仿真"，走向"超真实"，达到比现实更真和更美。他认为，在迪斯尼乐园中，美国的模型，比实在的美国更美国，好像现实中的美国正在向迪斯尼乐园中的美国看齐，正在向后者发展。再如一张美女广告照片，可以在电脑合成中，集天下美女之大成，去天下美女之微陋，霎时落得个倾国倾城之貌，沉鱼落雁之容，闭月羞花之色。这就使得"虚拟"之美实现了"超真实"之美。同时，通过网络传输、电子屏显、电视播放、电子印刷等，它被无限地复制，广泛地进入人民群众日常生活的空间，构成大众的艺术审美与日常生活的对生，形成大众的日常生活审美。

大众文化创造中的艺术操作化，使大众在日常生活中，实现了审美创造与审美欣赏的合一，更直接地实现了艺术审美化与日常生活化的对生。大众文化产品科技化、自动化、智能化水平的提高，普及化程度的增加，使得过去一些专门的艺术创造活动，成为大众日常生活中的艺术操作化活动。"旧时王谢堂前燕，飞入寻常百姓家"，大众只要根据自己的兴趣,按照简洁的要领,进行简单的操作,就可以凭借程序化、自动化、智能化、大众化程度很高的产品,进行诸如电脑艺术设计、风景摄像、风光片制作等创作,享受到在日常生活中进行操作型艺术创作的美趣,享受到日常生活化的自我艺术创造与自我艺术欣赏结合的快悦。

大众文化产品的艺术用品化,使得大众的日常生活用品,实现了艺术审美功能与实用功能的统一。大众文化介入日常生活用品的制作与流通领域,实施科技与艺术的双重打扮,强化了外形设计、产品包装、品牌格调、商标寓意、符号升华的文化艺术审美意义,使得大众在文化形态的日常生活用品的使用中与消费中,得到了艺术审美享受,拓展了艺术化日常生活审美的时空。

大众文化实现艺术审美化与日常生活化的对生,使两者在统一中形成了日常生活的艺术化审美,既拓展了日常生活审美的时空,又不断地使日常生活审美,趋向科技文化形态和艺术形态,提升了日常生活审美的文明程度,提高了生态审美的质量。这于生态审美场在发展中走向天化很有价值与意义。

大众文化走向艺术审美化与日常生活化的对生,对应了大众从生、健生、乐生的生存欲望中提升出来的生存审美天性,对应了生态文明和生态审美文明自然而然的进化历程,揭示了生态审美天化的规律,显示了天性艺术审美场的生发机制,具有普遍性的意义。日常生活审美,有它的本来形态,大众文化以艺术审美化与日常生活化对生的模式,介入日常生活审美的领域,从而使日常生活走向文化艺术审美化,使文化艺术审美走向日常生活化,在两者的对生性统一中,实现了生态审美张力与聚力的动态平衡与耦合并进。也就是说,它使日常生活审美化,实现了量的领域拓展与质的境界提升的同步统一,最后使日常生活审美场,改变原有的格局与定位,成为生态审美文明程度更高的天性艺术审美场。这就整体地提升了日常生活审美场的审美层次与审美品位,从而与生态审美场的"天化"进程一致。

第二节　大众文化宜生的审美风范

　　大众文化艺术审美化与日常生活化对生的审美构建规律,造就了艺术审美日常生活化的时尚。这种时尚的内化,在形成普遍的社会审美心理的同时,带来了相应的美感价值的定位、美感过程与美感方式的确立、美感价值模式的生成,从而形成了统一的审美情调,促进了审美时尚的转型。

　　审美时尚是审美风尚的第二个层次,通过下位的审美风向和审美风气,生发风化审美活动的功能,同时,它也有着往上升华为审美理想、审美制式等,以整体地形成审美范式的趋向。大众文化审美时尚的内化,既是不显山不露水地为审美活动树立规范,实现审美调节的作用,也是潜在地走向审美风尚的上位层次,形成有序地生发更为理性的审美风范的潜能。

　　大众文化由审美时尚依次升华的审美风范,可以用一个"宜"字来概括。正是这个对应、适应、适合审美本性的"宜"字,成了大众文化生发天性艺术审美场的根由与依据。

一、大众文化宜态的美感价值定位

　　大众文化把审美活动放在日常生活领域,把审美目标置放在日常生活的艺术审美化上面,它的美感价值定位,必须入乡随俗,与日常生活的美感价值追求统一,待融会贯通之后,再作整体升华。如果大众文化,不是因地制宜,就会被排异,就会"水土不服",难以植根、长叶、开花、结果。

生态艺术审美由不同的层面构成。层面不同,生态艺术美感的价值定位不同。纯粹艺术审美,求生态化的情韵之美;科学审美,求生态艺术的真之美;文化审美,求生态艺术的善之美;实践审美,求生态艺术的益之美;日常生活审美,求生态艺术的宜之美。大众文化的审美,在日常生活的地盘展开,以日常生活的形式进行,它的美感价值定位,也就不能脱离宜。在定位于宜之后,它会充实宜、提升宜,做一番"推陈出新"的工作,但不能彻底改变原有的格局。

宜的美感价值定位,使人民群众对大众文化艺术化的日常生活审美感受,必须是宜身、宜心、宜生的快悦美感,进而形成情性、情趣、情调、情志、情韵的天性美感升华,构成被大众文化提升了的日常生活的美感境界。也就是说,大众文化的美感价值定位,分俗、雅两个层面。俗者为身、心、生俱宜的快悦,雅者为性、趣、调、志、韵的情化与快悦化。雅者植根于俗,未脱离宜生的总体规范,是日常生活方面的身、心、生俱宜的情性、情趣、情调、情志、情韵的快悦。俗者生发雅,使基于天性的日常生活审美,有着文化生活审美和艺术生活审美的品位与格调。

宜,表现为大众文化与大众日常生存审美的对应性与匹配性,表现为大众文化的艺术特征与大众内在审美需求的统一性。日常生存审美的宜态,是一种天然的适应状态、适合状态。它基于自然,成于自然,显现为自然。宜态的美感价值定位,内在地决定了大众文化必须是一种天性艺术,和日常生活中的审美者发乎天性的欲求,产生以天合天的对应,形成天性艺术审美场。只有这样,它才能生发宜身、宜心、宜生的生存美感效应。如果仅有审美者出乎天性、依于自然的日常生存审美,而没有相应的天性艺术对象,无法生成宜态美感,无法生发宜态的美感价值功能。正是大众追求宜的美感需求,规范了大众文化的艺术天性,共生了发乎和归乎天性的审美价值规范。

宜的美感价值定位,不仅仅局限于审美者的宜态美感和宜生美感效果,还应宜于整个生境,宜于整个生境的审美生发,宜于生态审美系统的天性化。也就是说,这里的宜生美感和美感效果,跟社会的、自然的、整体的生态系统相关。这种放大了的宜生美感定位,跟审美大环境有关,即跟人民群众在生态审美场里对大众文化进行日常生活的艺术化审美有关。生态审美场规定了自身所属各种层次、各种形态的生态审美活动,都要遵循生态审美规律,实现生态审美目的,生发生态审美自由。大众文化审美,在人民群众的日常生活中进行,生态审美性更强,艺术审美的日常生活化更突出,就更要做到生态规律与目的跟艺术审美规律与目的的统一,就更要在这种统一中,生成宜态美感和拓展了的宜生美感效应。这样,大众文化的日常生活艺术化审美,必须是生态的,环保的;大众文化的生产、销售、流通与消费,必须是生态的、环保的、循环经济的。总而言之,是自然的,是天性的,是宜生的,是宜于生态系统的生态平衡、生态秩序、生态和谐的保持与发展的,是宜于生态系统的生态自由、生态自然的维护与增长的,是宜于生态系统的天性化审美发展的。

大众文化宜生的美感价值定位,放大至整个生态系统,还基于生存美感的价值运动规律。生存美感是一种良性环生型快悦通感,它带着艺术人生的快悦整觉,对艺术生境快悦通觉,经由快悦通识、快悦通融,走向快悦通转,实现对艺术生境的审美提升,将诗化的生存美感价值,化为对生境的生态审美创造价值。除了与生态系统首尾相连外,生存美感的所有环节,均与生态系统相通,实现身心快悦的生存美感价值,与生态系统真善益宜的生态价值的相生互发,耦合并进。正是生存美感系统与生态价值系统,在相生并行中构成直接联系性,在良性环进中形成整生化的运动性,使得生存美感的价值定位,必须与生态系统的生态价值定位协调,必须实现天性相应、天态对生。大众文化艺术化审美的实现领域,在生态审美场中,生态性最强。它直接跟生态系统的运行合一,其审美价值的定位,拓展到社会的、自然的、整体的生态系统,和生态系统的规律与目的协同,推动生态系统走向天式良性环进。凭此,天性艺术审美场,也就从大众文化覆盖的大众日常生活领域,拓展至整个生态系统,获得了普遍性意义。

　　总而言之,大众文化宜生的美感价值,先定位于审美者宜生的快悦,进而生发为生态系统宜生的功能。所有这一切,都基于大众文化的生态天性与艺术天性的统一,基于大众文化审美者与大众文化对象凭天性相应与本性相生所构成的天性艺术审美场。

　　至此,我们可以给天性艺术的审美之宜下一个定义,它是大众文化基于生态与艺术统合整生的真善美益的规律和目的,所形成的生态天性与艺术天性相适互应同生共长的美感情状与审美范性。它作为大众文化的审美范式,统合了审美时尚的乐生、审美理想的美生、审美制式的天生(艺术天性大众化)、审美理式的整生等,在宜于乐生、宜于美生、宜于天生、宜于整生中,形成了系统化的宜生价值结构。它使各种层次与形态的宜生,都建立在真、善、美、益统合整生的基础上,不同程度与位格地包含生态天性与艺术天性耦合并进的审美精神,成为生发与调控大众文化系统和天性艺术审美场的机制,成为制导大众文化系统与天性艺术审美场重合同构的机制。

二、大众文化美感享用的价值实现过程

大众文化宜生的美感价值,以美感消费的形式实现,构成了美感享用的实现过程,并和天性艺术审美场的展开同步。美感消费和美感享用所形成的乐生,是和艺术审美日常生活化的形式对应的。这就一方面形成了内在的社会审美心理的潮流;另一方面形成了外在的时代审美活动的潮流,从而共同构成了大众文化的审美时尚,共同成为天性艺术审美场的生发形式与生发机制。

大众文化在本质上是消费的。大众文化乐生的美感价值,是通过人民群众对其享用实现的。这是一个从物质的享用快悦到精神的享用快悦的过程。享用贯穿了对大众文化的艺术化审美过程,也贯穿了大众文化美感价值的实现过程,也更成为大众文化美感价值的实现形式。离开了人民群众对大众文化的享用,大众文化无法在日常生活领域跟大众构成生态审美关系,无法形成生态审美活动,无法形成天性艺术审美场,无法实现因宜生而快悦审美者身心的美感价值。

大众文化消费形态的享用性,强化了大众文化的艺术天性。如果大众文化与消费者不形成出乎天性的对应,将无法在美感享用中,实现宜生、宜心、宜生的效果,形成乐生的审美消费的价值和美生的美感价值升华。

对大众文化的物质享用是前提。没有物质的享用,大众文化无法于大众发挥宜身之快悦的美感功能,无法进而发挥宜心之快悦的美感功能,更无法形成宜生之快悦的整体美感功能。大众文化首先是物质形态的,具备为大众提供物质美感享用的价值潜能。新的物质观认为,物质是物体形态的,也是能量形态的,还可以是信息形态

的。大众文化大都具物质形态,可作物质享用,进而作精神享用。这物质与精神的享用,都有两种类别。一是生态功利意义上的享用,起到养身与养神的作用,以及两者结合的养生作用。二是生存美感意义上的享用,起到快悦身心的乐生作用。这养生与乐生的享用,都基于宜生的前提,都基于产品与消费者天性相宜的基础。对大众文化的享用,是从物质的享用走向精神的享用的,是从宜生的总前提出发,经由养生走向乐生并提升为美生的。对大众文化的美感享用,形成了快悦身心的乐生享用,它既是物质形态的,也是精神形态的。乐生的美感享用,虽不同于养生的生态享用,但却是不能离开后者生发的,它是在养生的享用的基础上生发的。如果不是这样,它就脱离了日常生活审美化的规范。乐生的享用在养生的享用中生发后,两者相生互发,耦合并进,共成宜生的整体享用。至此,可以对大众文化的美感享用,划出这样的生发路径:宜生—养生—乐生—美生—宜生。第一个宜生,是大众文化生态享用与美感享用的共同潜能,第二个宜生,是养生与乐生以及所升华的美生共成的生态审美价值结构。这就形成了美感享用的宜生价值潜构向宜生价值结构螺旋转换与良性环回的运动。

大众文化由生态天性和审美天性构成的生态艺术天性越强,和大众出乎天性的生态审美需求越对应,就越能在审美消费中,形成美感享用的宜生价值与功能。宜生的美感价值过程,是与天性艺术审美场的生发共始终的。对大众文化的享用,形成了天性艺术审美场,方能生发从宜生潜构走向宜生结构的良性环回的美感价值系统。

三、大众文化美感消受的价值实现形态

在美感享用的价值生发过程中,形成了美感消受的价值构成方

式。美感消受的形态,是大众置身天性艺术审美场的美感生存状态。美感消受的本质,是大众对自身宜态美感生命的享用,对自身天性艺术人生的享用,也是对天性艺术审美场的享用。美感消受的三大形态:美感消费、美感消遣、美感消闲,成了大众在天性艺术审美场里,享用自身宜态美感生命和天性艺术人生的类型,显示美感生存状态的类型,实现美感享用形成美感升华的具体方式。美感消费,既是人们对日常生活的文化性和艺术性的有偿占有,更是大众对自身宜态美感生命和天性艺术人生快悦价值的整体性全程性享用。美感消遣,既是人们对日常生活自在自为的审美放松,更是大众对自身宜态美感生命和天性艺术人生自娱自乐价值的体验与享用。美感消闲,既是人们对日常生活自在无为地审美放任,更是大众对自身宜态美感生命和天性艺术人生自然自由价值的享用。这三者,显示了大众对宜态美感生命和天性艺术人生自我受用的价值构成方式,显示了天性艺术审美场的构成方式。

美感消费同样基于大众文化的艺术审美的日常生活化。生活是人类生命的存在与延续形态,是以消费的形式,推进新陈代谢,实现生命延续的过程。消费是生活的必须,是生活的形式。大众文化,既然是艺术审美日常生活化的形式,也就必然形成美感消费,以实现美感享用,进而形成美感升华。再有,大众文化是一种艺术审美化的生活产品,在本质上是消费的,是通过消费发挥生态的审美的功用与价值的,否则,它就是一种潜价值。也就是说,大众只有通过美感消费,才能形成快悦身心的美感享用,才能实现大众文化艺术审美日常生活化的本质,才能形成天性艺术审美场。

美感消费有三种意义。它的通常意义是:大众文化是一种艺术审美化的物质产品,是通过花钱使用才能产生养生、乐生功效与价值的消费。它的直观的意义是：对大众文化美感价值的消费。它的更深层次的意义是：人们对自身因大众文化生发的宜态美感生命和天性艺术人生的消费。这种消费状态，是宜态美感生命和天性艺术人生自我享用的状态，即美感享用中的痛快而满足的身心快悦的生命状态。任何消费的本质都是受用。任何生命的存续过程，都是自我消费的过程。任何生命的自我消费，都是自我受用。如果这种受用，能够唤起痛快满足的体验，也就成了生命快悦的消费，也就成了生命价值的肯定。大众文化，以其生态天性和艺术天性的统一，促成大众形成艺术审美化的日常生活，形成身心快悦的生存美感，形成了宜态美感生命和天性艺术人生，形成了对自身宜态美感生命和天性艺术人生的受用与消费，形成了审美化生存对大众自身的价值与意义。大众文化生发的美感消费，使大众在日常生活领域里享受了天性艺术化的审美人生，体验了宜态美感生命的快悦，肯定了自身天性艺术化审美生存的价值。美感消费的美感享用本质，满足了乐生的欲求，形成和实现了美生的潜能，形成了审美化生活的内动力，确证了大众文化的生态审美文明特质。

　　美感消遣，作为大众宜态美感生命和天性艺术人生的自我释放、自我体验、自我受用的状态，基于大众文化审美化与生活化对生的艺术操作性机制。大众通过操作大众文化产品，创造了自身审美化的日常生活，使自身的宜态美感生命和天性艺术人生在自在自为中自娱自乐，在自得中自我受用，在自我创造中自我消遣，这就潜在地实现了乐生的美感境界，向美生的美感境界的升华。在《百里玉带缀灵珠》一书里，我曾描述了自己垂钓桂林青狮潭仙人湖的美感消遣状态："千山扑来，万水涌至，仙人湖慨然接纳；日落月升，星移斗转，仙人湖从容吞吐。""湖心的水更加碧绿，四周碧绿的山影四聚，上下清空无限伸展，我被浓浓的清韵包蕴着，好像在无边无际、无始无终、无尘无俗、无妨无碍的碧海清霄中清钓。""垂钓一早，虽然没有得到一条鱼，但却从仙人湖里'钓'来了自然、真纯、空灵、清净、丰盈、活力，使之长居心胸，还'钓'走了方寸的俗气、污垢、局促、虚伪、狭隘、颓丧，将之永驱世外。"① 这就在天性艺术审美化的日常生活的自我创造与自我欣赏中，构成了宜态美感生命和天性艺术人生双重的自我享用性，达成了乐生与美生的关联与贯通，艺术审美日常生活化和日常生活艺术化的情调更为浓郁，趣味更为自然、率真、天放，生发和拓展了天性艺术审美场。

　　美感消闲，是大众对自身宜态美感生命和天性艺术人生天放性价值及率真性质的舒散、闲逸、品味与享用，更需要大众文化的艺术天性与之对应。它也和美感消遣一样，在艺术审美日常生活化中，延展出了日常生活艺术化，实现了乐生美感的升华。"目送归鸿，手挥五弦"，是美感消闲的典型写照。大众文化营造了各种游乐性场所，形成了各种生态旅游的天地，供大众日常消闲之用。大众处其中，身心俱闲，通体快悦，形神更趋天然，形成了自由自然的宜态美感生命和天性艺术人生的自我淡定、自然天成与自我享用，生发了大众文化的艺术审美日常生活化和日常生活艺术化的天趣。在《天地有大美》中，我全身心地进入了放舟资江的美感消闲境界："小船顺着惯性溜进了一弯长潭。潭里凝玉团绿，隐翠蕴碧，有如聚着不离不散的春色，不消不褪的秀韵。静水悠悠地流，水底的天悠悠地晃，水中的白云悠悠地飘，水中的山影、竹影悠悠地摇，水上的野鸟悠悠地飞，水面的白鸭悠悠地浮，水心的船儿悠悠地游，船上游人的心悠悠地跳，游

---

① 　袁鼎生等主编：《百里玉带缀灵珠》，漓江出版社1993年版，第148—152页。

人的生理节奏和审美心理节奏跟这大自然的节奏,都悠悠地趋向了共鸣……也就有了'俯仰自得,游心太玄'的逍遥。"① 美感消闲,使大众置身天性艺术审美场,融入自在天放的美感境界,身心俱松,物我融通,尽情地享用了自然天态的美感生命。范仲淹的《岳阳楼记》,也展示了宜态美感生命和天性艺术人生的消闲状态:"至若春和景明,波澜不惊,上下天光,一碧万顷;沙鸥翔集,锦鳞游泳;岸芷汀兰,郁郁青青。而或长烟一空,皓月千里,浮光耀金,静影沉璧;渔歌互答,此乐何极! 登斯楼也,则有心旷神怡,宠辱皆忘,把酒临风,其喜洋洋者矣。"② 宜态美感生命和天性艺术人生的消闲状态,不论古今,不论为大众文化还是大众性文化所激发,均为一种天人逍遥自在的同构状态。这说明,大众的宜态美感生命和大自然自在的美感生命悄然合一,才能达到逍遥游的美感消闲状态。

形成宜于乐生的美感消费、美感消遣、美感消闲的美感消受与享用方式,要求大众文化的艺术天性与日常生活中的天性艺术人生对生,形成天性艺术审美场。因为这三种美感消受与享用方式,都是在天性艺术审美场中实现的。离开后者,前者也就成了无源之水,无本之末。双方在互为生发机制中,构成了整生规律。

从上可见,艺术审美日常生活化,自然地生发出日常生活艺术化,与此相应,乐生的价值目标与美感境界,也水到渠成地关联与贯通了美生的价值目标与美感境界。美生是乐生的价值潜能,在宜生的规范下,乐生有了美生的天然向性。

---

① 袁鼎生等主编:《天地有大美》,漓江出版社 1992 年版,第 19 页。

② 范仲淹:《岳阳楼记》,朱东润主编:《中国历代文学作品选》中编第二册,第 225 页。

第三节 大众文化美生的价值理想

艺术审美的日常生活化,基于宜生的总体价值规范和乐生的具体价值目标;日常生活的艺术化和艺术审美化,在宜生的框架里,具体凭借了美生的价值理想。由乐生而美生的价值追求,生发了大众文化结构,形成了天性艺术审美场。

一、从艺术审美的日常生活化走向日常生活的艺术化

大众文化的美生理想,所对应的大众艺术化的日常生活,在艺术审美日常生活化中孕生。宜而乐的审美价值目标,生发的美感消费的价值生发方式,有着美感人生和艺术人生的要求。这应是美生理想的潜生暗长。大众文化促成的艺术审美的日常生活化,不仅仅是审美方式的转换,还同时推进了日常生活的艺术化。随着艺术审美的日常生活化的拓展与深入,日常生活的艺术化和艺术审美化也在质增量长。两者的耦合式并进,使艺术化和艺术审美化的日常生活,在现实和理想两个层面对应地推进,大众文化得以质增量长。美是生活的提出者车尔尼雪夫斯基说过:"任何事物,凡是我们在那里面看得见依照我们的理解应当如此的生活,那就是美的;任何东西,凡是显示出生活或使我们想起生活的,那就是美的。"[1] 这样的生活,当是理想的生活和艺术中表现的理想生活。在艺术审美日常生活化中生发的生活,是逐步增长与实现美生理想的日常生活。随着这种

---

[1] 车尔尼雪夫斯基著,周扬译:《美学与生活》,人民文学出版社1958年版,第6—7页。

生活的质升量丰,艺术审美的日常生活化,也就历史地向日常生活的艺术化和艺术审美化转换了,大众文化得以拓展疆域,提升境界。

美生理想导引大众文化整体生成。规范大众在日常生活领域里,实现艺术化生存的美生理想,成为大众文化审美价值目标的向性,成为大众文化结构性发展的指南。它导引大众文化文本形态的产品、外在的日常生活审美化的方式、内在的宜而乐的美感价值形态,在相生互长中,同步提升。在这种提升中,大众文化的整体形态,也就更加成了大众文化产品、日常生活审美化的方式、艺术化和艺术审美化的日常生活的统一体了。也就是说,在美生理想规范下,大众文化所生发的艺术化和艺术审美化的日常生活,成为发展了的大众文化的有机部分。正是这新生的部分,以其美生的品位,带动其他部分,在更宽更大更高的平台上,实现系统集成与整体生发。

大众文化的结构关系,促进美生理想,拓展艺术天性。在新的结构里,大众文化的各部分,形成了对生关系。像大众文化产品生发艺术审美日常生活化,关联与推进日常生活的艺术化和艺术审美化一样,日常生活的艺术化和艺术审美化,也关联与提升了艺术审美的日常生活化,推进艺术审美日常生活化从局部走向整体,从低级走向高级,进而促进大众文化产品的升级。双方的辩证生发,共生与提升了美生理想,使其实现了生态天性质和艺术天性质的同增共长。凭借上述对生关系,植根宜生的美生理想,贯串于大众文化整体结构的各局部,使高端统一的生态天性质和艺术天性质,成为普遍性价值。

随着艺术审美的日常生活化,与日常生活的艺术化和艺术审美化的相生互长,跟外在审美时尚对应的乐生的价值目标,相应地走向与审美理想对应的美生的价值目标。大众文化产品的艺术天性,与消费者的审美天性,也同步地从偏于感性的形态,走向偏于理性的形态,进而在对生中,形成自觉的天性艺术审美场,达成与大众文化结构的同式运转。

总而言之,乐生的价值目标走向美生的价值理想,决定了、牵引了大众文化结构的系统生成,导致了天性艺术审美场的自觉运行。美生的价值理想、系统的大众文化结构、自觉的天性艺术审美场,有着三位一体性。

二、大众文化的审美范形

艺术审美日常生活化内在价值目标体系的形成,要求外向成型,使大众的日常生活审美,有样可依。乐生价值目标的外向塑形,构成了艺术审美日常生活化的调控机制。这就使得大众的艺术审美日常生活化活动,按照大众文化给出的审美时尚运行。随着艺术审美的日常生活化,逐步向日常生活艺术化和艺术审美化转换,随着两者在对生中的耦合并进,双方的价值目标与价值理想统合地外向塑型,共同地规范艺术审美日常生活化与日常生活艺术化和艺术审美化协同运转,使之按照大众文化给出的隶属于审美时尚特别是审美理想的天性审美范形运行。这就提高了大众文化结构的组织性,提高了天性艺术审美场的自律性。

审美范形是审美时尚特别是审美理想的形态,是审美时尚和审美理想分化的具体类型。它们作为体现审美时尚和审美理想不同本质侧面和不同价值层次的典范性形象,是审美风气特别是审美风格的升华。大众文化审美范形的生成,既是大众的艺术审美日常生活化的天性趣味、情调、价值目标的凝聚与提升,更是日常生活艺术化和艺术审美化的理想特别是整个大众文化天性化的美生理想的分化,是艺术审美日常生活化与日常生活艺术化和艺术审美化共生的。

大众文化审美范形的升华,还凭借生态审美场质态结构高级层次的范生。

　　大众文化的外向塑型,与其内化价值目标与价值理想的运动关联。或者说,它是其价值目标与价值理想的类型性涌现。大众文化内化的价值目标与价值理想是总体的概括的审美风范与审美准则,在普遍性层面上起审美规范的作用。为了更具体地导引艺术审美日常生活化与日常生活艺术化和艺术审美化,遵循艺术天性的发展轨道,它们通过分形,形成类型性层次的审美范形。诸如明星、偶像、符号,作为大众文化的审美范形,就是它的艺术天性化日常生存与审美的价值目标与价值理想按类分生的,从而成为各种形态的艺术审美日常生活化与日常生活艺术化和艺术审美化的范例与表征,成为各种类型的艺术审美日常生活化与日常生活艺术化和艺术审美化的样板与标尺,供大众依据自身天性化的审美理想选择、遵从与仿照。这些明星,可以是人,也可以是物,然无一例外是某种类型的审美价值目标与审美价值理想的附体与表征,从而引发与之相对应的大众群体狂热的发自天性的审美追求。这些偶像,既是明星的升级,又是某类大众热切的审美价值目标特别是审美价值理想最为真切的对应物。这类大众"梦里寻他千百度,蓦然回首,那人却在灯火阑珊处",在经久而愈烈的审美期待的实现中,自然地生发了狂热的审美崇拜。这些符号,是某类审美价值理念的附着物,它可以是明星、偶像,还可以是某部作品。像陈凯歌的电影《无极》,附身的是"选择"的审美价值理念,诠释的是"选择"这一审美价值哲理。

　　艺术审美的日常生活化和日常生活的艺术化与艺术审美化,是大众文化及其生发的大众日常生活的一体两面。大众文化的审美范形,在审美与生存两个方面,综合地规范了大众群天性化的审美创造与审美消费,成为大众文化直接而有效的审美自调节机制,强化了大众文化的组织性和有序性。正是这种规范,使大众文化的艺术天性与大众消费的艺术天性,在价值理性与价值理想的层面上实现了统一,走向了类型性凝聚,生发了自律的天性艺术审美场,提升了天性艺术审美场的自由自然性。

三、大众与范形的相互塑形

大众与大众文化的审美范形,同处大众文化系统中,相互塑造,推动大众文化系统的整体发展,以生发更为系统的天性艺术审美场。

这种相互塑形,基于大众文化是大众共生的。大众文化系统,是大众文化的艺术产品层次和它生发的大众的日常生活化的艺术审美活动层次以及艺术化与艺术审美化的日常生活层次的有机构成。其主要的层次是后两者,最富活力的层次也是后两者。这里有多个层次的共生。一是大众文化产品,是作为接受者或曰消费者的大众,与具有大众性的可称为大众生产者的创作者、制作者、传播者共生的。凝聚着大众接受者和大众生产者的体力、智力与审美意识,是公共的文化艺术产品,是名副其实的大众文化。二是日常生活化的艺术审美活动与艺术化及艺术审美化的日常生活,是大众文化的接受者直接生产的,是大众文化产品的大众生产者协同大众接受者共生的。三是大众文化系统生态圈,更是上述各类大众共生的。在这个生态圈中,起点性层次是大众文化产品,它生发的日常生活化的艺术审美活动是第二个层次,紧接而起的艺术化及艺术审美化的日常生活是第三个层次。第三个层次生发和构成了新的大众文化产品,形成了新的循环的起点。在这个良性循环的大众文化生态圈中,所有的大众都既是创造者,又是接受者。所有的组成部分,不管是人还是物,都既是生产者，又是产品。所有的成分，都为整体、他者特别是审美范形所范生，又范塑整体、他者甚至审美形范。这样，大众与审美范形也就在各层次大众文化的共生中，在大众文化生态圈的共生中，在大众文化生态圈的良性循环中，在天性审美趣味的熏陶中，实现了各种各样的丰富多彩的相互塑形，以共同地走向艺术审美天性化，以促进大众文化生态圈在动态平衡中螺旋提升地天化。

总而言之，上述相互塑形，遵循始于宜生基于天性的美生理想，使产品、制作者、消费者在大众文化生态圈的良性环行中，生发更为统一与自然的天性艺术审美场。

第四节　大众文化的审美制式

在大众文化的审美范式系统里，消费天性的乐生的审美时尚，提升为享受美生的审美理想，进而升华为艺术天性大众化的审美制式，一步一步地提高了对大众文化系统和天性艺术审美场的理性范生力。艺术天性大众化的审美制式，基本的审美精神是大众文化宜于天生、趋于天成，即大众文化产品的天性与消费者的天性，在对应与匹配中，对生而成大众文化系统和天性艺术审美场。简而言之，它们是天性对生物，是据天而生的，循天而成的，即天生的。正是在天生精神的规范下，遵循艺术天性大众化的路径，或曰审美制式，大众文化系统自然而然地成了天性艺术审美场，两者进一步走向了重合与同构。

艺术天性大众化的审美制式，也可以简称为天生制式，它是自然的艺术性与质朴的广泛的大众日常生活性的统合，是自然的艺术性化入大众本真的日常生活的过程与方法，模式与规程。或者说，它是艺术天性向大众文化系统生发的过程与方法,是通过生发天性艺术化的大众文化结构,以形成天性艺术审美场的图式与程式。它展开大众文化的审美天性结构,并对各种大众文化作审美天性的定性与塑形,对生产者大众和消费者大众作审美天性的塑性塑质与塑形。它通过对大众文化的这种方方面面的塑造,调控大众文化的生成与运行不离艺术天性的轨道。更为明白地说,艺术天性的大众化,使大众文化产品走向艺术天性化,使大众文化的制作者、消费者走向艺术天性化,使大众日常生活审美走向艺术天性化,使大众美的日常生活和审美的日常生活走向艺术天性化,使大众文化系统在良性环行中走向艺术天性化,以最终形成天性艺术审美场。

大众文化的信息性、生态性、权力性、民族性、商品性,是艺术天性大众化的样态,分有艺术天性大众化的本质,成为大众文化审美制式的具体形式与规范。

通过艺术天性大众化的审美制式的分形,大众文化生发各种各样的审美文化,来表征各式各样的审美制式,进而以这各式各样审美制式的整合,来提升整体的审美构造方式。审美制式反映了审美制度和审美构造规程,表征了大众文化中和地按照社会、时代、国家、民族、世界的审美意志给出的审美轨道,走向天化运行。

审美制式更为内在地规范了大众文化,使之遵循宜于整生的理式,秉承宜于美生的理想,顺应宜于乐生的时尚,按照宜于天生的路线生发与运转,在日常生活领域,更为自由和自然地构建天性艺术审美场。

一、大众文化基本的审美制式

大众文化基本的审美制式,是其整体的审美构造方式的基本元素。各种基本的审美制式有着互含性，以显示复合性。大众文化基本的审美制式，体现在它们"制成"的相应的审美文化中，体现在它们"制成"的审美文化相应的审美特性、特征、特质中。各式审美文化的样式、特性、特征、特质，均需体现艺术天性大众化的生态审美创造的整体样式，均需内含与关联宜生与天性的基本规范。

1. 信息文化审美制式

大众文化的这种审美制式，以信息性体现与拓展了大众性，以信息之真体现艺术天性。它遵循艺术天性大众化的整体规范，按照科学文化特别是信息文化的审美规律与审美趣味来创造制作相应的大众文化，使其具备相应的审美特质、特性与形态。这种审美规律是与相应的科学文化规律特别是信息文化的规律整合的，这种审美趣味是与相应的科学的信息的文化趣味融会的，所生发的大众文化有着浓郁的现代科技美的特质、特性与形态，给大众深刻的真之美感受和精确、精当、精致、精巧的形式美真趣，构成信息文化特有的既真且精的审美样式，即合乎又拓展了艺术天性大众化的整体审美制式，成为这一整体制式操作性更强的具体形态。

2. 生态文化审美制式

大众文化的这种审美制式，在艺术天性大众化的总体框架下，按照生态美的规律、目的、趣味，来创造制作大众文化，实现文化规则、生态规则、艺术规则基于天性的三位一体，造就宜于大众日常生存的文化价值、生态价值、艺术价值的同物共像。并且要求文化规则、艺术规则统一在天然的生态规则里，以天然的生态规则为体为本，形成整体的天然的生态文化审美规律。天然的生态规则是一种自然法则，包含着生态秩序与生态和谐，是一种审美化的规则、规矩、规律与原理，是天地大美所在，是审美大法所在，文化规则、艺术规则归于它,是对审美原则的返本归根,只会强化大众文化的艺术天性。文化规则、艺术规则的归于生态规则,也就制约与带动了文化价值、艺术价值的归于生态价值,形成三者相生共长的文化生态审美价值,以此构成生态文化审美制式大美与天性统一的返本归根的路线,深化了艺术天性大众化的一般规范。

3. 政治文化审美制式

政治文化审美制式,以意识形态的权力性和质度性融入大众性,以其文明与雅正而不离天性。它是主流审美意识形态和国家审美意识形态本然的审美意志,即集合凝聚提升了大众艺术天性的审美意志,沿着艺术天性大众化的轨道,进入并规范大众文化的制作、运行与接受,所形成的审美制式。它主要通过两种形式来实现。一是通过对大众文化的制作者与接受者的审美教育,使其形成根乎大众艺术天性的国家的主流的审美意识,在大众文化的创造、制作、选择中,在大众文化系统的运行中,自觉自愿、自由自然地贯彻和实现与大众艺术本性一致的国家的、主流的审美意志及审美趣味。二是通过审美制度,引导、支持、鼓励大众文化的制作者、接受者遵循与大众艺术天性统合的国家的主流的审美意识给出的轨道运行,并对偏离这一轨道的审美意识与审美行为予以有序有效的调节。这就使得大众文化有了代表与体现艺术天性大众化的文明与和谐、典雅与端正的政治文化审美制式的特质与特性。政治文化审美制式是大众文化整体审美制式的集中形式,它那文明与和谐、典雅与端正的审美规范,本于根于大众审美意志和艺术天性,既是艺术天性大众化审美制式的具体形态,又是推进与拓展艺术天性大众化的强有力的机制。西方学者把大众文化的意识形态性与大众艺术天性对立起来的看法,以及认为强势审美权力同化大众审美趣味的观点,没有看到大众文化整体审美制式与具体审美制式的源流关系。

4. 民族文化审美制式

民族文化审美制式,以民族性体现与丰富大众性,以民族根性显示艺术天性,分有与深化了艺术天性大众化的审美制式。它是特定民族的审美意识、审美趣味、审美样式,遵循艺术天性大众化的规范,融入大众文化的创造、制作、运行流程,使其形成相应的审美质态、性态与形态,所生发的审美制式。它赋予大众文化源远流长的审美身形韵貌,和土色土香的神情意味。这种身形韵貌和神情意味是与时俱进的,推陈出新的,是古老的生命活力与现实的发展张力的统一。它是古朴本真的,又是云霞雕色、自然成文的,形成了质而文、古而活的民族文化审美制式的质、性、形、神。这种审美制式,在大众文化的制作、运行中,因生产者和消费者的审美天性与审美根性相通相和,而显得特别的圆活流转,和谐统一。可以说,民族文化的审美制式与大众文化整体的审美制式的结合是最为自然的。

5. 商业文化审美制式

遵循艺术天性大众化的样式,大众文化在制作与运行中,商业文化的审美趣味特别是形式美趣味相伴随行,为其修心养性,整貌塑形,施彩赋色,借此打下商品性审美制式的烙印。这虽然是包装性很强的烙印,但它彰显了所装扮的大众文化的审美特征,在因里而付外中,在文质相符里,显示了自身的审美制式特有的饰而信的本质规定性,以此符合宜生与天性的整体规范,实现了与整体审美制式的统一。

二、大众文化审美制式的分形

大众文化宜生的审美范式,含宜态健生、宜态乐生、宜态美生、宜态天生、宜态整生等多层次审美风范。大众文化艺术天性大众化的审美制式即天生制式，属于宜生审美范式的高级层次，是对这一审美范式所包含的审美规律、审美原则、审美规则较为充分的分有。大众文化上述各种具体的审美制式，通过整体的审美制式，分有宜生的审美范式。它们是艺术天性大众化的审美制式的一体多面、一体多位，生发、拓展与丰富了整体审美制式的本质与特性，使整体审美制式的质与性从理论的抽象走向理论的具体，形成了理论网络，强化了对大众文化生产与消费的规范。

　　大众文化各种审美制式在分形中生成的隶属于审美范式和整体审美制式的理论网络是相当和谐的。它们与审美范式的宜生精神和整体审美制式的天生规范，有如祖孙一脉相承，母子心意相通；相互之间也恰似兄弟情韵相连。像信息文化真而精的审美制式，生态文化本而根的审美制式，政治文化和谐文明、典雅端正的审美制式，民族文化质而文、古而活的审美制式，商业文化饰而信的审美制式，既表征了所属文化的审美特质，又显示了与宜生的审美范式和艺术天性大众化的审美制式的源流关系，还显示了相互间的似而不似性，形成了共而有变、似而不同、和而成团的生态关系，形成了大众文化纲举目张的网络化调控系统。这就使大众文化良性循环的圈状生态系统，按照宜生的审美范式、艺术天性大众化的轨道，更为和谐有序地运转，从而在日常生活领域里，生发出天性艺术审美场。

　　凭借上述生态关系，大众文化各种审美制式产生的审美意识调控力是全面而集中的。诸种文化的审美制式，分形于艺术天性大众化，使相应的大众文化从不同方面构成快悦大众身心结构的宜生功能，显示出全方位聚焦的天然美生效应，构成天生审美结构。

三、大众文化审美制式的合形共塑

　　大众文化各种审美制式,处在宜生的审美范式系统中,处在艺术天性大众化的审美制式结构里,在分形与合形的双向对生中,均形成了整生质,均成为整生化的局部,在联形与合形中形成系统的审美调控力。这些审美制式的合形与联形,还基于它们主要是大众文化整体性的审美制式,而非仅仅是大众文化相应类型的审美制式。也就是说,大众文化信息性的真而精、生态性的本而根、权力性的文明和谐与典雅端正、民族性的质而文与古而活、商业性的饰而信等等,是整体审美制式的各普遍性侧面,是各种具体的大众文化均具备的。每种大众文化均含上述各种审美制式,以形成艺术天性大众化整体审美制式的全面本质,以具备整体审美制式的全面本质。大众文化系统运行的每个环节,均同时受到各种具体审美制式的共同调节和艺术天性大众化整体审美制式的总体调节。正因为如此,同出一门的审美制式,合成艺术天性大众化审美制式的整体之形,并在和形中联动,共塑了各种大众文化,使其形成整体质;共塑了处于大众文化生态圈各环节、各位格中的生产者与消费者,使其通晓大众文化的各种审美规范,合规律合目的地进行大众文化的生产与接受,构成日常生活的艺术审美化,实现艺术化和艺术审美化的日常生存,形成日常生活更高程度的天性艺术风貌,生发天性艺术审美场。

　　各种审美制式合形联动,造就大众文化生态圈,合大众文化整体规律地运转,使得处其相应位格的大众文化生产者、艺术审美日常生活化者、日常生活艺术化和艺术审美化者,得到了更高程度的整体性和整生性审美合塑。在良性循环中,三种大众除分别受到所处位格各种审美制式的合形联动的审美共塑外,还均受到了另两个位格上的各种审美制式的合形联动的审美共塑,从而都把握了大众文化生产、艺术审美日常生活化、日常生活艺术化和艺术审美化的整体规律,形成了更完整的天性艺术审美自由,从而在日常生活领域里,有了更完备、更全面的天性艺术审美性。

各种审美制式的合形联动,还可造就大众文化生态圈的全面开放。凭此,大众文化生态圈,以及处身其中的三类大众,还可受到生态审美圈整体的审美塑造,形成更高更全的天性艺术审美质。生态审美圈由艺术审美、科技审美、文化审美、实践审美、日常生存审美诸位格按序推移,循环提升构成。大众文化生态圈作为日常生存审美的位格,整体地参与生态审美圈的运行,可获得其他位格的审美质,以及生态审美圈的整体质。还有,大众文化生态圈中的各种审美制式,和艺术、科技、文化、实践审美位格相通,并为其整生。这样,大众文化生态圈生存之宜的审美范式、各种审美制式、三类大众,均为与其循环运转的艺术之韵、科学之真、文化之善、实践之益的审美范式所共塑,提升了审美自觉性和审美整生质,从而使自身的天性艺术审美质的生发,有了更友好的环境,有了更充分的依据,有了更丰厚的基础。

审美之宜的实现,以审美之韵、之真、之善、之益的把握为前提,包含了韵、真、善、益审美质的宜,才是真正的审美之宜,才能完备地实现与提升审美之宜。大众文化生态圈,作为日常生活审美的生态位,参与生态审美圈良性循环,其宜生的审美范式和艺术天性大众化的审美制式,也就可望实现更高的审美升华,以形成更为自由、自觉、自然的和更为广阔深邃的天性艺术审美场。

四、艺术天性大众化与生态天性系统化的统合发展

以上对大众文化的生态审美功能与天性艺术价值规范的分析，主要是就其发展趋向而言的。在目前情况下，大众文化只是初步地实现与形成了上述功能与规范，只是初步地显示了生态艺术的天性本质，只是初步形成了天性艺术审美场。尽管如此，它还是表现出了生态艺术审美的天化走势，成为当代生态审美文化主潮前端部分的重要成分。

大众文化的天态趋向，表现为自身的艺术天性提升后，所呈现的艺术天性大众化和生态天性系统化的统合发展态势。这实际上是审美制式的发展，造就天性艺术审美场的进步。具体说来，就是在艺术个性化和生态人文化的结合中，艺术天性和生态天性进一步发展，形成系统化对生，提升了大众文化的审美制式，促使天性艺术审美场增长了天生审美质。

（一）大众文化艺术天性与生态天性在对应发展中系统提升

大众文化的生态艺术性，表现在大众文化产品、大众文化消费、大众文化生产的艺术审美性与日常生存性的结合方面。在这种结合中，有着艺术价值性和生态价值性统一的追求，显示了艺术之美和生态之宜走向一致的趋势，显示了生态艺术天性本质的生成路径。

大众文化具备生态艺术的天性本质，说明它在艺术审美性和生态适宜性的统一方面，还是大致的，基本的，有着进一步提升和持续发展的要求与空间。从艺术审美天性方面看，它大都在类型性的层次上，形成了艺术的创造性，能给人美感。也就是说，当下大众文化所显示的艺术美，正如一些研究者所指出的那样，有着平面化、标准化、快餐化的特征，能给人感官的刺激与快适，有乐生的价值，有与之

对应的艺术天性意义,有着生理层次上的以天合天的审美自然性和审美天性,然审美品位有待提高。从生态适宜性方面看,它满足了大众消费、消遣与消闲的欲求,有健生与养生的宜生性功能。这种宜生与乐生在养生层面上的统一,所形成的以天合天的艺术审美天性,还有待向美生境界进一步升华。

大众文化生态艺术性的发展,就艺术审美天性来说,应基于个体艺术天性的序列性生发,以独特性消解标准性,以独创性消解定型性,走向陌生化。就生态适宜天性来说,应从对消费者的生态适宜,走向对社会生态、文化生态、自然生态乃至整个生态系统的适宜,应强化科技生态性、人文生态性、自然生态性的统一。这样,大众文化的艺术审美天性,从共同性走向不可重复性,其生态适宜天性从个体性走向整体性,在生态辩证法的基础上达到了统一。这当可实现大众文化的艺术天性和生态天性的系统化耦合发展,可在养生与美生的对应共生中,形成整生性宜生与美生统一的天性艺术和天性艺术审美场。

(二)大众文化的天生化与审美制式的提升

大众文化的艺术天性化和艺术天性的大众化,应从大众文化的制作、消费中表现出来,应从艺术个性化开始,走向系统生成。大众文化制作的艺术个性化,是消费的艺术个性化的基础与前提。消费的艺术个性化,是制作的艺术个性化的参照系,它制导了、融入了、组成了制作的艺术个性化。从消费的角度看,它不仅消费了艺术个性化的大众文化产品,而且消费了制作者的艺术个性化才智,更消费了自身的艺术个性化禀赋。大众文化的消费性,决定了消费的艺术个性化,在大众文化艺术个性化的生发中,有着举足轻重的作用。也就是说,要生发大众文化的艺术个性化,须同步地形成大众文化消费的艺术个性化,须形成有着艺术个性化天赋的大众文化消费者。这样的消费者,和大众文化的制作者对应发展,相互消费,大众文化的艺术个性化生焉,艺术天性化和艺术天性大众化成焉。正是艺术天性化和艺术天性大众化的结合,使大众文化的艺术天性,不再定位于类型性层面上,而是从个别性层次走向特殊性、类型性、普遍性、整体性层次的系统发展。这就拓展了艺术天性大众化的意义,深化与提升了大众文化审美制式的本质规定性。也就是说,大众文化的个别性艺术天性,经由特殊性、类型性、普遍性艺术天性,走向整体性和整生性艺术天性,深刻地显示了艺术天性大众化这一审美制式的生发规程与形成图式。遵循这样的图式,可在大众文化领域里,生发高质高量的天性艺术审美场。

消费是大众文化的艺术性与生态性的统一点,也是两者协调发展的机制。消费者在消费大众文化时,既消费了艺术,又消费了生态,还消费了自己的艺术人生。为使这三种消费匹配,形成不断发展与提升的生态艺术的天性化消费,大众文化的生态性须走向人文性,以形成和艺术个性化系统发展的走势相一致的生态人文化趋向。这是因为,生态人文化的系统发展和艺术个性化系统发展的相生互进,耦合为一,是大众文化走向生态艺术天性化和艺术天性大众化结合的规律,是大众文化审美制式进一步提升的机制。

大众文化实现生态人文化的系统发展和艺术个性化的系统发展相结合,推进艺术天性化和艺术天性大众化的统一,体现在消费的真、善、宜的相继生发上。适度消费,可实现大众文化的生态宜,进而可实现生态善,进而合乎生态真。大众文化的豪奢性,造就如阿诺德·豪泽尔所说的"夸示式消费"，① 对消费者本人来说，谈不上宜生，谈不上自我艺术生命的自然享用和本真消费，对整体来说，资源浪费，有碍生态平衡，谈不上生态系统的宜生，谈不上生态系统的自由发展。正是过度消费，损害了艺术生态、社会生态和自然生态，既超越了生态伦理的底线，背离了生态善，造成了人文缺失，又违背了生态真，破坏了艺术、自然、社会生态的自由发展，还缺失了生态宜，使艺术天性化和艺术天性大众化无由实现。大众文化的制作性消费与使用性消费，走向生态节约型和环境友好型，在对消费者自身、社会、自然的人文关怀中，升华生态伦理境界。这种生态人文性，在真、善、宜的一致中，有着清和、清淡、清简、清正、清雅的质朴自然性，和艺术个性化的纯真天性有着同构性，从而在浑然一体中，形成与强化了大众文化的生态艺术的天性化和艺术天性的大众化的统一，发展了大众文化审美制式的内涵，相应地提升了天性艺术审美场的品质。

　　生态天性的系统化和艺术天性大众化的统一，发展了大众文化审美制式的本质规定性，使天性艺术审美场走向天生化。生态人文性，形成了生态天性的系统化，在艺术个性化基础上的艺术天性大众化，形成了艺术天性多层次递进发展的系统化。两种系统天性的对生，使大众文化的天性艺术审美场，强化了天生性。天性艺术审美场的天生性，是由大众文化的产品天性与消费者天性的对生，走向人文化的生态天性与大众化的艺术天性多层次对生的结果，即从双方个性化层次的天性对生，依次走向特殊性、类型性和整体性天性对生的结果。显而易见，提高天性质和天性量的整生性，是天性艺术审美场走向天生化的机制。

---

①　阿诺德·豪泽尔著，居延安译编：《艺术社会学》，学林出版社1987年版，第211页。

　　大众文化的生态天性系统化和艺术天性大众化,还是艺术审美的个性化与生态人文化相互促成、统一发展的结果。在艺术天性大众化和生态天性系统化耦合并进的历程中,大众文化不断地增长着艺术独特性与生态人文性,并在双方天性的系统发展上,相互生成,统合为一。正是这种耦合发展,使大众文化的艺术审美个性化,不断地从生态人文化中,获得共通性的内容,增强了对特殊性、类型性、普遍性、整体性艺术天性的包蕴;与此同时,它的生态人文化,也相应地从艺术审美个性化中,生发了各层次生态天性的人文性特质,使各层次的生态天性,有了天人生态天性的系统整生性。这样,大众文化生态天性的系统化历程和艺术天性的大众化走势,也就遵循了生态辩证化轨道,形成了更高的整体整生性,符合生态艺术的天化规律。这种整体整生性的增加,使艺术天性大众化,提升了本质规定性。正是在大众文化审美制式的发展中,"艺术天性"及其"大众化",都强化了整生性,提高了天性艺术审美场的天性质和天性量。这也说明,日常生活领域里的天性艺术审美场的发展,是和大众文化审美制式的提升耦合同步的。

　　大众文化走向生态天性的系统化与艺术天性大众化的统一,升华了审美制式,其最终的目的,是要发展旨趣更为自然的生态艺术,促使天性艺术审美场走向天生化。这就要消解媚俗,淡化俗恶的时尚,走向天生与天然。米兰·昆德拉指出:"随着大众传播媒介对我们整个生活的包围与渗入,媚俗成为我们日常的美学观与道德。"[①] 媚俗是大众文化制作者的奴性,遮蔽了接受者的雅性,双双违背了艺术天性。庸俗的时尚是对个性的忽视,对天然的蔑视。乔治·西梅尔

---

　　①　米兰·昆德拉:《小说的艺术》,三联书店1992年版,第159页。

说:"东西不是生产以后才会变得流行的,东西是为了流行才生产的。"① 媚俗与制造时尚,是大众文化的商业炒作性所产生的负面影响,予以消除,方能使大众文化的生态艺术性,达到艺术的多层次天性与生态的多层次天性的统一,从而在两大天性系统的以天合天中,走向天生艺术,走向天性艺术审美场的天生化。大众文化提升审美制式,实现上述目的,有待全球生态文明和生态审美文明的进一步发展,有待全民生态艺术审美素质的进一步提高。

　　基于生态审美圈由艺术审美、科技审美、文化审美、实践审美、日常生存审美诸位格按序推移,循环提升构成,生态审美场形成了生态审美性与艺术审美性统一的整生质,达到了生态审美量与艺术审美质的辩证统一。生态审美场要想求得进一步的提升,实现更高程度的天化,必须进一步实现生态发展的质与量与艺术审美的质与量的耦合并进。或者说,生态审美场的天化,就是从生态的天性与艺术的天性的统一,走向生态的天质天量与艺术的天质天量的统一,形成时空不断拓展的天态艺术审美场,进而生发天构艺术审美场。在这一历史进程中,大众文化率先在生态审美场的日常生活审美领域里,在生态化和艺术化的耦合发展中,实现生态天性与艺术天性的系统化统一,使艺术天性大众化的审美制式,凝聚深刻而丰富的天生本质,在日常生活领域推进天性艺术审美场的天生化,迈开了生态艺术审美场天化的第一步,成为生态艺术审美场走向天化历程的历史与逻辑统一的起点,其价值与意义是不容低估的。

　　作为生态审美场走向天化之路的先行者,大众文化的优秀形态,从历史的经验和教训中探索出了一条成功的途径:生态化与艺术化

---

①　见阿诺德·豪泽尔著,居延安译编:《艺术社会学》,第257页。

耦合发展;艺术审美日常生活化和日常生活艺术审美化相生互长,进而推进艺术天性大众化,形成与大众日常生活领域复合的天性艺术审美场。在此基础上,促进艺术天性系统和生态天性系统的交互共生,提高天性艺术审美场的天生性。这一路径,合乎生态审美活动的规律,合乎生态审美场的天化规律,具有普遍性,有助于生态审美场天化的持续推进和自由发展。

也就是说,艺术天性大众化,已经超出大众文化这一类型性、区域性天性艺术审美场的审美制式的范围,它纳入生态天性人文化的内容,可以成为更完备的普遍性、整体性天性艺术审美场的审美制式。大众文化走向天性艺术审美场,进而提高天生性,有着从类型走向普遍、从局部走向整体的潜能,提供了天性艺术审美场完整生成与发展的图式与路线。凭此,天性艺术审美场在增强天生性的同时,可以从日常生活的领域走向实践、文化、科技领域,直至纯粹艺术领域,实现系统生发。

第十一章　天态艺术审美场

艺术文明,美化生态文明,成为其精魂;生态文明,养育艺术文明,成为其生境。两者在相生互发里,耦合并进中,共成天态艺术文明。

这一审美文明,在量的方面,不断走向生态化,直至覆盖整个生态场,整个生态环境场;在质的方面,持续走向艺术化,使生态审美,一一进入艺术天地;在生态的质与量和艺术的质与量统合发展方面,使生态艺术天态化,形成天态艺术审美场。

天态,是生态艺术审美和整生规律所致。于艺术和生态来说,天态,是天质天量的统合形态。它既是最大的量态,也是最高的质态,是艺术与生态共趋的理想境界,是艺术与生态共成的大和境界。天质天量的艺术审美场,是谓天态艺术审美场。

艺术与生态耦合并进的天质天量化,是天态艺术审美场的审美制式与构成路线。艺术生境与艺术人生的天质天量化,是天态艺术审美场的生成基础与前提。艺术与生态均达天质天量的艺术生境和艺术人生双向对生,形成天态艺术审美场。天态艺术审美场,是天质天量的艺术审美活动与相应的审美氛围、审美范式统合运转立体环进的审美文化生态圈。

艺术审美天化,是一个完整的过程。天性艺术审美场,是艺术审美天化的初步成果;天态艺术审美场,是艺术审美天化的发展性状态;天构艺术审美场,是艺术审美天化的集大成境界。在天性艺术审美场的基础上,形成的天态艺术审美场,也就成了天构艺术审美场的前提。

第一节 天态艺术生境

艺术生境是生态艺术化和艺术生态化的贯通与一致,是生态系统艺术化和艺术系统生态化的相接与叠合。它植根自然,在生成中,就种下了天性的慧根,养就了天化的趋向。其走向天态艺术生境,是生命发展的要求,是生态进化的大势,有着内在的必需必然性。天态艺术生境,在量上和整个生态系统等同,其生态的量和艺术的量都达到了最高形态:天量;在质上进入了上乘境界,其生态质和艺术质都显示了本真自然的状态:天质。天态艺术生境,是生态与艺术同步统合地实现了天质天量的艺术生境。

行为艺术和环境艺术在天化中统合,形成整体的天态艺术境界;在统合中天化,生发生态与艺术并进的天质天量;从而成为组织与构建天态艺术生境的主要元素与机制。

一、行为艺术

天态艺术生境和天态艺术人生是对生共成的,耦合并进的。天态艺术人生在相应的艺术生境中展开,享受、共造和构成后者。它在共造天态艺术生境中,形成大地艺术和环境艺术,在构成天态艺术生境时,生发行为艺术。天态艺术生境和天态艺术人生有着一体两面性。

这里说的行为艺术,和时下那些"反艺术"、"非艺术"的"行为艺术"不同。它是一种以生态活动的形式,表现艺术的审美本质、特性与功能,以强化艺术的自然性、率真性、通脱性,以构成艺术的天态,以拓展艺术的生发领域的审美形态。它作为生态艺术,不仅未脱离艺术的规范,而且进而以艺术的最高境界——天然、质朴、本真为指归,使艺术审美的高质与丰量在天态的平台上实现了统一。时下一些所谓的"行为艺术",以行为的"做秀"背离了艺术的天然,以行为的丑陋、怪诞、虚幻,既解构了艺术的审美本质,也看不出审美批判的意图和审美建构的趋向。这些行为,背离了生态性与艺术性,不应该归于行为艺术。行为艺术的正道,是艺术的本然、自然与天然。这和纯粹艺术的趣味追求和审美理想是一致的。

有的学者在研究行为艺术时,批评了诸如展览馆"枪击事件"等行为艺术的无聊性,肯定了诸如"姜子牙钓鱼"、"黛玉葬花"等行为艺术的做秀性,并认为做秀是行为艺术的本质性特征。他批评行为艺术无聊,言之有理,他肯定行为艺术的做秀,不敢苟同。行为艺术要求情趣天然,意韵天成,不求刻意雕凿,执意表现。做秀,恰恰是对行为艺术审美主旨的背离,应该避免。

行为艺术是生命体及其行动直接构成的艺术。本来,它有着很宽的含义。植物和动物尤其是人的生命存在状态特别是行动状态的艺术化,均可以看做是行为艺术。最古老的艺术,是行为艺术。一些动物求偶期间,变得愈发漂亮的形态和舞蹈化的动作,是行为艺术。远古人类与劳动结合的歌舞,是行为艺术。行为艺术是纯粹艺术的母亲。狭义的行为艺术,指人类生态直接构成的艺术。它包含人体和人的活动构成的行为艺术,但不局限于此,意义还可更为宽广一些,诸如人与其他物种的形态与活动,可共成行为艺术系统和行为艺术境界。

　　个体人生态的艺术化,分为生理结构的艺术化和生态行为的艺术化两个方面。

　　1. 人体艺术

　　人体艺术,即人类生理结构和生理性状的和谐、完整与优化,构成天态艺术品。它既是行为艺术的形态,也是更完备更综合更系统的行为艺术的生理基础。诸如舞蹈、礼仪、模特、人体摄影等行为性的纯艺术或亚艺术,都基于和出于人体艺术。人体艺术是生成、养成和扮成的,是历史与现实、自然与社会的"众手"塑造的,是通过各种各样的艺术化路径共生的、天成的。

　　优婚优育是其一。父母是直接按照自己的人体艺术模式,综合地为子女塑身造型的。他们形体的艺术资质,往往直接决定了子女体貌的艺术形态。人类的动物祖先,在繁殖前,形体特别的美丽,为吸引异性,常进行形体艺术表演。通过艺术选择,使那些形健、体灵、姿秀、心慧的雌雄进行种类繁衍的艺术化生产。它们在艺术竞赛、艺术欣赏的激昂与愉悦中进行交配,也有利后代的艺术化生成。人类的优婚优育,引入更多的科学与审美统合的机制,特别是生态科学与艺术审美统合的机制,可造就人体色、形、构、势和谐俊逸的天态艺术审美质,使其成为活态的雕塑。

　　艺术化的生境是其二。物华天宝,人杰地灵,一方水土养一方人,山清水秀出美人。环境与人是互生联动的,人体之美与环境之美,相塑互造,形成了不同地区环境美与人体美的对应匹配。保持与发展环境的艺术美,当可促进人体的天态艺术化。

　　物种进化社会文明是其三。人处在自然进化的最高端,其形体的艺术态进化也如是。形式美规律特别是艺术形式美的规律,是最佳的人体结构、社会组织机构与最为优化的物体结构、生态系统结构的共同抽象。这样,人体结构在进化中,天然地生成与生长着艺术形式质。古代人比原始人、现代人比古代人,更加按照艺术的尺度生长,更加生成与生长着高级的艺术形式的尺度。通观人体进化史,人体正不断地艺术化生成,正不断地趋向天态艺术化的境界。这是自然的进化与社会的选择共同的艺术塑造使然。

科学地养护是其四。生态科学的发展,当会使人更加天态艺术化地生就与长成。通过形体训练、体育锻炼等,生成的艺术化形体,可进一步走向天态艺术化的境界,形成更高的天态艺术审美品质。

锦上添花是其五。人体的艺术美生发,还有着各种各样的变化性与装饰性途径。按照人体艺术美理想的构架,进行医学美容与变性,造成了韩国多少艺术态人体尺度的影视明星,造成了泰国多少魔鬼般艺术身段的人妖。它使小伙子的身姿看起来亭亭玉立,芙蓉出水,使姑娘的形貌似乎变得矫若游龙,玉树临风。服饰也可按照艺术的尺度,修补、装配、重构人的身形体貌,增加艺术风采,并传达内在的艺术审美神韵。凡此种种,须在法天贵体的基础上,适度地改造与装饰身体的艺术美,而不宜背离天性与自然,对身体做艺术化的处理甚或再造。如果这样,则背离了行为艺术的天态本质。

人体结构的各种艺术化途径,须基于生态规律,合乎生态目的,成为生态艺术,形成天态特征,方才算得上是行为艺术。脱离了生态的真、善、美、益、宜,人为造就的身体艺术,将失去生态自由与艺术自由统一的行为艺术的本质规定性。背离生态规律,有违生态伦理,损伤生态功能的身体艺术化,是行为艺术健康发展中,必须避免的生态"悲剧"艺术。像人妖,就是欲哭无泪的生态悲剧;像改性,就是背离天然的生态闹剧;艺术性越高,生态的悲剧性与闹剧性愈显。

2. 人为艺术

　　人的生态活动的艺术化,构成人为艺术。人为艺术,是行为艺术的主体,可以直接称之为行为艺术。它基于生态活动规律和艺术活动规律的天然合一。生态活动的规律,是真、善、美、益、宜多位一体的。或者说,是一体多面的。美与真更在生态规律的深处同生共长。往往是生态规律的最真处,也就是最美处。美是最好的生态,美的生态里,所包含的真,是深刻的生态规律与美的规律的统一。艺术美是最好的美,和艺术美规律同在的生态规律是最深刻的规律。正如艺术美源自生态美一样,艺术美的规律源自生态美规律的深化,并和最深刻的生态规律关联。人的各种生态活动,要合相应的生态规律,方能实现生态自由。这生态规律,有深浅之分。其中,最深刻的生态规律,有着艺术规律的特性,和艺术规律关联。"外师造化,中得心源",[1] 伟大的艺术家总是从对自然大道的真切体悟中,得到至高无上的艺术心法,创造出惊世之作。人要实现生态活动的艺术化,构成行为艺术,应该遵循这一活动对应的最深刻的生态规律,找到与相应的艺术规律的结合点,并使两者自然地统一起来。如果这样,这一生态活动,也就按照耦合并进的最深刻的生态规律与艺术规律展开了,也就水到渠成地生发了行为艺术美。毛泽东通晓深刻的战争规律和艺术规律,并将两者结合起来,挥兵打仗,如行云流水,挥洒自如,恰似他的书法,谱写出荡气回肠的战争艺术的画卷与诗篇,达到了生态自由与艺术自由高度统一的自然形态的行为艺术境界。

　　自由基于行为的合规律、合目的。最高的自由境界,是自然的境界,是通晓最高的最深的直至整体的生态规律、合乎最高的最深的直至整体的生态目的后,随心所欲不逾矩的境界。艺术的境界,是自由

---

①　张璪语,见郭若虚:《图画见闻志》卷五,人民美术出版社 1964 年版,第 125 页。

的境界,艺术的最高境界,也是自然的境界,是达到"浓后之淡"、"繁后之简"、"无法而后至法"的境界。人获得了生态的自由和艺术的自由,进而在自然天放的平台上,实现两者的契合,其生态活动也就成了行为艺术。庄子主张:"既雕既琢,复归于朴"①,"朴素而天下莫能与之争美。"② 袁枚说:"诗宜朴不宜巧,然必须大巧之朴;诗宜淡不宜浓,然必须浓后之淡。"③ 刘勰强调:"云霞雕色,有逾画工之妙;草木贲华,无待锦匠之奇。夫岂外饰,盖自然耳。"④ 他们均指出了质朴自然的境界,是艺术的最高境界。行为艺术,本就是天态艺术,更应该趋向深含自由后的自然。

行为艺术是最高的生态审美境界的产物,它法天贵真,基于自由,成于自然,显于自然。也就是说,从自由走向自然,是行为艺术的基本规律。这基于艺术美的普遍规定性。美是主客体潜能的对生性自由实现。艺术美是主客体潜能的对生性自然实现。生态美特别是生态艺术美是人与生境潜能的整生性自然实现。自然是自由的集中表现与整体包含,是自由的最高形态与最好形式。作为自由的最高形态,它在自主、自足、自律的自由的基础上生成,作为自由的整体形态,它不仅包含了上述三种自由,而且是上述三种自由系统生成的完备形态。三种自由在对生中,不仅形成了自身的完整性,而且形成了系统的完整性。自主的自由,因对生而有了自足、自律的自由质,形成了自觉的完整的自主。自足的自由,在对生中成了自主、自觉形态的自足自由,完善了自身。自律的自由,借对生而实现了自主、自足

① 《庄子·山木》。

② 《庄子·天道》。

③ 袁枚:《随园诗话》卷五。

④ 刘勰:《文心雕龙·原道》。

性,使自律的合规律合目的,在自觉自愿性与系统整体性方面达到了统一。三者对生,在同一性与亲和性的增加中,提升了整生性与系统质,使自然的自由,不是三种自由的相加,而是它们整生的活态系统。作为自由的最好形式,自然的自由是无为而无不为的。它使整体的规律与目的,结合着天然的情、趣、性、韵,实现整生自由的天态艺术化。人们的生态活动,任一己天然的情、性、趣、韵,合整生的规律与目的,也就在生态自由的整生中,顺理成章地构成了自然的行为艺术。

社会组织结构,可以看做是放大了的人体结构。其组织形式,应既合深层的生态结构规律,又合艺术形式美的规律。其组织行为,是个体行为的整合,应进而形成整体协调、动态平衡、多声部统一的群体行为艺术,形成整体的天态的社会生境艺术。社会生境艺术在人类社会结构、社会关系、社会境界、社会境域的中和与整生中,在社会生态系统自由自然的发展中,显现为天态的社会艺术生境。

二、环境艺术

环境艺术是人与自然的杰作,是人与自然生境潜能的对生性自然实现。它作为自然生境艺术与社会生境艺术(主要由行为艺术构成)共成生境艺术系统。环境艺术由景观构造性艺术、景观设计性艺术、景观选择性艺术有机构成。这三者相借互含,在共成整体中,也有基本的区分。景观构造性艺术,是环境中的造型艺术,是以审美价值为主的艺术。它的基本形态是园林和自然中的人文景观。景观设计性艺术,是按照艺术规范设计组合、构成生发的大地艺术,它的主要形态是自然景区、田园景区。景观选择性艺术,是天然的大地艺术,在欣赏者的审美选择中构成。

各种形态的环境艺术,在自然化人和人化自然的双向对生中构成,是这种双向对生所构成的自然艺术化形态。自然的艺术化和艺术的自然化,结晶了环境艺术,成为环境艺术最高的审美制式。这一最高的审美制式,生发出了环境艺术诸多具体的审美制式,丰富了生态艺术追求天然的规律。

1. 连天接人

天人合一是中国传统美学关于美的本质的哲学表达。生态美的本质规定,也没有离开天人合一的范围。它在天人潜能的自由对生中,确证与拓展了天人合一。环境艺术,因在天人互化中构成,有着更为直接与突出的天人合一性。天人合一,在环境艺术中,具体化为连天接人。连天接人指的是,以景观为中介,实现人、景观、景外之景的关联生发,形成无穷无尽拓展的天态艺术生境。自然中的景观,是天的人化形式,入景外之景,是人的天化样态,连天接人也就成了天的人化和人的天化的统一,成了天人合一的形态。

连天接人作为环境艺术的构造方式,从典范的环境艺术对天人合一的遵循与表达中概括升华出来后,加以拓展,成为环境艺术普遍的审美规范,成为环境艺术生发天质天量的最为重要的审美制式,成为天态艺术生境的审美制式之一。北京的天坛,在仿天中连天,进而接人而达天,以连天接人的范形,表达了天人合一的意味。泰山的天门与天街的构局,也成连天接人的态势,天人合一的审美意图更为明确。西方的哥特式建筑,也在神人合一的审美理想制导下,形成了连天接人的意向。像意大利的米兰大教堂,是中世纪典范的哥特式艺术。它的四面墙体在一凹一凸中,形成了往上伸展的线条,构成了整体的上举性、连天性。上部高立 135 个塔尖,在通力上升中,似乎牵引和带动整个教堂趋向天空。教堂的穹隆表现了天空的形意,那一排排在耸立中托起它的柱子,强化了升空的意味。教堂的内外形制,生发了带领教徒直上天堂的意象。这种神人合一背景下的连天接人，和中国天人合一背景下的连天接人，有着异曲同工之妙。它说明了在主客统一的前提下，连天接人作为环境艺术之典范形制的普遍性意义。典范之所以为典范，就在于它深刻凝聚的普遍性规律，有着分形的意义。植根于天人合一与神人合一的连天接人，于环境艺术来说，有着多方面的审美规则、审美模式的意义。这些意义是上述经典性意义的拓展。

环境艺术的定位或曰选址要连天接人，即在景观布局、经营位置方面做到连天接人。就一个景区来说，它在景观网络中位置的确立，须连天接人，即通过便利的游览线路，把客人接来，又通过跟别的景区的联系，使客人走向更为丰富多彩的审美天地，以成持续生长的天态艺术生境。20世纪90年代初期，我们在《珠环贝绕大桂林》一书中，首次描绘了大桂林旅游风景圈："桂林地区北据全州、兴安、灵川，西拥资源、龙胜、永福，南抱荔浦、平乐、恭城，东挽灌阳，诸县美景浪涌涛出，形成环状旅游区，环卫着桂林市的景观，成为大桂林美海的外围波圈。""大桂林旅游区如此严谨，还因山水依依，形结意连。都庞岭与越城岭，山势连绵，逶迤不绝，送青于全州、灌阳、兴安、恭城，涌翠于资源、灵川、龙胜、永福。两岭游走，有如线索，串起了整个桂林地区的景观，形成了连贯的外围层次。而发源于都庞岭山系的湘江，与发源于越城岭山系的漓江，通过灵渠连接起来，不仅使外围层次更加贯通，更导致内外层次'血脉'相通。这山线水索相交织，就形成了一个结构网，把大桂林旅游区聚成一个不可分离的整体。"① 在

① 袁鼎生：《外围珠光闪 整体美韵浓——大桂林旅游审美述评》，见伍纯道、袁鼎生主编：《珠环贝绕大桂林》，光明日报出版社、广西师范大学出版社1991年版，第1—2页。

确立了大桂林旅游区整体圈态框架后,我们按渐入佳境的原则,把各景区安排在一体贯穿的线索上,使每个风景区相互借助,都形成了连天接人的结构。这说明,环境艺术应形成整体结构的布局,在各得其所中,前后关联,把客人从别的审美境界中接来,又一步一步地把客人送进更为广阔深邃的审美天地,让客人与景观共生天态艺术生境。

就景区中的景点来说,景观的位置经营,在游览线上的定位,更要具体地体现连天接人的环境艺术的结构原则与审美制式,在审美节奏的形成中,把客人接向一个又一个艺术审美的佳境。如山景设计,山脚设亭,引人入胜,山半设亭,导人上顶,山顶设亭,让人环览透视境外之景,一步一步地实现了连天接人的整体活态布局。广西桂平西山是著名的宗教文化景点,山半设亭,并书半联其上:“半山亭停半山半途莫悔,”待人续下联。这上联就有启人不断探索人生胜景的意味,和设亭半山、连天接人的旨趣相符合。我的家乡全州,县城东面有灌江、湘江、万乡河交汇的三江口,景象雄奇,能在审美选择中,形成环境艺术。我以此景作联,试对西山半山亭之妙对:“三江口扣三江三水流一。”此下联可引人想象合流后的湘江,卷雪千堆、喷珠万斛的景外之景,在连天接人中形成胜景叠出的宏大而深邃的审美格局和天态艺术生境。

连天接人还是环境艺术完整审美境界的构成方式,是天态艺术生境的构成方式。在自然中,景观构造是环境艺术的一部分,它和周边的自然风景匹配,并靠观赏者协同,在连天接人中,才形成完整的审美格局。天、景、人成了景观设计的三要素,景在连天接人中,成三位一体。桂林叠彩山的明月峰与于越山的峡谷中,建有叠彩琼楼,曾招来一片非议。有人说它,北面矮,仅有两层;南面高,达三层;东面实,主建筑以外,还有附属建筑;西面虚,仅一廊。整个格局极不平衡。实际上,这叠彩琼楼的格局,是因连天接人的整体布局才如此设计的。北面山高而房矮,南面山矮而房高,东面灵虚而屋实,西面山实,且游人从西南角进,从西北角出,增加了景观构成的分量,故仅一廊。叠彩琼楼把人与天作为景观要素综合考虑,在连天接人中实现了整体艺术结构和天态艺术生境的动态平衡。在江南园林中,游廊在转折迂回中开启的每一面窗子,都连接着一个天态艺术世界,游人在廊的接引下,于步移景换中,饱览了连续而又变换的艺术画卷,构成灵动而完整的审美世界。景区中的塔,也在塔道环旋、塔层重叠、塔窗八开中,在层升景换、窗移景新的连天接人中,完成动态的环境艺术总体构图,展开天态艺术生境的持续构造,以生发天质和天量。

连天接人,作为环境艺术整体的艺术设计与构造的重要原则与图式,可在自然中生发动态的整体结构,在人的实地观赏中形成艺术境界。在连天接人中,在景外之景的拓展中,观者体验到了生态艺术境随人生的无限,人与天合的完整,生成妙处难与君说的天态艺术生境的趣味。

连天接人还标识与深化了环境艺术的本质。环境艺术是天人潜能的对生性和整生性自然实现。连天接人成了天人潜能对生的直观形式。自然的审美潜质与人的创造与欣赏的审美潜能以连天接人的形式,实现了对生与整生,实现了自然的对生与整生,强化了自然的对生与整生,增长了旨趣天然的整体审美境界,拓展了景外之景形态的绵延不尽的天质天量的艺术生境。这样的本质规定,离开了连天接人的审美构造原则与方式,是无法拓展与升华的。凭借连天接人的审美制式,环境艺术有了天态艺术的本质规定性,有了天态艺术生境的美学意义。

连天接人还是艺术生发路径的标识,有着深厚的艺术规律的底蕴,有着普遍性艺术原理的根由。天然的艺术,走向人造艺术,形成模仿自然的艺术。模仿自然的艺术,在自然的艺术人化中,走向天态艺术。这就形成了良性循环的艺术生发路径。环境艺术的连天接人,以天的人化和人的天化的格局,浓缩了上述艺术历程,对应了上述艺术发展图式,成了自然的艺术化和艺术的自然化的直观形式,有了环境艺术总体审美制式的丰富内涵,有了总体的艺术发展规律的依据,成为深刻的天态艺术和天态艺术生境的生发模式。

2. 聚精会神

聚精会神指的是环境艺术要汇聚天人的审美精华,成审美大境界;进而标识整体的艺术个性,形成景观之"眼";还要实现自然景观的审美特征、人造景观的艺术趣味、景观创造者的审美意识的统一,形成整体独特的审美基调。聚精会神是汇聚统合自然、景观、人的本性与精粹,形成环境艺术的天质天量,生发天态艺术生境的审美制式。聚精会神的这些艺术原则与美学功能,基于连天接人的基本原则,是与连天接人关联的审美制式。

环境艺术的地址,要选择在风景荟萃之处,有天质天量的前提,有聚精会神的基础,进而凭借山形地势,聚借八方之景,成完整艺术结构。泰山的"造化钟神秀",岳阳楼的"襟三江而带五湖",大观楼的"五百里滇池奔来眼底",滕王阁的"秋水共长天一色,落霞与孤鹜齐飞",都在钟灵毓秀中成大景观格局,成天态艺术生境。

要聚精会神,需立主景,以统领全局。进而在结构关系中,标识与凝聚整体独特的审美精神,以形成和谐统一的天态审美生境。桂林山水,以独秀峰为主景,它以俊秀的丰姿,立于桂林山水圆形结构的圆心,奠定了整体的审美个性。周边的山水层层环卫着它,在聚精会神中,形成整体俊秀格局。我在《簪山带水美相依》一书中写道:

"桂林山水是一个环形结构。俊秀的独秀峰属结构中心,为环形的圆心。俊秀的伏波山紧靠独秀峰,是对独秀峰的映衬,是对结构中心俊秀质的加强。紧绕着独秀峰是一个由漓江、桃花江……构成的媚秀圈,接着是由猫儿山、塔山、象鼻山、隐山、宝鸡山构成的婉秀圈,再接着是由叠彩山、屏风山、七星山、穿山……构成的俊秀圈,最外围是由尧山和桂林其他方向剑排戟列的远峰构成的雄秀圈。""这就显示出,桂林山水是一个按照严格的等级和秩序构成的多层次系统。正由于这一系统的核心是俊秀的,而系统的基本性质又常主要由系统的核心层次决定的,所以,俊秀就成了桂林山水系统整体的审美特征。""桂林山水俊秀的核心层次和外围层次在结构上的关系,也适合俊秀质的增长……独秀峰居中登高一呼,其他景观应者云集,齐趋身旁。这种核心层次与外围层次的内呼外应的关系,显示了核心层次巨大的统帅力,巩固了俊秀美的盟主地位,使作为系统整体审美特性的俊秀质得到了无形的强调与增长。"① 可见主景有如景眼,标识景观神韵,统和整体结构,成聚精会神的天态艺术格局。

聚精会神需做到自然之景、构造之景、造景之人审美天性的结合,实现三者审美精神的统一,集中与强化艺术生境的天质与天量。所谓聚精会神,聚集融会的是三者原生形态的审美精神,即天性。自然之景的审美天性,指的是它特有的审美个性,审美特征。构造之景的审美天性,指的是它植根当地的审美文化,为当地的审美环境所养育的独具特色的审美风貌。造景之人的审美天性,指的是它为民族的本土的审美意识所陶铸的独具个性的审美趣味。这样,三种审美天性就有了相通相亲相和性,从而真正实现聚精会神。自然之景,具

---

① 　袁鼎生:《簪山带水美相依》,广西师范大学出版社1989年版,第17页。

本然之性,自不待说;构造之景,具本土风神,与自然之景天性相近相通;造景之人,美趣的民族根性与本土特性,与前两者同源共底。这就形成了三者的一气相通,一脉相连,从而在圆活流转中,浑然而成天态整生的审美境界。用这样的原则,审视毁誉不一的桂林世纪之交的旧城改造所形成的新的园林艺术风景,发人深思。仅就两江四湖来说,我认为大致符合环境艺术的美学原则与审美制式的,特别是符合聚精会神的艺术原则与审美制式的。两江四湖的环城水系,是历史景观的再生。早在1989年,我就提出:"借鉴宋朝的经验,挖湖凿渠,将桂林主要的景观用水路连接起来,当既可通舟环游桂林,又可强化桂林山水的虚空美以及整体的俊秀美,有百利而无一害,何乐而不为?"① 十年之后,桂林市政府实施了两江四湖工程,进一步盘活了桂林山水,强化了山水依依的整体审美格局。两江四湖有着清秀灵逸的审美个性;它环绕关联的自然景观,其原本俊秀的审美特质,由挺拔、秀逸、清雅等审美特性有机构成;两者共成山水依依的新的景观格局后,更贯注着造景之人秀雅而质朴、飘逸而自然的审美趣味;三者的审美根性相通,在山环水绕中,聚精会神里,强化了整体的俊逸神韵。如果湖上仿造的世界名桥,经过民族化与本土化的洗礼,当可更添整体的俊逸美韵;如果省去湖中的塔类建筑,不仅可以节约巨资,避免画蛇添足(桂林如塔之山够多了,高端观景与聚景的平台够多了),还可增添空灵的天质天量。这也提醒我们,环境艺术的聚精会神,一定要基于自然景观的审美特性与人造景观的审美个性以及造景之人的审美趣味的天态统一,否则,会使所聚之精所会之神,出现杂质,影响整体审美格调的纯真性与自然性,影响整体审美格局

---

① 袁鼎生:《簪山带水美相依》,第70页。

的天质天量性。

纯天然形态的大地艺术,在观赏者的审美选择中聚精会神。观赏者通过审美选择,使自己的天态艺术审美趣味和相应审美特性的自然景观合一,共成天生性环境艺术天质天量的审美格局与审美境界。

3. 因地制宜

因地制宜是与聚精会神关联的环境艺术原则与审美制式。它强调环境艺术的创造,要从环境出发,要以环境的天质天态为基础,为依据,为前提,形成天、景、人和谐统一的天态艺术生境的审美制式。因地制宜有着多方面的要求,形成对环境艺术的不同规范。

在环境艺术中,人造景观常常是整体审美形态的一部分,它总是和环境中的自然景观等一起,形成和谐的审美结构。这就要求人造景观的审美格局,要从自然景观的审美格局出发,在人造景观与自然景观以及观赏者的有机匹配中,形成审美整体,形成整体的天态艺术审美格局。审美形态的匹配如此,审美精神的聚合更要如此。在聚精会神中,自然景观、人造景观、造景与观景之人虽都基于各自的审美天性,但自然景观的审美天性,有着源头的意味,有着基座的价值,于后面诸者天性的生发,有着本与根的意义。归根结底,后面诸者的审美天性是通于合于前者的审美天性,以成整体审美神韵的。

环境艺术以自然为载体,它的审美构成,要从自然的生态承载力出发,实现两者的协调统一。如规划一片田园景观,构成大地艺术,就要以这一片土地总体的生态承载力、生态承载力的类型、生态承载力的结构为依据,来布置农作物的总量、类型与结构,使农作物多样统一的审美形态,与生态承载力的构成形态相匹配,相对应,而形成科学的生态基础。如果不以生态承载力为前提,大地艺术将因缺乏生态规律的支撑,而失去生机与活力。也就是说,田园形态的设计性大地艺术,其审美形态,基于农作物的结构,农作物结构基于土地的生态承载力结构,其审美构造,是因地制宜的。

于天然风景,观赏者更要因地制宜,从当下风景中,寻找自身天态审美趣味的对应者,以成天然艺术的审美境界。

4. 谐内和外

谐内和外是各种环境艺术,既自身和谐统一,又有机关联组合,以形成结构张力与结构聚力协调生发、审美时空持续拓展的天态艺术生境的审美制式。环境艺术作为一个个审美系统,置身于大自然中,既有着审美的边界性,还有着审美的拓展性。各种环境艺术,在审美规划与审美选择中,形成闭合性的审美结构,产生审美境界的完整性。同时,它的边界部分,既谐内,形成既定的艺术审美结构,又和外,分别与系统外的相关部分构成新的审美系统,形成结构张力与结构聚力的同步生发,推进艺术生境的天质天量化。园林艺术中的步移景换,步移景成,柳暗花明又一村,说的就是这种情况。这使得环境艺术审美境界叠出,构成生生不息、绵绵不绝的天态艺术化审美生境。环境艺术的谐内和外,表现为审美境界的层层扩大,形成博大无边的审美世界,以成天态艺术生境。像桂林山水,形成市区的多圈性环形结构,再拓展出桂林外围的环形结构,进而延展出环大桂林的风景旅游圈,从而在旅游规划中,形成凭谐内和外而不断生发的境外之境。这境外之境,是环境艺术走向天质天量的重要表征。

谐内和外的审美制式,是整个大自然走向环境艺术化,进而构成天态艺术化的机制。在协内和外中,环境艺术依形随势,环环相扣,展开绵绵不绝的艺术画卷。大自然整体艺术画卷的舒展,意味着环境艺术不断地走向系统化:同一区域的环境艺术,在谐内和外中构成

环境艺术系统;相关区域的环境艺术系统,在谐内和外中,构成环境
艺术的大系统;更多相关的环境艺术的大系统,在谐内和外中,构成
国家与民族的环境艺术的巨系统;不同民族与民族以及不同国家与
国家的环境艺术的巨系统,在谐内和外中,构成全球环境艺术的整体
系统,形成大自然整生的艺术天地,以成天态艺术生境。这样的艺术
生境,已经显示出天构性,有着走向天化结构的潜能与趋向。

三、天态艺术生境

　　行为艺术与环境艺术,进一步走向天态艺术,走向天态艺术生
境,以和天态艺术人生对应,共成天态艺术审美场。

　　1. 天态艺术

　　行为艺术和环境艺术,具备天态艺术的形态与特征,但要成为真
正的天态艺术,还必须在形神意韵方面强化天性、天质、天量,特别是
要形成聚焦于天性天质天量的典型化。情感价值化、形式意味化和
典型化是艺术化的主要方法,是艺术和非艺术的主要区别。天态艺
术和一般艺术也应在以上方面形成差异。天态艺术要求情感价值
化、形式意味化、典型化均应遵循天化的规范运行,以强化天性,生发
天质天量。

　　情感价值化。艺术的直接价值是生发审美愉悦,并以此强化审
美行为的心理动力,形成社会与自然和谐进步的效应。它使艺术形
式和艺术形象情感化,使艺术所描写的真善美和假恶丑情感化,使艺
术家所表现的理、志、意、趣、韵情感化,即走向情理、情志、情意、情
趣、情韵化,凡此种种,都属于艺术情感价值化的形式。可见,情感价
值化,是艺术家有着明确价值向性的审美情感向艺术对象贯注,并将
之同化的过程与方法,更是人与生境的情感价值向性互生、共生、整

生的过程与方法。经过情感价值化，艺术生发审美愉悦的价值潜能集中了，强化了，这种价值潜能走向实现的向性集中了，强化了。情感价值化，作为主客体潜能的对生性自然实现，特别是人与生境潜能的整生性自然实现，构成了艺术的本质。难怪托尔斯泰说："人们用艺术互相传达自己的感情。"[①] 天态艺术承续与发展了一般艺术情感价值化的本质，并在情感价值化的量与质方面以及情感价值化的形式方面有所拓展。就量的方面看，它的情感价值化的范围由真善美及其对立面假恶丑，拓展到真、善、美、益、宜及其对立面假、恶、丑、害、碍，使情感价值化更具生态整体性，即更趋天量性。就质的方面说，它强调价值化的情感更具本真性和自然性，从而更具天质性。从情感价值化的形式来说，它是"情往以赠，性来如答"，[②] 强调艺术家和艺术对象情感价值化的双向对生，从而在以天合天中，使人与生境的潜能走向自然性的整生，使天态艺术成为生态艺术的提高形态。

形式意味化作为艺术化的机制，是情感价值化的拓展。它要求情感价值化的艺术对象，进一步情趣情韵化，以形成内容与形式浑然一体的趣化与韵化的形式，以造就形式的意味化。形式的意味化，从克莱夫·贝尔的"有意味的形式"化来，[③] 可融入更多民族传统美学的内容。趣化和韵化，是艺术家情感化的本真趣味与天态神韵，向艺术对象倾注，进而实现人与生境的情趣情韵的天然对生与整生，以共成趣味深远、意韵绵长的天态境界，即有着天质天量的景外之景、象

① 列·托尔斯泰：《艺术论》，见伍蠡甫、胡经之主编：《西方文艺理论名著选编》中卷，北京大学出版社1986年版，第411页。
② 刘勰：《文心雕龙·物色》。
③ 克莱夫·贝尔著，周金环、马钟元译，滕守尧校：《艺术》，中国文联出版公司1984年版，第4页。

外之象。显而易见,在审美境界的天质天量方面,天态艺术实现了对生态艺术的超越与升华。

典型化是情感价值化和形式意味化的深化与统合。一般的艺术,要求个别性与共通性的统一。天态艺术秉承这种艺术精神,进一步形成各层次天性良性环行的典型化结构,以提升天质天量。这一活性的超循环结构,由艺术家个别性的天性、民族特殊性的天性、性别类型性天性、人类的普遍性天性、天人系统的整体性天性在双向对生中构成。这种对生性良性循环的天性结构,使得低一位格的天性,共生了高一位格的天性,上一位格的天性共生了下一位格的天性,使得每个位格的天性都为超循环运行的天性系统不断整生。处在这一整生圈中的天态艺术典型,也就从各个方面深化了个别性与共通性统一的典型质。一是陌生化。下位天性的个别性与个体性,是互不重复的,形成了基础性的陌生化,它对应的潜含的各上位的天性,也是各天性系统整体结构的独特侧面,有着陌生性。这就在各层次天性的统一中,形成了整体的陌生化。这种陌生化,与别林斯基说的典型是"熟悉的陌生人"①,以及俄国形式主义的"陌生化"是同中有异的。它把陌生化贯穿到了典型系统的各层次中,强化了整体的独创性与天性的统一性。二是共通性。这是显隐统一、纵横交错的共通性,形成了生态系统网络化共通的效果。各层次天性的统一,这是显态的、纵向的统一,形成了网络化共通的显态经线。各层次的显态天性侧面,和所属天性系统的其他天性侧面关联贯通,进而和天性以外的其他属性关联贯通,形成了显隐结合的多维横向的统一,形成了网络化共通的显隐相连的多重纬线。与各层次显态天性相关的隐态天

---

① 《别林斯基选集》第 1 卷,上海文艺出版社 1963 年版,第 191 页。

性,和其他属性潜联暗接,形成了更为集束化的隐态纬线。这就形成了纵横拓展立体周流的网络化共通结构。凭借这网络化共通结构,天态艺术的天性化典型,有了生机无限的活力,有了蕴含无尽的审美信息,有了隐汇无穷、潜联无限的个别性、特殊性、类型性、普遍性、整体性天质天量,真正走向了"以少总多,情貌无遗"①。三是整生性。天态艺术的典型,其多位格天性的良性环行,构成了整体系统的整生性。这一天性化的典型系统,是开放的,是在整体的生态系统中良性环行的,从而为整体的生态系统所整生。这就真正达到了"万取一收"②,走向了天态典型化,也就真正实现了"以万生一"和"以一含万",形成了天态典型性。天态典型,以天构性的一些机制来形成天质天量,这说明艺术审美天化的不同层次,也在相生互发中,形成了良性环生的结构。也正因为这种结构的整生化,高层次的普遍性特质往往是由低层次的一些个别性特性萌生与提升的,低层次的高质高量常常是由高层次赋予的。天态典型生发本属更高层次的天构性特质,并以天构性的形式生发天质天量,就属这种情形。

天态艺术是一般艺术的发展,是生态艺术的高级形态,它凭借天质与天量的整生性,奠定了走向天态艺术生境的基础。本属生态艺术的行为艺术和环境艺术获得了天态艺术的本质,也就可以成为天态艺术审美场的共生元素。

2.天态艺术生境化

具备天态艺术本质的行为艺术与环境艺术,要更好地投身天态艺术审美场的共建,还要向整个生境拓展。天态艺术生境化,是天态

① 刘勰:《文心雕龙·物色》。
② 司空图:《二十四诗品·含蓄》。

艺术向整个生态系统生发的过程与方法。

具备天态艺术本质的环境艺术有一种极大的张力。从审美形态来看，从建构尺度较小、关联的自然景观不大的整合性环境艺术，到设计尺度、规划格局较大的规划性环境艺术，再到审美范围大、对象多的选择性环境艺术，审美格局、审美境界在不断扩大，形成了覆盖整个自然生境之势。

具备天态艺术本质的环境艺术，其结构张力，还更具体地体现在上述美学原则和审美制式方面。连天接人，前后双向地持续不断地拓展了审美结构。聚精会神，在天态艺术质的整生中，同步拓展了它的形构。因地制宜，在自然的生态承载力与作物生长力的对应与适构中，在天态艺术的生机盎然活力沛然中，丰盈了天态审美境界。谐内和外，更是在整个自然生境中，生生不息地拓展了天态艺术系统、大系统、巨系统、整体系统，最终实现天态艺术系统与自然生境的重合。

这些艺术原则与审美制式，在规范天态艺术与自然环境共生时，在促成三种天态的环境艺术逐步生发时，一步一步地推进天态艺术走向自然环境，一步一步地使自然环境走向天态艺术化，一步一步地在整个自然界形成与发展天态艺术，实现天态艺术与自然生境的同构。

与此相应，具备天态艺术本质的行为艺术则一步一步地走向整个社会领域。天态行为艺术在社会关系中相互展开，共同结成天态艺术结构，一步一步地使社会环境天态艺术化。再有，人居住与活动的社会场所，在社会关系与自然生境的天态艺术化中，也协同地走向天态艺术化，从而与天态行为艺术一起，共同覆盖完整的社会环境。天态行为艺术、社会关系领域中的天态环境艺术、人类活动场所中的天态环境艺术,与天态的纯粹艺术一起,共同组成天态艺术系统,与社会生境系统一体两面地运行。

上述自然的社会的天态艺术结构,在相生互发中,走向统合,形成完整的结构,向整个生态系统拓展,向人的完整生境延伸,终将使整个生态系统所构成的生境,走向天态艺术化,人的整体生境,也就成了天态艺术生境。

自然的社会的天态环境艺术与其他天态艺术一起成为天态艺术生境,不仅仅是一个概念的转换,而是基于生态结构和生态关系的发展,所形成的一种更为统一的天态艺术系统。人确实有围绕着自己的社会场所环境、社会关系环境和自然环境,然由于天人生态系统的构成,人与其中的一切在系统的良性循环中形成了整生关系,上述环境也就成了人的整体生境的构成部分,上述天态环境艺术及其相关的天态艺术,也就相应地成了与天态艺术人生对应的天态艺术生境。

第二节　天态艺术人生

天态艺术审美场,在天态艺术人生与天态艺术生境的相生互进中形成。没有天态艺术生境,无所谓天态艺术人生,无天态艺术人生,天态艺术生境难以完整地生成与系统地展开。只有实现天态艺术人生与天态艺术生境动态平衡的匹配和耦合并进的对生,天态艺术审美场才能一步一步地生发。

一、生发与天态艺术生存相适应的艺术素质

人要实现天态的艺术人生,除有天态艺术生境外,还要有相应的艺术审美素质。这主要包括天态审美意义上的艺术潜构、艺术欲求、

艺术发现、艺术选择、艺术创造等等的素质。天态艺术人生,是天态审美素质与天态艺术生存的统一。这两者的互生与互进,形成完整的天态艺术人生。

艺术潜构是人的艺术素质的潜在结构,是对艺术素质生发的总体设计,总体规定。它分为两种形态。一是元艺术潜构,是人的艺术素质的基因,它是通过系统发育学习获得的,是原初形态的潜在的艺术素质结构。二是不断生发的艺术潜构,它由艺术素质的运动共生的艺术潜质,融入元艺术潜构而持续生成与发展。原初艺术潜构,具有生态审美天性,能够生发天态审美性的艺术素质运动,所形成的艺术潜质,又融回自身,构建起先天与后天共成的艺术潜构。这就逐步地使艺术潜构以及整个艺术素质结构,适应天态性艺术审美需要,形成对天态艺术生存的支撑。整体的艺术素质结构,由元艺术潜构、艺术潜构以及它们生发的艺术素质构成。它是天态的,既是天态艺术人生的有机部分,又是天态艺术人生其他部分的生发机制。

艺术欲求是艺术潜构首先生发的艺术素质,是人对艺术人生的天然心理倾向。艺术欲求是外在实现形态的艺术人生的内动力。基于元艺术潜构的生态审美天性,凭借艺术素质生态审美天性的不断强化,并在整合与提升中融入艺术潜构,当代人的艺术欲求不断走向生态天性与艺术天性的统一,不断地趋向天态的境界,推动自身的审美生存不断地趋向天态艺术化,以实现天态艺术人生的整体性发展。

艺术发现的能力,是天态艺术审美重要的素质。随着生境的天态艺术化,自然与社会中的天态艺术,不断增加,普遍生成。这样的艺术,不像专门创造与构建的艺术那样,容易识别,需要具备相应的天态艺术素质的人,才能发现。不然,身入艺术的宝山而不识天然之宝,其艺术人生与艺术生境因缺乏高端对应,而难以走向天态的境地。

天态艺术审美,是欣赏与创造结合的。艺术发现、艺术选择、艺术创造是关联一体的天态性艺术审美素质。艺术选择基于艺术发现,艺术创造基于艺术选择,甚至艺术发现、艺术选择就是基础形态的艺术创造,就是跟艺术欣赏结合的基础形态的艺术创造。对天态艺术审美来说,在不少情况下,没有创造,就没有个性化的欣赏,就没有深入的欣赏,就没有系统的欣赏。发展跟欣赏结合的艺术创造力,是使那些潜能形态的天态艺术、天态艺术生境走向现实形态化的关键,是在生发天态艺术生境中实现天态艺术人生的关键。

生发与天态艺术生存相适应的艺术素质,应努力形成良性循环的天态艺术素质结构。

二、良性循环的天态艺术素质结构

这一结构,有四大良性环行的层次。从起点性的系统发育——元艺术潜构层次,走向艺术本能——艺术素养层次,再到艺术潜能——艺术能力层次,还到艺术潜质——艺术品质层次,最后回到系统发育与个体发育——艺术潜构层次的循环发展,构成艺术素质的天态结构。艺术素质是艺术生存的内在支撑,是艺术生存得以实现的保证。艺术素质的发展,与艺术生存的实现是耦合并进的,与艺术生境的生发是关联的。没有艺术生存以及艺术生境的递次实现,无法形成艺术素质的生态发展。艺术素质不断发展的部分,主要来自艺术生存乃至艺术生境递次实现后的内在积淀。艺术素质的原生态艺术潜构有着天然形成性,这构成了它天态发展的基础,构成了它和相应的艺术生存、艺术生境系统生发,共成天态艺术审美场的前提。

1. 系统发育与元艺术潜构

艺术潜构是隐态的艺术素质,是系统发育的结晶,是自然与人类艺术生态的历史积淀,天性天质天量充分。作为整体的先天构架,它包含的天态艺术本能、艺术潜能、艺术潜质,相应地生发出显态的艺术素质,并在显隐互生的对应发展中,形成动态平衡的整生化结构。

先天的艺术潜构,是基始形态的艺术素质,它发展出艺术素质整体结构耦合并进的显态部分与隐态部分,发展出艺术素质多层次显隐互动的最高成果——艺术潜质,并使这一潜质向自身回生,形成良性环行的整生结构。

元艺术潜构是人类的族群的艺术范形在个体身上打下的烙印,是个体后天艺术发展的前提性、预定性与可能性。从来源看,它是先辈艺术生存、实践与思维的积淀性成果,通过遗传的机制,赋予后来者的。从内容看,它主要是人的艺术认知、思维与行为的潜结构,艺术心理与生理发展的总设计,艺术知识与能力提升的潜框架。而这一切,都是在母腹中,随着人的整体潜能的建构而完成的。人在母腹中,浓缩地经历了自然与人类进化的全过程,成为自然与人类整体进化的结晶。正是在秉承自然与人类整体发展成果的过程中,个体形成了艺术潜构。这种天态艺术潜构,既是对父母艺术素质与相关素质的继承,也是通过父母对民族和人类的艺术素质乃至整个大自然艺术潜质的选择性承续。

艺术潜构是艺术素质的本与根,是在系统发育中形成的。系统发育——元艺术潜构是天态艺术素质整生性结构的系统起源性层次,对其后的层次起着范生的作用。系统发育正常的人,均具备初始的艺术潜构。父母艺术潜质实现好、艺术素质生发优的人,本身的系统发育又很完备与优异,其初始形态的艺术潜构当很好,其艺术素质整生性结构的基点层次:系统发育——元艺术潜构,可望达到理想境界。

艺术潜构分先天形成的初始形态和后天生发的增长形态。初始形态的艺术潜构,或曰系统发育——元艺术潜构,是隐态的艺术素质浓缩的整体,是预定形态的可能形态的艺术素质整生性结构的全体。通过主体后天的艺术学习和艺术实践,即个体发育,它所包含的艺术本能、艺术潜能、艺术潜质,依次转换与发展为显态的艺术素养、艺术才能、艺术品质。这显态生发的艺术素质系列,又依次内向积淀为隐态的艺术素质系列,即艺术本能、艺术潜能、艺术潜质。这种后天不断获得的隐态艺术素质系列与先天形成的隐态艺术素质系列,在同生共发中,构成一个持续发展的艺术素质的潜构系统。这就见出,人的艺术素质结构,是分显隐两个部分耦合发展的。隐态的部分是本是根,显态的部分是苗是花。隐态的部分决定与支撑显态的部分,显态的部分在实现隐态的部分时,内化为与推进了隐态的部分。

潜在的艺术素质既是整体艺术素质的基础层次,也是艺术素质发展的先端,更是艺术素质发展的高级层次,是艺术素质系统生成与系统生长的起点、发展点与终点。这终点同时又是更高的起点。潜在艺术素质的这种终而复始的运转,牵引显态的艺术素质同式同轨运行,决定了整体艺术素质结构的生态运动,是一种显隐互进良性环行的复式圈态运动。

从上可见,系统发育——元艺术潜构作为艺术素质整生结构的系统起源层次,是以万生一和以一生万的统一。凭借系统发育的以万生一,它潜含了艺术素质的整生性结构,潜含了这一整生性结构的其他环节,潜含了这一整生性结构各环节良性环行、整体可持续发展的格局,有了天质天量的艺术本性,有了以一生万的潜能。

2. 艺术本能与艺术素养

系统发育——元艺术潜构预设的艺术素质整生系统的第二个层次是艺术本能——艺术素养。

艺术素养作为显态的艺术素质，是艺术潜构的初步实现，或者说是艺术潜构中的艺术本能的实现。隐态的艺术本能与显态的艺术素养一起，构成了系统发育——元艺术潜构所规定的艺术素质整生性结构的第二个环节。

艺术本能是主体从事艺术活动的欲望，是主体对艺术欣赏与创造的内在趋求，是主体进行艺术欣赏与创造的内在要求与冲动以及先天的条件与可能。

先天的艺术本能经过后天的学习与实践，转化为艺术素养。艺术素养由学养、品养和体养构成。它是主体进行相应的艺术生存的现实条件与基础。

艺术方面的学养要和开展艺术活动实现天态艺术生存的需要对应。作为知识系统，艺术学养的第一个层次是通识基础。不管从事艺术欣赏还是艺术创造，主体艺术学养的基座必须是通识形态的。即主体要通晓人类创造的主要学科简要的原理、基本的知识，达到文理兼通。艺术学养的第二个层次是艺术学科基础。主体要把握支撑艺术学科的人文学科或曰文史哲学科的经典理论与前沿理论，夯实与丰厚艺术学科底座。艺术学养的第三个层次是艺术专业知识，主体要从逻辑、历史、应用三个维度系统地把握艺术理论与艺术知识。主体博而通、专而精的艺术学养结构是艺术素养的重要成分，是生发其他艺术素质的基础。

艺术体养是主体从事艺术活动的身体条件，有着一般性与具体性统一的要求。主体须有强健的体魄，这是艺术体养的一般要求。在此基础上，主体形成从事天态艺术审美活动的旺盛精力，形成与各

种天态艺术生存相适应的身体素养及体质体形特征,这是艺术体养
的具体要求。

艺术品养指的是与天态艺术生存相关的品德修养。天态艺术生
存是追求真、善、美、益、宜多种天态艺术化审美价值的生存,需要相
应地形成纯真、端正、率直、天然的天态艺术化审美品格,以形成特定
的审美生存与特定的审美品格的对应。天态艺术化审美品格的修
养,还要达到科学精神与人文精神、生态精神、艺术精神的统一,使天
态审美人生有着健全而自然的天态审美人格的支撑。

上述天态艺术化的学养、体养与品养,相互关联与促成,形成完
整的植根天性的艺术素养系统,共同支撑其他天态艺术素质的生发,
共同支撑天态艺术素质整生系统的运行,共同支撑相应的艺术活动
与艺术生存的展开,共同推进天态艺术人生的整体生发。

艺术本能与艺术素养是显隐互发,双向共生的。艺术本能实现
为艺术素养,艺术素养内化为艺术本能,达到相生共长,共同构成天
态艺术素质整生系统的第二个层次。

3. 艺术潜能与艺术能力

系统发育——元艺术潜构预设的艺术素质整生结构的第三个层
次,是互生的艺术潜能与艺术能力。它在艺术本能和艺术素养的基
础上生发。

艺术潜能是主体从事艺术活动的潜在的心理与生理机能以及心
理与生理条件,是主体从事与胜任艺术活动、实现天态艺术生存的内
在可能性。艺术潜能既是先天赋予的,也是艺术本能与艺术素养生
发的成果。也就是说,处于艺术素质整生性结构第三个层次的艺术
潜能,起码是三个方面的共生体:一是先天的艺术潜构所预设的艺术
潜能,二是艺术本能与艺术素养在对生中升华而成的艺术潜能,三是

现实的艺术能力在对生中内向转换而成的艺术潜能。这三个方面，在相生互长中，成为综合态的天然艺术潜能，与艺术能力对应发展。

艺术能力由把握艺术知识的智能、应用艺术知识的技能、支撑与展开艺术活动的体能、创造创新艺术的才能构成。它和隐态部分的艺术潜能，持续双向对生，结为耦合并进动态平衡的艺术潜能——艺术能力结构，成为艺术素质整生性结构的中坚层次，推动艺术素质的整生性结构往高端位格发展，并现实地支撑起人们的天态艺术活动和天态艺术生存，推进天态艺术人生的整体性实现。

4. 艺术潜质与艺术品质

系统发育——元艺术潜构预设的艺术素质整生性结构的最高位格，是相生互长的艺术潜质与艺术品质。它作为艺术素质整生性结构的第四个层次，在审美者的艺术潜能——艺术能力结构的基础上形成。它同样是先天预构和后天生发两相统一的成果，只不过它处在良性环行的艺术素质周期性系统集成的位格上，积淀了系统周期性整生的成果。

艺术潜质是审美者潜在的艺术本质、艺术禀性与艺术灵魂，是审美者潜在的创新创造的艺术认知结构，是他作为特定平台与境界的艺术审美者的内在规定性，是他与别的审美者形成艺术个性差异、构成艺术水平高低、产生艺术品位高下的内在依据，因而是最为重要最为根本的天态艺术素质。它处于潜在的艺术素质系列发展的最高阶段，是此前显隐二态的艺术素质系列和先天的艺术潜构共生的，天质天量充分。

艺术潜质生发为艺术品质，构成显态的艺术素质系列的最高环节。艺术品质，除了艺术伦理的一般含义外，它主要是艺术审美者天态的艺术个性、艺术风格、艺术品味、艺术境界、艺术精神、艺术理念的统一,还是审美者天性独具的艺术创新的思维模式、艺术创造的思维范式、艺术发展的思维平台的凝聚。也就是说,它是艺术欣赏者品、性、能艺术素质的天态结晶与发展,天质天量完备。

发展与提升艺术潜质——艺术品质结构,是艺术审美者实现天态艺术人生的关键。一般来说,水平和境界高的艺术欣赏者,艺术素质结构中的艺术潜质——艺术品质层次是十分优异和天性鲜明的,天质天量是相当突出的。

5. 后天的艺术潜构与先天的艺术潜构

潜在的艺术素质与显在的艺术素质相生互发的最终成果,是艺术品质内隐后构成的质优量丰的艺术潜质。基于先天预定与设计,在后天多层次的艺术素质运动中实现和发展的艺术潜构:艺术本能、艺术潜能、艺术潜质,即隐态的艺术素质系列,结合显态的艺术素质系列内隐的成果,汇入先天的艺术潜构,形成新的艺术潜构总体。这一结构总体,紧接艺术素质周期性整生运动的终点,成为发展了的艺术素质结构展开新一轮逐层提升的起点,由此形成良性循环的生态圈,构成整生性的天态艺术素质结构整体。

艺术素质运动生态圈之所以呈良性循环运转,乃在于它的每一轮运转,都能把整体运动的成果,即更新更高的创新创造的艺术潜构汇入艺术潜构总体中,发展和提升这一整生性结构的创新创造质,使得下一轮的艺术素质运动,遵循更高的创新创造的规范运转,朝着天态艺术化的方向前行,以进一步接近和实现天态艺术人生的目标。也就是说,这是一个基于艺术天性、天质与天量,生发艺术天性、天质与天量,归于艺术天性、天质与天量的超循环结构,可构成和生发天态艺术人生,以和天态艺术生境在对应中复合运行,共成天态艺术审美场。

先天的艺术潜构,预定了自身的天态展开与实现,预定了自身结构的天态良性环行,奠定了天态艺术人生的先天基础。但先天的预构,能否现实地生成,关键在于是否有相应的艺术生境。如果艺术生境是天态的,可促成隐态艺术素质的每个环节都能天态地实现,可促成天态实现的艺术素质相应内隐,使之在显隐互发中良性环生,达成天态整生。要是艺术生境不对应,预构的天态艺术素质则不能如期生发。

天态整生的艺术素质,天然地关联相应的艺术生存,达成内外艺术人生的同态运行。

三、天态艺术人生的自由生发

艺术人生,指人的艺术化生存的状态和艺术化生态审美的历程。它含人的艺术素质的发展和与此相关的艺术生存行程。人的天态艺术素质结构的整生性运行,构成内在的天态艺术人生;与此关联的天态艺术生存和天态艺术化的审美生存,构成外在的天态艺术人生;两者在耦合并进中,构成完整的天态艺术人生。

天态艺术人生是在相应的审美活动中整体实现的。具备天态艺术素质结构者,与天态艺术生境对生,形成了生态化与艺术化高端统一的天态审美活动。这样的审美活动,既直接地生成了人外在的天态艺术人生,又影响了人艺术素质结构的天态生发,相应地形成内在的天态艺术人生,可促成完整的天态艺术人生结构。

内在的天态艺术人生有自己的运行规律,不像外在的天态审美人生那样,直接在天态艺术审美活动中生成。也就是说,它是在循环发展逐圈提升的过程中,通过诸环节外显内隐的对生机制,和外在的艺术人生耦合并进,进而和天态艺术生境同式运行,以发展自己和构成整体的。

　　只有艺术素质实现生态发展性的量与创新创造性的质耦合并进的良性循环,形成自觉自然形态的内在艺术人生,进而自觉自然地生发生态化与艺术化耦合并进的审美生存,在内外艺术人生自觉自然的统一发展中,才可能形成完整的高度自由的天态艺术人生。这完整的高度自由的天态艺术人生,又使得艺术化与生态化耦合并进的天态艺术生境,更为自在自由自然地运行。

　　天态艺术人生与相应的艺术生境对生,构成了双方交互促成耦合并进的基本规律。这种对生,生发外在的天态艺术人生,进而促进内在的天态艺术人生。内在的天态艺术人生导引外在的天态艺术人生,共同实现整体天态艺术人生的生发,促进审美生境相应发展。如此回环往复,持续对生,天态艺术人生与天态艺术生境协同发展,齐趋天化境界,共成天态艺术审美场。

第三节　天态艺术审美场的生发

　　天态艺术生境与天态艺术人生,共成天态艺术审美场,是一个程序化展开的过程。它有着规定的基础,有着必走的路径,有着需要经历的环节,有着系统生成和系统生长的规律。

一、天态艺术生境与天态艺术人生对生天态艺术审美场

　　天态艺术生境和天态艺术人生的对生,形成相应的天态艺术审美活动,构成天态艺术审美场的基座。

　　天态艺术审美活动基于生态艺术活动的审美超越。由一般的审美活动,走向生态艺术活动,需在形成两个跨越后,构成整体的跨越。

一是量的跨越。一般的审美活动,独立展开,跟其他的生态活动分离,难以在自身以外的领域生发,审美量受到局限。生态审美活动的形成,使审美活动和其他生态活动结合,从而跨越了审美时空的局限。审美活动向非审美领域拓展,在量的增加的同时,也带来了质的降低,为消减这一审美负值,生态审美强化了艺术审美的基础,强化了艺术审美的规范,提升了艺术审美质,在一定程度上跨越了质与量难以同增共长的局限。在这基础上,生态审美活动,实现生态审美艺术化与艺术审美生态化的耦合并进,同步而又整体地跨越了上述两大局限,成为天态艺术活动,形成天态艺术审美场的基础层次。

天态艺术审美活动是天态艺术生境与天态艺术人生耦合并进的结果。艺术生境与艺术人生的相互生成有着渐进性,并由此带来生态艺术审美活动发展的层次性,进而显示出天态艺术审美场的渐成性。这一渐进性过程,可以划分为四个环节。一是生态艺术性审美活动,由艺术性生境与艺术性人生的相互生发构成。二是生态艺术型审美活动,由艺术态生境与艺术态人生的相互生发构成。三是生态艺术化审美活动,由艺术生境与艺术人生的相互生发构成。四是天态艺术审美活动,由天态艺术生境与天态艺术人生构成。这就说明,天态艺术审美活动,作为生态艺术审美活动的理想形态,是在艺术生境与艺术人生耦合并进的发展性对生中逐渐形成的。依靠艺术生境与艺术人生的递进性对生,才一层一层地发展出天态艺术审美活动。这说明,天态艺术审美活动,不是一蹴而就的。它须有两方面的积累与发展。一是生态发展与生态艺术的发展,要达到较高的程度,特别是两者对应耦合的发展要趋于较为完备的境界。二是审美生境与审美人生的交互推进,应循序逐层展开,一一打好基础,不应跨越应有的环节,砌空中楼阁。这是由生态审美场的发展,所遵循的生态逐级进化的普遍规律所决定的。

天态艺术审美活动是天态艺术审美场的基础层次,它与相应的审美氛围、审美范式层次对生,构成完整的天态艺术审美场。在审美场的生发中,往往是基础层次的特性,决定整体结构的特性。艺术生态审美场也不例外,因审美活动呈生态艺术性、生态艺术型、生态艺术化和天性艺术状、天态艺术状跃升,它也构成了相应的发展,即逐级形成了生态艺术性审美场、生态艺术型审美场、生态艺术审美场以及天性艺术审美场和天态艺术审美场。这也说明,艺术生境与艺术人生不同平台的对生,决定了生态艺术审美场不同层次的发展,显示了它一步一步地走向天化的根由与行程。

天态艺术审美场是一个过程性范畴,它由不同的发展形态构成系统生成的意义。它的系统生发跟艺术生境与艺术人生的持续对生互为因果。这种互为因果,是天态艺术审美场生成与发展的基本规律,也是艺术生境、艺术人生、艺术审美场共趋天态的机制。

二、纯粹艺术审美的引导

生态艺术审美场形成后,还具备了各种天态发展的机制。纯粹艺术审美活动的示范与引导是其一。生态艺术审美场在不同的生态审美领域里整体生成,在天态发展中,形成了艺术审美性的差异。为求得整体的平衡发展,纯粹艺术领域的审美,对其他生态领域的艺术审美的天化,起了引导与示范的作用。

走向天化的生态艺术审美场,由纯粹艺术领域的审美、科技领域的艺术审美、文化领域的艺术审美、实践领域的艺术审美、日常生活领域的艺术审美有机构成。纯粹艺术领域的审美规律与审美规范,依次向生态艺术审美场的其他领域拓展,提升了其他生态领域艺术审美的质量与境界,使纯粹艺术领域追求自然、趋向化工的天态审美品格,成为生态艺术审美场的整体风格。这种最高审美本质的分形,形成了生态艺术审美场的系统质。这一系统质达到了深刻性与普遍性的统一,提升了生态艺术审美场整体的天态品位。

纯粹艺术的天态审美性导引,是通过生态艺术审美场不同生态位的良性循环实现的。

生态艺术审美场,因整体疆域由上述不同领域构成,构成了不同的生态位,形成了良性循环的态势。纯粹艺术领域的审美,构成了起始形态的天态艺术审美生态位;科技领域的艺术审美,依次构成了真态艺术审美生态位;文化领域的艺术审美,按序构成了善态艺术审美生态位;实践领域的艺术审美,顺延构成了益态艺术审美生态位;日常生活领域的艺术审美,最后构成了宜态艺术审美生态位。这些艺术审美生态位循序推移,构成了良性循环的生态圈。其良性循环的结果是,每个生态位,都获得了天态艺术审美质和其他形态的艺术审美质,形成了整生化的局部,并形成了生态艺术审美场质的整生:天态艺术审美质与真、善、益、宜形态的艺术审美质的相生互化共升。这种相生互化共升,因纯粹艺术审美的导引,共成了趋求天化的整体目标,这就在整体与局部的动态平衡与螺旋提升中,形成了生态艺术审美场的和谐共进的天态发展。

三、天态是生态艺术审美场质量互进的高端目标

天态,是生态艺术审美场天性天质天量的表征,是其全面走向天化的共态与整体,是显示与标识其天化程度的质点与质眼,是生态艺术审美场从天性走向最高程度的天化的中间形态。

天态是生态艺术审美场生态发展质与量的高端形态,是艺术发

展质与量的高端形态,是这四种发展高端统合的形态。天态,于艺术来说,首先是一种最高的质态,是艺术浓后之淡、巧后之拙、绚丽而后质朴的化工境界,是艺术从自律的自由走向自然的自由的境界;其次是一种最大的量态,是艺术从独立存在的领域,走向整个生态领域和生态系统的形态;再次是艺术的质与量一体两面齐至高端的形态。天态,于生态来说,也首先是一种最高的质态,是依乎本性、实现潜能的本真形态,是合生态系统的规律与目的发展的自由自然状态;然后是一种最大的量态,是生态覆盖整个存在领域、走向整个地球空间的形态;再有是生态的质与量一体两面齐至高端的形态。天态,于生态审美场来说,是艺术的质与量和生态的质与量共同发展的大成境界,是四者多重耦合(即生态的质与量耦合、艺术的质与量耦合、生态的质与量与艺术的质与量耦合),相生互发,齐头并进,同臻高端的形态。上述六个方面的天态,形成了天态艺术审美场本质规定的各个侧面,只有它们的耦合并进,齐趋高端,才形成其完整的本质规定性。这就深刻地体现了艺术审美生态化与生态审美艺术化耦合并进的规律,即生态审美场的整生规律和生态审美场的天化规律。

上述生态质与量和艺术质与量和谐共进的天态发展,基于生态艺术审美场诸位格按序推移、循环运转的生态运动。正是在这种循环中,纯粹艺术的质与量跟真、善、益、宜的生态艺术的质与量相生互长,形成了艺术的天质与天量,构成了生态的天质与天量。这两大天质与天量统合,形成良性环进的生态艺术审美活动,促使生态艺术审美场,经由天性艺术审美场,走向天态艺术审美场,最后趋向自身的最高境界——天构艺术审美场。

生态艺术审美场的天态形成与运行,是人类审美文明的发展使然,是人类艺术审美的整生规律所致。审美文明从艺术审美肇始。

动物祖先跟生殖关联的艺术生态审美场,成为人类审美文明的前奏。跟生产劳动和巫术文化关联的生态性艺术审美场,开启了人类审美文明。其后,纯粹艺术活动、实用艺术活动、非艺术审美活动形成的审美场,发展了人类的审美文明。纯粹艺术活动是这一时期人类审美文明的核心与灵魂。进入当代,审美场继续沿着艺术审美生态化的轨道发展,进而形成生态审美艺术化,艺术审美逐步进入整个生态审美场,逐渐生成生态艺术审美场。生态化与艺术化耦合并进,使生态艺术审美场呈天态运转,实现了向远古天然的生态艺术审美场的螺旋式复归。这是一种质与量并进的超越式复归,标识了人类审美文明发展到当下的最高成就。从上可见,艺术审美像一条红线一样,贯穿了人类审美文明的整个发展历程,是人类审美文明发展形态与发展程度的表征,它与生态审美的结合与并进,所构成的生态审美场的天化特别是生态艺术审美场天化的基本规律,有着历史与逻辑统一的系统生成性。

第十二章 天构艺术审美场

　　天态艺术审美,在全球和宇宙的结构化与整生化展开,可生发天化程度最高的天构艺术审美场。这当是人类最高的生态审美理想,当是生态审美场经由艺术化走向天化的最高成果,当是生态审美的质与量耦合并进的最高境界。它为天化结构的艺术生境与相应的艺术人生所生发,并横向积淀了全球艺术化与生态化并举的审美成果,纵向结晶了人类艺术性与生态性共进的审美成就,成为审美系统整生化的最高形态,成为特称的天化审美场。

　　特称的天化审美场,是形成了天化结构的审美场。天化结构,是天性、天质、天量的整生化结构,整生化运转的立体环进的结构。它是艺术审美天化的集大成形态,是艺术审美天性化、天态化、天构化历程的终结性形态。它的完整形态,虽在未来方能生成,然当下已经东方渐白,气象初露。审美全球化、审美信息化、审美生态化、审美艺术化已成时尚与潮流,它们的整合,形成的是审美质与量和生态质与量的统合并进,指向的是天化结构的艺术审美世界。

　　艺术审美的天构化,作为艺术审美天化的高端环节,是艺术与生态共同趋向更高的天然的立体整生化境界的过程与方法,是天性天质天量的艺术与天性天质天量的生态对应地走向立体的整生化结构、形成立体的整生化运动的过程与方法。它是审美系统整生化规律的最高体现,它是艺术审美整生化规律的最高形态。它形成了整生化的艺术人生与艺术生境立体环进的天化结构,进而形成了生态艺术审美场整生运转立体环进的天化结构。理想的天构审美场,即天化审美场的最高形态,是天化结构的艺术人生与天化结构的艺术生境对生,所形成的天式运转的全球立体环进的审美场,特别是天式运转的宇宙立体环进的审美场。后者是艺术审美天化的极致,是审美场天化的极致。

　　从生态艺术审美场走向最高境界的天化结构审美场,是生态审美的发展规律使然。生态艺术、生态艺术审美、生态艺术审美场,积淀了艺术审美生态化和生态审美艺术化的成果,有着形成天性、天态、天构的背景与基础、潜能和向性。它的天化,也就是一种自主自为、自由自然地生发天性、形成天态、生成天构的过程与方法;它的天化图式,也就成了从天性、天态审美场,走向天构审美场的内在序化的程式。反过来说,天性、天态、天构审美场,也就成了生态艺术审美场递次天化的环节、程式与图式,成为一种逻辑与历史统一的必然。

第一节　艺术人生的天化结构

　　艺术人生是形成生态艺术审美场关联性条件的重要方面。从审美的量度与质度统一的角度看,它在审美个体的层次上,形成了天性,展开了天化。进而,它应持续实现审美个体性所关联的审美特殊性、类型性、普遍性的天化,即形成多层次整体的共通的艺术人生对个体的个别的艺术人生的天化,形成个体、个别的艺术人生对多层次整体的、共通的艺术人生的天态分形,形成艺术人生多重境界的天态天化的结构性整生。正是在个体性层次与共同性层次的对生中,天态艺术人生形成了整生性构建,生发了整生性运动,构成了天化结构。

一、艺术人生天化的社会结构与天人结构

艺术人生的分形,基于整生化,即生成社会结构形态的艺术人生,特别是天人结构形态的艺术人生。只有形成多层次整生结构的且天态运转的艺术人生,个体艺术人生的天化才有背景与本源。

1. 艺术人生的社会结构

多层次艺术人生结构的依序生成,构成艺术人生有机的社会化结构,显示出艺术人生的整生化状态。这是从个体的艺术人生,经由局部社会结构的艺术人生,走向整体社会结构的艺术人生,所形成的整生。这种整生,还是个体艺术人生得以完整生成的基础与条件。没有社会结构形态的艺术人生,个体的艺术人生缺乏生发的土壤,难以扎根存活;缺乏相生、竞生、共生与整生的生态环境,难以孤生独长。个体艺术人生是各层次社会结构艺术人生的细胞。也就是说,个体艺术人生,与社会结构形态的艺术人生,是互为条件的,两者在对生中并进。

家庭是最小也是最基本的社会结构。家庭各成员的艺术人生,在相生互长中,形成最基本的社会生态系统的艺术人生。它不是各家庭成员艺术人生的相加,而是有着各成员艺术人生共同生发的整体质的有机系统。这是在形与质两方面,艺术人生向社会结构维度整生的基础。家庭形态的艺术人生,生发了艺术人生的特殊质,既实现了个体性艺术人生向特殊性艺术人生的整生,还形成了它向更高平台整生的台阶。

民族是发展了的社会结构。同民族成员的艺术人生,因社会生态、文化生态、艺术生态甚或自然生态等等方面的统一性,形成了生态基础的共同性与相通相生性,形成了更高形态的社会结构化艺术

人生,构成了艺术人生的类型性系统质。这一系统质,是同民族成员艺术人生的共同性与共通性所在与所致,是同民族成员艺术人生经由特殊性的整生化,走向类型性整生化的成果,也是不同民族成员艺术人生的差异性与区别性所在,还是各民族系统艺术人生多样共生的价值所在。

世界各民族的艺术人生结构,带着各自整生化的成果,凭着全球化的机制,一体运转,形成良性循环的全球艺术人生结构,形成普遍性的艺术人生质。这种普遍质,是各民族艺术人生结构的类型质共生的,并不是某个或者某些政治、经济、军事、文化强大的民族的艺术人生质,同化其他民族的艺术人生质,从类型性扩展为普遍性所致。每一个民族的艺术人生结构,在全球艺术人生的结构中,均占据了一个不可或缺的生态位,共同形成完整的生态结构圈;均以互不雷同的类型性,形成生态的多样性,共同形成动态平衡的整生化结构。只有这样,全球艺术人生才会有质完形满的整生化结构。这就见出各民族艺术人生类型性层次的整生化,是全球艺术人生普遍性层次整生化的基础。只有各民族艺术人生的整生化程度高,形成的类型性整生质充分完备,才可能互不重复,才可能各占适得其所的生态位,在相通中相适与互补,在竞生中相生与共进,进而共同形成普遍性平台的整生化结构。

各民族的类型性艺术人生,在全球普遍性艺术人生圈中良性循环,形成了存异趋同、和异生同、长异增同的生态关系与生态运动。这是一种类型性与普遍性之间相生共长的生态关系与生态运动。在全球艺术人生的圈态运转中,各民族的艺术人生,还生发了主体间性。它是独立自主性与可兼容性、可相通性的统一。独立自主性保证了各民族艺术人生的独特性与相异性,以维持生态系统的多样性。

可兼容性与可相通性显示了各民族艺术人生形成共同体生发整体质的基础与趋向。这种存异趋同的生态关系,作为主体间性的生发模式,是合乎生态系统非线性的生发规律的。和异生同,是进一层次的主体间性的关系与模式。和异是一种生态过程,生同是一种生态趋向,整体上形成了一种通过和异来生同的生态关系与生态运动。各民族各不相同的艺术人生,在整体的生态圈中,相互尊重,平等交流,和谐交往,寻求与生发了共同性。这种和异生同的生态关系,显示了生态系统更深层次的共生规律。长异增同有着同步性,体现了更为辩证的主体间性。各民族艺术人生因其相异,而形成平等交流交往中的互补与有序竞生中的共成,长异与增同形成了互利与共赢的生态关系。长异生发了增同,增同保障了长异,从而形成了耦合并进的动态互补关系。这种互补,既使各自的类型性生长发展,强化了动态的相异性,又强化了共通共生性,增加了共同性和系统质。在上述三种生发与深化主体间性的生态关系和生态运动中,全球艺术人生的普遍性得以生成与发展,各民族艺术人生的类型性得以保持与增长,得以相生与相和。这是生态规律使然,是不以某人或某些民族与国家的审美意志所转移的。在全球化过程中,某个或某些民族,仅从自身艺术生态的狭隘利益出发,力求使本民族的艺术人生,同化其他民族的艺术人生,力求使全球艺术人生的生态圈,按照本民族的艺术人生的审美范式运转,进而使本民族艺术人生的类型性扩张为全球艺术人生的普遍性。这显然是不符合其他民族艺术人生的规律与目的,更不合全球艺术人生大系统的生态规律与生态目的。其结果是既有碍本民族艺术人生类型质的自由发展,还有碍其他民族艺术人生类型质的自由发展,更有碍全球艺术人生普遍质的自由发展。这种艺术人生领域中的生态侵入主义与生态霸权主义,应该得到反对与遏制。

2. 艺术人生的天化结构

艺术人生的生态结构,应不止于全球社会,而要拓展到天人领域,使人类的艺术生存跟自然的艺术生态贯通为一,形成天人艺术生存的整体建构,生发天人艺术生存的整体本质,使艺术人生走向最高平台的整生化,形成天化结构。天人艺术生存结构,构成了天化艺术人生结构的最高层面,构成了艺术人生的整体性本质,形成与强化了艺术人生天化结构的整生性特征。

天性,作为天态艺术人生的最高本性与整体本性,在古代的艺术人生中就以整体性的形式存在。但古代与当代两种天态艺术人生是形质相异的。一者是人通过对天的依生、模仿而天化,构成的天态艺术人生,另一者是全球艺术人生与自然的艺术生态贯通,构成天人环行周流的天态艺术化生存结构。这一艺术生存结构是天人共生与整生的,这一结构的整体本质,也是天人共生与整生的,这一结构的整体天性也是天人共生与整生的,并非仅仅是天的艺术生态对全球艺术人生的同化,并非是天的艺术生态本质,向天人环回的艺术生存结构整体本质的扩展。也就是说,它形成的不是古代的客体化艺术人生结构,而是天人整生的天态艺术生存结构。再有,古代的天态艺术人生,不是在艺术人生层层整生化的基础上生成,缺乏普遍意义和整体意义。这是因为历史没有为那时的天态艺术人生,提供在特殊性、类型性、普遍性、整体性平台上系统生成和整体中和的条件。

个体艺术人生,是个别性的艺术人生。这种个别性是一种个体形态的自然性、天性,因而是各不相同的,彼此殊异的。特殊性、类型性、普遍性艺术人生,是在天态的个体艺术人生基础上,逐步逐步地整生化而成的,也就层层隐含、聚合、升华了天性,当普遍性的艺术人生与自然的艺术生态,共成天人艺术生存结构时,也就有着以天和天的意味。凭此,天人环行的艺术生存结构,构成了整体的天性。这种整体天性,是天态艺术人生的最高本质和整体性本质。

天性、自然是艺术的本性、本质与规律所在,也是天态艺术人生的本性、本质与规律所在。天态艺术人生从个体性平台,经由特殊性、类型性、普遍性的平台,最后走向整体性平台,其天性与自然所含的艺术人生的本性、本质、规律,也相应地从个体性,逐步逐级地走向了整体性。可见,天态艺术人生逐层逐层的整生化,不仅仅是在逐步生发的社会结构的基础上,最后向天人整生的天态结构的整合与提升,更相应地形成了与个别性关联的特殊性、类型性、普遍性、整体性的艺术人生的本性、本质与规律,是一种内外皆然的形构与质构统一的天态天化的整生化。正是这种整生化,造就了各层次天形天性天质天量统合发展的艺术人生,生发了由其组成的天形天性天质天量统合运转的天化艺术人生结构。

这是一种逐级聚形的整生化,它为下一步逐级分形的整生化提供了基础。正是这两种整生化,成就了天化艺术人生立体环进的结构,进而协同地成就了天化艺术世界立体环进的结构。

二、艺术人生在分形中天化

天态艺术人生的分形,实际上是高位天态艺术人生对低位天态艺术人生的整生化。或者说,它是低层平台的天态艺术人生,接受高层平台的天态艺术人生的范生。从本质上看,它是一种由上而下的天态艺术人生的结构化与整生化历程,和前述由下而上的天态艺术人生的结构化整生化历程,形成了对生。正是这种对生,成就了艺术人生天态天化的整生化结构,成就了这一结构天态良性环行的整生化运动,并因这种运动,提升了其形、性、量、质、构的总体性天化。

1. 分形造就天态范生

艺术人生的分形,形成天态范生,使普遍性层次的天态艺术人生,在按照自身的轨道遵循自身的规律与目的运行时,不脱离整体性层次的规范,从而具有了整体规律与目的的依据,分有了或曰潜含了整体结构的天态天化的质、性、形,成为整体性天化的全球艺术人生。也就是讲,全球艺术人生结构的天态运行,成了天人艺术生存结构整体运行的有机部分。在这种整体化的运行中,它所遵循的普遍性规律与目的,是符合整体性规律与目的的,或者说,是整体性规律与目的的具体化。这就是分形的真谛所在。凭借这种内在的分形,更准确地说,应该是分构、分质、分性,普遍性层次的天态艺术人生,接受了最高层次的天化,形成了最高端的天性天形天质,有了更高更多更大的天态艺术人生自由。

艺术人生的分形,使类型性层次的天态艺术人生的运行,既合乎自身的规律与目的,还合乎普遍性、整体性的规律与目的;使特殊性层次天态艺术人生的自由运行,有了类型性、普遍性、整体性规律与目的的依次支撑;使个别性层次天态艺术人生的轨迹,虽然是秉性而生,顺天而成,但不逾特殊性、类型性、普遍性、整体性规律与目的之矩,实现了个体艺术人生之天,为多层次艺术人生的整体之天所范生,达成了个性之天合多层次整体之天。这就使得低层次的天态艺术人生,依次获得了高层次天态艺术人生的自由,依次潜含了高层次艺术人生天态天化的境界与结构。

在天态艺术人生的分形中,个体艺术人生接受的天化最多,得益也最为巨大。它分有了特殊性、类型性、普遍性、整体性天化艺术人生的质、性、构,成为多质多层次的整生者,具备了多质多层次的艺术人生的潜能,构成了多质多层次的天化,生成了多质多层次的天性天形天量天质天构,成为一个多质多层次整生的天化结构。

2. 分形强化根性

凭借分形,个体艺术人生,规范、拓展、提升了自身的天性,强化了自身的根性,凸现了自身的通性,分有了各层次整体的天性。凡此种种,共生了个体艺术人生天性天形天量天质天构的超越性。

个体艺术人生那自由自然的天性,由先天系统发育形态的艺术人生和个体后天的艺术人生实践所共生。个体后天的艺术人生,是在天人整体的艺术生存圈和全球的、民族的、家庭的艺术人生圈中展开的。也就是说,个体艺术人生先天的遗传和后天的实践,都受到了整体的、普遍的、类型的、特殊的艺术人生规律的规范,其率真天然的本质与本性,隐含着最高形态的、系统形态的艺术自觉和艺术自律,获得了系列形态的自由自然的天性天形天量天质和天构。

个体艺术人生的根性,虽是在民族的艺术人生圈的运行中形成的,但同样是先天和后天共生的。在系统发育学习中,民族的生理、心理、文化的信息,对个体的身心塑造尤为突出与重要。就个体的天态艺术人生来说,民族的艺术人生对它的先天陶塑极为深刻。或者说,它的艺术人生的天性、天质、天构之根,已经先天地植入了民族艺术人生的土壤。其后天的艺术人生的实现与实践,也主要是在民族生存圈、民族文化圈、民族艺术人生圈中进行的。其家庭的艺术人生圈,也是民族化了的,是民族的艺术人生圈通过家庭艺术人生圈,对个体艺术人生圈的具体范化。在上位艺术人生对下位艺术人生的陶冶塑造与影响中,家庭的、民族的艺术人生圈,对个体艺术人生是一种根性的化育,而其他上位艺术人生主要是一种特性的规范,其作用与功能是不同的。个体的艺术人生,有了民族的根性,也就形成了定力与消化力。当他进入其他上位的艺术人生圈,以及其他民族的艺术人生圈,也就底气十足,定力沛然,在相互交流中不失本色,在相互影响中,不迷本性;在相互吸收中,更新与发展了本性与根性。正是凭着个体艺术人生坚定而扎实的民族根性,民族艺术人生圈有着很强的动态平衡与良性循环的能力,在进入全球艺术人生圈运转时,形成了稳定性、独特性、发展性很强的生态位。这也确证了个体艺术人生民族根性的价值与功能。

凭借民族根性,个体艺术人生形成了稳定发展、多样统一的天性天形天量天质天构。

3. 通性生发和谐天性

个体天态艺术人生的通性,多样地体现在与其他艺术人生的生态关系中。通性是间性的一面,与独性相对。系统不论大小,都有间性,都有间性生发的独性与通性。独性是系统独立存在自主发展的特性,通性是系统相互关联的特性。个体天态艺术人生的独性,即凝聚了它那独特本质规定的天性,是个体艺术人生独立存在的表征,是与别的个体艺术人生形成区别的依据。个体艺术人生的通性,因外向型生态关系的不同,而呈现出不同的特征。在家庭与民族艺术人生结构中,他那自由挥洒的天性与其他成员艺术人生同样自由挥洒的天性,高度契合与亲和,其通性形成了天性与天性、天性与根性相生共长的和谐生态。在全球艺术人生圈中,个体艺术人生与其他民族个体及整体的艺术人生,形成了相生、竞生与整生的外向型生态关系。相生,是和谐的通性。竞生,是相生相克的生态平衡的通性,是相竞相胜、相争相赢、相斗相进的动态平衡的通性。整生,是良性循环螺旋提升的通性。这诸多通性,既形成了全球天态艺术人生大系统各种各样的生态和谐,又使得个体天态艺术人生在物体、能量、信息的全方位交换中,发展与更新了天性,丰盈和提升了天性,强化了天性与外界的动态适应性,耦合并进性,深化了天性与通性的辩证统一性,实现了自身天性天形天量天质天构的和谐发展,促进了多层次艺术人生结构天性天形天量天质天构的和谐统一。

三、艺术人生在对生中形成立体环进的天化结构

个体艺术人生的个别形态的天形天性天量天质,与天人艺术生存系统整体形态的天形天性天量天质,在对应中形成了对生。这种天态艺术人生或曰天态艺术生存的最低位格,经由高层位格,与最高位格的同性对生,良性环行,具有多方面的意义。一是最低生态位的显态的本质规定,在保持天性与根性中,得到了多质多层次的提升,并潜在地获得了最高生态位和其他生态位相通相和的本质规定,形成了显隐互生一体多位的本质系统,成为一个张力与聚力同步生发的弹性系统,成为一个整生化的天形天性天量天质的系统结构。这就实现了对自身生态位的超越,成为各种同位与上位天化艺术人生的结晶与表征。二是最高生态位的本质规定,是各下位天态艺术人生结构,逐级逐位整生的,是真正意义上的以万生一,是逐级逐位的天化形成的最高天化。这就构成了最高和最广的规范力,能使各位格的艺术人生在关联中,形成层次分明秩序整然的大系统结构,进而使天化审美场的生发有了主导性条件和调控性机制,使艺术审美世界的天态整生和天化运转成为可能。三是其他高位艺术人生结构各自的系统质,均在双向对生中走向了天态天化,进入了最佳境界。它们在自身本质规定的整合与提升中,潜含了其他位格天态艺术人生的本质规定,均成为整生化的天性天形天量天质艺术人生结构。四是各位格的天态艺术人生,在对生形成的良性循环中,立体递进,形

成持续螺旋提升的天化,构成天态运转的系统。这就实现了整个艺术人生系统的结构性天化,或者说,形成了艺术人生整生性形成和整生性运转的天化结构,可和相应的艺术生境,对生出天化结构的生态艺术审美场。

第二节　艺术生境的天化结构

艺术生境是审美生境的提升,有着天化的向性。在生态审美场的天化中,它实现天态生发,由潜能成为现实,进而在结构的整生中和系统的整生化运动中,形成多层次的天化和整体的天化。

艺术生境的天化和艺术人生的天化是关联并进的。两者在相互生成中相互制约,彼此互为天态构成、发展、提升的条件,彼此影响、调节与呼应着对方的天构化进程,耦合共生天化结构的生态艺术审美场。

一、艺术生境在良性环生中形成天化结构

天态艺术生境,通过自上而下的和谐范生,自下而上的和谐共生,形成良性环生,最后达到和合整生的天化结构境界。

1. 自上而下的天态范生

艺术生境完备生成的直观意义,是整个社会生境与自然生境走向天态艺术化之后,实现贯通流转,形成整个生态系统的天态艺术化运行。这是双向展开的结构性整生,即天态艺术化的社会生境向天态艺术化的自然生境生成,天态艺术化的自然生境向天态艺术化的社会生境生成。这产生了两方面的天化效应。一是两种天态艺术化生境,共生了天人艺术生境系统,形成了整生的天化本质。这是艺术

生境最高质的整生。它作为人类与生境潜能的对生性自然实现,是天人贯通的生态系统真善美益宜的天态艺术化整生,有着最高的自然的自由,从而和艺术人生的天化结构相对应。

另一种天化效应,是在范化中形成的。在上述对生中生发的整体天化的艺术生境及其系统质,自上而下地范生了社会艺术生境和自然艺术生境,提升了它们的普遍性层次的本质规定,使之获得了系统整体性的本质与特性。也就是说,这两种基本的艺术生境,在整体艺术生境的一气运行中,进一步相互贯通与相互生成,强化了整体性。它们在原有本质的升华中,既兼有了对方的本质,又获得了整体的天化质,形成了显隐关联运行的本质系统。在质的互含共升中,不仅两种普遍性层次的艺术生境进一步亲和,而且与共生的整体天化的艺术生境进一步亲和,强化了整生结构的天化性。

整体天化的艺术生境通过对下位艺术生境的逐级范生,使各同位的艺术生境形成相生质,获得上位质。范生下位质,导致各艺术生境与上下左右的艺术生境形成了亲和的生态关系,构成了网状的整生性和谐,达成了通体天化,整个艺术生境趋向天化与自然。

2. 自下而上的和谐共生

天态艺术生境自上而下的质态整生,形成了纲举目张的天化,为艺术生境自下而上的天态生长,提供了基本的框架,可构成良性环进的整生化结构。艺术生境自下而上的天态生长,以从小到大的形式实现。在艺术生境的发展中,它的位格变化是与系统的规模拓展关联的。也就是说,低位格的艺术生境,往往是规模扩大到一定程度,在各因素的共生中,形成了整体新质,才会一跃而为高一位格的艺术生境,升华出更高位格的天化,直至整体结构和整生结构更大量态和更高质态的天化。

　　天态艺术生境在具体的时空中展开,形成了一定的边界,构成了一定的形态和一定的本质规定性。其形态,是由各部分在生态联系中有机生成的。其本质,也由各部分的关系所共生。往往是艺术生境的组成部分越丰富多元,就越能生成高位格的系统本质,其组成部分越能形成非线性的有序的关系,就越能形成深刻而整一的系统本质。当艺术生境扩大,与相邻时空的艺术生境关联,在系统组合中,形成了更大的艺术生境。这更大的艺术生境,其形态与本质都不是原艺术生境的延伸与扩展,而是由新的结构关系所生发的新形与新质。一个系统,如有新元素的加入,改变了结构比例和结构关系,就会形成新的结构形态与整体本质。艺术生境扩展,构成更大的系统,内部关系更复杂,元素质更多样,非线性有序的程度更高,整生性看长,结构的天化性递增。艺术生境临界处的外向性关联,是全方位的。这就使得艺术生境像滚雪球一样,层层扩大。当艺术生境扩大到一定的时空边界,其形域和质域均达特定位格的临界点,也就自然而然地进入上一位格艺术生境的形域与质域。这种从小到大、自下而上的系统生长,逐级提升了艺术生境的天化结构与天化本质,提升了艺术生境天式运转的整生性。

　　天态艺术生境从小到大地持续拓展,逐级地进入和跨越上位艺术生境的形域与质域,持续地生成更大系统更高位格的艺术生境的形态与本质,最后抵达整体艺术生境的形域与质域,完整地形成与更新整体艺术生境的形态与本质,完成一个周期的自下而上结构性的天态生长与天化运行,显示了艺术生境结构的天化规律。

　　3. 艺术生境结构超循环立体天化

　　天态艺术生境由上而下的范生与由下而上的共生,构成了高位天态艺术生境与低位天态艺术生境的对生,并由这种对生,形成良性环生。正是这种良性环生，构成了天态艺术生境生生不息的整生性，促成了艺术生境天化结构的超循环立体运行。

天态艺术生境由上而下的范生与由下而上的共生，是质的生发与创新的过程。这有内外两方面的机制。一是外界的变化，引起相应的天态艺术生境的变动。这种变动，打破了原有的和谐格局，成为系统走向新的平衡的起点。这种内外联动，构成天态艺术生境新的和谐。《周易》说："乾道变化，各正性命。保和太和，乃利贞。首出庶物，万国咸宁。"① 张立文教授解释说："天道变化，原有的人的关系和地位都发生了变革与冲突，这就需要各自端正其符合现实的性命，各正其位，各得其所。这样才能'保和太和'，只有保和太和，万物才能生长，万国才能安宁。"② 传统的保和太和强调人主动适应自然与社会环境的变迁，和其构成新的平衡，实现生态审美效应，有着深刻的动态和谐的意味。春江水暖鸭先知，某一位格的天态艺术生境最早与时俱进，形成了新的和谐形构与质构。这种局部审美发展的效应，凭借高位和低位天态艺术生境的对生，进入天态艺术生境的良性环行圈，促进了整体结构的螺旋提升。天态艺术生境结构自身的生态关系，也是整体良性环行的机制。各位格天态艺术生境的和谐，由各种生态关系生成。其中，竞生构成了最具活力的发展性和谐。在整体和谐框架内的竞生，是规范的有序的竞生，是互赢互进的竞生，是将互赢互进融入整体动态平衡和持续发展的竞生。正是这样的竞生，促进了各位格天态艺术生境审美本质的升华，进而在循环运行中，将各局部的发展力，汇聚成整体的发展力，达成良性环进。

---

① 《周易·乾·彖》。

② 王心竹：《中国人从"和"而来——访中国人民大学张立文教授》，《光明日报》2006年2月21日第5版。

凭借整生结构良性环进的运动,各位格的天态艺术生境形成了和合之势。在和合中,个别性、特殊性、类型性、普遍性、整体性的天态艺术信息流,五位一体,成整生之态,立体良性环行于整体结构中,艺术生境更趋天化。天态艺术生境内在本质的立体环生,与外在形态的周行不息,构成了更为完备的四维时空环进的超循环天态整生与天化运行。

与整体艺术生境四维时空环进的天化运行一致,各位格艺术生境的质态,也是天态天化的个别性、特殊性、类型性、普遍性、整体性的艺术信息流的和合。它们以局部动态和谐的整生化,组成和促进整体四维时空的超循环运行,使生态艺术审美新境,不断地走向广博深邃丰实,形成系统可持续创新的品格,显示出动态整生立体天化的态势。这就与上述艺术人生天化结构的整生性运行构成了对应,有可能在同式运行中,生发天构艺术审美场。

二、天态生存价值与天态艺术价值的立体并进

天态天化的艺术生境的良性环行,还在于其生存价值与艺术价值的立体并进。这种立体并进,构成了天态艺术生境更为多元整生的良性环行,生发了更为丰盈的天化结构。

1. 生存价值与生存审美价值的并生与整合

在天化艺术生境中,生境是前提。它在生发真善益宜艺的天态生存价值的同时,——生发了天态艺术价值:真状艺术的科学审美价值,善状艺术的伦理审美价值,益状艺术的实践审美价值,宜状艺术的生存审美价值,纯粹艺术的审美超越价值,构成了天态的艺术价值系统。也就是说,艺术生境凭借真善益宜艺的天态生存价值与天态艺术化生存的审美价值的同生并发,成了天化的艺术生境。天态天

化的艺术生境中的真善益宜艺,有着一体两面性。一面是承载生命和养育生命的天态生存价值,另一面是承载快悦生命和美化自由生命的天态艺术化生存的审美价值。它们价值的高低,都基于真善益宜艺的天态天化的品位,双方有着同源共本性。两种价值在同生并长中,走向相生共长。在彼此促进中,它们走向整生,形成统一的天化结构的生态审美价值系统。

天化结构的艺术生境的生态审美价值,和一般的审美价值相比,整生性明显。一者价值单纯,价值生发的时空有着特定性,或曰局限性,另一者价值多元且整合为一,价值生发的时空延续,没有局限性。它和别的生态审美价值相比,虽然都是生存价值与生存审美价值的统一,但在价值的整生上高出后者,在价值结构的天态天化上占有优势。

2. 生存价值与生存审美价值的整生与统合

基于同源共本,生境的生存价值与审美价值是对应发展的,生境的生态性是跟生存价值和审美价值匹配的。生境的生态性表现为真善益宜艺的天态天化的程度与特征,特别是上述五者统一的天态天化的程度与特征。普通的生境,生态性一般,生存价值与生存审美价值也较为平常。审美生境,生态性好,生存价值与生存审美价值相应突出。艺术生境特别是天态天化的艺术生境,生态性优异,生存价值与生存审美价值很高。这就见出,生境的生态性,从一个方面决定了生存价值与生存审美价值的高低与优劣。尤为重要的是,这一规律说明了:天态天化的艺术生境,在生存价值、生存审美价值特别是在两者统一所形成的生态审美价值方面,均逐一超过了普通生境和一般的审美生境及艺术生境,具备了更高程度的整生性。

天化结构的艺术生境,生态审美价值整生性的突出,还在于它多元的生存价值与生存审美价值,均形成了整生性,进而实现了天态天化的结构性统合。多元的生存价值有着依次生发性:生态真是基础性生态价值,生态善基于生态真而生发,生态益以生态真和生态善为前提形成,生态宜则以上述生态价值的依次生发为综合条件而生成,生态艺术进而以前述四者为整体的生成机制。这种依次生发与包含的关系,呈顺逆双向展开,构成对生,进而形成了天态天化的生存价值逐位良性环行的整生系统。在良性环行的生态价值系统中,每种生存价值既强化了自身的价值,又兼有了其他生存价值,成了整生化的局部,有了整生性的天态天化的结构性生存价值效益。

与此相应,诸种天态天化的生存审美价值,也形成了良性环行的价位圈。天性天质的真态艺术美、善态艺术美、益态艺术美、宜态艺术美、纯粹艺术美,依次生发,并在回环往复中走向天化,与天态天化的生存价值圈同轨并行,立体统合,形成整生度更高的天态天化的生态审美价值结构圈。这一价值圈参与各位格艺术生境的良性大循环,使后者的结构性整生与天化更为丰实,以更好地满足天化结构的艺术人生的相应要求。在这种要求的满足中,天化结构的艺术人生与艺术生境更为匹配与同构,从而自然而然地生发出天构艺术审美场。

第三节　良性环进的天构艺术审美场

艺术人生与艺术生境同步的结构性天化与整生性运行,水到渠成地实现了生态艺术审美场的结构性天化。天构艺术审美场,作为审美场逻辑与历史发展的理想阶段,其本身也有一个不断拓展与提升的过程,也有一个从较为完备的局部形态开始,逐步走向较为完备的整体系统的过程。当然,局部的较为完备的生发,也须有整体的基本趋势作背景。

天构艺术审美场,是生态艺术审美场系统生长的高级形态,包含的是生态艺术审美场的整生规律。

一、良性环进的天构艺术审美场的形成

天化结构的艺术人生,与天化结构的艺术生境是互为条件,相互生成的。它们进而合流并进,蔚然而成天化结构的生态艺术审美场。这是从系统整体生发的角度而言的。当整体系统初步形成后,天化结构和天化运行的艺术生境对于个体天化的艺术人生便有了载体的、前提的意义。当然,个体天化的艺术人生,也有一个与它具体的艺术生境相生互发的过程。只不过,它那具体的天化的艺术生境,是为整体天化的艺术生境所包含与生发的,未脱离先在的整体天化的艺术生境的框架。

生态艺术审美场初步天化的整体形态和个别形态,都是天人整生圈结构。前者是整体性位格上的全显态,后者是显态的个别性天人整生圈结构,隐含着潜联着特殊性、类型性、普遍性、整体性的天人整生圈结构,是有限的显态与无限的隐态的统一。具体说来,个体天化的艺术人生,进入天化的艺术生境,其个体天性天质与整体天性天质统一的艺术素质流,与具体和整体统一而达整生化的艺术生境本质流及生态审美价值流合一,形成天化的生态艺术审美活动,构成了具体形态的初步天化的生态艺术审美场。在这样的审美场里,天化的艺术人生与天化的艺术生境,实现了以少总多的合一,促进了真态、善态、益态、宜态、纯态艺术审美活动的天态整生化。这种审美活动因生发它的天化艺术人生与天化艺术生境的整生性,进而与各上

位审美场中相应的审美活动关联,并——潜含了它们的本质,提高了天化的程度,进而提高了具体形态的生态艺术审美场的天化程度。

不同位格的天化艺术人生与相应的艺术生境合璧与合流,——形成个别性、特殊性、类型性、普遍性、整体性位格的初步天化的生态艺术审美场。它们在双向对生中,形成天态良性环行的系统结构。这一系统结构,是最大天化和最高天化的整生化生态艺术审美场。正因为这样,任何位格的天构艺术审美场,都是天态天化的个别性、特殊性、类型性、普遍性、整体性、整生性本质显隐结合的统一,都是多重天化的结晶。正因为这样,任何位格生态艺术审美场天化程度的发展与提升,都会促进其他位格和整生系统生态艺术审美场的天化。

良性环进的天构艺术审美场,还有一个更为宏观的结构性生成模式:天态良性环行的艺术人生系统与天态良性环行的艺术生境系统的重合。在艺术人生的整生性天化中,形成了低位与高位艺术人生的天态对生,即整体性天态艺术人生,依次范生普遍性、类型性、特殊性、个别性艺术人生,个别性天态艺术人生,递进地共生特殊性、类型性、普遍性、整体性艺术人生,构成了五大位格的艺术人生良性环行的总体天化结构。这五大位格艺术人生的天态良性环行,与五大位格的艺术生境的天态良性环行复合并行,生发了天态良性环行其间的生态艺术审美活动。正是这三者复合的逐位推进的天态良性环行,构成了总体整生的全球甚或宇宙形态的天构艺术审美场。这是审美场发展的理想形态:从系统形态来看,它层次全,规模大,联系紧密,结构严谨;从系统质态来看,它的天态艺术审美质流布全局,并在个体天化与整体天化的统一中,趋向超越人类生态局限的自然性自由的天化艺术佳境。也就是说,它实现了最广最高最优的生态性与最高最广最优的生态艺术性的统一。它,构成了审美场特别是生态审美场整生化与天化统合运动的终结,成了生态艺术哲学的逻辑终点。

诗意的栖居、美感的生存,确实是极富创意的思想。但如果将其放在良性环进的天构艺术审美场的系统中来观照,我觉得它不是仅凭生存艺术化和生存审美化就能达到的境界。如果脱离天态良性环行的生态艺术审美场,诗意的栖居、美感的生存将缺乏整体的依托,将难以达成或者理想地达成。这种依托,不仅是审美的,还是生态的,更是生态审美的。孤生的诗意性栖居和美感化存在,是难以持久的,难以完备的。个体诗意的栖居、美感的生存,如果不一一植根于特殊性、类型性、普遍性、整体性、整生性统合运行的天化结构的生态艺术审美场,特别是不植根于良性环进的总体整生的天构艺术审美场,将会叶焦枝枯。这就说明,个体天化结构的生态艺术审美场,必须进入各上位天化结构的生态艺术审美场特别是总体整生的天化结构的生态艺术审美场,参与天态良性环生的运行,才会有良好的生态。与此相应,整生的特别是总体整生的生态艺术审美场天态天化的完善与发展,也要依靠各位格天态天化的生态艺术审美场的优化。

二、良性环进的天构艺术审美场的建设

良性环进的天构艺术审美场,是一个美丽的构想,需要脚踏实地的建设,方能逐渐实现。

任何审美场都是以生态系统作底座的。良性环进的天构艺术审美场系统更是如此。可以说,它与天人生态系统同一,成一体两面,呈一轨运行的。作为天人生态系统的一面,处在整体的下部,生发、承载、支撑与维系着天态良性环行的生态艺术审美场系统。这样,生

态系统的增魅、生韵与竞秀,强化生态与艺术并进的结构性整生性天化,既直接参与和生发了生态艺术审美场的天化,更构成了良性环进的天构艺术审美场的生态基础与审美基础,显得尤为关键。

1. 自然增魅

自然生态的增魅,是在自然失魅与复魅的前提与基础上提出的。自然原本极富生态价值与审美魅力,由于人为的因素,它的生态多样性遭到了破坏,生态有序性被打乱,生态平衡性被打破,生态完整性被损害,生态环境恶化,生态承载力减弱,生态养育力降低,在非生态和反生态的生发中,走向了非和谐、反和谐的非审美与反审美状态,即失魅状态。这就见出,自然的失魅,是因生态性的缺失导致的审美性缺失,是生态性与审美性的双重缺失。自然的生态性与审美性是结合在一起的,通过生态治理和生态恢复,使自然重新回到生态和谐特别是非线性中和的境界,达到生态价值与审美魅力的同生共长,这就是自然的复魅。很显然,自然的复魅,有利天态良性环行的生态艺术审美场系统的生态基础和审美基础趋向健全。我们认为,在实施自然复魅的生态工程时,提出生态增魅的要求与目标,有利于天态良性循环的生态艺术审美场系统的生发。具体说来,就是在自然复魅时,使其进一步走向生态艺术化,特别是整生性的天态艺术化。在自然复魅中,既遵循整体的生态规律与目的也遵循生态艺术特别是天态艺术的规律与目的,更遵循审美系统整生化与天化的规律与目的,从而使自然的生态审美价值趋向更系统更完整的天态艺术价值境界,形成更高的天态艺术的审美魅力和审美意味,以适应良性环进的天构艺术审美场系统发生的需要。

自然的复魅与增魅,还应拓展到社会生态领域,使社会生态自然化,天态艺术化,从而形成整个生态系统的复魅与增魅,使其生发与托载的良性环进的天构艺术审美场达成系统运行。

自然复魅中的增魅,会产生递增效应。天人生态系统是全球循环的,任何一个部分的生态复魅与增魅,其效应都会进入生态审美场的总体系统,参与天态良性循环,从而扩展到各位格的生态艺术审美场,使其增魅,促其天化,进而使总体整生的生态艺术审美场系统增魅与天化。

2. 社会生韵

韵,是艺术的本性、个性、天性,是艺术走向天态后形成的风致风神,是艺术生境天态结构化、整生化的气象与风貌。天韵,成了天态艺术的表征,成了艺术生境天化的情状。社会生韵指的是社会生态艺术审美场要结构性、整生性地保持与发展本性化、天性化、个性化,以提升其一气流转的审美风韵。其生韵的途径有:强化地方个性,延续历史天性,形成生态间性等等,并以此促进社会艺术生境的结构性整生性天化。社会生态艺术主要由城市生态艺术和乡村生态艺术构成,其艺术天韵的生发,也主要从这两者身上体现出来。

强化地方个性。社会生态艺术切忌千篇一律,形成与强化地方个性,是增强社会生态艺术独创性的途径。城市生态艺术、乡村生态艺术在与自然环境、文化传统、民族精神的统一中,形成地方个性,提升独特的审美天性,以形成审美神韵,可构成社会生态艺术的多样性,以增加总体的天态艺术审美场的生机活力。目前的乡村艺术生态正在模仿城市,失去了跟独特自然环境、独特文化传承、独特民族根性的和谐统一,逐步地失去了鲜活而独特的艺术天性与天韵。云南大学的尹绍亭教授主持的民族文化生态村建设项目,强调民族"文化生态村必须是现实存在的活文化与孕育产生此文化的生态环境的结合体",① 强调民族文化的生态根性与自然的生态特性与传统艺术的审美天性三位一体的发展性统一,可望为乡村艺术生态的复韵与生韵提供有效的途径。目前的一些城市艺术生态,则在竞相超高、超大、超豪华的攀比追赶中,切断了跟当地自然、文化、民族生态的联系,失去了地方个性,违背了生态艺术精神,脱离了生态艺术的天化轨道。城市生态艺术走出浅薄,走出移植,走出标准化,生发天性,增加地方个性,走向创新,方可形成独特的生态位,方可在整生性生态联系和生态审美联系中,促进整体生态艺术审美场的结构性天化,达成天态良性循环。否则,城市将成为生态艺术审美场天性循环的梗阻,生态艺术审美场的结构性天化与整生化运行将成为空话。

延续历史天性。乡村生态艺术也好,城市生态艺术也好,都是历史的结晶,包含着历史的生态性,延续着历史的天性,并凭此增长着艺术的天态韵味。乡村的古朴,显示出历史天性的厚重老拙自然之美。城市保持各历史时代的典型风貌,记录着历史的年龄,延展着历史的生态,是社会生态艺术的自然化,天性化,生态谱系化,天态结构化,整生运转化。这就强化了城市生态艺术的本性,使其与时俱进地生长着源远流长根深叶茂的艺术个性,达成结构性的天态整生。一些世界名城的建设,随着历史的延续,自里而外,层层扩展,像树的年龄一样,记录了城市艺术的历史生态,显示了各时代城市艺术的历史天性,实现了城市艺术历史生态与历史天性两相统一的持续发展。这就形成了城市生态艺术绵长淳厚独特天放的自然化审美意味,有了天化结构的整生性。长期以来,也有一些地方,对城市的改造,忽

---

① 尹绍亭主编:《民族文化生态村云南试点报告》,云南民族出版社2002年版,第22页。

视了历史生态的延续性,斩断了现实的城市生态艺术的历史根性,斩断了它跟各时代城市生态艺术的一脉相承性,从而失去了历史生成与历史生长的个性与天性,失去了天化的结构性,失去了天化结构的整生性。这样的城市生态艺术,不再是历史生成的,不再是历史天性的当代发展。这种生态悲剧应该不再上演,乡村与城市独特而深远的自然古韵应该连接与养育代代新的艺术天韵,形成与延续社会生态艺术历史天性的谱系,显示出审美风神的雅正与天然,以合乎生态艺术审美场结构性与整生性的天化规范。

形成生态间性。社会生态艺术形成生态间性,是增加其生态与艺术的活性与多样性的途径,是打破单调性与人为性,显现与增加独特性与天然性、天化性,强化社会生态艺术风神意韵的方式。城市与乡村的生态艺术,不同的区域和村落形成不同的生态个性与艺术个性,且相互之间,不再紧密相接,而是杂以田园、山林、园林,形成天人相关、天人相通的格局,以形成各位格不可重复、不可替代、不可移位的整生性天化结构。这就在社会生态与自然生态的天态艺术化匹配中,在公共生态效益的提升中,在不同生态艺术个性与天性的对照与映衬中,增长了社会生态天化结构的艺术之韵。像山水文化名城桂林,与灵川、临桂本有适度的田园与山水的生态间性,形成了生态艺术个性的多样性,合乎天化的整生性结构布局。然近十余年,这座山水画般的城市失控性扩张,严重地破坏了这种生态间性。三座城市正在连成一片,生态艺术的多样性与天然性特别是天化的整生的结构性在消减。这种情形,十几年前我就发出了预警。在 1989 年出版的《簪山带水美相依》一书中,我论述桂林的田园美时,篇名就是"借来千峰翠,还它一望春"。文章强调了桂林田园与桂林山水相互间隔、相互映衬、相互借助的审美功能,应该保护。并明确指出:"城市规模的扩大,建筑业的兴盛,使桂林的田园美受到了威胁与损害。保护桂林的田园美已经刻不容缓了!""保护桂林田园美的根本途径是控制城市规模和城市发展方位,不使它向田园发展,特别是不使它向美值较高的主要田园区发展。"① 现在回到桂林,伫立峰顶,北望南顾,昔日书中空灵的田园与山水,成了林立的楼房,昔日的大声疾呼,低落为自言自语,不由得心酸而眼涩。令人欣慰的是,生态城市的意识正在形成,目前一些大城市的规模,不再无限滚雪球般的扩张,而是采用路网连接卫星城和卫星区的方式,构成丰富多彩的生态间隔性,将可使社会生态艺术走向天态结构化与整生化,而韵味盎然。

　　强化艺术灵性。社会生态艺术的灵性,是生态活性与艺术天性统一所显示出来的天态艺术魅力。它是生态审美场的结构性天化,不可或缺的因素。一般来说,社会生态艺术,越是达到真、善、美、益、宜的本性本然的、自在自由的、出神入化的统一,就越能生发艺术的灵性,就越能进入气韵生动的天态艺术审美境界。生态活性源自天性,顺其畅其天性则活,违其遏其天性则死。艺术生机基于生态规律与审美规律的支撑,基于主客体潜能对生特别是人与生境潜能整生的自然精湛性与独创原创性。像广西兴安的古灵渠,历经两千余年,愈显生机与灵性,别具社会生态艺术的天态天化的特征。究其原因,在于自然生态的本真性与艺术创造出神入化的精灵精巧性的浑然统一。从兴安县城沿灵渠而上,至分水潭,便见"人字坝"躺在清流中。它北面的堤坝长 380 米,南面的堤坝长 124 米。两者呈"人"字相交,相交处伸出长约 73 米的铧嘴,将河水分流,使之三分顺南渠进漓江,七分顺北渠进湘江故道。灵渠在真、善、美、益、宜的天态统一中,流

---

① 袁鼎生:《簪山带水美相依》,第 98 页。

不尽艺术的灵气。坝呈人字,显示出平衡、协调、稳定的审美形式。同时,它还是真的形式。人字坝,与水斜线相交,在分水、拦水时,形成对水流的牵引性与导引性,减少了坝对水的阻力和水对坝的冲力,合乎治水的规律,有着天化的意味。人字坝因真而生善生益和生宜,在坝与水的自然协同中和天态匹配中,显示了天人和谐的生态伦理之善,生成了分水通航之益,生成了水、坝、人身安性适之宜。凡此种种,都基于物与人天性与潜能的自由与自然的统一,基于天与人的灵性精巧精妙精当精湛精简的本然合一。真可谓大美出自天然,生态艺术的灵性源于天人潜能在真善美益宜方面的本然对生,天然化合,源于结构的天化,源于天化结构的整生性运行。可以说,生态艺术、生态艺术审美场的灵性,与其结构的天化和整生性运行,是相生互长的。强化生态艺术和天态艺术的灵性,实现它们在整生结构中的环走周流,是生发良性环进的天构艺术审美场的机制。

3. 田园竞秀

田园生态是自然生态和社会生态的中介形态和过渡形态,更是它们的综合形态。也就是说,田园生态是自然生态和社会生态共生的。凭借田园生态等等的中介,自然生态、社会生态走向整一,形成生态系统的整生化。生态系统的整生化,承载了艺术的整生,并奠定了生态艺术走向结构性天态整生的基础,进而奠定了生态艺术审美场走向结构性天态整生的基础。田园竞秀是田园的生态艺术化形态,特别是天态艺术化形态。它基于自然增魅和社会生韵。三者在共生中使生态载体和生态艺术进一步结构化,避免了断环,避免了缺链,避免了梗阻,走向了天态整生,走向了天态整生的运动。这当可保障良性环进的生态艺术审美场的境界性发生、结构性天化、圆和流转的天然。

田园竞秀作为以天和天形成的艺术美态，呈现出自然而然的审美天性，生成天态艺术和天态艺术生境，成为天态良性环行的生态艺术审美场整生结构的有机成分。田园竞秀基于现代农业。现代农业是以现代特性，反映与承载生态特性的，透视出现代性与生态性结合的前景。农业的生态性如果没有现代性作基础与前提，将是向古代朴素的生态农业的平面复归。

现代农业是一种集约型、生态型农业，与传统的石油农业、家庭承包式农业有着本质上的区别。家庭承包式农业在特定的历史时期，极大地解放了生产力，解决了中国广大农民的温饱，有着不可磨灭的历史贡献。在这基础上发展起来的集约型农业，在生产规格上，更具大规模、大结构；在生产模式和结构关系上更精巧、精当与简约；在管理和经营方式上，更趋公司化和市场化；在科技含量方面更高、更新、更尖，因而也更具现代化的特质。石油农业较之自然生产的手工农业，有着高投入、高产出的特性，但也带来了土地、环境、产品的污染与退化，难以可持续发展。生态农业遵循不同物种间、物种与环境间相生相长、相克相抑的共生规律和生态制衡规律，达到低投入与高效益的统一，达到生态经济效益与生态环境效益、生态审美效益的天然统一与和谐共生。这就避免了石油农业的弊端，具备了更高级、更新颖、更完备、更系统、更整一的科技性。集约性、生态性、系统科技性以及天态审美性构成了现代生态农业的完整本质，是田园参与天化审美场良性环行的机制。也就是说，没有现代农业做背景的田园竞秀，是不能成为天化审美场良性环行的有机环节的。如果没有这一环节，或者这一环节达不到天态天化的要求，天构艺术审美场的良性环进的整生化运动将不通畅。

——生态机制性。现代农业是一个历史的概念。石油农业在

20世纪初期是当时的现代农业,其生产与增产的主导性机制是化肥、农药等,支撑它发展的是化学工业,或者说农业对于化学工业有着一种依存性。进入21世纪,现代农业由以化学技术为支撑转型为以生物科学、生物技术为支撑,从而构成了现代生态农业形成与发展的机制。现代生态农业,在物种结构、物种关系、物种与环境的关系、物种与人的关系、物种与生产技术的关系等等的处理方面,逐步遵循了生态规律,尽可能地采用了生物技术,努力在生态的良性循环中、生态平衡中、生态的多样统一中、植物最佳生长的小环境的构建与调控中(如大棚作物水分、肥料、温度的控制),体现生态农业的要求,强化生态农业的要素,稳步地促进石油农业向生态农业的转型,以形成天构艺术审美场的生态基础。

——系统结构性。系统结构性与生态机制性是互生的,互为条件的。现代生态农业的系统结构奠定了生态联系的基础,物种间的生态联系,则形成了现代农业系统的内在结构(或曰质态结构)。现代农业系统内在结构的构建,必须以物种的生态联系、生态规律为依据,必须体现物种间依生、相生、竞生、共生的原则,形成动态稳定、动态平衡的系统整生结构,达到可持续发展的目的。广西壮族自治区梧州市现代农业实验区有了可观的形态与量态结构,形成了苍梧大坡、藤县潭东、郊区玫瑰湖、岑溪归义四个核心示范园,建设了包括百里八角长廊在内的"六带一廊"项目,进而构成五大产业基地。以下进一步要做的工作是,运用景观生态学原理,调整物种的生态布局,建构物种间合理的生态关系,使各示范园、经济带、产业区及其整体构成生态化的质态结构,生成良性的生态循环,从而使整个现代农业实验区从形态与量态结构走向形态、量态与质态统一的系统整生结构,以此承载天态运行的田园艺术审美场,并使之进入天化结构的生态艺术审美场的良性环行。

——生态效益性。石油农业造就了土地退化、环境污染,形成了人与自然的对立、对抗,破坏了人与自然的和谐生态,从根本上影响了农业的整体效益。实施现代农业,重建和提升生态效益,重构与发展人与自然的生态和谐,成了生发现代农业其他效益的基础与前提。

生态效益之所以是关键效益,还因为它是提升农产品其他效益的机制。广西一些现代农业实验区的产品,经济效益高,基于生态性。物品种植、生长的生态性,造就了绿色食品和无公害食品。生态效益好,使用价值高,商品价值也就水涨船高,经济效益也就看好。产品的生态效益,标志物品的生长更合生态规律和生态目的,即物品在生态技术的调节下,最佳地或理想地实现了生态潜能,最佳地或理想地按照自己的本性生长,从而有着超出常规的、独特优异的自然美质和美态,形成了新奇怪异的天态审美价值。这种天化的生态审美效益,提高了产品的价位,从而再次提高了物品的经济效益。这样,生态效益也就成了其他效益特别是天态审美效益的生成、增长之源。

生态效益促成了农业的可持续发展,造就了整体的长远的效益,进而促进了整体生态系统的良性循环。生态农业的生态效益是多方面的,其中之一是恢复土地的生长力,打破农药与虫害相生并长的恶性循环。石油农业破坏了生态的有序性,现代农业恢复和重建、发展这种有序性,将不同的作物区关联成有机的生态系统,并通过生态科技的调节,强化了农作物生态系统的良性循环,进而把农作物的生长纳入整体的生态循环系统。这就在强化生态效益的同时,形成了稳定发展、持续发展的生态机制,既促成了农业的可持续发展,又优化了天构艺术审美场良性环进的生态载体,保障并构成了后者的整生性天化。

生态效益促成了环境效益,为生态艺术审美场的天态运行,提供了适宜的生态参数。现代农业凭借生物间相生相克的机制以及运用生态技术手段防治病虫害,将污染控制在环境许可的度内,达成了跟环境的相宜相安,相生相长。这不仅未像石油农业那样污染环境,造成环境生态的退化,反而使这退化的环境生态得以较好较快地恢复,并进而使这人工生态与周边的自然生态和谐关联,构成宜人的生态大环境,产生宜生、宜乐、宜美的环境效益。这就在生态环境的天化中,综合地构成与促进了生态艺术审美场的结构性天化。

生态效益生发、扩大、升华现代农业的诸种效益或整体效益,是现代农业合规律、合目的发展的关键性机制,也是实现田园竞秀的基础与关键。真正的现代农业,总是把生态效益视为获得和发展其他效益的关键性效益,这当是由21世纪的现代农业实际上是生态农业的本质规定所决定的,也是由21世纪的现代农业必须以解决石油农业存在的生产发展与环境污染的尖锐矛盾为起点决定的。不管是实现21世纪农业的生态本质,还是解决石油农业的根本矛盾,都必须首先实现现代农业的生态效益。可以说:现代农业本质的实现与生态效益的形成是同步的,成正比的;生态效益的取得与环境污染的消除,也是同步的,必然相关的。再有,石油农业在外向污染环境的同时,也内向污染了产品,大量的农药、化肥沉积在农产品中,更直接地损害了食用者的健康。现代农业要实现"白色"产品向"绿色"产品的转换,进一步实现自己的生态本质,也必须把生态效益摆在首位。可见,把生态效益作为关键效益,是现代农业的内在需要,是农业转型的历史必然,是人们的主观意志、理性认识与客观规律、历史趋势的统一。这就告诉我们:在结构、设计、实施现代农业时,一定要把生态效益摆在首位,要通过生态效益的实现与强化去增加和提升经济效益和其他效益,而不能通过牺牲生态效益去获得暂时的、局部的、有限的经济效益。历史证明:单纯追求经济效益和直接追求经济效益,均会影响、减弱、破坏生态效益和环境效益,进而抵消经济效益,甚或得不偿失,有限的、暂时的经济效益无法弥补巨大的、长远的生态损失与环境损失以及生态审美的损失。从审美的角度看,强化生态效益,农作物才能天态生发,实现田园竞秀,以利整体的天构艺术审美场的良性环行。

　　——生态布局性。产业结构的生态性布局,是现代农业理性化、科学化、审美化的生态取向的又一具体体现。这种布局,能够实现与强化现代农业的生态效益和审美效益的耦合并进,在田园竞秀中推进生态艺术和生态艺术审美场的结构性天化。

　　现代农业的产业结构应是生态性结构。这种结构,是靠生态性布局实现的,处在产业结构中的各种农作物,种类、数量、层次、比例、尺度、距离的安排,相互关联、彼此互动、整体运转的处理,都要遵循特定的生态原则和生态规律。最主要的生态原则当是共生。上述诸种关系的安排,都要利于各种农作物的共生,都要利于它们在相生相抑中实现衡生,进而实现整体的共荣共长。与共生的原则相关,最主要的生态规律应是生态平衡。同一结构中的农作物的多样性是实现生态平衡的前提,各物种在共生中构成的良性循环与整体谐进是产生和发展生态平衡的机制。这共生与衡生,又同时构成了内在的生态艺术的结构美。在这里,真善美益宜达到了同物共体般的统一。产业结构的生态性布局,越具生态真,也就越具天化的生态艺术美,也就越有生态善,也就越有生态益和生态宜,也就越有天化的生态审美价值系统。循真生善增益显宜成美,是产业结构的生态布局原则,也是生态艺术的结构原则,更是这两大原则的天态统一。正是这两大原则的统一,使作为载体的生态系统和作为载体载物统一体的生态艺术审美场系统,实现了天化的同式运转。

遵循上述天化的生态原则与艺术原则,来布局和调整现代农业的产业结构,使之进一步走向天态艺术的美。如在以某种作物为主的园区里,套种和穿插其他作物,在相克相抑中防治病虫害,在相生相长相竞相胜中彼此共荣,达成共生与衡生。各种作物园的结构和布局,要遵循景观生态学的原理,运用生态学、生态技术学、生态工程学和艺术生态学的知识、规律与方法,形成园中各物种数量、比例、距离、尺度、过程、层次等的天态匹配,使之在天态联系中,生发整体的良性生态循环和动态衡生,从而在生态科学与生态美学的统一中,促进田园竞秀和生态艺术、生态艺术审美场结构性与整生性天化。

要进一步提高田园物产结构布局的生态科学性和生态艺术性,还须考虑环境的因素,努力做到天与物相合相宜、相生相长,形成更大框架的生态性与审美性天然统一的布局。这种布局应从两方面着手。一是物与天合。根据天也就是环境的生态特性,来进行农作物的生态性与审美性一致的布局,在因地制宜中实现后在之物与先在之天的和谐相生与环生,构成天与物螺旋式发展的生态循环。二是天与物合。在物与天合的基础上,根据农作物的生态化与审美化统一的布局,跟环境达到更佳的生态联系,部分地改变、增加环境的生态要素,适度地调整环境的生态结构,实现天与物更为协调的生态对应,造就田园更合整体生态规律的结构布局,使之生发深含生态科技的天性与自然性,形成人的主观能动性与生态规律性的深度结合,并以此超越依生自然的人的自由度不高的科技含量不够的传统生态农业。如此,可造就田园、自然、社会更为天化的生态运转,以成就同式运行的天构艺术审美场系统。

——诗意栖居性。现代农业不仅造就了富饶的田园,还形成了诗画般美丽的住地,实现了人们"诗意地栖居"的要求,显示了现代农业的建设者审美化的生境观。建构现代农业,打造统观经济,一个更高的目的,是创造天化的生境艺术美,构成生存与劳动的天态艺术空间。天化的生态审美观和生态经济观的合一,说明了现代农业建设者更为完整的生态价值追求,更为统一的生态意义观念的形成。在天态艺术化的田园里,农作物的生态性强化了审美性,农作物的生存场和人们的居住场、劳动场同时成了天化的生态美场和生境美场,天态生存与天态审美在这里得到了初步的统一。经济效益、生境效益、审美效益源于、聚于天化的生态,生态经济成就天化的生境,进而成就天化的生态艺术审美,再而成就天态天化的审美生存,最后生发天态天化的生态艺术审美场。可以相信:在天态天化的审美生存观的导引下,现代田园将出现更真、更善、更美、更益、更宜的生态,将形成更真、更善、更美、更益、更宜的生态经济和更真、更善、更美、更益、更宜的生境。天态天化的生态经济场、生境场、生态艺术场将在现代田园叠合,并和同构的自然、社会整合,形成整生度更高的结构性更好的天态天化的生态艺术审美场。

遵循生态艺术审美的天化原理,实现自然增魅、社会生韵、田园竞秀,促成生态系统和艺术系统的整生性天化,使整体生态系统和生态艺术审美系统同式运转,天态循环,是生发良性环进的天构艺术审美场的机制。

三、良性环进的天构艺术审美场系统的拓展

这种拓展,在地球的原始空间和宇宙空间生发,使艺术与生态的质与量同步地走向最高的天态,形成宇宙良性环进的天构艺术审美

场。

1. 原始生态环境的艺术信息化

原始生态环境,特别是人迹罕至的极地生态环境,有着丰富多彩的天态艺术,然而难以也不能成为人们的天态艺术生境。这是因为它们一旦成为普通人的天态艺术生境,就会失去原始性,失去天然生态性,减弱天然艺术性。这一部分自然天化的生态艺术审美资源,可在科学考察和科学探险中,以摄影摄像等形式进行艺术反映与创造,进而以信息化的形式,进入普通人的生态审美时空,形成天性独特、个性奇异、韵味自然的天化艺术审美场,以拓展天构艺术审美场的良性循环和螺旋优化的整生化结构。

天化结构的艺术审美场的生发,在于全球生态系统的平衡、稳定与整一,在于全球生态场的质与量与艺术审美场的质与量的耦合并进与良性环生,还在于这种耦合并进与良性环生,在球外空间的展开。凭借这种展开,可不断生成与拓展天构艺术审美场。

2. 友好宇宙空间环境的生发

良性环进的天构艺术审美场系统的拓展,在宇宙空间进行。这既是天化结构的生态艺术审美场时空结构的扩大,也是其自然性、天性、独特性、奇异性等审美质态的提升,还使生态审美规律与目的的生发走向了更高境界的系统化,进而使生态艺术审美场形成更高程度的结构性整生性天化。这种天化从形成友好的宇宙空间环境开始。

相对于地球结构性整生性天化的生态艺术审美场而言,宇宙空间是它的生态环境。要使宇宙空间环境进一步友好化,须先强化系统的生态间性。地球大气层,是地球的生态屏障,也是地球生态系统与宇宙其他系统相隔离的标志。修复地球大气层,使地球天化结构的生态艺术审美场免遭宇宙空间非友好物质的伤害,这是建构友好宇宙空间环境的第一步。

地球参与宇宙的总体运行,免不了要与宇宙的其他物质发生或大或小的摩擦。一些地球大气层解决不了的生态灾难,应由地球其他防御机制来解决。全球协同,准确而及时地观测、推算、预报宇宙空间给人类带来的生态灾难,并集合全球人的智慧,发展科学技术,以抵御和消解、排除这些灾难,形成与保持友好的宇宙空间环境,以生成和推进全球天化结构的生态艺术审美场的良性环行与动态平衡。

从更积极的角度看,宇宙空间是地球生成的环境,是地球生命形成的环境,是地球天化结构的生态艺术审美场形成的环境,应该说,它是友好的环境。全球人在利用现代科技预测、防御、消除宇宙空间带来的生态灾难的同时,更要齐心协力地探索利用宇宙空间为地球生态的发展服务,为全球良性环进的天构艺术审美场更高程度的优化服务。诸如太空育种等,可促进地球物种的优化,进而促进总体的天化结构的生态艺术审美场的优化。可以说,进一步生发宇宙空间的友好环境,是推动总体的生态艺术审美场走向更高境界的结构性天化,实现良性环行螺旋升华的机制。

3. 宇宙空间天化艺术生境的逐步生发

友好的环境是需要双向走访的环境。正是在人类对太空持续深入的走访中,作为友好环境的宇宙空间,正逐步地成为人类的天化艺术生境。人类制作与乘坐的宇宙飞船、航天飞机,在太空遨游,造访月球和其他星体,瑰丽奇幻的太空景色,如无穷无尽的画卷在眼前铺开,并通过信息传输,进入全球人的眼帘。接近地球的宇宙空间,已经既是地球生态艺术审美场的友好环境,又成了人们的天化艺术生境,逐步地化为总体天化结构的生态艺术审美场的有机部分,参与各位格天构艺术审美场的良性环行。

随着人类智慧的发展和科学技术的进步,更为高级的航天器将不断问世,更为高级与精纯的航天技术将不断形成,人类的身影将进入宇宙深处,更为广阔无垠深邃无边奇丽无比的宇宙空间将一一成为人们的天化艺术生境,成为总体天化结构的生态艺术审美场的高级成分。当人类真正实现了科幻作品所描绘的"宇宙村"情景,不断膨胀的宇宙空间也就成了完整生发的天化艺术生境,天化艺术人生将超越地球的局限,在不断生发的宇宙空间展开,整体生态艺术审美场的格局,将走向四维时空拓展的宇宙天构,其超循环系统运行的态势,将无比的自然与天化。

4. 进入宇宙膨胀结构的天化艺术审美场

热切展望总体天化结构的生态艺术审美场在宇宙空间逐步生发的辉煌前景,冷静思考它的生成机制,心中一片空灵。我曾经遵照家父之命,为全州乡下的书房撰联:天高成物理,地厚育人文。联语表达的思理是人文与科技耦合并进,共创先进的生态文明。生态文明是生态审美文明的基础。生态文明从地球走向宇宙,拓展天态审美文明,必须凭借科技与人文的交互促成,平衡发展。单有人文生态的高度文明,人类不能遨游宇宙;不受人文规范的科技,虽然可以使人步入宇宙,但上演的不是天态艺术审美的大剧,而很有可能是在地球上曾经演出过的生态灾难。人类的列车进入宇宙天化审美场的轨道,应由科技与人文对应铺就。

凭借科技与人文对生的生态文明,自信人类可以信步宇宙,但要生发天态审美文明,还应以大真、大善、大益、大宜、大美的整生化为前提,在更高的平台上遵循与发展审美系统整生化的规律。大真,是宇宙的整生化规律,只有逐步地把握它,人类快捷安全地遨游宇宙才有可能。大善,是整体自然形态的宇宙伦理,人类形成全球和谐、宇宙和谐的观念,进行全球和谐、宇宙和谐的伦理实践,方有可能形成宇宙协同有序的最高程度天化的生态艺术审美场。大益大宜大美也如此。这大真大善大益大宜大美双向对生而良性环行的整生化系统,一体两面地生发相应的生态价值系统和生态审美价值系统,构成相应的天化艺术生境。天化艺术生境与天化艺术人生是耦合并生共进的。上述天化艺术生境生发之日,也是相应的天化艺术人生形成之时。这同构的艺术生境与艺术人生的对生与并进,天化结构的生态艺术审美场,将走向宇宙格局的超循环运行。人类的审美时空,将随宇宙的膨胀拓展。这才是最高的审美系统整生化,这才是最高的天态审美自由,这才是最高的天化艺术审美场。人类保护好自己的地球天化艺术审美场,拓展出宇宙时空结构的天化艺术审美场,这是何等的任重而道远,这是何等的辉煌而壮丽。

生态审美,形成生态审美场;生态艺术审美,形成生态艺术审美场;天态艺术审美,形成序列发展的天化审美场。处于天化审美序列发展高端的天构艺术审美场,既是前瞻性的理论构建,也属历史性和历史趋向性的实际生发。纵观审美历程,不外乎三个历史环节的相连相续。一是艺术审美的生态化,二是生态审美的艺术化,三是艺术审美生态化和生态审美艺术化的耦合并进。三者相续,直指天化审美场,共生天化审美场。艺术审美生态化,是历史与逻辑统一的过程性状态,从审美初始,经历漫漫的时空,方能趋于完备的境界。生态审美场的生成,标志艺术审美生态化的系统生成。生态审美的艺术化,展开了生态审美场的提升历程。这一历程在生态审美场分形与聚形的对生中展开。当代特别是以后的生态审美文明,进一步使生态审美,走向天化的艺术审美,形成天化结构的艺术生境、艺术人生,以形成良性循环的天化结构的生态艺术审美场。天化结构的生态艺术审美场在全球的生成与球外拓展,实现了艺术审美的生态化和生态审美的艺术化在更大时空的耦合并进,构成了生态审美场更高更大平台的结构性天化,当可形成最高质态与量态的天化审美场。

生态艺术审美场从追求天性,走向天态,趋向整体结构的天化,形成了层次分明的整体天化历程,构成了生态艺术哲学的逻辑终结。这一终结,是在理想与现实的结合中形成的。"坐地日行八万里,巡天遥看一千河",毛泽东曾生发了宇宙意识的天态艺术审美,形成了天化结构的生态艺术审美场。杨利伟和诸多宇航员,也曾历史地走进了宇宙空间结构的天化审美场。一些太空观测图景,通过信息化处理,在更加美轮美奂中,也使普通人仿佛置身其间,形成超越的宇宙形态的天化艺术生存美感。这些局部的、初步的、暂时的宇宙天化审美场,启迪了理论形态的宇宙天化审美场结构。它作为理想化的审美理性,呼唤现实的美感的天化审美场,走向整生化结构,走向整生化运动,以和自身同式运转,在宇宙的膨胀中立体环进,达成超循环拓展与提升。

与此相应,这时的审美系统整生化,作为生态美学的总体规律,将生成最高的本质规定性:在大真、大善、大美、大益、大宜的统合并进中,在艺术整生规律、生态立体循环规律、宇宙膨胀规律的三位一体中,实现天化艺术人生、天化艺术生境、天化艺术审美场随宇宙膨胀而自由自然地拓展。

参 考 文 献

〔美〕丹尼斯·米都斯等:《增长的极限》,吉林人民出版社 1997 年版

世界环境与发展委员会著,国家环保局外事办公室译:《我们共同的未来》,世界知识出版社 1989 年版

〔美〕霍尔姆斯·罗尔斯特著,刘耳、叶平译:《哲学走向荒野》,吉林人民出版社 2000 年版

童天湘、林夏水主编:《新自然观》,中共中央党校出版社 1998 年版

封孝伦:《人类生命系统中的美学》,安徽教育出版社 1999 年版

余谋昌:《生态哲学》,陕西人民教育出版社 2000 年版

徐恒醇:《生态美学》,陕西人民教育出版社 2000 年版

鲁枢元:《生态文艺学》,陕西人民教育出版社 2000 年版

江业国:《生态技术美学》,当代文艺出版社 2000 年版

曾永成:《文艺的绿色之思——文艺生态学引论》,人民文学出版社 2000 年版

袁鼎生:《审美生态学》,中国大百科全书出版社 2002 年版

张皓:《中国文艺生态思想研究》,武汉出版社 2002 年版

周来祥:《文艺美学》,人民文学出版社 2003 年版

肖笃宁等编著:《景观生态学》,科学出版社 2003 年版

曾繁仁:《生态存在论美学论稿》,吉林人民出版社 2003 年版

黄秉生等:《民族生态审美学》,民族出版社 2004 年版

黄理彪:《审美化生存建构》,作家出版社 2004 年版

朱慧珍、张泽忠等:《诗意的生存:侗族生态文化审美论纲》,民族出版社 2005 年版

袁鼎生:《生态视域中的比较美学》,人民出版社 2005 年版

银建军:《生态美学研究》,中国广播电视出版社 2005 年版

〔日〕秋道智弥等编著,范广融、尹绍亭译:《生态人类学》,云南大学出版社2006年版

张华:《生态美学及其在当代中国的建构》,中华书局2006年版

杨春时:《论生态美学的主体间性》,《贵州师范大学学报》(社会科学版)2004年第1期

曾繁仁:《简论生态存在论审美观》,《贵州师范大学学报》(社会科学版)2004年第1期

聂振斌:《关于生态美学的思考》,《贵州师范大学学报》(社会科学版)2004年第1期

孙琪、李丕显:《生态美学偏至论》,《自然辩证法研究》2004年第10期

张玉能:《实践美学与生态美学》,《江汉大学学报》(人文科学版)2004年第3期

陆贵山:《自然的生态与人的生态》,《东方丛刊》2005年第2辑

刘成纪:《生态美学与自然美理论的重构》,《东方丛刊》2005年第2辑

袁鼎生:《整生:生态美学研究方法论》,《思想战线》2005年第4期

盖光:《自然生态艺术审美的生成性特征——以中国美学为例》,《思想战线》2005年第4期

曾繁仁:《当代生态文明视野中的生态美学观》,《文学评论》2005年第4期

袁鼎生:《生态美的系统生成》,《文学评论》2006年第2期

孟建伟:《科学生存论研究》,《齐鲁学刊》2006年第2期

于文秀:《生态文明时代的文化精神》,《光明日报》2006年11月27日

后　记

　　这部书,2006 年 2 月形成初稿,写了年余,改了年余;时令回旋里,春光再度中,它像一棵小树,随之圈生环长了。超循环,有着普遍性。

　　2002 年,承蒙中国大百科全书出版社垂青,我出版了《审美生态学》,尝试用生态范式,探讨审美场走向生态审美场的逻辑行程,初步做了一些理论生态美学的工作。同年,我和黄秉生教授、黄理彪博士等在中国文史出版社出版的《生态审美学》,是这方面研究的展开。

　　2004 年,黄秉生教授和我联袂主编,在民族出版社出版了《民族生态审美学》,从民族生态审美场出发,探索了民族生态审美的特殊规律,可以看做是应用生态美学方面的研究。此外,我还陆续发表了一些用生态审美范式研究教育、文学、人类学、现代农业方面的论文,拓展了现实的应用研究。

　　2005 年,人民出版社出版了拙著《生态视域中的比较美学》。这是一部通过人类审美场历史生态的发展,揭示中西美学耦合并进,经由古代客体美学和近代主体美学,共同走向现当代生态美学新历程的著作,理应属于历史生态美学的探索。

　　近五年来,我在生态美学领域,走了一个圈:从理论生态美学经由应用生态美学,走向历史生态美学,这部《生态艺术哲学》,又回到了理论研究的新起点,形成了超循环研究。

　　在超循环研究中,我力求在承接中整合、提升以往的研究成果,实现创新,进而拓展新的理论视域。《审美生态学》是逻辑地走向生态审美场,《生态视域中的比较美学》是历史地走向生态审美场。而《生态艺术哲学》则是逻辑地、历史地展开生态审美场,与前述二书形成首尾相续性。本书主要阐述的是,在艺术审美的生态化中,形成生态审美场;在生态审美艺术化中,发展出生态艺术审美场;在生态审美天化即艺术审美生态化和生态审美艺术化的耦合并进中,依次生发天性、天态、天构艺术审美场,形成递进的天化审美场序列。这就形成了对自身此前研究的整体发展与超越。

　　有了这些新的理论心得,再将之贯穿到生态美学的历史研究和应用研究中,当可形成生态美学学科新一轮的良性环进。

　　超循环研究,是螺旋递进的研究,符合生态辩证法,符合生态发展规律,符合学科建设的规律,是可持续发展的研究模式,可成为哲学层次的学术方法。

袁鼎生

2007 年 4 月 6 日